承压设备应力及安全系数的概念
Concept of Stress and Safety Factor for Pressure Equipment

陈孙艺　著

科学出版社

北　京

内 容 简 介

本书通过对应力及安全系数的定义、表达式、概念发展及影响因素的阐述揭示了承压设备应力与安全系数的本质作用；通过词汇的分类、选取和弃用，以及词汇体系评述介绍了应力和安全系数词汇的梳理方法。按照概念内涵特性、表观特性、量化特性和结构特性四大主题及其上下位细分层级的矩阵坐标对承压设备的 628 个应力词汇进行了分类，对词汇概念进行归纳、解释和比较，讨论了近义词组的区别。根据安全系数的含义、作用、依据和影响因素，综述了对安全系数作用的正确认识以及当前安全评价理论和方法的发展；对 124 个安全系数词汇的基本概念进行了 28 种分类比较。

本书可作为机械工程专业技术人员继续工程教育、从事承压设备研究、分析设计等工程实践的参考书，也可供高等院校相关专业师生使用。

图书在版编目（CIP）数据

承压设备应力及安全系数的概念/陈孙艺著. —北京：科学出版社，2022.6

ISBN 978-7-03-071792-4

Ⅰ．①承… Ⅱ．①陈… Ⅲ．①压力容器安全-安全系数 Ⅳ．①TH49

中国版本图书馆 CIP 数据核字（2022）第 039648 号

责任编辑：刘宝莉 陈 婕 赵晓廷／责任校对：任苗苗
责任印制：赵 博／封面设计：陈 敬

科学出版社 出版

北京东黄城根北街 16 号
邮政编码：100717
http://www.sciencep.com

北京中石油彩色印刷有限责任公司印刷
科学出版社发行 各地新华书店经销

*

2022 年 6 月第 一 版 开本：720×1000 B5
2025 年 1 月第二次印刷 印张：27 1/2
字数：531 000

定价：198.00 元
（如有印装质量问题，我社负责调换）

作者简介

　　陈孙艺　1965 年生，工学博士，教授级高级工程师，享受国务院政府特殊津贴专家，中国机械工程学会压力容器分会、广东省机械工程学会压力容器分会常务理事，全国锅炉压力容器标准化技术委员会专家、固定式压力容器分技术委员会委员，广东石油化工学院、茂名职业技术学院客座教授，压力容器规则设计和分析设计审批员，《压力容器》、《石油化工设备技术》编委，出版专著 2 部。

前　言

　　锅炉、压力容器(含气瓶)、压力管道等承压设备是当代能源、化工、电力等行业的基础装备。应力和安全系数是承压设备建造过程中必须考虑的两个最主要的概念，承载着该专业一百多年科学发展的技术原理及其历史。许用应力设计法始于20世纪20年代，至今经历了各种工程上百年的实践检验，在不断修正中越发完善，为各种力学理论的工程应用提供了简易的实施手段。许用应力设计法是承压设备设计最早采用的方法，后来开发的应力分析等其他设计方法，无不体现了设计技术满足工程安全的要求，也反映了安全系数在结构强度设计中的必要性。

　　随着社会经济的发展，石油炼制和化学工业对设备功效的需求使得各种承压设备复杂化，极大地丰富了相关的设计理论和实践。作者涉足承压设备设计、制造领域38年，也开展了理论研究和失效分析工作，深刻体会之一是要对诸多应力概念准确理解，经过长期的工作和学习，逐渐对承压设备的应力和安全系数有了清晰的认识，并体会到其对工作的积极作用。为便于专业工程技术人员对应力及安全系数这两个起关键作用的概念获得全面的了解，作者研究了三种理解途径：一是通过圆盘形架构图从整体上表达各个应力词汇主题模块体系的关系，用四个从小到大的虚线同心圆把词汇概念主题从粗到细分为三个紧密相连的层次；二是开发了以概念主题作为横向分类轴，以基于概念内涵大小的上下位层级关系作为纵向分类轴的虚拟矩阵坐标表达法，从词汇数量上反映主题模块的分布状况；三是基于圆盘形架构图和虚拟矩阵坐标表达法，以词汇概念的分类比较及应用为专题内容。

　　基于应力的诸多性质特点，作者粗略地把应力词汇归纳为三大主题特性，即字面反映理论与安全的概念内涵特性、字面反映反义与异义的概念表观特性、字面反映同义与近义的概念量化特性，并由此相应地对应力词汇进行三大上位分类，再以字面关联实物结构几何形状的概念结构特性为第四大主题，结合工程案例对前三大主题做进一步说明。

　　全书从四大主题上位层级扩展到12个二级主题、24个三级主题，由7章和1个附录构成。第1章主要介绍应力和安全系数的本质作用，以及相关词汇的梳理方法，其中给出的许用应力曲面因素族三维模型、应力词汇主题体系的盘形架构、应力两级专题词汇数量分布曲线形象化地展示了模块式的应力词汇谱系。第2~4章分别围绕三大主题特性，以应力词汇作为起点，展开对其概念以及所在结构的简述，分析词汇中同义词、近义词及反义词之间的关系。第 5 章逆向地将零部件结构作为出发点展开，对其中存在的应力种类进行分析，展示压力容器的设计、制造和运行各阶段中典型应力或特殊应力的客观存在，使抽象的应力概念在关联实际结构中走近读者。第 6 章介绍作者关于安全系数的一些认识。第 7 章是关于安全系数的分类比较和解释。

通过上述谋篇布局，本书较为系统地对应力和安全系数这两个名词概念的各类词汇进行了全面深入的综述，凸显其在学术和工程中的现实意义。

一方面，本书内容较新、亮点较多，部分概念引用了标准规范既定的定义，部分概念来源于前人研究成果，部分是作者自己独到的见解，结合大量的结构案例对抽象的概念进行辅导说明，字里行间闪烁着实践经验和真知灼见，对力学和机械工程专业研究生特别是压力容器方向硕士研究生的学习，以及技术人员的工程实践都是一本很好的参考资料。例如，在应用已有成果的再创新方面，第 2 章末尾通过载荷引起的应力分类及其性质评定关系图把外载荷引起的应力、应力的性质、应力分类及应力评定标准浓缩到一起，使复杂的结构应力及其设计校核过程脉络化，超越了传统理论和标准之间分离、内容分散、简单的应用，强化了问题及对策之间的联系，反映了对已有知识的再创造性。又如，第 3 章通过方法创新构建了实体任意截面旋转时作用力的分解模型，解释了任意实体截面上的点应力模型只要通过截面的两次转动就可以成为传统的点应力六面体微单元模型中一个面的模型，找到了把微元分析法和截面法两者紧密联系到一起的路径，填补了点应力的任意实体截面模型与规整六面体微元模型之间的模型空白。这一转换过程及其原理是对力学理论的充实和完善。

另一方面，本书的结构方法新颖，主要体现在以下方面：首先，通过绪论指出了梳理应力和安全系数两个概念的必要性，交代了基本方法，创建了许用应力因素的三维模型，这种基于丰富历史和技术内涵的提炼结果，在各章中都不难窥见，甚至可以说是在超越名词概念的更高层次上体现了这些概念的本质，是方法的创新；其次，通过四大主题展开的章节结构，对应力概念进行分类比较，实现了著作的初衷，填补了这一专题的空白，与传统的工具书相比，这种对诸多名词关联性的概括一定程度上揭示了概念之间的逻辑规律性，又颇具发散性地铺就了概念之间多向导互访的路径，可取得扩充阅读的效果，是内容及方法的创新。对应四大主题的第 2~5 章的导读使用了框图，精简明了，增加了可读性。该书按照以主题和层级为主轴的矩阵分类法来组合词汇，相对于传统词汇工具书常用的词首按汉语拼音字母顺序排序来说，凸显了方法的创新性。

作者在研究中经常欣赏到承压设备力学中闪烁的安全和谐之美，在成长中有幸得到许多学者的鼓励、指导和帮助，特此感谢！同时，衷心感谢国际压力容器技术理事会第六届副主席、中国机械工程学会压力容器分会第二届理事长、合肥通用机械研究院原总工程师、华东理工大学机械与动力工程学院柳曾典教授的悉心栽培，感谢清华大学陆明万教授在百忙之中对第 1 章和第 2 章提出了很多宝贵修改意见，并提供了一些参考资料。

　　作者希望本书对读者认识应力及安全系数的名词谱系有所帮助，在理解其概念关系上获得启发，在工程实践中发现进步的乐趣，并在学术问题的反思中找到拓展的方向。限于作者学术水平和实践能力，书中难免存在不妥之处，诚望读者指出修正。

董事　副总经理　总工程师

茂名重力石化装备股份公司

2021 年 9 月

目　录

第1章 绪 论

关于应力、应变和材料弹性的基本概念是在 1660～1822 年逐步形成的。胡克、伯努利、欧拉、库仑、柯西等著名科学家为此做出了重要的历史贡献。柯西在 1822～1828 年发表了一系列论文，明确提出了应变、应变分量、应力和应力分量等力学概念[1]。相关理论经过约 200 年的发展，经典的应力分析、计算应力分析及试验应力分析不断结合与深化，机械力学、土木建筑工程力学和地质力学等诸多力学学科持续扩展，特别是以有限元法为代表的计算固体力学高速发展[2]，极大地促进了应力及其相关概念的普及、应用及创新。

1.1 应力词汇面临的问题

承压设备设计相关技术中经常通过引入安全系数来调整结构材料的许用应力，有时也通过其他各种系数来调整特定结构在某种载荷工况下的应力许可极限值，以判断结构应力的计算结果是否可以通过校核。对结构应力和材料力学性能的认识越清楚，所需的安全系数越低，反之则所需安全系数越高。从这一关系来说，应力词汇面临的问题在一定程度上也是与安全系数间接相关的问题。

1.1.1 应力概念复杂化的现实性

1. 力学理论体系的分支发展使同一物理量名称出现差异

从学术发展历史来看，严格而自由的学术理论研究先天地带有创新立异的冲动，名词概念可以在深化认识中进行适当修正，而对于事后通过项目运作来规范已流行的学科名词术语则显得力所不及，名词本身可以被规范，实际上却难以迭代。原全国自然科学名词审定委员会主任钱三强在《力学名词》[3]一书的序言中指出，统一我国的科技名词术语，是一项繁重的任务，它既是一项专业性很强的学术性工作，又涉及亿万人使用习惯的问题；审定工作中要认真处理好科学性、系统性和通俗性之间的关系，主科与副科之间的关系，学科间交叉名词术语的协调一致，专家集中审定与广泛听取意见等问题。

力学的基础部分是物理学的一部分，且和数学有着密切的联系；力学的应用部分则主要涉及工程技术学科。因此，力学发展中的名词术语问题很突出。仅就材料力学而言，关于应力与应变的数学定义并无歧义，只是名称上"各自为政"[4]，例如，物体内部任意剖面上某点的应力，就有剪应力与切应力，线应变与正应变，剪应变、切应变与角应变。由力的分解方向区分为作用面的法向分量与切向分量，由法向分量定义的内力集度称为正应力并无混乱，但切向分量对应的内力集度有剪应力与切应力两种名称。早期教材中均将其称为剪应力，其主要原因在于 shear stress 与 shear deformation 都采用了同一单词 shear。事实上，在扭转、弯曲基本变形模式中也存在该应力，应力的定义并不依赖于特定变形模式，所以采用变形模式的名称定义应力名称不甚合适。而切应力的名称体现了对应内力分量(或者应力分量)的方向，相对而言比较贴切。国家标准《力学的量和单位》(GB/T 3102.3—1993)[5]中规定的标准名称为切应力，这也是后期教材(包括改版教材)多采用切应力的原因。即将替代《钢制压力容器——分析设计标准(2005 年确认)》(JB 4732—1995)[6]的国家标准《压力容器——分析设计 第 1 部分：通用要求》征求意见稿(以下称为分析设计新标准修改稿)的目录中也把"剪应力"改称为"切应力"，同时，在正文关于"切应力"的定义中，增加了"切应力也称剪应力"的提法；将二次应力定义中的"剪应力"改称为"切应力"等。鉴于剪应力一词当前在多个学科中的应用，本书保留其作为一个等同于切应力的独立词汇概念。

弹性力学教材中规定，应力正负的符号体系可简单概括为"正面正向与负面负向为正，反之为负"，此规定对于正应力与切应力均适用。

由弹性力学体系定义的应力与应变符号体系中，正应力与正应变的符号与材料力学符号完全相同，但是切应力与切应变符号不同，表现在[4]：弹性力学体系中，切应力符号遵循正面正向与负面负向为正，反之为负，而切应变以直角变小为正；材料力学体系中，切应力以使微单元体顺时针转动为正，逆时针转动为负，而切应变以直角变大为正；除应力圆部分，材料力学教材采用弹性力学符号体系，包括采用二阶张量矩阵的坐标转换法则给出应力转轴公式，以及采用三阶实对称矩阵特征值问题分析主应力(特征值为主应力，特征向量为主方向)。材料力学的特色是分析方法和表现形式与工程应用密切相关，其中概念与结果的图像表征深入人心，应力圆部分也是重点内容。只要应力圆部分存在，材料力学教材就无法把弹性力学符号体系贯穿始终。关于弹性力学与材料力学中莫尔应力圆(Mohr stress cirde)(简称莫尔圆)理论概念的对应关系及其应用，可参见 4.1.7 节。

2. 应力概念存在相互交织的依存惯性

概念的相互依存是指对某一应力概念的说明中经常需要引用另一个应力概念，这一方面反映新概念需要相关理论的支持，反映不同概念之间具有某些共同特性，也反映概念的非独立性或概念边界的模糊性，如果引用不当很容易混淆概念内容；另一方面暗示了其中隐匿着具有研究价值的概念体系，如果开发得当会加深对已有理论的认识，提升新概念的理论水平。

部分概念的相互依存是基于其中内容的共识来追求表达的简洁，这是值得肯定的；但是也有部分概念的相互依存是无意识的，有时是故意的、多余的，这是需要注意的。例如，关于名义应力的解释，"名义应力是指在并无结构不连续(包括总体及局部)处的应力，是由元件的基本理论计算所得的基准应力"，其中就指向"基准应力"这另一个应力概念。在上述名义应力的解释中，去掉"基准"一词不会对概念的理解造成不良影响。这与报道中偶见的应力概念混用现象是不同的，混用是无意识地涉及两个不同内涵的概念，却以为是同一个概念的两种表达，导致的结果可能是错误的，例如，"基准应力"与"基体应力"、"约束应力"与"约化应力"都是相互之间没有交集的不同概念；又如，"热点应力"与"热斑应力"、"热应力"或"点应力"与"集中应力"在概念上也是无关的。

平时，大多数人使用"应力"这个词时过于随意，会造成内容边界的模糊和概念的泛化，有可能妨碍交流者对其本质复杂性的认识。应力的影响因素，除了与应变和材料弹性有关，还与温度有关，温度既可以直接引起热应力，也可以通过材料性能随温度变化这一路径间接影响有关应力。大多数技术人员都需要在继续工程教育中理解和掌握部分应力词汇的概念内涵，并能在诸多同时具有关联性和差异性的应力词汇中准确无误地确定相关词汇的本质特点而加以利用。

随着人类社会的进步和科技的发展，"基础学科"内涵也会有所变化，但把它概括为人们通常说的"数理化天地生"仍然是比较准确的。数学很多分支学科的发展大都是为了表述力学行为而出现和发展的，典型的就是微积分的发明和完善[7]。从历史看，力学是其他基础学科发展的基础，而其他学科得到充分发展之后，又与力学进一步发展形成一系列的交叉学科，由此而来的概念相互交织是学科间的现象，有别于上述承压设备所在机械学科内部的概念相互交织现象，读者可在正文所摘录的全国科学技术名词审定委员会术语在线栏目关于应力词汇定义的例子中看到，这里就不展开讨论。

3. 应力词汇的概念内涵在学科内生动力下的动态调适

专业词汇作为独特的表征符号，其技术语义具有高度浓缩的个性和一定的时代特色，其概念内涵常常体现一门学科的发展方向和学术前沿，一个专业的研究深度、技术方法和先进手段，也反映一个行业的工程困境和核心技术。除了不同学科内对同一应力词汇的概念定义不同之外，同一学科内对应力词汇的调适也具有多种表达方式。

词汇的扬弃或淘汰是极端的调整方式。在基于理论解释现实问题以及根据问题寻觅相关理论的研究中，可能碰撞出具有创新性甚至颠覆性的新专题，从而有新词汇的提出或倡导应用，这是较为强烈的一种调整。

词汇概念的孪生成组是较为一般的调和诉求，是新名词无法替代原有名词情况下的累积效果，同一专题下的新词汇反映了技术理论的拓展，可通过一系列具有某种应力共性的内容来表达归属于同一专题的基础，再依据拓展的个性来构建概念新的部分。其中的近义词组给读者的第一感觉就是似而有别，类而不同，近义词组的字面差别与新的概念交互印证其中的个性，就包含学科调适，已经被业内认可。

同一应力词汇的名称不变而内涵微调是较为自然的调节诉求，有时这种情况不过是从主观上对某一现象获得更深刻认识，或者是应用在不同的研究对象时进行更加灵活的表达。

可见，随着设备理论和工程的发展，词汇概念自身也在发展。从已有的变化历程看，应力词汇的调适内容较零碎，调适周期较长，调适力度较弱，调适动态不明显。这种动态虽然存在但是相当低调，尚未能上升为一个鲜明的特色，调适仅增添了概念的复杂性。一般的研究者个体在其整个有限的学术生涯中对这些调适动态几乎毫无觉察。

1.1.2 应力概念信息化的规范性

1. 承压设备的创新发展使复杂化的应力概念亟待规范

18 世纪从英国发起的技术革命是技术发展史上的一次巨大革命，它开创了以机器代替手工劳动的时代，它以工作机的诞生为开始，以蒸汽机作为动力机被广泛使用为标志，被称为第一次工业革命或者产业革命。为了维护蒸汽机的正常运行，产生蒸汽的锅炉、输送蒸汽的管道和储存蒸汽的汽缸组成了早期承压设备的主要类型。

人类发现和利用石油、天然气已有几千年的历史，但石油形成一门工业，只有 100 多年。石油作为高质量的能源、多用途的宝贵化工原料，在国民经济各部门被迅速广泛地利用，引起了世界消费能源结构的巨大变化。1859 年，美国人德雷克在宾夕法尼亚州钻成第一口具有现代工业意义的油井——德雷克井，这标志着近代石油工业的开始。最初的石油工业发展可以分为两个时期。一个是 1860～1900 年的煤油时期，煤油的主要用途是照明和民用燃料。19 世纪 60～70 年代，美国石油工业从勘探、开采、炼制加工、储运到销售，已经形成了完整的产业链并迅速发展起来。另一个是 20 世纪初，石油成为内燃机的主要动力，人类的石油利用终于从煤油时期进入汽油时期(动力时期)。石油产业链中使用的换热器、蒸馏塔、反应器和储罐等组成了发展期承压设备的主要类型，这些设备名称使用至今。

随着社会经济的发展，石油炼制拓展到石油化工。化肥工业、煤化工业、能源工业和其他化学工业的发展进一步丰富了承压设备家族，锅炉、压力容器和压力管道三大类最终被确定为承压设备的主要类型，每一大类又可以分为若干小类。有些新工艺的压力容器在结构上体现了传统压力容器与其他钢结构一体化的特点。

　　组合环管式反应塔结构就是一种集钢结构框架、反应容器和压力管道于一体的特种设备[8]，它用于采用料浆法工艺生产聚丙烯/聚乙烯，包括若干条高达 50～60m 的直套管、在水平方向连接夹套的连通管、连接两条直套管内管端口的 180° 回弯头以及连接两条直套管外管的多层连接横梁。内管规格约为 ϕ609mm，外夹套管规格约为 ϕ700mm，两者的壁厚则从底部到顶部逐渐减薄，180°回弯头两个端部开口的中心距通常为 4200mm。其中，每两条直套管于其内管端口与两个弯头——对应依次串联连接成一个上下反复盘绕的连通流道。在直套管内管流动的是反应介质，因聚合反应为放热反应，会产生大量热量，故设置直套管的外夹套作为冷却水的流道，并通过外夹套连通管将夹套流道也——对应依次串联连接成一个连通流道，外夹套管上还设置波形膨胀节、安装支座和支梁座，连接横梁通过螺栓与支梁座连接，把直套管连接组合成一个立体框架的钢结构。此外，有原料进口的直套管底部的内管端口还与大功率轴流泵相接。由此可见，环管反应器属于特种结构[9]，是多基础支承立式管柱钢结构形夹套容器，同时具有反应和换热功能，如图 1.1 所示。

图 1.1　某石化装置 30 万吨/年聚烯烃环管反应器

　　另一个最新的案例是某燃煤烟气高温脱硝反应器，其基本结构由烟气入口段、催化反应主体和烟气出口段三部分组成，长×宽×高的尺寸约为 8m×9m×19.2m，主要由梁、柱、加强筋和壁板等连接而成，总体结构与局部不连续，其应力分布和特征不同于普通压力容器，按照反应器完整模型计算校核结构强度通过后，还需要按照简化的承载结构框架模型再进行校核，在结构计算中可以对发现危险截面的构件加以改善[10]。

另外，应压力容器轻量化需求发展了环缠绕钢内胆等复合材料气瓶，应深海和外太空探索需求开发了适应极端条件的压力容器。蒸汽锅炉和热水锅炉合为一体的设备已应用于工程实践中。异径管和弯管是工业管道、公用管道和长输管道等压力管道中广泛应用的普通管件，把这两种结构特点的管件融为一体的异径弯管也是一种标准化管件，人们研究这些管件在内压作用下的应力分布特点时，认识到这些管件的应力随着结构发生变化而表现的内在联系如下[11]：异径弯管是一种变双曲率的非轴对称壳体，是较复杂的承压结构，在内压作用下的应力最复杂。在某些结构参数的协调下，异径弯管可以转变为环壳、等径弯管、直管、同心异径管或偏心异径管。

以上重大设备及管件的设计实践表明，如果不理解新结构及其承受载荷的特点，就不会意识到其应力特征，也不会有完整的设计。由于现代压力容器向高参数化、大型化和复杂化发展，所以其结构受力将十分复杂。政府建立了对承压设备设计、制造、安装、运行和维护实行全历程监察的制度，以保障人民生命和财产安全，行业内也要开发先进的技术以适应经济的合理发展。从现实发展来看，产业大变革促使技术大融合，导致专业边界交叉模糊，形成边缘学科，也促使了科学理论更深层次的分化。但是，工程技术研发应用中针对新问题提出的概念往往只基于企业运作和商业经济所习惯的语境，免不了语义表达有所侧重，更是远离学术意义上的定义。

2. 应力概念的工程应用需要公认的技术方法来界定

通用标准规程中不清晰的应力概念是难以在工程应用中执行的。目前，国际上承压设备的设计技术分为传统的规则设计和现代的分析设计两种。现代压力容器技术标准的发展具有基于失效模式设计、普遍采用计算机信息技术、更广泛的适用范围和面向国际市场竞争的特点。分析设计具有较为完整的力学基础，还需要由相应的技术方法来实现。在压力容器这个传统行业典型结构的分析设计中，还存在个别计算过程问题，包括有限元建模、有限元计算结果的应力分类、等效线性化处理方法等，不少问题已引起了专家的深入探讨。文献[12]~[18]对分析设计中的若干重要问题提出了看法和建议；文献[19]~[22]直接就个别应力特性及其分类进行了讨论；文献[23]~[25]结合标准对分析设计方法及应力分类进行了研究，还讨论了如何正确评定应力计算结果的个别问题；文献[26]就规范与工程实践产生分歧的成因、业内不同认识的交汇点对压力容器中的应力分类方法进行了若干讨论，指出美国机械工程师学会(American Society of Mechanical Engineers，ASME)规范试图以线弹性方法解决弹塑性问题，但与实际不匹配的问题越来越多；文献[27]～[31]通过系列专题结合工程案例对压力容器应力分析设计中应力的正确评定、载荷的叠加原则等六个重要问题进行了论述，为合理认识有关应力性质及其评定提供了新途径。可以预见，新的设计理论很可能会提出新的应力概念。

诸多化工装置现场的设备管理人员、承压设备制造企业的技术人员或者建设监理企业的技术人员，即便具备过程装备与控制专业的理论基础，但是与设备设计技术人员相比较，相对地还是缺少对应力概念的深入认识。因此，需要个人在工作中探寻适合自我学习的方法，也需要一个专业的公共基础和氛围，以便在日后的应用中更加严肃认真地交流。

遗憾的是，专家对个别问题的观点不尽一致，主要是对于应力特性如何分类的问题，由于相关基础理论的不完善对应力分类及其概念的认识带来了阻碍，有限元分析方法的正确应用实际上也并不十分方便。

3. 工业智能化发展需要准确的信息及其高效交换作为基础

近年来，通过工业化和信息化两者的融合应对制造业人工成本上升、提高制造业国际竞争力的国策已初显成效，但是在承压设备制造业中收益甚微。承压设备的传统制造过程需要密集的技术、劳动、资本和较高的能耗，在零部件成形、机加工和焊接等个别工位可以通过同类结构的分组技术实现工序点的作业智能化，但是非标准化的大多数零部件的加工还是依靠人工操作，如换热器管束的制造从零部件的准备到组装是完全的手工作业，把换热管穿进管板和折流板的过程要消耗非常大的体力。有别于传统制造范式中的分布式制造、精益制造、柔性制造以及现代制造范式的绿色制造、敏捷制造、人工智能制造、数字化制造、云制造，承压设备制造业的集中度较低，不利于大数据技术的应用，该行业的转型升级任重道远。

一方面，低利润的行业特征、高质量技术的专业特点和加工手段齐全的企业个性困扰了智能化新技术的应用，因为智能化新技术的应用需要合适的企业土壤和持续的成本投入；另一方面，产业智能化最起码的特征是设备互联并广泛应用工业软件，这需要以信息化为基础，信息化需要以词汇定义及其符号化为基础，而区块链的去中心化这一重要特征的核心技术是共识机制，通过特殊节点的投票在很短的时间内完成对交易的验证和确认，不但词汇概念的歧义会影响信息传输和交换的效率，而且同一内容和符号的不同表达方式难以有效整合专业概念，阻碍智能化技术的发展。即便承压设备的制造和检测智能化技术得到发展和应用，由此反求于设备设计分析以及拓展到设备现场监测的智能技术又是新的关联领域，也可能带来新的词汇概念，需要规范化地带上有个性标志的概念基因。何况，智能化技术运行中包含巨大的数学运算，而力学的发展自古以来就与数学有着紧密的联系。

1.1.3 应力概念系统化的资源需求

1. 应力复杂化需要丰富的理论基础和简明的概念表达来支持

承压设备的创新发展引起应力的复杂化，既缘于相关理论研究的发展，也包括对应力认识的不断深入。当前，适合各种需要的承压设备结构、构建这些结构的材料以及相应的力学理论和标准规范都已趋向系统化，并且协调发展，广大读者逐步体会到学习和工程实践中词汇概念的重要性。

日积月累中，各种应力词汇已成为科学和工程技术中广泛使用的普通词汇，应力存在于各种结构材料中，应力所在位置、出现时间、成因、作用性质等有关影响因素众多。在提到应力时，关于其方向、水平估算、分布、影响因素及其作用，准确分析所需要耗费的资源都是相关联的信息。机械设备力学分析中不但存在诸多与应力相关的词汇概念，而且不同的词汇概念相互有内容的交叉、重复甚至本来就是相同的，或者同一概念在不同的报道中存在一些出入，容易使读者混淆。为了探讨应力概念的系统化，需要有效的手段来搜集有关联的词汇，并需要挖掘其概念背后可以统一到某一中心的主题。

对于技术前沿，虽然不能强求所有词汇都能得到科学的定义，但是起码应判断所提出或使用的应力概念是否与已有概念接近或者重复，所使用的应力概念是否与已有描述和习惯相一致，特别是不同学科之间或不同语言之间的翻译尤其值得关注。如果无法应用专业知识对一个有别于其他概念的词汇有清晰的描述，那么就需要新的技术资源来解决。

2. 应力词汇概念的管理需要简便的技术手段来保证

压力容器设计从规则设计转入分析设计的难点之一是设计工程师必须自己明白标准中提及的各种应力概念及其分类。其实，分析设计标准所提到的应力概念只是业内诸多应力概念的一小部分。把属于基础研究的理论概念和属于应用研究的工程分析这两方面内容组合到一起，是一个需要专业技巧的课题。由于承压设备的应力种类繁多、应力水平高低不一、应力性质交互作用等，不少人对各种应力概念认识不清，对应力分析标准及相关力学理论认识不深。因此，技术人员主动咨询业内专家、积极接受权威的专业培训以及个人持之以恒的努力是克服这些困难的重要对策。

应力概念的命名似乎不需要什么规则，这与规则的缺乏不同，技术创新的自由天性本来就难以遵循顶层设计的家族意识。现在，各种应力概念都很重要且大多已很好定义，以前人们并不关注各种应力词汇概念的多种表达方式，也未对零散的词汇进行汇总比较。专业发展到一定的阶段，体量增大，关于应力的研究方法和成果时有新发现，对这些基础工作的重要性重视不够，就无法继续成为工业应用实践的坚实基础和理论支持，容易造成理论研究和工程应用中的混乱。基于新的形势，不妨加强这一方面的管理，通过恰当的专业维护来树立专业总体印象。

钢材的命名相当规范，所依靠的方法实质上是颇有技术含量的一种手段。与钢材的不断发展及其命名的范式相比，可以把承压设备应力名词的状况比喻为业内有了关于应力概念的"高强度柱梁构件"，也在一定程度上构建起关于应力概念的"大厦框架"，尚待满足人们当下心理的"精装修"。对应力和安全系数概念的分类整理虽然呈现不出多少技术含量，但起码使它们没那么"碎片化"。以后对应力新概念的描述应关注概念的综合性、体系性和协调性。

只从事压力容器规则设计的技术人员，一般只知道壳体应力存在环(周)向、轴向和径向的方向性，以及分析设计中的分类应力，而对压力容器的其他应力概念以及锅炉、管道等其他承压设备或者其他机械运行中所承受的应力了解不够。对应力有一定了解的技术人员，往往也缺乏对各种应力及其整体关系的认识，从而弱化了对各种应力个体的概念意识。关于应力的各种基本概念只是散见于教材、专著、手册等各种资料，有的没有严格定义，不同学科资料对同一概念的定义或描述因视角差异而各有侧重，"自言自语"，同一视角的解释也深浅不一，没有严肃细致的对比，个别概念在中文与外文之间转换时难免误译误释，或者为了避免重复前人的描述而故弄差异，或者同样的内涵甚至有多个不同的名称，各执一词，令人无所适从，造成阅读理解困惑，影响技术交流，降低技术工作效率。因此，需要通过相关管理和引导工作，加深读者对有关概念的认识和应用，也可为新的应力命名提供参考，这也需要新的组织方法来解决。

3. 应力词汇概念的管理需要各种资源力量的支持

由于对应力概念的繁杂及其梳理的必要性认识不足，投入的资源不足，缺少对应力概念持续的、恰当的解释和引导。由 ASME 制定的锅炉及压力容器规范 (Boiler and Pressure Vessel Code)(下文简称《ASME 锅炉及压力容器规范》)，已成为世界上容器规范中规模最为庞大、内容颇为丰富和完整的一部规范，自 1914 年首版颁布以来，已超百年，经过不断补充和修正，版龄逐渐缩短，目前约 2 年推出一个新的版本，具有持续的权威性，与其相应的资源投入相匹配。ASME 十分重视理论工作，经常吸取工业企业部门使用规范过程中的经验与意见，使规范的修订或更改更能符合实际情况[32]。

1998 年，全国科学技术名词审定委员会开始编辑出版会刊《中国科技语》，至今已审定正式公布《力学名词》(1993)、《物理学名词》(第三版，2019)、《机械工程名词(第二分册)》(第二版，2021)等与机械设备专业有关的名词手册，遗憾的是其中有的手册中只有名词目录而没有名词定义，有的虽然给出了名词定义，但是十分简练，没有释义。术语在线网站(https://www.termonline.cn/index，简称术语在线)是全国科学技术名词审定委员会唯一线上名词公布平台，可在线获取术语的简明定义。例如，在术语在线中输入"应力"一词，则显示其相关学科多达 12 个。有建筑学、土木工程、力学、冶金学、水利科学技术、海洋科学技术、航天科学技术，等等。除了上述显示外，还有相关结果约 9094 条，点击其中的热应力一词则进一步显示其相关学科涉及水利科学技术、工程力学、工程结构、建筑材料等。

其中，水利科学技术的工程力学专业给出应力的定义为：受力物体截面上内力的集度，即单位面积上的内力，见载于《水利科学技术名词》。遗憾的是，术语在线中很少有基于板壳力学的应力词汇，如承压设备中常用的计算应力、薄膜应力几个词汇都是缺失的。

为了压力容器制造和运行的安全，全国锅炉压力容器标准化技术委员会制定了诸如《压力容器》(GB 150.1～150.4—2011)等多项标准[33](该标准自 2017 年 3 月 23 日起，转为推荐性标准，编号改为 GB/T 150.1～150.4—2011)。为了规范压力容器行业中的专业术语，全国压力容器标准化技术委员会早在 20 世纪 80 年代就开始着手制定压力容器名词术语标准。2000 年，由全国锅炉压力容器标准化技术委员会提出编制的《压力容器术语标准》经过国家标准化管理委员会审查确定后列入《2000 年制修订国家标准项目计划》，经过国内业界讨论后形成的送审稿包括如下 8 个部分：基本术语，技术，质量管理，压力容器结构，材料，设计，制造，涂敷、运输包装，安全附件。《压力容器术语》(GB/T 26929—2011)[34]最终在列入计划十一年后于 2011 年发布，给出了广泛应用于压力容器的基本技术用语，但无论是 28 个主词条，还是其派生词，都没有关于应力或者安全系数的术语，由此可见这类工作的难度。

从国内外业界标准化工作看，标准化工作管理任务繁重，而且尚没有关于承压设备应力及安全系数专题术语标准的编制计划。为了加快标准化相关工作的开展，各层面的、不同方式的、直接或者间接的资源都应该受到欢迎，除了政府部门和行业组织外，企业个体乃至技术员个人的响应也会促进问题的解决，对标准规范或行业新理论的学习研讨本来就是可以产生效益的软课题。

以上客观存在的问题轻则影响工作效率，重则引起审查中的判断错误，甚至危及结构安全。年轻的学科专业发展中难免出现瑕疵，在专业成型的初期也难以把握其全貌，因此在发展过程中及时地完善其中的不足是更有效的学术行为。

1.2　应力及安全系数的本质作用

1.2.1　应力及安全系数的作用

1. 应力的定义及其数学表达

应力的影响因素有很多，从不同的角度分析各种应力的特点，可以认识到应力的多种性质，应力的本质反映其中的共性，应力的作用就是其本质的体现。本质上，物质总是由原子构成的，从原子的维度看，原子之间相互吸引或者相互排斥。物体在没有受力的状态下，原子处于自然状态，所有的力互相平衡，如果物体受到外力的作用，原子就会偏离平衡位置寻找新的平衡位置来平衡外力。如果物体由于外部因素而变形，物体内各部分之间也会产生相互作用的附加内力，以抵抗外来作用。这就是应力的本质。

在材料力学中，通过假想的一个无限小的立方体(cube)微单元来描述各向同性物体内某一点的受力情况。由于无限小，小到物体内部力是均匀的，没有应力变化，只有一种应力状态。同时，把宏观物体的受力看成微单元的叠加，就可以通过数学微积分运用无限(无限大或者无限小)的原理来处理很多实际问题，包括力学的本质问题，从而推动力学的发展。应力反映结构内部一定面积上内力集度的大小，在弹性力学中，为了给出应力的精确定义，或者说为了能够以数值大小来量度应力而需要设定一种尺度，就以内力考察 P 点处为形心，在截面上取一个面积为 ΔS 的面元，面元的单位外法线矢量为 $\boldsymbol{v}$，面元上所受内力的合力为 $\Delta\boldsymbol{R}$(一般来说它与外法线矢量 $\boldsymbol{v}$ 不同向)，当 $\Delta S \to 0$ 时(即面元趋于 P 点时)，比值 $\Delta\boldsymbol{R}/\Delta S$ 的极限称为应力矢量 $\boldsymbol{\sigma}_{(v)}$，可把应力表达为[35]

$$\boldsymbol{\sigma}_{(v)} = \lim_{\Delta S \to 0} \frac{\Delta\boldsymbol{R}}{\Delta S} \tag{1.1}$$

应力记号的右下标 (v) 表示：应力矢量 $\boldsymbol{\sigma}_{(v)}$ 的大小和方向不仅与 P 点的位置有关，而且和截面的方向(用其法线方向 $\boldsymbol{v}$ 表示)有关。应力是载荷引起的物体截面内某点单位面积上的内力，换句话说就是受力物体截面上内力的集度，当内截面趋近于零而无限接近一点时，就变成分布内力在这一点上的集度，就是该点的应力。但是，内力的大小和方向还和截出的这个面的方位有关，不同方向的截面上的应力是不同的，作为描述物体受力状态的一个物理量，这就是应力的物理性。应力通过一个面上的内力来定义，经过该面上某一点的面有无数个，这些面上都存在应力。因此，要确定物体内某点的应力，需要知道应力作用面的方向、应力的大小和应力的方向，这也称为应力的三要素。其中作用面的确定是通过该面的法线方向来反映的，经过同一点的不同方向的截面可以得出该点的不同应力状态。在数学中，数学张量可以用来表达具有多个方向性的物理量，它是矢量概念的推广，若有 n 重方向性就称为 n 阶张量，矢量只有一个方向性，属一阶张量，它有三个分量。具有双重方向性的二阶应力张量有 $3 \times 3 = 9$ 个分量，如图 1.2 所示。所以需要从张量的角度来描述物体内某一点的应力状态，应力的三要素中有两个方向要素具有双重方向性，这样物体内的一点应力状态必须用一个二阶应力张量才能完整地加以描述。应力张量是一个二阶对称张量。

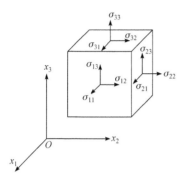

图 1.2　应力张量

弹性力学强度理论是三向主应力理论，如果进一步具体到点的应力状态 9 个应力分量中的三个互相垂直的主应力分量，其在直角坐标系中的方向是明确的，此时只需要一阶张量来确定，应力是一阶应力张量的简称，一阶张量也就是矢量，应力矢量是应力运算的基础。某点的某个主应力，其应力三要素是完全确定的，该应力的分解或者与其他应力的合成完全可以在矢量直角三角形中按照三角函数或几何关系进行运算。同一个应力在两个不同的直角坐标系中有不同的矢量表达，这两个不同的矢量表达之间的关系可以通过线性变换来实现。应该指出，三个主应力分别作用在三个相互垂直的不同平面上，它们是应力张量的三个一阶分量，而不是某个矢量的三个分量[35]。

2. 压力的定义及其数学表达

凡是能导致物体变形和产生内力的物理因素都称为载荷。第一类载荷，如重力、机械力、电磁力等，可以简化为作用在物体上的外力，由外力再引起物体的变形和内力；有时位移也可列入第一类载荷。第二类载荷，如温度和中子辐照等物理因素，直接引起物体的变形，仅当这种变形受到约束时，物体内才产生内力。根据作用域的不同，外力可分为体积力(简称体力)和表面力(简称面力)，在材料力学和结构力学中经常把高度集中的表面载荷简化为集中力，在弹性理论中则把集中力还原成作用在局部表面上的表面力来处理[35]。压力是承压设备中最普遍的载荷。在《力学的量和单位》(GB/T 3102.3—1993)[5]中，压力、压强定义为力除以面积：

$$p = \lim_{\Delta A \to 0} \frac{\Delta F}{\Delta A} \tag{1.2}$$

式中，ΔF 是作用在构件外表面积 ΔA 上的外力。

把压力、压强理解为物体表面力的一种,式(1.2)即压力、压强外载荷的一种物理意义的数学表达。对于一个物体,其外表是稳定不变的,反映其外载荷的表面力(压力或集中力等)大小和方向都是可以确定的,也就是说表面力具有矢量性。但是对于压力,其作用的方向是公认的常识,必然垂直于物体的表面,因此对压力的表达不需要确认其方向,只需要给出其数值大小,压力不是矢量,而是标量,是一个一阶张量,这既是一种数学表达,也是与应力的区别。

式(1.1)和式(1.2)都是基于极限出发而定义的概念,虽然式中除以面积,但是从数学上来说,当面积趋于零时,这已失去统计平均的意义,反而表达了极限的意义。客观上一个点的应力和一个点的压力都是存在的,但是如果从极限表面积等于零的意义来理解一个点所在之处所承受的作用力,则除了压力这一个定义的内容外,还有垂直作用于该点的集中力这另一个定义的内容。这一点与工程上应力计算中有时以力除以面积所获得的应力在概念的本质上是不同的,工程设计通常校核结构件的危险截面或者危险点所在的截面,这种工程上的方法计算的应力才具有统计平均的意义。

3. 应力和压力的关系

应力和压力除了量的数学性质不同,还区别在以下两方面。

(1) 应力只与内力有关,而与外力无关,压力只是一种外力,内力与外力的平衡通过力的平衡方程来表达;内力是作用在物体内截面上的,应力的计算基于内截面上的某一点,而外力是作用在物体外表面上的,压力是作用在物体表面上的已知外力,属于载荷的一部分,物体内部与其表面是两个不同的参考体系。

(2) 在工程实际中,同一受压腔内介质压力的变化是缓慢的,而应力由于内力的不均匀分布以及结构等原因是可以激烈变化的。正是由于截面上内力分布不均匀,必须引入应力的概念来描述局部受力状态[35],这也是两者的重要区别。

应力和压力具有紧密的关系,主要表现在以下三方面。

(1) 应力和压力、压强的力学单位是相同的。

(2) 外力通过内力对应力产生影响,这种作用是间接性的。

(3) 当内截面无限趋近于外表面时,内力也趋近于外力,最终两者相等。

4. 安全系数间接调整许用应力

应力取决于具体结构及其承受的载荷,与设计该结构时所取的安全系数无关。承压设备设计技术主要目的是快捷取得安全可靠、经济合理的分析结果,应力水平、应变大小和位移常常成为分析结果的主要指标。按照问题的性质,对分析结果进行结构强度、刚度、稳定性三者之一的校核,个别甚至进行两种指标的校核。许用应力就是允许达到的应力,其创始人是巴哈(Back)[35]。压力容器的基本设计思想是一次薄膜应力或最大(正)应力不得超过许用应力，计算应力依据的理论是最大应力理论，各国压力容器标准中都体现了这一思想。

式(1.3)是结构强度设计校核的经典公式，要求结构承受外载荷所引起的应力水平(也就是应力的大小)σ 不得大于结构材料的基本许用应力$[\sigma]$，即

$$\sigma \leqslant [\sigma] \tag{1.3}$$

式(1.3)中基本许用应力的取值与所选用的材料种类及环境温度等因素有关，在具体工程设计中的许用应力也与设备构件的结构形式有一些关系。同样结构的设备选用不同的材料，同样的材料用来制造不同的结构零部件，或者同样结构及材料应用于不同种类的设备，这些不同情况都可能使其作为应力控制限度的应力许用数值有所差异，具体主要通过安全系数 n 来调节，即基本许用应力为

$$[\sigma] = \frac{R}{n} \tag{1.4}$$

式中，R 统一作为材料强度某一种指标的代号，以材料的屈服强度(yield strength)、抗拉强度、持久强度或蠕变强度其中的某一个作为相应的量值。因此，平时所说的安全系数，完整地说应该是材料强度的安全系数。分析设计要求对有限元方法计算得到的总应力进行分类评估，在具体实施中会出现难以确定其所属分类的应力，此时设计人员往往倾向于做出保守的决定，取较大的安全系数。第 7 章将与承压设备有关的安全系数概念放在一起，有助于技术人员加深对材料强度及其许用应力的理解。

1.2.2　应力的影响因素

1. 应力和安全系数的多重单向关系

由设计校核公式和许用应力公式可见，应力和安全系数分别位于如下基本公式的两端：

$$\sigma \leqslant \frac{R}{n} \tag{1.5}$$

虽然两者的数值来源完全不同，但是都是出于工程设计校核的目的，只有同时熟悉力学中应力和安全系数的概念，才能为结构安全评估提供基础。如果撇开安全系数，很难想象还有什么手段能使承压设备专业乃至机械学科对社会发展提供可靠的支撑。因此，本书把安全系数视同是工程上与应力同等重要的概念，也视之为不可或缺的一个技术因素。从下面两者多重交织的关系中可以了解其中的复杂性。

(1) 经常提到的许用应力只是被调节的诸多应力的典型，压力容器设计中需要调整的技术指标也不仅仅是应力，调节安全系数也只是调节许用应力的多种方法(或系数)之一。两者不是一一对应的关系，这点从式(1.5)的不等式属性上就可以充分认识。

(2) 安全系数只是在数学上与许用应力存在关系，相互间没有直接的物理意义，只存在一定的间接物理意义。

(3) 安全系数影响应力的间接性之一反映在其作用的传递环节上，先调节许用应力，由许用应力调整结构材料或尺寸，结构的优化改善了应力状态。由于中间环节的因素不是唯一的，具有可选择性，因此两者不是式(1.5)所反映的表面的因变量关系，在数值关系上也不可能是线性关系，而是非线性关系。

(4) 安全系数影响应力的间接性之二反映在其作用的效果上，设备设计时对安全系数的应用最终要取得设备运行的实践检验，有时对个别零部件安全系数的调整会引起其他零部件应力状态的恶化。提高安全系数如果引起构件厚度的增加，也可能使得由内外壁温差引起的热应力增大，从而影响构件功能。因此，两者不是式(1.5)所反映的纯粹的反比例关系，在某些条件下存在正比例关系。

(5) 安全系数影响应力的间接性之三反映在可能不需要改变结构，甚至在个别具体的案例中取消安全系数也能满足设计校核的条件。

(6) 只有通过设计所取的安全系数调整应力，而没有通过应力调整来确定设计所取的安全系数的可能，两者是单向度的关系。有的设计通过其他手段降低构件的应力水平，使设备的安全性提高，这是设计裕度或者安全裕度的提高、设备可靠性的提高，可以说提高了设备运行的安全系数，但不是提高设计所取安全系数的结果，也不会反过来提高设计所取的安全系数。

2. 应力和形变的多种双向关系

形变即变形，文献[36]对载荷作用下物体的变形(包括体积改变和形状畸变)、位移和应变等进行了描述。位移是一个有量纲的物理量，应变是一个无量纲的物理量。应力分析设计标准中定义变形(deformation)为元件形状或者尺寸的改变。应力和应变具有如下六种关系。

1) 应力与应变根本上的单向因果关系

应力与应变根本上的因果关系是指本质上是载荷引起应力，应力引起应变，而不是应变引起应力，也不是应力产生载荷。

例如，一根推力杆，推力从变截面直杆的一端到另一端的整个传递路径中的大小不变，但是杆件全长中的轴向应力可以随着杆件横截面积的变化而变化。即便是等截面直杆，根据圣维南定理，杆件两端面的应力分布也有别于杆件中间段的应力分布。杆中的应力发生变化，但是载荷始终没有发生变化，这就说明应力无法改变载荷。

又如，结构受热膨胀后存在一定的热应力，热膨胀也引起一定的应变。对于厚壁圆筒体，当内外壁之间存在温差时，同时存在该温差引起的热应力，而且厚壁圆筒体的热应力只由温差引起，但是其热应变不但与温差有关，还与温度有关。热应变包括温差热应力引起的弹性应变和热膨胀引起的温度应变两部分，只有弹性应变与热应力有关，温度应变与热应力无关。这个案例可以给大家一个清晰的认识，就是温差载荷引起热应力，热应力引起热应变，而不是热应变引起热应力。

再如，金属由应力引起的应变随时间变化的流动现象称为蠕变，这强调的也是应力引起应变。

案例说明载荷是一种客观存在，外载荷使物体内产生应力，也使物体表现出形状和尺寸的变化，应变是描述物体变形程度的一种手段，应力和应变是人们为了认识力学现象、描述力学行为而定义的两个概念，带有主观性。因此，应力和应变的定义也可以是其他方式的，只不过长期实践中人们认识到目前的定义方式是最为恰当的。相对而言，定义应力因其抽象性而显得困难，定义应变因其可感观性而显得容易，例如，只要能够描述材料的变形程度就可以认为是广义的应变度量，这也是试验应力技术中通过检测应变来推算应力的原因。

2) 应力与应变在工程应用上的双向量度关系

应力与应变在工程应用上的双向量度关系反映在应力与应变的本构关系上，也就是物理关系上。可以通过数学方程来表达这个物理模型，而其中的物理关系一般可以通过一系列试验结果确定的连续曲线来反映。

无法对应力进行直接测量，因此只能通过测量载荷引起的应变再根据公式计算出应力的大小，根据胡克(Hooke)定律，在一定的比例极限范围内，应力与应变呈线性比例关系，而且对应的最大应力就是比例极限，即

$$\sigma = E \cdot \varepsilon \tag{1.6}$$

或者，适用于广义胡克定律的多向应力的计算公式为

$$\sigma_{ij} = E_{ijkl} \cdot \varepsilon_{kl} \tag{1.7}$$

反之，也可以通过应力再根据公式计算出应变的大小，因为应变在力学中定义为一微小材料元素承受应力时所产生的单位长度变形量，由胡克定律可知其是可逆的，即可以用应力来表示应变，因此应力和应变是双向关系。这种双向关系仅相互起度量作用，不是因果关系，不能因为根据应变可以计算应力而认为应力是由应变产生的。

3) 应力与应变多种多样的非唯一对应关系

首先，材料中的应力超过屈服极限后出现塑性(plasticity)，应力分析设计标准中定义塑性为材料中应力超过屈服强度后发生与时间无关的不可恢复的变形。塑性变形有三个主要特点：非线性(应力-应变关系是非线性的)；加卸载性质不同(加载是塑性，卸载是弹性)；历史相关性(应力与应变没有一一对应关系，与加载历史有关)。塑性状态下应力与应变之间的非线性、非单值对应的关系，即便是可控制的局部塑性变形，其应力-应变关系的求取也变得非常困难，无法通过显式表达。其次，除应力概念多种多样，物体的应变概念也多种多样，应变除分为弹性应变、塑性应变、蠕变应变外，还分为表面应变、主应变、平均应变等。应变不是本书讨论的主要内容，所以这里不对各种应变概念展开描述。但是，既不能认为表面应力只引起表面应变，或者表面应变只由表面应力引起，更不能认为所有的应力都引起应变。

4) 直杆轴向受压临界屈曲状态下特殊的应力与应变关系

当直杆轴向受压处于弹性状态时，其横截面上应力与应变的关系是均匀的，当处于临界屈曲状态时，与结构的凹凸侧存在对应关系。

当欧拉杆在轴向力作用下进入非弹性状态时，如果达到发生屈曲的临界状态而有一微小弯曲，那么杆曲线凹的一面的应力-应变关系为 AA'，该段的斜率称为切线模量，而杆曲线凸的一面的应力-应变关系为 AA''，该段的斜率与弹性状态时的弹性模量相同，如图 1.3 所示。

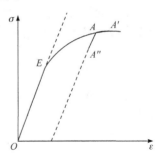

图 1.3　直杆非弹性临界屈曲
状态下应力与应变的关系

5) 热应力与热应变此消彼长的互动关系

一般来说，结构受热膨胀存在两个极端状态，如果热膨胀受到限制，那么结构几何尺寸不变，就不会产生应变，但是会引起很大的热应力；反之，如果结构完全自由，那么结构几何尺寸变大，就会产生应变，但是不会引起任何热应力。对于约束引起的总体热应力，解除约束后会引起结构的显著变形及应变(如圆筒壳壁沿经向存在温差时)，对于约束引起的局部热应力，解除约束后不会引起结构的显著变形及应变(如圆筒壳壁沿壁厚存在经向温差时)。由此看来，应力与应变的同生共退关系不具有普遍意义。当然，这只是热应力的个性，工程实际上普遍存在热膨胀的中间状态。

6) 应力与位移表观视角的从属关系

表观是指构件在力的作用下的变形、位移、应变三者从不同层面描述物理量的改变时，变形和位移较应变更加感性、直观。变形是泛指，如有弯曲变形、扭转变形、拉伸压缩变形等，研究对象通常为整个结构或其他单个整体部件。位移是一个矢量，是指沿着力的方向或沿构件某方向的直线距离，研究对象通常为结构中的某一点，以特征点的变动距离反映结构的移动，包括刚体位移、局部位移。

应变是指单位变形，就是宏观可见的位移转化为在一个很小的尺寸上的变形，研究对象是整体，计算结果是对整体位移的平均，也就是一种抽象性的局部，即式(1.5)变为

$$\sigma = E\frac{\Delta L}{L} \tag{1.8}$$

但是从构件整体对不同部位的分析也许会发现各局部结构的应变之间是不均匀的，从构件局部分析也许会发现某处的应变特别大或者特别小，这是宏观位移转化为微观应变所引起的差异。在用位移法对结构进行有限元分析时，虽然节点位移先于应力求出，但是也不宜理解为所有的应力均由位移引起。应变的大小可根据位移求得，因此应力与位移的关系从属于应力与应变的关系，也就是从属于前面的因果关系、多对应关系和互动关系。

为了预防高温容器翘曲和失稳，通过载荷系数和应变系数放大设计载荷[37]，显示出应变具有与载荷某种同等的作用，而载荷是直接产生应力的，因此这里的应变与应力具有直接关系，而位移缺少这种作用，可不作为应力的影响因素考虑。

3. 许用应力的因素模型

综合前面的分析，考虑到材料的许用应力与构件的应力，还与环境因素有关，构建定性反映许用应力水平及其影响因素的关系简图，称为许用应力曲面因素族三维模型，如图1.4所示。

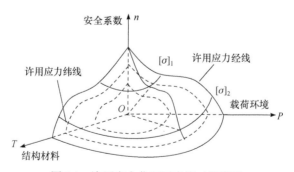

图1.4　许用应力曲面因素族三维模型

模型中由笛卡儿坐标系的三条垂直轴元素绘制出三维许用应力曲面，再通过第四维的一条许用应力水平轴在许用应力曲面上所交汇的点确定这个系统的许用应力水平。具体如下：

OT 轴是承压设备的结构材料轴，表示各种几何形状的板壳、紧固件和型材，以及各种材料，这些元素按照能力(强度、刚度、稳定性)从低到高在轴上从 O 到 T 排序。

OP 轴是承压设备的载荷环境轴，表示各种载荷和介质，以及包含时间元素的各种工况，例如，循环载荷与静载荷的安全系数就不同，这些元素按照能量从大到小在轴上从 O 到 P 排序。载荷环境轴反向延伸成为负向载荷环境轴，仅表示载荷作用方向的改变，所引起的许用应力变化不一定改变到模型上的对称位置。

On 轴是承压设备的安全系数轴，表示各种安全系数和起到同类作用的其他系数，广义上可以关联到采用这些系数的设计方法和设计准则(规则设计和分析设计方法，常规强度设计方法中的弹性失效准则、塑性失效准则和爆破失效准则(或极限强度准则)等)，安全系数按照数值从大到小在轴上从 O 到 n 排序。安全系数的影响因素介绍见 6.1.2 节。

$O[\sigma]$ 轴是承压设备的许用应力水平轴，表示在一定的安全系数下，各种工艺上的载荷环境作用到装备结构材料时的各种许用应力，按照数值从低到高在轴上从 O 到 $[\sigma]$ 排序。

许用应力经线是许用应力曲面因素族三维模型上沿经向分布的许用应力线的简称，是由安全系数元素和载荷环境元素及结构材料元素确定的纵向许用应力曲线，视载荷环境元素和结构材料元素两者的权重，转向两者之中影响力大的元素数轴。图 1.4 中模型正视的 POn 面和左侧视的 TOn 面上以虚线各绘制了两条许用应力经线。

许用应力纬线是许用应力曲面因素族三维模型上沿纬向分布的许用应力线的简称，是指在一定的安全系数下，由载荷环境元素和结构材料元素确定的横向许用应力曲线。安全系数越低，许用应力纬线越贴向模型底部的 POT 面。如图 1.4 所示模型，在 POT 面上以虚线绘制了两条许用应力纬线。

许用应力曲面是许用应力曲面因素族三维模型上由许用应力经线和许用应力纬线织成的曲面。图 1.4 中，用三条实线表达的许用应力经线和用三条实线表达的许用应力纬线织成最外层许用应力曲面，还示意了某一条许用应力经线与上面一条许用应力纬线的交点所确定的许用应力 $[\sigma]_1$，以及同一条许用应力经线与下面一条许用应力纬线的交点所确定的许用应力 $[\sigma]_2$。

此外，除了上述实线织成的最外层应力曲面，也可以想象四条虚线表达的许用应力经线和两条虚线表达的许用应力纬线织成的中间层的应力曲面和最里层的应力曲面。这样层叠起来就有点类似平底的洋葱头模型，由于各因素的影响程度不同，模型是非对称的，其表面的曲面就不是光滑的。

1.3　应力和安全系数词汇的梳理方法

物以类聚，分类是研究，包含着关联思维，既体现了自然规律，也是科学研究的基础和基本方法之一。只有深入和广泛，才能发现丰富，才有分类的必要。确定类型是人类的一种基本本能，就是试图使混乱和经验条理化，以便从中挖掘出意义，或者更准确地说，首先处理大量的信息，然后把这些无秩序的东西整理成可以提供意义架构的假设和命题。但是，分类和种类是两个不同的范畴，种类更多的是基于实际状况的认识，而分类属于学术范畴。

1.3.1　词汇的分类及选取

1. 应力和安全系数词汇的选取

本书收录的应力词汇不仅包括独立性和完整性的词汇概念，还包括复合词汇和专用词汇。

(1) 收录个别具有定义特性的组合派生词，以便于同类主题的比较。例如，弹性名义应力的概念中包括弹性应力和名义应力两个独立的基本概念；又如，当量组合应力强度的概念中包括当量应力、组合应力和应力强度三个独立的基本概念。

(2) 收录一些技术进展中的专有词汇，以引起关注，如规定非比例伸长应力，也收录与承压设备密切关联的土建力学和流体力学中的极个别词汇。长期以来，埋地管道技术经受了实践检验，特别是近十多年来复杂的油气长输管线建造运营技术、复杂的非均匀冻胀影响埋地管的应力分析技术日益完善[38,39]。与此同时，从 20 世纪 60 年代应用于核电站的预应力混凝土压力容器到当前对混凝土材料性能的深入研究[40,41]也总结了不少技术经验，从混凝土专业独立发展而来的隔热浇注材料相关技术已经广泛应用在炼油装置的冷壁加氢反应器、再生器、高温烟气蒸汽发生器前端管箱、乙烯装置各级急冷锅炉和炼油化工工业炉等结构。但是相比之下，LPG 覆土罐(mounded LPG bullet)在国外作为一种埋藏在沙土之中的新型液化石油气钢制储存设备，已经可以根据英国工程设备和材料用户协会颁布的标准 EEMUA 190-2000 来设计施工[42]，而在国内关于埋地容器技术中的载荷分析技术尚不成熟[43,44]。埋地容器往往涉及壳壁内外载荷，埋地常压容器还要判断是否属于压力容器标准 GB/T 150.1～150.4—2011 管辖，若其规定的设计外压大于或者等于 0.02 MPa，则属于外压容器，受该系列标准管辖，埋地深浅并不能直接作为该判断的依据[45]。从这些与设备相关的安全内容来说，无论非金属材料还是土地综合利用，这两个相关方向都是值得开拓的方向。《ASME 锅炉及压力容器规范》2013 年版的第三卷第 2 册就是关于核设施的混凝土反应堆安全壳规范，也适当收录了土建力学中个别与承压设备相关的专业词汇。

(3) 适当引用术语在线上相关学科的应力词汇定义作为讨论的参考，可以让读者观察相近或交叉学科的差异，发现值得借鉴的亮点，摆脱承压设备传统技术框架的束缚，自觉关注承压设备专业与其他学科的联系，主动发掘新的技术创新点。例如，近几年来塔类高耸设备在原有防振技术基础上引用了城市高层建筑阻尼消振的技术理念开展研究，特别是将土木建筑领域应用广泛的黏弹性阻尼器用于塔器减振[46-49]，工业效果显著。

(4) 中文中很少出现，但是长期在英文中经常出现的词汇也被收录进来，如 representative stress，译为代表应力。

(5) 本书收录了技术创新中出现的、尚未被业内熟悉的个别新词汇。例如，视在断裂应力，其检测值与传统方法检测得到的断裂应力值是有差别的。

初步统计，本书收录了与承压设备有关的应力词汇术语中的 628 个(对应的英文应力词汇 708 个)，涉及相当丰富的基础理论和专业知识，已可以构成一个复杂而庞大的体系。

安全系数词汇的数量为 124 个，其选取不设规则。

2. 应力词汇的弃录

实际在用的应力词汇和词组明显超出本书已收录的部分，例如，未收录如下 10 种应力词汇。

(1) 未收录在本质上不是名词的应力概念，例如，未收录电测应力、去应力或者消除应力。

(2) 未收录只具有简述性且有口语化倾向的词汇，例如，未收录错边应力、翻边应力、咬边应力等同类概念，实际上错边应力是局部应力的一种，包含峰值应力，也可列入附加应力的范畴。

(3) 未收录已有更正式定义的词汇或已有常用简称的词汇，例如，绝大多数情况下横截面应力其实就是该构件的正应力，不致引起误会时也常简称截面应力，因此就不收录横截面应力这个词汇了。

(4) 未收录不规范的词汇，以免造成误解和混乱。例如，未收录水静应力、静水压应力，实际上由静水应力一词已能概括相关内容；未收录剩余应力一词，以免与残余应力或稳定应力有交叉的部分内容混淆；也未收录扭曲应力一词，扭曲应力是把同时存在扭转应力和弯曲应力两种情况人为地组合到一起的称法；类似地，未收录术语在线中根据公路交通科学技术学科道路工程专业给出的弯拉应力(flexural-tensile stress)一词。

(5) 未收录只具有描述性的一般组合派生词汇，这类词汇的数量特别多而又简明易懂。例如，常见的环(周)向拉伸应力这个词汇，其概念中包括环(周)向应力和拉伸应力两个独立的基本概念；又如同类型词汇法兰许用应力(allowable flange stress)、螺栓许用设计应力(allowable bolt design stress)等。

(6) 未收录同时具有陈述性或描述性的组合派生词组，例如，俄罗斯标准 ГOCT P 52857.4 关于法兰连接的强度和密封计算中法兰的当量名义弹性应力幅，该词汇概念中包括当量应力、名义应力、弹性应力和应力幅等四个独立的基本概念，且其中的独立词序可调换改称为当量弹性名义应力幅或名义弹性当量应力幅，而不至于引起词组的明显异义等。

(7) 未收录具有特定概念的固定短语。短语有别于词组，它虽然也是组合派生词组，但是往往带有修饰性定义或者不能调动词序。例如，未收录正的正应力、负的正应力及弯曲拉应力；或者计算厚壁容器由压力引起的应力与由温度引起的应力的叠加时，需利用强度理论计算壳壁中三向应力的综合叠加应力的综合相当应力[50]；依照惯例的应力(conventional stress)[51]，以及《ASME 锅炉及压力容器规范》2013 年版的第三卷第 1 册中采用的 anchor point motion stress 概念。

(8) 常见应力词汇的别称少见时，也不收录，例如，二次应力虽然也称为"Q 类应力"，但是不收录后者。又如，词汇的中英文对照表中未收录关键应力和主控应力两个词汇，但是考虑到英文表达方式，就把这两个词汇的英文形式与临界应力词汇的英文形式列在一起，即在中英文对照表中将"critical stress"和"governing stress"放在"临界应力"之后，而 governing stress 还可译成支配应力[52]。

(9) 未收录不具普遍意义或意义不大、众所周知的词汇，例如，中点应力(stress at mid-bay)、跨中应力(stress at mid span)、平均薄膜应力(average membrane stress)[52]，外应力、外推应力(extrapolation stress)[53]和内插应力，或者《固定式压力容器安全技术监察规程》(TSG 21—2016)[54]中提到的与石墨或纤维增强塑料制造的压力容器有关的应力词汇，《ASME 锅炉及压力容器规范》2013 年版的第八卷第 2 册中出现的 irregular stress(不规则应力)。

(10) 未收录难以从字词面上理解，令人莫名其妙的词汇，例如，start-of-dwell stress(开始出现的应力)[55]；《ASME 锅炉及压力容器规范》2013 年版的第八卷第 1 册和第 2 册中出现的 contract stresses(合同应力)；《ASME 锅炉及压力容器规范》2012 年版及 2013 年版第八卷第 1 册中出现的与垫片密封关联的 seating stress，其对应于我国专业标准中的垫片比压力。

词汇的选取或弃录合称为一次筛选。

3. 应力词汇分类方法调适

如何整合已有的资料，使应力词汇及其概念内容脉络清晰展开，这需要一个独特的视角，或者说需要一种合适的方法。概念本身是技术知识的一种载体，作为表达方式也是一种简化而高效的交流工具。迄今为止，尚未有关于应力名词词典之类专著或专论的公开报道，鉴于词典对词汇排序和解释所要求的严谨性，以及与大多数技术人员对相关知识需求的部分错位，为了对所有相关应力和安全系数的概念有基本准确的认识，对词汇概念的汇总应不仅使其具有工具书的功能，又要避免其单向度的线性层级框架，宜采用使章节中的技术内容相关联成体系的多向度方法，以便读者阅读时能够触类旁通达到时效最大化。同时，有分类，有专题，就有比较分析，比较会使共性更清晰、个性更鲜明，这使得前面所述复杂化应力概念的认识方法问题也有了回应。因此，采用分组比较方法，兼顾词汇的分类以及概念的认识两者所需，通过词汇的某种特征分类来构建某种主题的概念关系也就显得更有必要，通过分类的方法简述与承压设备有关的应力词汇术语的基本概念，最终回归到便于读者查找和理解词汇这一双重目的。

为了让读者从不同角度全面、深入地对应力词汇概念迅速获取初步印象，并按个人感兴趣的其他方式来认识和利用，本书在目录中列出了各个次主题组中的应力词汇，相当于向读者提供了对比或筛选的功能。

为了弥补主题层级矩阵法分类的粗线条所造成的不足，特别是个别主题难以完全准确地概括其下面所辖的词组概念，在正文中通过在主题分类或次主题分组中的先后顺序上尽量找到某种清晰的逻辑，而不是随意排列，从而提高可读性。

为了消除本书词汇分类方法所带来的不便，本书通过附录的形式整理了应力词汇的中英文对照表，在正文中只讨论了一些中文同名词组或近义词组的区别，没有讨论英文同名词组或近义词组的区别。例如，对于在中文中没有区别的许用应力、容许应力和许可应力三个词汇，对应的英译词组是 allowable stress 或 permissible stress，在英文中，allow 是不加反对的许可，较通俗的用词；permit 则是较正式的用词，是根据权力、规定等给予的许可[52]。

1.3.2　词汇的联系及体系

分类非常重要，通过分类可以在一定程度上了解被分类事物的本质，虽然既能够抓住重点，又能衬托各自的特点，但分类只是一种为了突出个性特点而对整体进行割裂来认识局部的方法，不可否认的是即便所割取的一块是主要的，也无法反映事物的全貌。因此，要承认通过分类来再认识词汇概念这一本质作用也是有限的，还不够充分，还要认识到词汇关系是词汇个体的延伸，个体必须依靠整体才能发挥更大的作用。在分类的同时通过必要的个体整合来展示整体连贯性和统一性，发现其中的弱项，查找名词概念之间的连接点，接续其中的间断，弥补分类的缺陷，以最大限度地达到从宏观背景上认识应力词汇个体的根本目的。

1. 应力词汇的体系架构

面对诸多关联概念和业内个别乱象，本书的词汇分类只是人为地把它们收录到一起，相当于词汇的一次筛选，把经过四大主题再缩小到十二个二级主题、二十四个三级主题的分类称为二次筛选，相当于资料的调配和主题模块的制作，以便构建应力词汇的正文体系，如图 1.5 所示。

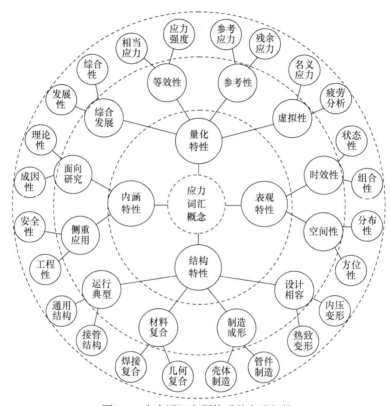

图 1.5　应力词汇主题体系的盘形架构

在图 1.5 所示关于各个主题模块体系的盘形架构图中，通过四个从小到大的虚线同心圆把词汇概念主题从粗到细分为三个层次。盘形架构图与树形图或金字塔图相比，在形象上使各主题模块关系显得更加紧密。

2. 应力词汇的分布状态

图 1.6 是采用以词汇概念主题为横向分类轴、以概念的上位、下位层级作为纵向分类轴的虚拟矩阵坐标表达法，对第 2～4 章所述三大主题模块 524 个词汇进行统计分析而绘得的词汇分布曲线。总体上与附录的词汇相比，图 1.6 涉及的词汇排除了概念重复的词汇，其中的应力成因性模块的词汇数量基于第 2 章所选取的 35 个词汇，2.2.1 节所列《钢制压力容器——分析设计标准(2005 年确认)》(JB 4732—1995)[6]中规定的各种载荷所引起的与载荷关联的应力词汇大多数都没

有被选取，例如，未选录自重应力(gravity stress、self-weight stress)，也未选录推力应力(thrust stress)[56]，因此可以追加上没有被选取的 10 个词汇数，以便对词汇分布结构进行修正。只有个别词汇重复出现在不同的主题中，忽略其对分布状态的影响。

分析图 1.6，各二级主题模块的词汇数量按照三个一级主题归集分布，尚未形成类似正态分布的曲线，但是具有这种趋势。正态分布，也称常态分布，又名高斯分布，是连续随机变量概率分布的一种。正态曲线呈钟形，两头低，中间高，左右对称，又称钟形曲线。这是一种在数学、物理及工程等领域都非常重要的概率分布，在统计学的许多方面有着重大的影响力，是科学的世界观，也是科学的方法论。自然界、人类社会、心理和教育中大量现象均按照正态形式分布。例如，金属材料力学性能试验结果往往是离散的，但是其变化中也反映规律，一定的样品数量之后，其结果就倾向于正态分布，为确定强度极限应力提供了科学的基础。正如应力水平的高低可以从数量上加深读者的印象，弥补仅有应力概念带给读者认识上的不足，应力词汇分布也可从数量上加深读者的印象，弥补仅有应力词汇分类带给读者认识上的不足。

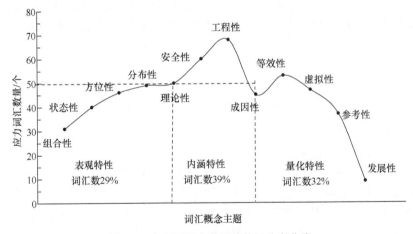

图 1.6　应力两级专题词汇数量分布曲线

图 1.6 潜含正态分布曲线的双重雏形。

首先，在第一层次中，所有模块构建了三大主题，内涵特性作为重点得到凸显，表观特性和量化特性围绕该重点初步形成一个整体，左侧的表观特性突出了分布性，右侧的量化特性突出了等效性，都呈潜在的正态分布。从模块的权重和对应关联度进行分析，曲线顶端工程性左侧的安全性突出了工程首要关心的问题，右侧对应的成因性回应了安全可靠的基础，位于安全性左侧的理论性反映了工程的复杂化问题，右侧的等效性回应了理论简化的实践应用，而分布性与虚拟性模块对子、方位性与参考性模块对子，以及组合性与发展性模块对子，都在一定程度上包含着相互的关联。图 1.6 中，曲线右侧较左侧存在更加明显的凹台，成因性模块所在线段不够饱满，但是不宜为了抬高这个凹台，就把二级主题模块中的成因性和等效性在横向分类轴上的位置互换，如果这样追求曲线的完整就不太符合模块的排序原则，同时这也表明对各种应力本质的探索力度不够，暗示着课题存在新的发展方向或者该方向存在新技术路径。曲线右侧词汇数占 32%，较曲线左侧词汇数 29% 略多，表明准确量化应力水平成果丰富，表观上定性描述应力状态成果不少。发展性模块的应力概念明显偏少，如第 5 章的结构特性应力概念介绍，没有从数量上统计专有词汇的存在，如管束的孔桥带应力[57]、管板的热肤应力、复合壳体的层间应力、横向剪应力、横向正应力和缠绕应力等，这些概念反映的内容大多数与结构及技术发展有关，处于发展应用中，这也是影响曲线右侧不完美的人为原因。

其次，单就内涵特性这一主题的第二个层次来说，工程性的重点突显反映了业内围绕工程性模块的需求，在安全性模块得到保证的基础上，开展了理论性模块的一系列技术研究，以探索应力成因性模块的各种本质，由此形成内涵特性的整体架构。

图 1.5 和图 1.6 只是表达应力词汇主题体系架构及词汇分类分布状况的方式之一，读者也可以通过应力词汇的其他关系来替代从大主题到小主题的上、下位层级关系，或者通过树形图等其他构建方式来表达这些关系内容。

3. 应力词汇分类有别于应力分类

应力词汇体系不是应力体系，更不是学科体系。本书的"应力词汇分类"在根本上有别于《钢制压力容器——分析设计标准(2005 年确认)》(JB 4732—1995)中的"应力分类"，主要表现在如下方面。

(1) 分类的对象和依据不同。词汇分类中虽然也以应力性质作为主要依据之一，但是还考虑了词汇的内涵特性和可比性等其他因素；应力分类虽然借助应力词汇来体现，但是其依据是应力产生的原因、应力的性质、应力导出的方法和应力的分布。应力分类依据的区别另见 2.4.9 节。

(2) 两者的分类目的不同。词汇分类不是为了记住那么多的词组，而是为了便于比较和理解词组背后的概念，包括业内多数应力词汇，可谓广义的应力词汇分类；标准中的应力分类是为了科学合理地安全评定，便于工程应用，主要针对钢制压力容器中的一次应力(总体薄膜应力、局部薄膜应力和弯曲应力)、二次应力和峰值应力，可谓狭义的应力性质分类。

(3) 两者的权威不同。词汇分类中的解释主要用于词汇之间的识别，并非都是关于该词汇的完全解释，所以同一词汇在不同的主题组中的解释有不同的侧重点；而标准中的应力分类是一种科学性的定义，具有唯一性和权威性。

4. 词汇概念交织的成因

不少常用的应力词汇可能不止在一个主题组中出现，个别甚至多达 10 个引用点以上，相应的描述也可能存在个别内容的重复，这主要是从不同角度分类和比较的结果，也是一个词语多种概念分支的结果。一些不常用的应力词语不一定在主题组标题中出现，但大多数应力词语会在标题、正文和附录三部分中同时出现。应力词汇的总数量以本书附录统计的为基准；其中个别少用的应力词语之所以被收录，是为了在讨论中说明该词不当之处或无意义之处。

词汇概念的交织与其广泛的来源途径不无关系。主要来源包含著名国际会议的论文，如 2008 年在香港科技大学和广州南沙资讯科技园举行的第八届断裂基础国际会议(The Eighth International Conference on Fundamentals of Fracture，简称 ICFF Ⅷ)、2009 年在韩国济州岛举行的压力容器技术国际会议(International Conference on Pressure Vessel Technology，简称 ICPVT 12)、2015 年在上海市举行的 ICPVT 14 会议，以及 2014 年在美国阿纳海姆市举办的 ASME 压力容器和管道年会。作者通读了各会议论文册的大部分专题论文，以便提取有关应力概念。此外，主要来源还包含著名国际规范，如《ASME 锅炉及压力容器规范》2013 年版各卷中的应力及安全系数的相关词汇概念也列入本书进行讨论。

对于客观上同一力学现象或某种应力的概念，其命名具有主观性，既与研究课题的侧重点有较大的关系，也受词汇倡议者学术素养的影响，不同学科对同一概念的命名还涉及学科背景等习惯，这些都是造成词汇与其要表达的概念之间无法完全一致的原因，这是可以接受的。从学术上来看，有两个难以克服的因素也造成了词汇概念的交织：一个是本意用来反映不同客观存在的各个词汇，在倡导者展开描述的过程中难以遵循固定的范式，或者说根本没有固定的范式，其日后的权威性就不赖以规范化这一基础，但是在长期的运用中经过对概念的微调或修正后，仍然可以成为经典；另一个就是简短的词汇本身对于读者主要起到启发意向的作用，鉴于各定义的可读性不同，当读者顺着意向性的指引去理解时，难免由于意识的发散而联系到超出词语本意的内容，只要超出的内容还与主体内容在思想上协调一致，就算是通常所指词汇的意思，也是学术上所说的理论概念。为了直观表达这几方面的相互影响，给出词汇的概念现象关系图，如图 1.7 所示。国内外语言文字对同一概念的表达或者对同一词汇的翻译常存在差异,这也是要努力解决的问题。但整体来看，这些因

图 1.7　词汇的概念现象关系图

素都不应成为各执己见的理由，而应作为不同学科专业或不同研究者之间互动的桥梁。

参 考 文 献

[1] 国家自然科学基金委员会. 力学——自然科学学科发展战略调研报告(续)[J]. 力学与实践, 1998, 20(2): 61-72.

[2] 武际可. 力学史杂谈[M]. 北京: 高等教育出版社, 2009: 166-169, 286.

[3] 力学名词审定委员会. 力学名词[M]. 北京: 科学出版社, 1993.

[4] 李依伦, 李敏. 材料力学中应力与应变的名称与正负定义[J]. 力学与实践, 2017, 39(5): 484-488.

[5] 全国量和单位标准化技术委员会. 力学的量和单位(GB/T 3102. 3—1993)[S]. 北京: 中国标准出版社, 1994.

[6] 全国锅炉压力容器标准化技术委员会. 钢制压力容器——分析设计标准(2005 年确认)(JB 4732—1995) [S]. 北京: 新华出版社, 2007.

[7] 崔京浩. 力学在学科发展及国民经济中的重大作用[J]. 工程力学, 2010, 27(增刊Ⅱ): 1-41.

[8] 俞海洪. 环管反应器应力分析中若干问题[J]. 化工设备与管道, 2013, 50(4): 26-30.

[9] 吴述雄, 陈孙艺. 70000t 年聚丙烯组合管式反应塔制造技术[J]. 特种结构, 2004, 21(3): 75-77.

[10] 马洪明, 刘雨琳, 韩伟. 燃煤烟气高温 SCR 脱硝反应器的结构工程设计讨论[J]. 化工设备与管道, 2017, 54(1): 25-28, 38.

[11] 陈孙艺, 柳曾典, 陈进, 等. 异径弯管的无力矩环向应力解析解[J]. 压力容器, 2007, 24(2): 35-39.

[12] 丁伯民. 对美国"锅炉及压力容器规范Ⅷ-2"的分析与理解之三——有限元的使用和所引起的问题[J]. 化工设备设计, 1995, 32(5): 1-6.

[13] 陆明万, 徐鸿. 分析设计中若干重要问题的讨论(一)[J]. 压力容器, 2006, 23(1): 15-19.

[14] 陆明万, 徐鸿. 分析设计中若干重要问题的讨论(二)[J]. 压力容器, 2006, 23(2): 28-32.

[15] 朱磊, 陶晓亚. 应力分析设计方法中若干问题的讨论[J]. 压力容器, 2006, 23(8): 24-31, 23, 39.

[16] 郑津洋. "对欧盟标准 EN 13445 基于应力分类法分析设计的理解"一文的几点商榷意见[J]. 压力容器, 2007, 24(1): 19.

[17] 丁伯民. 关于"对欧盟标准 EN 13445 基于应力分类法分析设计的理解"一文几点商榷意见的说明[J]. 压力容器, 2007, 24(1): 20.

[18] 朱磊, 陶晓亚. 对《关于分析设计法中应力强度准则 $P_m + P_b \leqslant 1. 5[\sigma]$ 的讨论》和《对〈关于分析设计法中应力强度准则 $P_m + P_b \leqslant 1. 5[\sigma]$ 的讨论〉一文的商榷》两篇文章的意见[J]. 压力容器, 2010, 27(12): 26-27.

[19] 丁伯民. 分析设计方法和各类应力特性的讨论[J]. 压力容器, 2007, 24(4): 24-32, 60.

[20] 朱磊. 关于"分析设计方法和各类应力特性的讨论"一文的几点意见[J]. 压力容器, 2007, 24(4): 33-34.

[21] 丁伯民. 对"关于《分析设计方法和各类应力特性的讨论》一文的几点意见"的答复和说明[J]. 压力容器, 2007, 24(4): 35-37.

[22] 朱磊. 对"对'关于《分析设计方法和各类应力特性的讨论》一文的几点意见'的答复和说明"

的回复[J]. 压力容器, 2007, 24(7): 31-32, 58.

[23] 丁伯民. 对欧盟标准 EN 13445 基于应力分类法分析设计的理解——兼谈和 ASME Ⅷ-2 的区别和联系[J]. 压力容器, 2007, 24(1): 12-18.

[24] 朱磊. 关于"对欧盟标准 EN 13445 基于应力分类法分析设计的理解"一文的几点意见[J]. 压力容器, 2007, 24(2): 43-44, 34.

[25] 丁伯民. 对《关于"对欧盟标准 EN 13445 基于应力分类法分析设计的理解"一文的几点意见》的应答[J]. 压力容器, 2007, 24(7): 27-30, 42.

[26] 赵春晓. 压力容器中应力分类方法的几点讨论与思考[J]. 化工与医药工程, 2017, 38(4): 42-45.

[27] 夏少青, 郭雪华, 王小敏, 等. 压力容器有限元应力分析中应力的正确评定——压力容器应力分析设计中的六个重要问题(一)[J]. 石油化工设备技术, 2016, 37(2): 13-17.

[28] 闫东升, 夏少青, 郭雪华, 等. 不同强度分析中各种载荷的叠加原则——压力容器应力分析设计中的六个重要问题(二)[J]. 石油化工设备技术, 2016, 37(3): 1-5.

[29] 桑如苞, 夏少青, 闫东升, 等. 管道附加载荷在容器上产生应力的正确评定——压力容器应力分析设计中的六个重要问题(三)[J]. 石油化工设备技术, 2016, 37(4): 1-3.

[30] 王小敏, 闫东升, 夏少青, 等. 极限载荷法在应力分析中的应用——压力容器应力分析设计中的六个重要问题(四)[J]. 石油化工设备技术, 2016, 37(5): 1-5, 7.

[31] 郭雪华, 王小敏, 夏少青, 等. 角焊缝对压力容器疲劳强度的影响——压力容器应力分析设计中的六个重要问题(五)[J]. 石油化工设备技术, 2016, 37(6): 1-7.

[32] 丁伯民, 琚定一. 应力分类及其评定[J]. 化工设备设计, 1984, 21(1): 1-11.

[33] 全国锅炉压力容器标准化技术委员会. 压力容器 第 3 部分: 设计(GB/T 150. 3—2011)[S]. 北京: 中国标准出版社, 2012.

[34] 全国锅炉压力容器标准化技术委员会. 压力容器术语(GB/T 26929—2011)[S]. 北京: 中国标准出版社, 2012.

[35] 孙智, 江利, 应鹏展. 失效分析——基础与应用[M]. 北京: 机械工业出版社, 2011.

[36] 陆明万, 张雄, 葛东云. 工程弹性力学与有限元法[M]. 北京: 清华大学出版社, 施普林格出版社, 2005.

[37] 尼柯尔斯 R W. 压力容器技术进展—— 4 特殊容器的设计[M]. 朱磊, 丁伯民, 译. 北京: 机械工业出版社, 1994.

[38] 李晓丽, 李廷辉, 李满利, 等. 非均匀冻胀对埋地管道结构安全性的影响[J]. 压力容器, 2016, 33(9): 64-70, 77.

[39] 李晓丽, 李廷辉, 李满利, 等. 复杂载荷作用下埋地管道的应力应变分析[J]. 压力容器, 2017, 34(7): 35-44.

[40] 李朝红. 基于损伤断裂理论的混凝土破坏行为研究[D]. 成都: 西南交通大学, 2012.

[41] Peng G F, Yang J. Residual mechanical properties and explosive spalling behavior of ultra-high-strength concrete exposed to high temperature[J]. Journal of Harbin Institute of Technology(New Series), 2017, 24(4): 62-70.

[42] 杨国强, 黄金祥. 基于 ANSYS/Workbench 的 LPG 覆土罐有限元分析设计方法[J]. 压力容器, 2018, 35(6): 36-45.

[43] 裴召华. 埋地卧式容器的设计计算[J]. 石油化工设备, 2006, 15(6): 33-35.

[44] 时米波. 埋地卧式容器外载荷分析[J]. 石油化工设备, 2016, 45(4): 23-26.

[45] 陈朝晖, 徐锋, 杨国义. GB 150—2011《压力容器》问题解答及算例[M]. 北京: 新华出版社, 2012.

[46] 谭蔚, 陈晓宇, 孟国龙, 等. 粘弹性阻尼器在联合塔器中的减振研究[J]. 化工机械, 2019, 46(2): 131-136, 151.

[47] 贺安新, 徐振领, 张斌, 等. 调质阻尼器在石化高耸结构风振控制中的首次应用[J]. 石油化工设备, 2019, 48(3): 55-60.

[48] 李昂. 弹性支撑和阻尼连接塔类设备动力特性研究[D]. 北京: 北方工业大学, 2019.

[49] 谭蔚, 陈晓宇, 樊显涛, 等. 摩擦阻尼器对塔器风致振动的减振试验研究[J]. 压力容器, 2020, 37(2): 11-16, 23.

[50] 邵国华, 魏兆灿, 等. 超高压容器[M]. 北京: 化学工业出版社, 2002.

[51] Lejeail Y, Lamagnère P, Petesch C, et al. Application case of RCC-MRX 2012 code in significant creep[C]. Proceedings of the ASME Pressure Vessels & Piping Conference, Anaheim, 2014.

[52] 陈登丰, 陈祝珺. 当代英汉承压设备词典[Z]. 北京: 中国石化出版社, 2003.

[53] ASME Boiler and Pressure Vessel Code. Section III, Division 1-Subsection NB, Class 1 Components—2013, NB-3512. 2.

[54] 中华人民共和国国家质量监督检验检疫总局. 固定式压力容器安全技术监察规程(TSG 21—2016)[S]. 北京: 新华出版社, 2016.

[55] Tao J Y, Rayner G. Creep fatigue crack initiation assessment for weldment joint using the latest R5 assessment procedure[J]. Procedia Engineering, 2015, 130: 879-892.

[56] Kan Y, Toshiyuki M. Reconsidering the effect of stress biaxiality on pipe burst[C]. Proceedings of the ASME Pressure Vessels & Piping Conference, Anaheim, 2014.

[57] Kultayev Y, Kasahara N. Study on equivalent stress to control average inelastic behavior of perforated plates[C]. Proceedings of the ASME Pressure Vessels & Piping Conference, Anaheim, 2014.

第2章 内涵特性的应力概念

内涵是事物的本质，应力概念首先是理论研究的需要，探究事物的本质，同时也是工程的需要，分析概念应用的可靠性和经济性；其次也是技术进步的成果。特性是指某一种概念所具有的"个性"，能以此与另一种概念进行相互区别、辨认，使不同概念在相同条件下在某一相同属性上能用量的差异来区别。

基于内涵特性主题的应力概念分组及其层次结构如图 2.1 所示。面向研究的特性是应用的基础，需要持续深入；侧重应用的特性是研究的目的，应深入浅出。

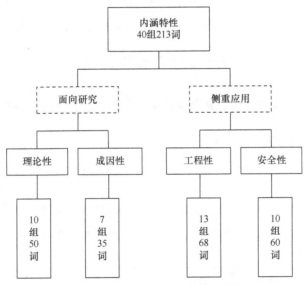

图 2.1　应力概念主题 1 的层次结构

本章的应力概念中，热应力的分类描述占据了相当的篇幅。如果不考虑疲劳，高温下结构的失效已经涉及 4 个极限的力学性能指标，高温失效模式判断本来就不容易，再加上高温往往也会带来热应力，使得高温结构应力分析设计变得复杂。《压力容器 第 3 部分：设计》(GB/T 150.3—2011)[1]标准主要适用于内外压作用下薄壁壳体的设计。《热交换器》(GB/T 151—2014)[2]标准缺乏对换热器各种具体热应力计算过程的指引，使得一般技术人员对热应力似乎既常见又陌生。而《钢制压力容器——分析设计标准(2005 年确认)》(JB 4732—1995)[3]把总体热应力归类于二次应力，把局部热应力归类为峰值应力，有些技术人员认为结构变形协调之后其热应力就消除了，忽略变形带来的弯曲应力，轻视热应力的危害。工程实际中，壳体组焊附件之后已不是规整的回转体，壳壁的连续性已经被破坏，结构完整性只是相对的，温度分布很不均匀，高温工况下零部件的温差更大，由此而来的热应力常常成为引起密封系统泄漏的最后一根稻草。因此，热应力的复杂性及其概念应该得到足够的认识，如果读者觉得纯粹的概念比较尚不够直观，感兴趣的话可以通过 5.4 节获取更充分的认识。

在本章诸多应力词汇中有一个有趣的现象，就是 2.1.5 节、2.1.6 节、2.1.7 节先后分别介绍描述受力物体中某一点应力状态的四面体微单元、六面体微单元、八面体微单元等具有结构形象化及体积应力这一具有空间结构大小变化感观过程的概念，其中四面体微单元可以用于物体边界的应力分析，这样就可以假想物体由无数个微分六面体(在内部)和无数个微分四面体(在边界处)组成，对微单元体进行力学分析。四面体微单元也称为"微分四面体"，六面体微单元也称为"微分六面体"。

2.1　应力的理论性

2.1.1　正应力、径向正应力、环向正应力、轴向正应力和复合正应力

1. 正应力、法向应力和直接应力

材料在外力作用下，其内部会产生大小相等但方向相反的反作用力以抵抗外力，单位面积上的这种反作用力即为应力。按照应力和应变的方向关系，可以将应力分为正应力和切应力。正应力(normal stress)是指与所考虑截面相垂直的应力成分，又称直接应力(direct stress)。与所考虑截面相垂直的方向称为法向，因此正应力又称法向应力。

2. 正应力的误解

《钢制压力容器——分析设计标准(2005 年确认)》(JB 4732—1995)中没有关于正应力这一名词术语的定义，业内不少人员对其概念的理解出现偏差：

(1) 有人认为，材料在外力作用下发生几何形状和尺寸变化时才产生应力，这是不对的。一个物体只要受到外力作用，其内部必然会产生应力，以便平衡外力的作用。形状和尺寸的变化不是应力存在的前提，而是应力作用的结果。

(2) 也有人简单化地认为正应力的方向与应变方向平行，而切应力的方向与应变方向垂直；或者受力面积与施力方向互相正交，则称此应力分量为剪切应力[4]。这样的理解是不完整的，由于应变是一个张量，应该说应力的方向与应变的方向没有关系。

假设受力面积的外法线方向与应力同方向，则称此应力分量为正应力或者法向应力。如有学者将受力面积与施力同方向时引起的应力分量称为正向应力[4]，这是不恰当的，应该称为法向应力。对一件物体的施力是其外载荷，而物体的应力指的是内力，应力与施力是两个不同的概念，内力与外力的关系是间接的，两者的平衡通过力的平衡方程来表达。

3. 正应力的标准定义

分析设计新标准修改稿中，已给出正应力这一名词术语的定义，正应力是正交于所考虑截面的应力分量，也称为法向应力。通常，正应力沿部件厚度的分布是不均匀的，它由两种成分组成：一种是均匀分布的成分，等于沿该截面厚度应力的平均值；另一种是随着截面厚度各点位置不同而变化的成分。

4. 正应力在具体结构中的细分

对应于正应力，虽然承压设备中较少使用反应力或负应力的概念，也有反向应力的概念，但是这几个概念是毫无关系的。正应力的正是正斜的正，不是正负的正，也不是正反的正。在其他力学领域，则有反向应力简称反应力的，两者都对应词组 uplift stress。设备智能化发展是当前的技术趋势之一，而在智能机械领域则使用反应力的概念。很多工业机器人是一个悬臂结构，由负载引起的机械手惯性力、耦合反应力都随运动空间的变化而变化，这些力称为反应力。

在术语在线中，出自船舶工程学科船体结构、强度及振动方向的总纵弯曲正应力(normal stress due to longitudinal bending moment)的定义为：由总纵弯曲引起的等值梁计算剖面上的正应力，见载于《船舶工程名词》。

内压作用下的圆筒体是最常见的受压部件，其壳壁上沿着径向、环向和轴向分布的正应力分别称为径向正应力、环向正应力和轴向正应力。

文献[5]还区分出**交变正应力、稳定的(或静止的)正应力、名义正应力**，后者就是指由 P/A 或 M_C/I 等基本公式计算而得的应力，不考虑应力集中的"峰"值。若构件有孔，则采用净截面面积计算。总体来说，本书与正应力相关的内容较多，多达 13 处。

2.1.2　切应力、径向切应力、环向切应力、黏性切应力、平均剪应力、最大剪应力和主剪应力

相对于垂直于截面的正应力，位于截面内且与所考虑截面相切的应力为剪应力(shear stress，shearing stress)，有时称为切应力(tangential stress)或剪切应力。对

应不同的学科，在不同的受力结构下，应力的具体计算还涉及不同的概念。在术语在线中，与剪应力相关的学科包括生物物理学、建筑学、土木工程、化学工程等，其中在生物物理学学科的生物力学与生物流变学方向，剪应力被定义为：在外因(如力、温度、湿度等)作用下，介质产生的平行于某一截面单位面积上的切向力。对于牛顿流体，它等于流体黏度与剪切率的乘积，又称切应力，见载于《生物物理学名词》(第二版)。

1. 铆钉的剪切应力

在实际工程中，很多承载构件都制成螺栓或销钉连接构件的形式，螺栓或销钉连接构件的弯曲变形本质上是静不定问题，当然静不定问题的弯曲变形计算是很复杂的，相关材料力学教材把螺栓或销钉连接构件作为静定问题来处理，是在结构安全的前提下使问题简单化，是为了方便工程设计而已。但是，有时简单把螺栓或销钉连接构件的静不定问题处理为静定问题会带来很大的计算误差。关于螺栓或销钉连接构件的弯曲变形计算，把螺栓或销钉连接构件作为静不定问题来处理时，弯曲应力大于把螺栓或销钉连接构件作为静定问题来处理时所得的弯曲应力，螺栓或销钉剪切应力小于把螺栓或销钉连接构件作为静定问题来处理时所得螺栓或销钉剪切应力[6]。

因此，在铆钉孔中的铆钉受到剪切力(shear force)的作用，剪应力在剪切截面上并不是均匀分布的。但是在工程上将剪切力除以剪切截面面积作为名义剪应力 τ [7]：

$$\tau = \frac{F}{S} \tag{2.1}$$

名义剪应力的强度条件为

$$\tau \leqslant [\tau] \tag{2.2}$$

其中，剪切条件下的许用剪应力 $[\tau]$ 由试验确定，也可取

$$[\tau] = (0.6 \sim 0.8)[\sigma] \tag{2.3}$$

铆钉除了受剪切作用外，还受挤压作用。承受剪切作用的是铆钉的横截面，铆钉体一般是圆柱形的，因此式(2.1)中的剪切截面面积 S 按照圆柱的横截面积计算。而承受挤压作用时，铆钉的纵截面受挤压面积按照矩形面积计算。

2. 焊缝的剪切应力

在对压力容器的角焊缝和搭接焊缝进行剪切校核时，剪切截面一般取 45° 截面，等腰高的场合下约取腰高的 70%，如图 2.2 所示。

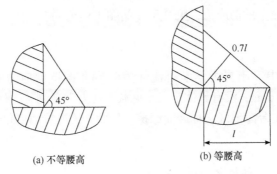

(a) 不等腰高　　　　　(b) 等腰高

图 2.2　角焊缝校核剪切截面

3. 平均剪应力

文献[8]介绍，有学者综合回顾了强度和塑性理论历史后，提出了平均剪应力(average shear stress)的概念，用于发展一个介于特雷斯卡(Tresca)屈服准则和米泽斯(Mises)屈服准则之间的屈服判据。平均剪应力是最大剪应力和米泽斯有效剪应力(effective shear stress)的平均值。而新的平均有效剪应力是特雷斯卡有效应力和米泽斯有效应力的函数。如果平均剪应力达到材料的强度，则材料失效。

有译 Tresca 为屈雷斯卡或屈特加，译 Mises 为密赛斯，但这些都不是规范译名。

4. 最大剪应力

在术语在线中，出自冶金学学科金属加工方向的最大剪应力(maximum shear stress)的定义为：在一个点，不同方位上的剪应力是变化的，其中应力的最大值，其作用平面的法线与中间主应力垂直，中间主应力是最大与最小主应力差值之半，见载于《冶金学名词》(第二版)。

5. 主剪应力

在术语在线中，出自冶金学学科金属加工方向的主剪应力(principal shear stress)的定义为：同主应力作用截面成45°截面上的剪应力，其正应力为零，见载于《冶金学名词》(第二版)。

6. 总纵弯曲剪应力

在术语在线中，出自船舶工程学科船体结构、强度及振动方向的总纵弯曲剪应力(shearing stress due to longitudinal bending moment)的定义为：由总纵弯曲引起的等值梁计算剖面上的剪应力，见载于《船舶工程名词》。

7. 壁剪应力

在术语在线中，出自力学学科流体力学专业的壁剪应力的英文名为 skin friction、frictional drag，没有具体定义，见载于《力学名词》；而出自化学工程学科的壁剪应力，在台湾地区又称表面摩擦，见载于《海峡两岸化学工程名词》(第二版)。

8. 其他剪切应力的概念

圆筒体中不存在轴向剪切应力。在圆筒体类空间轴对称体中，只存在径向切应力，也不存在环向剪切应力，扭转在圆筒体中引起的剪切应力是反对称的，因此圆筒体环向剪切应力不是轴对称问题。扭转剪切的圆轴中，其横截面上的剪切应力也是反对称的，不过其应力是沿径向线性分布的；圆筒体中直径较小、长度较长的圆柱壳作为一种环形截面的梁时，其横截面上可承受切向薄膜剪应力的作用；对于承受横向剪切的圆截面梁，其横截面上的剪切应力沿外圆两侧表面之间的宽度均匀分布；对于受面内剪切的薄板，其薄膜剪应力沿板厚度方向均匀分布；对于受截面扭矩的薄板，其扭转剪应力沿板厚度方向线性分布；对于受横向剪切的薄板，其剪应力沿板厚度方向呈抛物线分布，最大剪应力位于中性面上，这些相关的结构及其剪切应力分布的示意图见文献[7]。另有一个黏性切应力的概念主要与流体力学有关，压力容器中没有黏性切应力的概念。当然，构件中也可能存在复合切应力，如圆筒体中由径向切应力和环向切应力组成的复合切应力。

2.1.3 主应力、最大主应力、中间主应力、最小主应力和平均主应力

在术语在线中，与主应力相关的学科包括地质学、航天科学技术、土木工程、力学、建筑学、冶金学、水利科学技术、化学工程和航海科学技术等。

1. 主应力的定义

在术语在线中，主应力的定义因学科不同而不同。例如，在冶金学学科金属加工方向，主应力的定义为：没有切应力作用的截面上的法向应力，见载于《冶金学名词》(第二版)；在建筑学学科建筑结构方向，其定义为：作用引起的结构或构件中某点的最大或最小正应力，当为拉应力时称为主拉应力，当为压应力时称为主压应力，见载于《建筑学名词》(第二版)；在水利科学技术学科工程力学方向，其定义为：物体内任一点剪应力为零的截面上的正应力，见载于《水利科学技术名词》。因此，设经过任一点的某一截面上的剪应力等于零，则该截面上的

正应力称为在该点的一个主应力(principal stress)，该截斜面称为在该点的一个主平面，而该截面的法线方向称为在该点的一个应力主向；假设在该点有一个应力主面存在，由于该面上的剪应力等于零，该面上的全应力就等于该面上的正应力，也就等于主应力[9]。

在术语在线中，次应力作为铁道科学技术学科中的应力名词，没有定义，其英文与二次应力的英文相同，为 secondary stress。

2. 主应力的特性

一般来说，讨论正应力时往往以某个截面为对象，讨论主应力时往往以某点(微单元)为对象，而不会以整个截面为讨论对象。

文献[10]指出主应力具有如下重要特性。

(1) 客观性，即主应力是具有客观性的物理量。它们是大小和方向都不随参考坐标系的人为选择而改变的不变量，所以经常以它们或它们的函数作为定义材料破坏准则的特征量。

(2) 实数性，即主应力的大小一定是实数。若分析或计算结果出现复数，则必然存在错误或误差。

(3) 正交性，即三个主应力是相互正交的。在理论分析中经常沿三个主应力方向(即主方向)建立的坐标系，称为主坐标系，其坐标轴称为主轴，用 p_1、p_2、p_3 表示。在主坐标系中，应力张量和应力矩阵都退化为对角型：

$$\begin{bmatrix} \sigma_1 & 0 & 0 \\ 0 & \sigma_2 & 0 \\ 0 & 0 & \sigma_3 \end{bmatrix}$$

因此使相关的表达式变得非常简洁。

(4) 极值性，即主应力 σ_1 和 σ_3 分别是考察点处所有可能截面上的正应力的最大值和最小值(按代数值)，也是全应力的最大值和最小值(按绝对值)。

(5) 最大剪应力等于最大主应力与最小主应力之差的一半，即

$$\tau_{max} = \frac{\sigma_1 - \sigma_3}{2} \tag{2.4}$$

最大剪应力作用平面的法线位于主坐标 p_1p_3 平面内，且与 p_1 轴及 p_3 轴呈45°角，如图 2.3 所示。该作用面上的正应力为最大主应力与最小主应力的平均值。

$$\sigma_n = \frac{\sigma_1 + \sigma_3}{2} \tag{2.5}$$

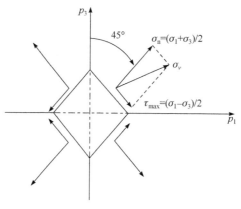

图 2.3　最大剪应力

性质(4)和(5)说明，主应力代表了一点应力状态中最危险的情况，所以主应力的计算是工程强度评定的基础。若三个主应力全都相等，则三维应力状态莫尔圆中的三个莫尔圆全都退化为 σ 轴上的同一个点，出现三向均匀拉伸(压缩)应力状态。

不同应力状态中主应力(或最大剪应力)的方向不同，作用面也不同，所以两个应力状态叠加后的主应力(或最大剪应力)并不等于这两个应力状态主应力(或最大剪应力)之和[10]。正确的做法是，先把两个应力状态在同一坐标系中分解成分量，将对应的应力分量相叠加，再用叠加后的应力分量重新计算新的主应力(或最大剪应力)，简称"先加后算"法则。

有一些概念相互间并无关系，如虽然有次应力的概念，但是其中的"次"是指与重要相对应的次要，次应力与主应力无关。次应力的概念主要应用在桁架结构的强度设计中，石油化工装置中焦炭塔的除焦架、聚丙烯环管反应器等高耸钢结构和复杂的管廊结构是典型的例子。文献[11]阐述了预应力结构中次应力的概念、产生机理及影响因素等，并结合工程实例说明了次应力的应用及次弯矩的有效利用，合理的设计方案对于次应力的有效应用是相当关键的。若结构是静定的，结构在预应力作用下产生变形，则变形不受到任何约束；结构在预应力作用下不会产生附加的支撑反力，因而不产生次弯矩。但是，如果结构是超静定的，变形会受到支撑的约束，结构在预应力作用下会产生附加的支撑反力(即次反力)，该反力在结构内产生的弯矩称为次弯矩，由次弯矩产生结构的次应力[11]。

主平面上的正应力称为主应力，最大主应力是所有截面上正应力的最大值。有资料表明，对应于正应力极大值的称为最大主应力，对应于正应力极小值的称为最小主应力[12]，这样的表达不够严谨，因为主应力与正应力两者概念的基准对象不同。虽然有主应力的概念，但是没有副应力的概念。

3. 主应力空间

在物体内任一点，一定存在三个互相垂直的主平面以及对应的三个主应力。按照三个主应力的大小，分别称其为最大主应力 (maximum principal stress)、中间主应力(minor principal stress)和最小主应力 (minimum principal stress)。三个主应力中最大的一个就是该点所有可能截面上的最大正应力，三个主应力中最小的一个就是该点所有可能截面上的最小正应力。最大主应力也称第一主应力(major principal stress)σ_1，中间主应力也称第二主应力 σ_2，最小主应力也称第三主应力 σ_3，三个主应力的算术平均值即平均主应力[13]。

应力空间与单向拉伸时屈服强化准则的对应关系如图 2.4 所示。

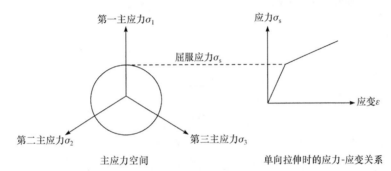

图 2.4　应力空间与单向拉伸时屈服强化准则的对应关系

由主应力可求得主切应力：

$$\tau_{p3} = \frac{\sigma_1 - \sigma_2}{2} \tag{2.6}$$

$$\tau_{p2} = \frac{\sigma_1 - \sigma_3}{2} \tag{2.7}$$

$$\tau_{p1} = \frac{\sigma_2 - \sigma_3}{2} \tag{2.8}$$

可得最大切应力为

$$\tau_{max} = \frac{\sigma_1 - \sigma_3}{2} \tag{2.9}$$

也存在中间切应力和最小切应力，但未见第一切应力、第二切应力、第三切应力的表达。

关于主应力与莫尔圆的关系可以参见 4.1.7 节，另外几个主应力的概念参见 4.3.4 节。

2.1.4 静水应力和平均法向应力

表达方式一：一般来说，应力状态可以分为静水应力和偏应力两个部分。静水应力是描述一点应力状态时使用的概念，又称平均正应力、平均压应力或者法向应力，它使结构体积发生变化，可使结构弹性屈服、形状的大小发生变化，但是不会导致形状的改变(畸变)；而偏应力是指偏离静水应力并引起结构形状变化的应力[13]。静水应力即流体静应力，其符号以结构承受到压应力时为正，静水压力也以压为正。如图 2.5 所示，注意图中的 σ_1-p、σ_2-p 及 σ_3-p，它各自结果既可以是正值，此时应力矢量箭头方向如图中所示，也可能是负值，则应力矢量箭头方向与图中所示方向相反。

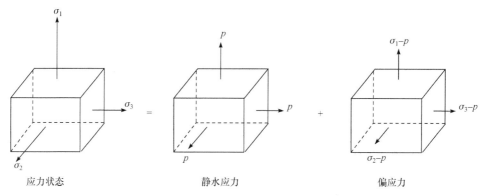

图 2.5　静水应力和偏应力

表达方式二：静水应力是"平均正应力"，它垂直于主应力面，所以有时也称为平均法向应力。在关于塑性力学的几个基本假设中，文献[4]介绍了其中的一点，指出平均法向应力不影响材料的屈服，它只与材料的体积应变有关，且体积应变是弹性的。

表达方式三：若某点处的三个主应力数值相等，则此状态称为**静水应力状态**。这时应力张量在主轴坐标系中可表示为球形应力张量。实际上，静止流体内部的压强在每一点都是一个球形张量[12]。

表达方式四：文献[14]中称静水应力为水静应力，应该是笔误，不宜称水静应力，分析设计新标准修改稿的第 5 部分中就使用静水应力一词。文献[15]和[16]中所称静水压力(hydrostatic pressure)实际也是静水应力，其绝对值是作用于一点的三个正应力的算术平均值，若该平均值为拉应力，则称其为负静水压力。均匀静水压力与体应变之比，称为"压缩模量" k，且有[17]

$$k = \frac{E}{3(1-2\mu)} \tag{2.10}$$

根据上面的叙述，为了避免词汇的复杂化，不宜使用"静水压应力"这一名词，因为它只是该平均值为压应力的情况，并不是静水应力或流体静应力的全部，静水应力还包括"静水拉应力"的情况。同理，也不宜使用"静水拉压应力"这一名词，它只是该平均值为拉应力的情况，而针对该情况，文献[16]称其为负静水压力，"负静水压力"这个名词不宜常说(虽然这个名词没有错误)，因为相对而言又会出现一个"正静水压力"的名词，这些名词并不比描述其概念的内容能省略多少个汉字。

3.3.1 节中提到高压容器的静压应力是与上述名词无关的另一个概念，是指没有动态变化的高压在容器壳壁上产生的应力。

2.1.5　全应力和斜面应力

通俗地说，全应力就是截面上应力的矢量和，见 2.1.3 节。从受力物体中的某一点处取出微分四面体，它由一个斜面和三个负面组成，把四面体中外法线方向与坐标方向相反的面定义为负面。为了便于描述内力场，柯西从极限出发引入应力的概念，参见式(1.1)。有时把计算斜面应力的公式称为柯西应力公式，但是不能把斜面应力称为柯西应力。

1. 斜面应力的力平衡解法

对图 2.6 中的四面体 $PABC$ ，它由一个斜面和三个负面组成。斜面单位法向矢量 $\boldsymbol{v}$ 的分量(即方向余弦 l、m、n)为

$$v_1 = l = \cos(\boldsymbol{v}, x_1) , \quad v_2 = m = \cos(\boldsymbol{v}, x_2) , \quad v_3 = n = \cos(\boldsymbol{v}, x_3) \tag{2.11}$$

文献[10]根据平衡原理直观地推导出斜面应力公式。

设斜面 $\triangle ABC$ 的面积为 $\mathrm{d}S$ ，则三个负面的面积分别为

$$\triangle PBC: \quad \mathrm{d}S_1 = v_1 \mathrm{d}S \tag{2.12}$$

$$\triangle PCA: \quad \mathrm{d}S_2 = v_2 \mathrm{d}S \tag{2.13}$$

$$\triangle PAB: \quad \mathrm{d}S_3 = v_3 \mathrm{d}S \tag{2.14}$$

记四面体 $PABC$ 的高(顶点 P 到斜面的垂直距离)为 $\mathrm{d}h$ ，则其体积为

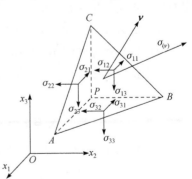

图 2.6　斜面应力

$$dV = \frac{1}{3}dh \cdot dS \tag{2.15}$$

四面体内作用有体力 f (为了图面清楚，未在图 2.6 中标出)，其分量为 f_1、f_2、f_3。列出作用于四面体上的诸力沿 x_1 方向的平衡方程，注意到平衡方程是力(应力乘面积或体力乘体积)的平衡关系，有

$$\sigma_{(v)1}dS + f_1 dV = \sigma_{11}dS_1 + \sigma_{21}dS_2 + \sigma_{31}dS_3 \tag{2.16}$$

当四面体向 P 点收缩而趋于无穷小时，体元 dV 比面元 dS 小一个量级，而诸力的分量均为有限量，所以式(2.16)中体力项与面力项相比可以忽略不计。将式(2.12)代入式(2.16)，得到

$$\sigma_{(v)1} = v_1\sigma_{11} + v_2\sigma_{21} + v_3\sigma_{31} = l\sigma_x + m\tau_{yx} + n\tau_{zx} \tag{2.17}$$

同理，由 x_2 和 x_3 方向的平衡方程可以分别得到

$$\sigma_{(v)2} = v_1\sigma_{12} + v_2\sigma_{22} + v_3\sigma_{32} = l\tau_{xy} + m\sigma_y + n\tau_{zy} \tag{2.18}$$

$$\sigma_{(v)3} = v_1\sigma_{13} + v_2\sigma_{23} + v_3\sigma_{33} = l\tau_{xz} + m\tau_{yz} + n\sigma_z \tag{2.19}$$

式(2.17)~式(2.19)即为斜面应力公式。

知道分量后，就能求得斜面应力的大小(又称斜面全应力)和方向：

$$\sigma_v = \left|\boldsymbol{\sigma}_{(v)}\right| = \sqrt{\sigma_{(v)1}^2 + \sigma_{(v)2}^2 + \sigma_{(v)3}^2} \tag{2.20}$$

$$\cos(\boldsymbol{\sigma}_{(v)}, x_1) = \sigma_{(v)1} / \sigma_v \tag{2.21}$$

$$\cos(\boldsymbol{\sigma}_{(v)}, x_2) = \sigma_{(v)2} / \sigma_v \tag{2.22}$$

$$\cos(\boldsymbol{\sigma}_{(v)}, x_3) = \sigma_{(v)3} / \sigma_v \tag{2.23}$$

值得指出的是，式(2.17)~式(2.19)中的 $\sigma_{(v)1}$、$\sigma_{(v)2}$、$\sigma_{(v)3}$ 既不是斜面上的正应力，也不是斜面剪应力，而是斜面应力矢量沿坐标轴 x、y、z 方向的分量。因为在面元法矢量 $\boldsymbol{v}$ 点乘应力张量的过程中，标志分解方向的右指标 j 并无任何改变，所以矢量 $\boldsymbol{\sigma}_{(v)}$ 仍按原坐标轴方向分解。

斜面正应力 $\boldsymbol{\sigma}_{(n)}$ 与法线 $\boldsymbol{v}$ 同向。为求其大小 σ_n，把 $\boldsymbol{\sigma}_{(v)}$ 向 $\boldsymbol{v}$ 方向分解(点乘 $\boldsymbol{v}$)得到

$$\sigma_n = \boldsymbol{\sigma}_{(v)}\boldsymbol{v} = v_1\sigma_{(v)1} + v_2\sigma_{(v)2} + v_3\sigma_{(v)3} \tag{2.24}$$

将式(2.17)~式(2.19)代入式(2.24)，展开后得到斜面正应力计算公式为

$$\begin{aligned} \sigma_n &= \sigma_{11}v_1v_1 + \sigma_{22}v_2v_2 + \sigma_{33}v_3v_3 + 2\sigma_{12}v_1v_2 + 2\sigma_{23}v_2v_3 + 2\sigma_{31}v_3v_1 \\ &= \sigma_x l^2 + \sigma_y m^2 + \sigma_z n^2 + 2\tau_{xy}lm + 2\tau_{yz}mn + 2\tau_{zx}nl \end{aligned} \tag{2.25}$$

斜面剪应力 τ 是斜面应力 $\boldsymbol{\sigma}_{(v)}$ 与斜面正应力 $\boldsymbol{\sigma}_{(n)}$ 的矢量差：

$$\tau = \sigma_{(v)} - \sigma_{(n)} \tag{2.26}$$

其分量为

$$\tau_1 = \sigma_{(v)1} - v_1 \sigma_n \tag{2.27}$$

$$\tau_2 = \sigma_{(v)2} - v_2 \sigma_n \tag{2.28}$$

$$\tau_3 = \sigma_{(v)3} - v_3 \sigma_n \tag{2.29}$$

斜面剪应力作用在斜面内，与 $\sigma_{(n)}$ 和 $\sigma_{(v)}$ 构成直角三角形，其大小和方向为

$$\tau = \sqrt{\sigma_v^2 - \sigma_n^2} \tag{2.30}$$

$$\cos(\tau, x_1) = \tau_1 / \tau \tag{2.31}$$

$$\cos(\tau, x_2) = \tau_2 / \tau \tag{2.32}$$

$$\cos(\tau, x_3) = \tau_3 / \tau \tag{2.33}$$

当斜面为物体表面时，$\sigma_{(v)}$ 就是外部给定的表面力。

2. 斜面应力的张量分解法

文献[10]也介绍了在任意坐标系内斜面应力公式的张量分解法，本书不再介绍其推导过程。文献[18]则介绍了在主坐标系内全应力公式的张量解析法，引录如下供读者参考和判断。设微分四面体中三个负面分别与坐标面重合，而第四个面即任意斜截面，图 2.7 是微分四面体所代表的 O 点处的应力状态，在主坐标系中由其 3 个主应力给出，其中 T 表示过该点的某平面上的应力，设该平面的面积为 dA，其单位外法向量为[18]

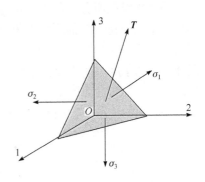

图 2.7　O 点的应力状态图

$$v = v_1 i + v_2 j + v_3 k \tag{2.34}$$

式中，v_1、v_2、v_3 是 v 的方向余弦，又是 v 在坐标轴的投影(即分量)。显然，

$$v_1^2 + v_2^2 + v_3^2 = 1 \tag{2.35}$$

则由柯西应力公式得[11]

$$T = \sigma_1 v_1 i + \sigma_2 v_2 j + \sigma_3 v_3 k \tag{2.36}$$

它在 v 上的投影就是作用在该平面上的全应力，大小为

$$\sigma = T \cdot v = \sigma_1 v_1^2 + \sigma_2 v_2^2 + \sigma_3 v_3^2 \tag{2.37}$$

2.1.6 外加应力、内应力和内聚应力

应力就是结构内部的应力，包括外载荷及其他外因引起的应力和内因引起的应力两类。

1. 外载荷引起的应力

外载荷在结构内的应力，不能称为"内部应力"，"内部应力"的称法虽然没有什么错误，却是不严格的口语或说法，没有"内应力"的称法简洁，也容易误导读者好像还存在一种与之相对应的"外部应力"，使原本简单的一个应力概念被多个应力名词复杂化，因此不宜作为一个独立的词汇概念来使用。目前没有内部应力这个应力名词，也没有关于该类应力的其他专有名词，就称为应力，是指由于金属在外力作用下，内部变形不均匀而引起的应力，例如，平面应力问题中各应力分量，包括主应力、正应力、剪应力等，应力在金属内部处于平衡状态。金属发生塑性变形时，外力所做的功有 90% 以上以热的形式散失掉，只有 10% 的功转化为内应力残留于金属中，即残余内应力[19]。这是从宏观上以力对构件的作用边界来区别构件内部的应力与构件外部的体力。

图 2.8 是以所分析的点为坐标原点表示的六面体微单元应力模型，图中只分别标出了三个正面上的应力，每个面上的应力都包括一个正应力和两个剪应力。因此，一点的应力状态由 6 个正应力和 12 个剪应力来反映。某点的应力就是该六面体应力的集度。假设该结构由无数个微分六面体组成，结构内任何一个微分六面体的三个坐标方向力的平衡微分方程所描述的则是(六面体)内部应力与(六面体)外部体力之间的关系[20]。因此，内部的应力与外部的体力的区别及关系具有相对性。

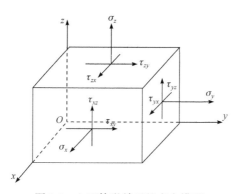

图 2.8　六面体微单元的应力模型

从三维空间直角坐标系的受力物体中取出一个六面体微单元来进行应力状态分析，可以最终获得沿三个坐标的共 9 个应力分量，因此一点的应力状态需要一

个二阶张量来确定。张量是一组表示某种性质的组合，它不是一个值，从而不宜说一点的应力大小，但是可以说一点在某个方向上应力的具体大小，一点在三个互相垂直的方向上存在主应力。

2. 内因引起的内应力

在术语在线中，与内应力相关的学科包括材料科学技术、航天科学技术、物理学、冶金学和船舶工程等，其中在材料科学技术学科，内应力(internal stress)的定义为：没有外力作用而存在于材料内部并自身保持平衡的应力，见载于《材料科学技术名词》。

物体在无外载荷时，存在于其内部并保持平衡的一种应力称为内应力[21]。内因引起的内应力是指构成单一零部件的不同材质之间，因材质差异而导致变形方式的不同，继而产生的各种应力。几乎所有从力学角度来看是不均匀的材料都会出现内应力。

3. 外因引起的内应力

在术语在线中，属于冶金学学科金属加工专业的内应力的定义为：工件受力时，内部原子间产生的斥力或引力，见载于《冶金学名词》(第二版)。

内应力按照成因可分为热应力和组织应力[22]。钢铁零件在加热和冷却过程中不可避免地会产生内应力，一方面由于加热或冷却过程中零件表面与中心的加热或冷却速度不同，其体积膨胀或收缩在表面与中心也就不一样，属于热应力。另外，钢件在组织转变时比体积发生变化，如奥氏体转变为马氏体时体积比增大。由于零件断面上各处转变的先后不同，其体积变化各处不同，由此引起的内应力称为组织应力[23]。淬火内应力就包括组织应力和热应力。关于内应力更详细的细分参见 2.1.6 节和 4.5.2 节。

4. 外加应力和内应力的区别

外载荷引起的应力因外部的作用而存在。内应力不等同于内力，内力是外力作用下在构件各部分之间引起的相互作用力，随外力的变化而变化。复合材料力学中也使用内应力概念[24]。

文献[25]在研究 316L 不锈钢的蠕变疲劳行为时使用了外应力(external stress)的概念，文献[26]在研究材料中应力对氢传递的影响时也使用了外应力的概念，这个外应力是分析对象所处周边应力场的应力，是以氢的身份观察周边环境的应力，即外来载荷引起的应力或者外加应力。从研究者的角度看，这个外应力还是材料中的应力，也就是与氢有关的外载荷在对象中引起的应力。正如图 2.8 六面体微单元上以箭头和字母符号表示的主应力、静水应力或者偏应力本质上都是外载荷引起的应力，图中直观上看起来是作用在微单元表面上的应力，其实只是一种便于理解的形象表达。显然，文献[25]和[26]提到的外应力不宜称为外部应力，目前没有外部应力这个应力名词，也没有关于该类应力的其他专有名词。

5. 内聚应力

内聚应力(cohesion stress)实际上是指原子间的引力作用。在断裂力学的发展史中，巴伦布拉特(Barenblatt)于1963年提出了"内聚力"(cohesion force)的概念，认为内聚力的效果与外加载荷相反，裂尖应力场是外载荷与内聚力两种应力状态的叠加，使得裂尖不出现奇异性。从微观力学研究断裂，根据原子间距的观点，可以把断裂造成的新的裂纹面积的结果，等效为把平行且相邻的晶体平面间的原子分离开来。作为物理模型，可视为把有相互作用力而结合在一起的两平面分离开。设 σ 为平面间的内聚应力，ε 为应变，当 ε 从零逐渐增大时，起初 σ 基本与 ε 成正比例增大，快接近最高内聚应力时，开始偏离线性关系，过了最高点 σ_c 以后，σ 开始减小而 ε 继续增大，其中最大内聚应力 σ_c 称为内聚强度。而在裂纹的尖端，内聚应力正好等于内聚强度，当外载荷在裂尖前引起的应力大于内聚强度时，就发生断裂。

2.1.7 体积应力、八面体应力和体积平均应力

1. 体积应力

体积应力是一种宏观和立体上的应力概念。取各向同性体材料内一个微分六面体，形变分量与应力分量之间的关系为

$$\varepsilon_x = \frac{1}{E}[\sigma_x - \mu(\sigma_y + \sigma_z)] \tag{2.38}$$

$$\varepsilon_y = \frac{1}{E}[\sigma_y - \mu(\sigma_x + \sigma_z)] \tag{2.39}$$

$$\varepsilon_z = \frac{1}{E}[\sigma_z - \mu(\sigma_x + \sigma_y)] \tag{2.40}$$

式(2.38)～式(2.40)相加，得

$$\varepsilon_x + \varepsilon_y + \varepsilon_z = \frac{1-2\mu}{E}(\sigma_x + \sigma_y + \sigma_z) \tag{2.41}$$

设体积应变为

$$\theta = \varepsilon_x + \varepsilon_y + \varepsilon_z \tag{2.42}$$

则三个正应力之和称为体积应力[21]：

$$\Theta = \sigma_x + \sigma_y + \sigma_z \tag{2.43}$$

一个微分六面体的静水应力状态是一种平均的等向应力状态，三向等拉伸或等压缩，产生体积膨胀或者缩小。体积应力不是体积平均应力，只是因为微分六面体产生体积膨胀或者缩小，相应于体积应变才称为体积应力。有时资料把该体积应力直接称为假设的体积应力，例如，把构件内的应力分为静水应力和偏应力研究应力状态时，如果假设一个中等的体积拉伸应力，等于该静水应力，这个体积拉伸应力是不会影响剪切屈服应力的。在关于承压设备棘齿现场的试验和数值分析中，在计算应力张量第二不变量 J_2 所需要的偏应力(deviatoric stress)S_{ij} 时，公式中利用到体积应力(volumetric stress)$\sigma_{kk}/3$，同时通过括号指出 $\sigma_{kk}/3$ 可以是平均应力(mean stress)或者静水应力(hydrostatic stress)[27]，直接把这三个应力概念等同了。

零件机械加工或零件接触面很小，在机械力作用下尤其是在正应力(法向载荷)和切应力(平行接触面的外加载荷)的共同作用下，会在表层中形成体积应力状态[28]。尽管在英文中容积一词与体积一词没有什么差异，但是在中文里一般不提倡使用容积应力一词。

2. 八面体应力

上述微分六面体的体积应力定义在任意空间直角坐标系，八面体应力则定义在主应力空间直角坐标系。以主应力 σ_1、σ_2、σ_3 轴为坐标轴的几何空间称为主应力空间。主应力空间中存在一种外法线与三个坐标轴呈等倾斜的平面，称为等倾面，也称为等斜面。等倾面共有 8 个，构成具有四组平行平面的八面体，即组成正八面体微单元，如图 2.9 所示。等倾面是对于三个应力主方向具有相同倾角的平面。八面体应力就是作用在和三个主应力轴成等倾斜面上的应力。等倾斜面上的应力简称等倾面应力或等斜面应力，参见图 2.7 所示 O 点的应力状态图。

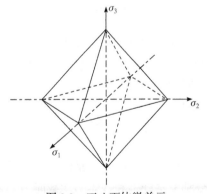

八面体应力即等倾面上的应力，等倾面上的总应力 S_8 可以分为正应力 σ_8 和切(剪)应力 τ_8：

图 2.9　正八面体微单元

$$S_8^2 = \sigma_8^2 + \tau_8^2 \tag{2.44}$$

八面体正应力为平均正应力[20,29]，即

$$\sigma_m = \sigma_8 = \frac{1}{3}(\sigma_1 + \sigma_2 + \sigma_3) = \frac{1}{3}(\sigma_x + \sigma_y + \sigma_z) \tag{2.45}$$

八面体剪应力为

$$\tau_8 = \sqrt{S_8^2 - \sigma_8^2} = \frac{1}{3}[(\sigma_1 - \sigma_2)^2 + (\sigma_2 - \sigma_3)^2 + (\sigma_3 - \sigma_1)^2]^{1/2} \tag{2.46}$$

材料简单拉伸时材料的正应力与八面体剪应力的关系为

$$\sigma_1 = \frac{3}{\sqrt{2}}\tau_8 \tag{2.47}$$

米泽斯等效应力的物理意义是"八面体切应力",将式(2.46)代入式(2.47)得其计算公式为[30]

$$\sigma_e = \frac{1}{\sqrt{2}}[(\sigma_1 - \sigma_2)^2 + (\sigma_2 - \sigma_3)^2 + (\sigma_3 - \sigma_1)^2]^{1/2} \tag{2.48}$$

应该注意,虽然八面体切应力的大小是一个恒正的数,但是八面体切应力本身是带有方向的矢量。对于不同的应力状态,八面体切应力的方向不同,所以当计算两个应力状态叠加(或相减)后的等效应力时,应先把各个应力分量相加,再由相加后的各个应力分量计算等效应力,而不能先计算等效应力再把两个状态的等效应力相加。《ASME锅炉及压力容器规范》2007年版第八卷第2册中将应力分类及评定用的控制参数由"应力强度"改为"米泽斯等效应力",也就是把屈服条件由最大切应力(第三)强度理论改为最大畸变能(第四)强度理论[30]。

另一点应该注意的是,图2.7和图2.9是以主应力σ_1、σ_2、σ_3轴为坐标轴的,对于任意坐标轴,物体内某点应力状态所表示的等效应力则为

$$\sigma_e = \frac{1}{\sqrt{2}}[(\sigma_1 - \sigma_2)^2 + (\sigma_2 - \sigma_3)^2 + (\sigma_3 - \sigma_1)^2 + 6\tau_{12}^2 + 6\tau_{23}^2 + 6\tau_{31}^2]^{1/2} \tag{2.49}$$

在术语在线中,属于冶金学学科金属加工专业的八面体法向应力(octahedral normal stress)的定义为:作用在八面体平面(与三主应力轴呈等倾斜的平面)上的法向应力,见载于《冶金学名词》(第二版)。显然,八面体法向应力就是八面体正应力。

3. 体积平均应力

体积平均应力不是体积应力的平均值。在金属基复合材料力学分析中,为了分别考察纤维和基体的承载能力,才有体积平均应力的概念。理解复合材料力学行为的关键在于基体与增强体之间载荷的分配机制。复合材料内每一点之间的应力可能存在明显差异,各个组成部分所承担的外加载荷的比例可根据它们中的体积平均载荷推算。在平衡状态下,外加载荷必须等于各个组分(如基体和增强体)按体积平均载荷的总和。即便没有外加载荷,由于残余应力的存在,各组成部分仍可能受应力的作用。对于这两种状态,以最通用的方式表达为[14]

$$(1-f)\bar{\sigma}_M + f\bar{\sigma}_I = \sigma^A \tag{2.50}$$

式(2.50)确定在某复合材料外加应力 σ^A 下，增强体体积分数为 f 时，基体与掺入物(纤维或颗粒)的体积平均应力 $(\bar{\sigma}_M, \bar{\sigma}_I)$。对于处于外加载荷作用下简单的两种组成物的复合材料，一定比例的载荷由增强体承担，其余则为基体承受。只要复合材料处于弹性范围，这个比例是与外加载荷无关的，它反映材料本身的一个重要特性，取决于增强体的体积分数、形状及取向，也取决于两种组成物的弹性性质。增强相的强度和刚度通常高于基体相，如果增强体能承担较高的外加载荷，则其增强作用非常有效。

在两相材料的整体力学性能研究中，考虑含有弹性各向同性两组元相的复合材料，特别是单向连续纤维增强复合材料，针对沿纤维方向的外载荷作用下总是引起两组元相的应变同等的应变这一简单情况，人们以倡导者命名该模型为 Voigt 模型；假设其横向受载中各相承受了相等的应力，人们同样以倡导者命名该模型为 Reuss 模型，这两个模型称为混合律近似；在实际情况中，例如，在两相复合材料中，一相是非连续的，而另一相是连续的基体，则上述两个模型都不能精确描述在法向和剪切载荷作用下复合材料的有效模量，通常采用上述两个模型的经验组合来描述试验观察到的复合材料的应力-应变特征，这称为修正的混合律近似；此时，除了式(2.50)成立，以应变代替其中的应力后所得的应变式也成立；不过有时上述体积平均应力称为单轴应力[31]。

承压设备壳体的另一种复合结构材料与金属基复合材料有别，是作为特定功能层的不同材料层复合而成壳结构，具有各向异性、偶合效应、横向剪切效应等力学特点，应力分布复杂。

2.1.8　偏应力和主偏应力

1. 偏应力

总应力可以分解为静水应力和偏应力。偏应力是指偏离静水应力的应力，是构成总主应力的一部分。如果结构的三个主应力大小相等，此时为静水应力状态，结构没有偏应力。显然，偏应力不是一个同等对应于正应力的概念。

在金属基复合材料力学分析中，有学者使用了偏斜应力一词，但是偏斜应力与偏应力是两个完全不同的概念。把连续纤维复合材料变化为连续同轴柱体模型，当温度变化时引起三个主应力的径向分布不同，在纤维周围基体内产生很大的偏斜应力，以至于这种区域成为塑性流变的地点。该模型也可用于研究热机载荷对金属基复合材料的综合影响。现在，技术上已可以估算试验温度和试样完全没有引起偏斜应力的变温[14]。

2. 主偏应力

主应力减去平均正应力就等于主偏应力。在复杂应力状态下，鉴于各种材料破坏的多样性和复杂性，很难用单一的强度理论描述不同类型的破坏现象。文献[32]通过分析一点的应力状态在应力空间中各应力矢量的物理意义，推导出了广义主偏应力强度理论，并经简化后得到一系列常用的描述金属材料塑性的屈服准则。

2.1.9 薄膜应力和薄膜内力

1. 薄膜应力

根据《钢制压力容器——分析设计标准(2005 年确认)》（JB 4732—1995），薄膜应力(membrane stress)是沿截面厚度均匀分布的应力成分，它等于沿着所考虑截面厚度的应力平均值[3]。有时，薄膜应力简称膜应力。

无力矩应力就是薄膜应力。在内压力作用下，旋转壳壁中产生拉应力和弯曲应力，当壳体的壁厚很薄时，弯曲应力比拉应力小得多，理论上已证明，拉应力与弯曲应力之比和壳体半径与壁厚之比是同量级的。在工程应用中，壳体的径比 $K = D_o / D_i \leqslant 1.2$ 时称为薄壁壳体，为了简化薄壁壳体的受力分析，常忽略其中的弯曲应力而只考虑拉应力的影响，这对一般的工程设计有足够的精度。这种分析问题的方法称为"无力矩理论"，由此求得的旋转壳体中的应力称为"薄膜应力"。

2. 薄膜内力

对于旋转薄壳，以中间面来表示壳体的几何特性。中间面就是与壳体内外表面等距离的曲面，内外表面间的法向距离即壳体的壁厚。中间面简称中面，因此薄膜内力也称为中面内力，但是不能把薄膜应力称为中面应力。

3. 薄膜应力的计算

当因结构曲率、材料物性、外载荷或边界约束等使壳体中产生较大的弯曲应力时，即便是薄壳也不能忽略弯曲应力，其受力分析不宜再用无力矩理论，而应按照有力矩理论进行分析，所以无力矩理论的应用是有条件的。这些条件包括壳体在结构上应该是连续曲面，在载荷也应该是连续的，壳体边界的固定应该是自由的，边界无横剪力和弯矩等。

对于常见中面直径为 D、中面半径为 R、壁厚为 t 的圆筒体、圆锥体以及半球形封头、半椭圆形封头、锥形封头在内压 p 作用下的薄膜应力，可通过壳体中二向应力状态的主应力分量来表示，经典的计算式列于表 2.1，表中 m 为椭圆特性系数，α 为半锥角。

表 2.1　常见壳体的主应力

参数	圆筒体	半球形封头	半椭圆形封头(顶点)	锥形封头
第一主应力 σ_1	$\dfrac{pD}{2t}$	$\dfrac{pR}{2t}$	$\dfrac{mpR}{4t}$	$\dfrac{pR}{2t\cos\alpha}$
第二主应力 σ_2	$\dfrac{pD}{4t}$	$\dfrac{pR}{2t}$	$\dfrac{mpR}{4t}$	$\dfrac{pR}{4t\cos\alpha}$
第三主应力 σ_3	0	0	0	0

对于表 2.1 中常见壳体在非连续载荷作用下或者其他非常见壳体在连续载荷作用下的薄膜应力计算，可采用内力法或位移法等传统方法[29]，但较为复杂，因此在具体应用中可抓住问题的关键加以简化[33]。例如，文献[34]介绍了 2007 年版 ASME 规范中为了计算裂纹驱动力而撇开具体的壳体结构和外载荷，直接假定裂纹所在壳体的一次膜应力计算公式为

$$\sigma_{\mathrm{m}}^{\mathrm{P}} = \frac{2}{3}\sigma_{\mathrm{ys}} \tag{2.51}$$

式中，σ_{ys} 为材料的屈服强度。

针对焊态和焊后热处理态的残余膜应力计算式则分别为

$$\sigma_{\mathrm{m}}^{\mathrm{SR}} = \frac{2}{3}\sigma_{\mathrm{ys}} \quad (焊态) \tag{2.52}$$

$$\sigma_{\mathrm{m}}^{\mathrm{SR}} = 0.2\sigma_{\mathrm{ys}} \quad (焊后热处理态) \tag{2.53}$$

2.1.10　弹性应力、塑性应力和弹塑性应力

1. 弹性应力和塑性应力

材料在施加一定负荷后发生形变，在除去外力后能迅速恢复原状的能力称为弹性。在弹性范围内，一定的形变所对应的力即弹性应力(elastic stress)。材料形变进入塑性范围，卸载后变形不能恢复而残留下来产生塑性变形，这一阶段内所对应的应力即塑性区应力，称为塑性应力(plastic stress)。材料的塑性表现是弹性表现的延续和发展，两者在物理与力学性质上既有密切联系，又各有不同。

在内压 p 作用下，两端封闭的弹性状态圆筒半径 r 处壳壁的径向应力 σ_r、环向应力 σ_θ 和轴向应力 σ_φ 可根据拉梅(Lamé)公式计算，分别为

$$\sigma_r = \frac{p}{K^2-1}\left(1-\frac{R_{\mathrm{o}}^2}{R_{\mathrm{i}}^2}\right) \tag{2.54}$$

$$\sigma_\theta = \frac{p}{K^2-1}\left(1+\frac{R_{\mathrm{o}}^2}{R_{\mathrm{i}}^2}\right) \tag{2.55}$$

$$\sigma_\varphi = \frac{p}{K^2 - 1} \tag{2.56}$$

式中，R_i 为圆筒内壁面处的半径；R_o 为圆筒外壁面处的半径；K 为圆筒外壁面处的半径与内壁面处的半径之比。

2. 弹塑性应力

弹塑性应力状态一般是针对厚壁壳体。弹塑性应力既包括弹性应力，也包括塑性应力，指的就是壳体壁厚的一部分已进入塑性变形阶段，另一部分还处于弹性变形阶段。对于薄壁结构，塑性变形很容易扩展到整个壁厚，其研究意义不大。因此，理论上可推断：弹性应力和塑性应力可以存在于同一个构件中，而且在某些受力状况下两者可以相互包围或间隔存在，也可以三明治式层层重叠，但是两者不会混合式重叠在结构中的同一个空间区域。弹塑性应力是弹性应力和塑性应力两者相邻存在的一种分布状态，实际上并不存在一种既不是弹性应力，也不是塑性应力的第三种名称为"弹塑性应力"的应力。

内压作用下厚壁圆筒体的弹塑性应力分布如图 2.10 所示[35]。

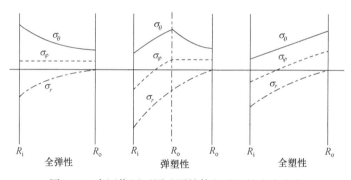

图 2.10　内压作用下厚壁圆筒体的弹塑性应力分布

应力计算参见式(2.57)～式(2.62)。在塑性变形的加载阶段，应变增量分为弹性应变增量、塑性应变增量两部分，分别应用广义胡克定律、流动法则和硬化规律计算；在塑性变形的卸载阶段，弹性变形仍然能得到恢复，塑性变形则保持不变。按照米泽斯屈服准则，弹塑性状态下圆筒内层塑性区半径 $r(R_i, R_c)$ 处壳壁的径向应力、环向应力和轴向应力分别为

$$\sigma_r = \frac{\sigma_s}{\sqrt{3}}\left(\frac{R_c^2}{R_o^2} - 1 + 2\ln\frac{r}{R_o} \right) \tag{2.57}$$

$$\sigma_\theta = \frac{\sigma_s}{\sqrt{3}}\left(\frac{R_c^2}{R_o^2} + 1 + 2\ln\frac{r}{R_o} \right) \tag{2.58}$$

$$\sigma_{\varphi} = \frac{\sigma_s}{\sqrt{3}} \left(\frac{R_c^2}{R_o^2} + 2\ln\frac{r}{R_o} \right) \tag{2.59}$$

式中，R_c 为塑性区与弹性区的界面半径。

弹塑性状态下圆筒外层弹性区半径 r 处壳壁的径向应力、环向应力和经向应力分别为

$$\sigma_r = \frac{\sigma_s}{\sqrt{3}} \frac{R_c^2}{R_o^2} \left(1 - \frac{R_o^2}{r^2} \right) \tag{2.60}$$

$$\sigma_\theta = \frac{\sigma_s}{\sqrt{3}} \frac{R_c^2}{R_o^2} \left(1 + \frac{R_o^2}{r^2} \right) \tag{2.61}$$

$$\sigma_\varphi = \frac{\sigma_s}{\sqrt{3}} \frac{R_c^2}{R_o^2} \tag{2.62}$$

对于受力偶或者集中力弯曲作用的理想弹塑性材料梁，厚度为 h 的截面上应力分布随着进入塑性阶段的不同，可能有如图 2.11 所示的三种情况，即双三角形表示全弹性状态、双梯形表示弹塑性状态、双矩形表示全塑性状态(也就是要研究的塑性极限状态)。梁弯曲的中面两侧，一半厚度的弯曲应力是拉应力，另一半厚度的弯曲应力是压应力，可比拟为 Q 类应力，这与内压(分布力)作用下壳体的一次弯曲应力都是拉应力是不同的，可比拟为 P_b 类应力。另外，当梁的塑性变形相当于弹性变形的量时，弹性变形与塑性变形相比不能忽略，则应当按照弹塑性变形问题进行分析。

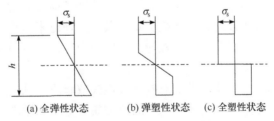

(a) 全弹性状态　　　(b) 弹塑性状态　　(c) 全塑性状态

图 2.11　受弯梁截面的应力分布

美国学者把弯曲应力(bending stress、flexural stress)定义为：在梁或者板内传递的引起弯矩的拉伸和压缩应力[36]。

3. 应力复杂化及其屈服准则的变化

在术语在线中，来自冶金学学科金属加工专业的屈服准则(yield criteria)的定义为：受力物体内质点由弹性变形状态进入塑性变形状态(发生屈服)的力学条件，

又称屈服条件或者塑性条件，见载于《冶金学名词》(第二版)。

单向应力状态下，弹性应力-应变关系是一条直线加上一小段微弯的曲线，塑性应力-应变关系是一条曲线，弹塑性应力-应变关系由一条直线和一条曲线连接而成。

在二向应力状态下，材料的特雷斯卡屈服条件是由六条直线组成的六边形，米泽斯屈服条件是该六边形的外接椭圆。根据相应的条件判断，等效应力值落在二向应力直角坐标上六边形或椭圆之外，即材料进入塑性状态，该等效应力相当于塑性应力。

多向应力的塑性大变形分析不得不涉及塑性屈服准则，国际上通用有限元商业软件大多数都是采用米泽斯屈服准则，用于计算无缺陷筒体的极限载荷值，其结果比用特雷斯卡屈服准则得到的计算值高 15%。试验研究表明，实际塑性准则介于两者之间，因而近年来出现了介于两者之间的平均剪应力准则等[37]。而十二边形法的米泽斯准则也是介于特雷斯卡屈服准则与六边形法米泽斯屈服准则之间的，仅适用于开式容器，不存在轴向应力[38]。

因此，弹性应力分析的控制参数为米泽斯等效应力，弹塑性分析的控制参数为米泽斯等效应变[39]。

4. 忌讳不当用词

在力学中常使用"弹塑性应力"的术语，但是很少用"弹塑性应力分析"的术语，因为在进入塑性后应力已经不是表征结构状态的特征量，应变(主要是塑性应变)已成为表征结构状态的重要参数，结构的强度也改用承载能力(极限载荷)而非应力来表示[30]。即便这样，也同样少见"弹塑性应变分析"的术语，尽管弹性应变和塑性应变都可以通过广义胡克定律及相关理论来求解。从另一个角度来说，既然不存在一种名称为"弹塑性应力"的应力，也就容易理解"弹塑性应力分析"的不靠谱。

力学专家陆明万教授指出[30]，对判断弹性失效起决定性作用的应力不再是判断塑性失效的基本参数，因为进入塑性后应力始终等于屈服限，用应力已无法唯一地确定塑性应变的大小，所以已不具备表征结构塑性损伤程度的能力。针对结构从弹性变形屈服进入塑性变形后，随着变形的发展，结构中的弹性区域越来越小、塑性区域越来越大，直到结构失效，有人把这种现象形象化地称为弹塑性失效的现象。陆明万教授指出，这个概念是不恰当的，弹性失效的概念是为了强调弹性失效和塑性失效的区别，不能因为规范要求进行弹塑性分析，就把失效模式也称为弹塑性失效，弹性失效只是结构中刚出现局部塑性变形的起点，此后塑性变形不断发展，只有当塑性变形充分发展至出现总体塑性流动时才会发生塑性失效。所以，弹性失效和塑性失效是结构失效过程的两个不同阶段，并不存在两者混合在一起的弹塑性失效模式。

2.2　应力的成因性

2.2.1　载荷应力和机械应力

1. 载荷应力及其载荷

载荷应力有时也称为荷载应力。《ASME 锅炉及压力容器规范》2013 年版第三卷第 1 册中采用了 load controlled stress(载荷控制应力)的概念,并指出其应力幅度不会随着位移的变化而减少。《钢制压力容器——分析设计标准(2005 年确认)》(JB 4732—1995)中,载荷应力(load stress)是指由压力或其他机械载荷所引起的应力[3],该标准规定设计时应考虑各种载荷及载荷组合,至少应考虑的载荷包括:内压、外压或最大压差;液体静压头;容器的自重及正常工作条件下或试验状态下内装物料的重力载荷;附加载荷,如其他附属设备、隔热材料、衬里、管道、扶梯、平台等的重力载荷;风载荷、雪载荷及地震载荷;支座、底座圈、支耳及其他形式底座的反作用力;包含压力急剧波动的冲击载荷;由各种温度条件引起的不均匀应变载荷及由连接管道或其他部件的膨胀或收缩所引起的作用力(由管道附加载荷在容器上产生应力的正确评定见文献[40])。此外,《固定式压力容器安全技术监察规程》(TSG 21—2016)[41]和《压力容器 第 1 部分:通用要求》(GB/T 150.1—2011)[42]中指出,设计压力容器时应考虑的载荷还包括运输或吊装时的作用力,分析设计新标准修改稿中已把运输或吊装时的作用力明确列入应考虑的范围。

2. 不同学科相关载荷

《钢制压力容器——分析设计标准(2005 年确认)》(JB 4732—1995)中所列诸多载荷并不一定都是机械载荷,非机械载荷引起的应力不宜与载荷应力混淆。机械载荷和压力属于一次载荷,温度引起的载荷属于二次载荷。例如,受核辐射的钢材产生直接的胀大变形,变形过程也许会因此产生力的作用,但是这不是变形的本质,不是为了平衡其他力的作用,而是为了协调变形,也就是一种温度应变,与热应力无关。

风载荷会引起风应力(wind stress),如文献[43]分析了风荷载作用下大直径落地式钢筒仓的强度和稳定性。在术语在线中,来自大气科学学科应用气象学专业的风应力的定义为:地表(或建筑物表面)单位面积上受到邻近运动空气层施加的曳力或切向力,见载于《大气科学名词》(第三版)。这种风的作用力大多数表现为斜向切向力,称为切风应力,少数会以垂直方向表现,称为正风应力。

关于极限载荷,《钢制压力容器——分析设计标准(2005 年确认)》(JB 4732—1995)中是通过试验应力分析求取的。具体步骤如下。

第一步：在以试验所加载荷为纵坐标，以变形或应变为横坐标的坐标图上，利用线弹性区内的测点数据，通过最小二乘法给出最佳拟合直线。

第二步：基于最佳拟合直线确定极限载荷线，确定该直线与纵坐标的夹角(本书称其为拟合夹角)，作另外一条过坐标原点且其与纵坐标的夹角为极限夹角的极限载荷线，使极限夹角的正切值等于拟合夹角正切值的 2 倍。

第三步：在极限载荷线上确定极限载荷点，即有三个后继的数据点都落在极限载荷线外侧的第一个数据点。

第四步：基于极限载荷点确定试验极限载荷，也就是最大主应变或变形值对应的载荷值。

第五步：基于试验极限载荷确定容器设计或评定用的极限载荷，就是把试验极限载荷乘以设计温度下材料屈服点与试验温度下材料屈服点的比值。

在术语在线中，来自航空科学技术学科飞行器结构及其设计与强度理论专业的极限载荷(ultimate load)的定义为：限制载荷乘以安全系数得到结构所能承受的最大载荷，又称设计载荷，见载于《航空科学技术名词》。可见，同一载荷概念在不同学科中的相关表述差异较大，由此而来计算的应力概念有明显区别。

工程实践中经常考虑重力载荷，但是也不能否认普遍存在忽视离心载荷的现象，例如，高密度流体高速流过大弯管或者流过螺旋板换热器时，流体对壳壁的作用载荷除了操作工艺的压力，还有流体离心力。设备运行稳定时，压力和离心力都可以维持稳定，但是与压力对壳壁的均匀作用不同，离心力对壳壁的作用可能存在面对称或其他规律性，且是不均匀的，可参见 3.4.4 节。有时，设计计算忽略的载荷会成为结构失效的主要因素。

3. 机械应力

物体由于外因(受力变化等)而变形时，在物体内各部分之间会产生相互作用的内应力，即机械应力(mechanical stress)，以抵抗这种外因的作用，并力求使物体从变形后的位置回复到变形前的位置。

不能理所当然地认为机械应力包括机械加工应力，机械加工应力是一个笼统的概念，若把它分为机械加工作用过程的应力和机械加工之后的应力两部分，则后者属于残余应力。

2.2.2　内压应力和外压应力

内压或者外压是承压设备的运行载荷，由此引起的应力当然属于载荷应力。对容器壳壁来说，内壁面或外壁面所承受的压力都是壳壁金属外的压力，在壳壁内引起的应力属于载荷应力和机械应力，通过内压应力和外压应力可以区别内外壁面压力的作用效果。

对容器来说, 密闭设备内部介质的压力以及液体静压在设备器壁上产生的应力是内压应力。圆筒体的内压应力中环(周)向应力最大, 轴向应力是环(周)向应力的一半, 径向应力最小, 外壁面的径向应力为零。环(周)向应力和轴向应力都是拉应力, 径向应力是压应力。内压应力导致的壳体失效往往属于强度失效, 而椭圆形封头靠近直边端口的小半径拐弯段出现较大的环(周)向压应力, 使结构趋向失稳。

密闭设备外部压力在设备器壁上产生的应力是外压应力, 多腔容器之间的压差在相对低压的隔腔器壁上产生的应力也是一种外压应力。圆筒体的外压应力都是压应力, 其导致的壳体失效往往属于稳定性失效。

虽然外压在圆筒体壁上引起的应力都是压应力, 但是内压在圆筒体壁上引起的应力并非都是拉应力, 其中径向应力仍然是压应力, 内壁面的压应力最大, 外壁面的压应力最小, 等于零。

承压设备在成形制造过程中的各个加工环节都要承受不同的载荷作用, 由于这些载荷不是设备运行时承受的载荷, 通常就不把加工制造载荷引起的应力称为载荷应力, 而是根据产生应力的加载方式来称呼相应的应力。很多学者在论文中以形象化的命名称呼相应的应力, 如机械加工应力、铸造应力、锻压应力、开车应力、试验应力等。

2.2.3　振动应力和摩擦应力

1. 振动应力

由机械振动引起的应力为振动应力, 其数值随时间变化而变化, 它是动态应力的一种形式, 可分为随机振动应力和受迫振动应力, 如化工系统管道随机振动、搅拌罐叶片振动、流体流经换热器管束引起换热管振动[44]等, 这些现象均会引起应力。对搅拌罐叶片振动应力的测量既可以采用传统的应变片测量技术[45], 也可以采用航空发动机叶片动应力的无线传输测量技术[46]。

若振动应力的改变具有周期性, 则称其为振荡应力, 它是动态力学测量中经常使用的加载形式。

振动应力也有可用之处, 焊接过程中对焊道的锤击振动有利于组织的规则排列, 减少焊接残余应力, 且应在焊接过程中及时进行振动才有较好的效应效果, 如果等焊接结束后再实施振动, 则效果变差。但是, 这不能理解为以振动产生的应力抵消焊接产生的应力。构件成形后, 振动法消除残余应力所产生的动应力的幅值与残余应力之和应大于结构材料的屈服极限, 才能起到消除应力的作用[38]。

2. 摩擦应力

摩擦应力可分为外摩擦应力和内摩擦应力。振动有时引起相接触构件之间的摩擦，此时会在材料外表面产生摩擦应力(frictional stress、friction stress、friction mandrel stress)。而摩擦应力也可产生于构件的内部，内摩擦应力的产生是由于固体变形时结晶格子间产生的摩擦，或运动流体的分子间产生的摩擦。内摩擦和外摩擦均损耗能量。摩擦焊接过程则产生包括外摩擦应力和内摩擦应力的复杂应力。

摩擦应力还可以包括材料微观分析中关于晶体位错时相互之间的摩擦应力[47]，其表观就是材料塑性变形的滑移等。但是晶体的摩擦应力又不是晶体的界面应力或者相间应力(inter-phase stress)[48]，有时界面应力(interfacial stress)是指两个构件无填充材料相焊形成的界面处的应力，或者复合材料的层间应力，或者基体与其表面涂层间的应力。

3. 振动和摩擦

能引起两个相邻的构件产生相对运动的因素有很多，振动和摩擦就是其中两种。振动往往是往复运动，摩擦则不 ·定是往复运动。构件在振动的过程中若与相邻的构件接触，则会产生摩擦，否则两者是无关的。不平稳的摩擦也可能会产生振动。振动和摩擦是两种力学行为，振动应力和摩擦应力分别是两种不同行为的结果。

2.2.4　扭转应力、离心应力、弯曲应力和挠曲应力

1. 扭转应力

搅拌釜是化工装置中的一类压力容器，液相法聚丙烯反应器就是一种立式搅拌釜，液相丙烯的高度会影响叶掌和搅拌轴的受力。英国石油(BP)公司的气相法聚丙烯反应器是一种卧式搅拌器，具有多个气体和液体进料点，但是反应器内部不会储存气体和液体。

一般来说，扭转应力是搅拌轴、传动轴等构件承受扭转载荷时引起的应力[49]。文献[49]提出"扭曲应力"一词并把它视为与扭转应力等同的概念是不当的，扭曲表达的是一种组合的变形方式，同时包括扭转和弯曲，因此不宜称为"扭曲应力"。

薄壁圆筒或管道在横截面内的扭矩作用时，圆筒材料将发生纯剪切变形，在弹性范围内，剪应力与剪应变服从剪切胡克定律[7]：

$$\tau = G\gamma \tag{2.63}$$

式中，G 为剪切弹性模量(shear modulus of elasticity)，由弹性力学知识可以证明 G 与 E、μ 之间有如下关系：

$$G = \frac{E}{2(1+\mu)} \tag{2.64}$$

扭转强度条件

$$\tau \leqslant [\tau] \tag{2.65}$$

中的许用剪应力[τ]的数值，对于塑性材料可取

$$[\tau] = (0.5 \sim 0.6)[\sigma] \tag{2.66}$$

承压设备中，弯曲的长管线、高柔度塔器、汽车罐车等承压设备因结构和环境的共同作用，也会产生扭转应力，扭转载荷及扭转应力的方向是沿周向变化的。

2. 离心应力

搅拌叶掌等由转动引起的离心应力不属于扭转应力，而是属于构件离心惯性力的"脱离效应"而引起的拉应力。

聚烯烃环管反应器内的料浆在高速经过规格约为$\phi 609.6mm \times 16mm$ 的 $180°$回弯头时，料浆惯性离心力的"脱离效应"会在弯头外拱的内壁面上产生压力作用，从而引起附加应力。

3. 弯曲应力

在术语在线中，来自冶金学学科金属加工专业的弯曲应力的定义为：加工体在弯矩的作用下，弯成一定曲率时，所产生的应力。在纯弯曲情况下，弹性正应力与截面垂直轴呈线性关系，中面处为零，最外面处为最大。见载于《冶金学名词》(第二版)。

钢制压力容器的弯曲应力在设计标准[3]中的定义为：弯曲应力是法向应力的变化分量，沿厚度上的变化可以是线性的，也可以不是线性的。其最大值发生在容器的表面处，设计时取最大值。钢制压力容器标准中的弯曲应力是指线性弯曲应力。测量材料弯曲性能的试验一般有两种应力加载方式，即三点弯曲和四点弯曲。三点弯曲试验方法将条状试样平放于弯曲试验夹具中，形成简支梁形式，支撑试样的两个下支撑点间的距离视试样长度可调，而试样上方只有一个加载点。四点弯曲试验方法将条状试样平放于弯曲试验夹具中，形成简支梁形式，支撑试样的两个下支撑点间的距离视试样长度可调，试样上方有两个对称的加载点。

不同的加载方式得到的抗弯强度不同，两种加载方式各有优劣：三点弯曲试验方法简单，但由于加载方式集中，弯曲分布不均匀，某处部位的缺陷可能显示不出来，达不到效果；四点弯曲试验方法的弯矩均匀分布，试验结果较为准确，但是压夹结构复杂。两种加载方式的差别是，试样中部存在剪切力，所测强度不是纯弯曲下的强度。为消除剪应力的作用，可采用加大试样的跨度和增加加载压头半径来弥补，也可用四点弯曲试验方法进行试验，但是该方法所需试样较长，加载压头结构较为复杂，试验中加载均衡性不易保证。而三点弯曲试验方法简单，是目前拉力机对塑料弯曲试验普遍使用的方法。

抗弯强度是指试样弯曲断裂前达到的最大弯曲力。按照加载方式和试样形状，

抗弯强度有不同的计算方式。一般来说，由载荷引起弯矩和弯曲应力的同时，也就存在由应力引起的抵抗弯矩，而且弯矩和抵抗弯矩都与挠度成正比关系。

4. 挠曲应力

挠曲应力(flexural stress、flexure stress)或翘曲应力(wrapping stress)表现在与不同构件形状的变形关联上，前者更近义于弯曲应力，例如，有词典直接把 flexure 同时译为挠曲和弯曲，解释为侧向应力引起的侧向挠曲(flexure under lateral stress)，把挠曲应力和弯曲应力的英文词组等同[50]；而翘曲应力可理解为扭转应力、弯曲应力或者两者的组合应力，例如，大型换热器管箱中的分程隔板、大尺寸薄壁弧形板和球壳均可能在管线或环境非对称载荷作用下产生翘曲，焦炭塔则在强烈的热机应力作用下产生包括翘曲的变形。热机应力同时存在热应力和机械应力的共同作用。

原油储罐底圈壁板的"象足效应"、"钻石效应"则是屈曲变形，屈曲应力的概念见 2.4.7 节。

2.2.5　错配应力、掺入体应力、基体应力和基底应力

材料内应力的大小随着材料的不均匀程度而定。在金属基复合材料力学分析中，认为内应力的出现是组分(基体及增强体，即纤维、晶须或粒子)形状之间不匹配的结果，因此提出了错配应力、掺入体应力、基体应力的新概念，也提出了背景应力、映像应力或平均场应力的别名[14]。尽管双相钢的性能很少用复合材料的理论来解释，但其本质上是一种复合材料，对这些较为专业的概念只个别展开介绍。

假设在某一较高温度 T_{esf} 下(下标 esf 表示"有效的无应力")，材料中不存在实际意义的应力，那么在较低的环境温度 T_0 下该材料将有另一种应力状态，可就此设想成将一件大尺寸的掺入体嵌入基体上一个小尺寸的洞中所造成的应力状态。这种错配应力 σ 可简单地表示为[14]

$$\sigma = \Delta\alpha\Delta T = \Delta\alpha(T_{esf} - T_0) \tag{2.67}$$

基底应力的概念主要应用于路桥土建力学，也已扩展应用到金属材料表面工程。郭宇锋指出，褶皱工程是发展新型微纳米功能器件和机电系统的一种重要途径；利用连续介质力学的卡门模型可揭示氧化铝基底上层状碳纳米薄膜六边形褶皱的起皱行为与其厚度和基底应力之间的关系。此外，有学者通过第一性原理计算和力学建模，对少层石墨烯和六方氮化硼的起皱行为进行了深入研究并提出了估算其弯曲刚度的方法，发现少层石墨烯和六方氮化硼褶皱的电荷分布随层数的增加对弯曲变形更为敏感[51]。

根据原子核和电子相互作用的原理及其基本运动规律，运用量子力学原理，从具体要求出发，经过一些近似处理后直接求解薛定谔方程的算法，习惯上称为第一性原理，有时也称第一原理。第一性原理通常是与计算联系在一起的，在进行计算时除了告诉程序所使用的原子及位置外，没有其他试验的、经验的或者半经验的参量，具有很好的移植性。

2.2.6　热应力、温度应力、焊接应力、焊接热应力和焊接残余应力

1. 热应力的相关概念

在术语在线中，与热应力相关的学科包括公路交通科学技术、航天科学技术、物理学、冶金学、建筑学、材料科学技术、地质学、力学、化学工程、船舶工程、水利科学技术等。其中，根据水利科学技术中的工程力学专业，热应力的定义与温度应力的定义相同：物体温度变化时因变形受到约束而产生的应力，又称热应力(thermal stress)，见载于《水利科学技术名词》。

从物理学的角度来说，各向同性材料受到均匀的温度场作用并不会引起热应力。同一构件受不均匀温度变化，或相互约束的相邻构件发生温度变化时，相互约束作用有可能引起热应力。材料或结构在温度变化时会发生膨胀或者收缩，并在受到一定的约束时，其内部将产生应力，即热应力。热应力又称温差应力、温差热应力或温度应力，以前曾称变温应力。当膨胀或者收缩没有受到约束时，不会产生热应力。

热应力是变形协调过程中产生的自限性应力，无论是薄膜分量，还是线性分量，均应划分为二次应力，因此在有限元分析中对其进行线性化应力分类毫无意义[52]。

热应力是由变温引起的，而不是由温度引起的，一定的温度不会相应于一定的热应力[9]。因此，温度应力的说法从字面看似乎不妥当，要从本质上理解；仅从字面来看，热应力的说法似乎也有局限性，因为热应力容易被误解为加热升温引起的应力，实际上降温冷却也会产生应力，但是没有称"冷应力"的说法；从几个概念的比较看，较合适的概念应该是温差应力。

2. 焊接应力和焊后残余应力

在焊接结构力学分析中，把温度应力分为总体温度应力和局部温度应力。能引起部件宏观变形的温差应力称为总体温度应力，如管件纵向温差引起的应力、温度不同部件相连处的温差应力、线膨胀系数不同的组件相连处的温差应力等。总体温度应力不是外载荷引起的，属于自平衡应力。因壳体局部受热或冷却引起的温差应力称为局部温度应力，如冷壁壳体上开口接管突然送进高温流介的温差引起的应力。文献[53]认为，局部温度应力也属于自平衡应力，它不会引起宏观变

形，但是可能成为低周疲劳破坏和蠕变破坏的起因。其中，局部温度应力可能引起蠕变破坏的推断是错误的，蠕变虽然与温度特别是高温有关，但是引起蠕变的是机械应力，不是热应力。

结构由于焊接产生的应力称为焊接应力(welding stress)，主要与材料的性能，焊接的形状、尺寸、状态及焊接温度场等有关。金属构件焊接时，在接头区域内不均匀地加热和冷却过程中，焊接接头内部各点在同一时间内膨胀和收缩不一致就会产生应力，称为焊接热应力(welding thermal stress)，焊接过程完成后，焊件冷却到室温所残余的内应力称为焊接残余应力(welding residual stress)[16]。焊后残余应力则是与焊接残余应力相近但是又有区别的概念，在具体应力水平上可能差异很大，焊接残余应力仅仅是焊接过程产生的，焊后残余应力则不仅包括焊接残余应力，还包括焊接之前的残余应力，是焊接残余应力和焊接之前存在的各种残余应力进一步组合的结果。

焊接应力、焊接热应力都属于热应力，是在焊接过程中产生的，但是焊接残余应力不是热应力，不是在焊接过程中产生的，而是冷却回到常温的过程中产生的，是热应力引起的结果，不是热应力本身(另见残余应力主题，即4.5节)。如果金属构件整体缓慢加热或冷却，内部的热膨胀和冷收缩一致就不会产生焊接热应力或焊接残余应力，金属构件的焊后热处理的目的之一就是利用该原理来消除焊接残余应力。

3. 总体热应力和局部热应力

《钢制压力容器——分析设计标准(2005 年确认)》 (JB 4732—1995)及分析设计新标准修改稿中，在正文的名词术语部分使用热应力的概念，而在其附录中使用了温度应力的概念。分析设计标准中，关于热应力有明确的表述，就是由结构内部温度分布不均匀或材料热膨胀系数不同所引起的自平衡应力；或当温度发生变化，结构的自由热变形被外部约束限制时所引起的应力；把热应力分为以下两种[3]：总体热应力和局部热应力。

(1) 总体热应力是指影响范围遍及厚度和结构较大范围的热应力，属于二次应力，与产生此热应力的结构的形变相关，当解除约束之后，会引起结构显著变形。当这种应力在不计应力集中的情况下已超过材料屈服强度的两倍时，弹性应力分析可能失效，而连续的热循环可引起塑性疲劳或递增塑性变形。因此，这种应力属于应力分类中的二次应力，如圆筒中由轴向温度梯度所引起的应力、圆筒中由径向温度梯度所引起的当量线性应力(分析设计新标准修改稿将"当量线性应力"改称为"等效线性应力"，等效线性应力是指薄膜加弯曲应力，要求合力相等和合力矩相等)、由壳体与接管间的温差所引起的应力。

(2) 局部热应力是指影响范围仅占厚度很小部分和结构局部区域的热应力，

与膨胀被抑制相关,因此也称为(热)膨胀应力,当解除约束之后,不会引起结构显著变形。这种应力仅需在疲劳分析中加以考虑,因此属于应力分类中具有自限性的峰值应力,如容器壁上小范围局部过热处的应力、圆筒中由于径向温度梯度所引起的实际应力与当量线性应力之差、复合板中复层与基体金属膨胀系数不同而在复层中引起的热应力。局部热应力的特征是具有两个几乎相等的主应力[4]。局部热应力所指的局部变温区域小到一个斑点时,就是热斑应力或冷斑应力,另见5.4.2 节。

由于疲劳既与局部最大应力有关,也与应力分布等因素有关,峰值应力小于局部最大应力,因此,有时以局部最大应力代替峰值应力进行疲劳寿命分析,其结果就偏向保守。

热弯曲应力是由贯穿壁厚的温度梯度的线性部分所引起的,应划分为二次应力[4]。

4. 热应力的时态稳定性与均衡性

结构中随时间变化的温度场会引起变化的热应力,表现出热应力的时态性,当变化激烈时前后瞬间的热应力都不同,可分为稳态温差应力或瞬态温差应力[35]。温度场缓慢的变化速率引起的热应力较为缓和,因此结构复杂或者厚壁设备热处理过程中要控制加热炉的升温速率和降温速率,石油化工装置开、停车过程中也要控制装置特别是主要设备的升温速率和降温速率,以免引起设备较大的热应力损伤。

瞬态温差应力显然是不均衡的,主要指结构内不同位置的温度不仅存在差异,而且差异性也在变化。稳态温差应力也是不均衡的,主要指结构内不同位置的温度虽然存在差异,但是其差异性不会变化,温差是稳定的。特别是,瞬态温度场及其温差热应力是可以在相对条件下保持稳态不变,像焦炭塔进热油时,热油界面在塔内上升并在塔壁引起一个沿轴向同时上升的温度场,对于油面附近的塔壁,该温度场是瞬态变化的,油面以上的塔壁尚未受热油界面的影响而维持原状,油面以下的塔壁受热油界面的影响已经结束并在新的条件下达到新的平衡而稳定。对于整个塔壁,该温度场是动态上升的,相对于匀速的流体介质表面来说又是稳定不变的,无论温度场上升到塔壁高度下段还是中段,温度场的不均衡性不变。

5. 基于成因的热应力细分

前述的温度应力也就是热应力或温差应力,根据热应力产生的原因,即外部的变形约束、相互变形的约束和内部各部分之间的变形约束这三种情况进行深入分析,还是可以细分不同概念的差异的。

第一种,就构件外部的环境气氛而言,温度变化引起的应力称为热应力更贴切些，也就是正常的热应力。

第二种，即便环境温度不变，主要就构件自身单位几何尺寸上的温度差异而言，即便是同一零件，本身不同部位之间也会存在温差，则称温差应力贴切些，如壳体上局部的热斑或冷斑。

第三种，不同结构或材料因为膨胀系数不同，即便在相同环境温度和相同自身温度下也会产生应力，则称温度应力贴切些。

第四种，即便结构和材料相同，但是存在与时间相关的应力，如瞬态的即热冲击应力或急冷冲击应力。对于厚壁高压反应器，径向温差引起显著的热应力；对于管壳式换热器，管程和壳程之间的温差可引起显著的热应力。

6. 温度和温差的测定

温差应力的大小当然与温差有关，而温差的测定则与测温点的间距有关。《钢制压力容器——分析设计标准(2005 年确认)》(JB 4732—1995)中在与疲劳有关的金属温差波动的有效次数计算中规定了相关定义。压力容器包括接管在内用于计算温差的任意相邻两点间距离的确定有如下计算公式：对于回转壳经线方向上的表面温差，有[3]

$$L = 2.5\sqrt{R\delta} \tag{2.68}$$

对于平板上的表面温差，有

$$L = 3.5a \tag{2.69}$$

式中，L 为两相邻点之间的最小距离，mm；R 为垂直于表面从壳体中面到回转轴的半径，mm；δ 为所考虑点处的厚度，mm；a 为板内加热面积或热点的半径，mm；若 $R\delta$ 的值是变化的，则用两点的平均值表示[35]。

对于沿厚度方向的温差计算，两点定义为任何表面法线方向上的任意两点[35]。其中，对于温度轴对称分布的圆板，由于各半径处厚度方向的温差引起圆板的弯曲，弯曲应力的大小则取决于由温差及有关参数计算的"温度矩"[3]。

要把上述标准的定义结合工程实际应用到复杂的温度场还需要相当的灵活性。下面以延迟焦化装置焦炭塔(焦化反应器)的温度检测为例，对此加以说明。

1) 焦炭塔的轴向温度场

文献[54]根据二维热传导模型建立动态坐标的方法对焦炭塔进料时塔壁中的温度场进行了差分求解，结果发现塔壁的径向最大温差与轴向最大温差是否能重合到一起是有条件的，并提出了实践中测量轴向温差时应正确选取测温点之间距离的理论依据。结论认为：

(1) 实践中采用在塔壁外表面轴向任意两点处测量的温度值来计算轴向温差再除以相应的两点距离来求取轴向温度梯度的方法是缺乏理论指导的。轴向温度场有一定的高度，超出该高度的测量将使温度梯度变小，在该间距内测量的结果将处处不同, 只有某一个高度处的轴向温度梯度最大, 该间距可以通过理论进行预算。

(2) 提出了塔壁径向温差和轴向温差在同一方向各自产生的最大应力必须具备一定的条件才能够重合的概念。塔内液体介质表面的升速既确定轴向温度梯度的大小, 也影响两个温差的最大应力的重合程度, 总体是速度越小, 两个温差接近的程度越大, 从而可能出现较大的热应力组合。

2) 焦炭塔的径向温度场

文献[55]在理论分析和数值模拟的基础上结合前人的测算结果得出如下结论:

(1) 在非稳态热传导中, 容器壁的径向温度分布曲线是半边近似的抛物线, 容器壁越厚或介质的换热系数较大, 而容器壁的导热系数较小, 都会使该曲线的曲率增大。

(2) 以外壁径向钻孔法电测的容器壁局部温差为基础数值, 再按照比例来推算内壁温度求取内外壁的温差时, 存在一定的人为误差和较大的系统误差。径向温度实际分布曲线的曲率越大, 所得结果的误差越大。

(3) 局部深度的最大温差稍滞后于内外壁的最大温差, 以局部最大温差精确求得的内外壁温差不是塔壁在整个变温历程内的最大温差, 这个系统误差是不能完全消除的。但是, 选取靠近内壁而又不靠近孔底部的两个点作为测温点, 可减小该方法的系统误差。

文献[56]~[59]在理论研究和数值模拟的基础上结合测算分析对焦炭塔塔壁温度场特性进行了一系列的研究, 本书不再综述其有关结论。

7. 特征温差

特征温差 ΔT 是《特征数》(GB/T 3102.12—1993)[60]中定义格拉晓夫数 Gr 的计算式时用到的概念。格拉晓夫数是反映自然对流程度的特征数。当格拉晓夫数相当大, 为 $Gr>10^9$ 时, 自然对流边界层就会失去稳定而从层流状态转变为紊流状态。因此, 格拉晓夫数在自然对流过程中的作用相当于雷诺数 Re 在受迫对流过程中的作用, 其大小能确定边界层的流动状态。

由此可见, 特征温差不是两个特征温度的差值, 而是被定义到关联范围很窄的流态判断上, 且不能把与特征温差有关的热应力称为特征热应力。鉴于各种特征值作为科技中的关键概念, 常作为推理普遍性结论的依据, 在其他场合, 只要交代清楚, 特征温度、特征温差或特征热应力等概念都可以恰当地使用。

8. 行业标准对热应力的考虑

《炼油厂加热炉炉管壁厚计算方法》(SH/T 3037—2016)[61]的附录 C 中明确了弹性范围内热应力的限制, 基于在加热炉中影响最大的热应力是沿着管壁的径向温度分布而产生的热应力, 该热应力对承受较高热强度的厚壁不锈钢管可能变得特别重要。由于结构的遮挡、烟气的流态、炉腔的形状和尺寸等诸多因素的影响，加热炉内炉管的热强度无论沿管径方向、长度方向还是位于炉内不同部位的炉管都是不均匀的，设计时以平均热强度来表征炉管传递热量的能力，而高热强度处的炉管单位时间内通过外表面积传递的热量要高。但是管内介质的吸热能力不一定相应高，因此该处的热量较高，如果壁厚较厚，就会产生较大的热应力。美国石油协会标准 API Standard 530-2015 标准中关于炉管壁厚的计算方法与 API Standard 530-2003 相比发生了变化，指出一些特别工况下运行的管壁更厚。国内标准 SH/T 3037—2016 参考了 API 标准的变化，规定了炉管壁厚的计算方法，因此应对厚壁炉管的热应力控制进行关注。对于加热炉，常选用高频电阻焊螺旋翅片管，翅片对基管的加强作用及其评估计算方法已有一定的工程经验。

对热应力弹性范围的限制在《ASME 锅炉及压力容器规范》2001 年版第八卷第 2 册中做了介绍[62]。在断裂范围内，对热应力尚未做出合适的限制。求解管子最高热应力的公式如下：

$$\sigma_{\text{Tmax}} = X\left[\left(\frac{2y^2}{y^2-1}\right)\ln y - 1\right] \tag{2.70}$$

$$X = \frac{\alpha E}{2(1-\nu)}\frac{\Delta T}{\ln y} = \frac{\alpha E}{4(1-\nu)}\frac{q_o D_o}{\lambda_s} \tag{2.71}$$

式中，α 为管子材料的线膨胀系数，mm/(mm · ℃)；E 为管子的弹性模量，MPa；ν 为泊松比；ΔT 为沿着管子内外壁厚度方向的温差，℃；y 为管子外径对实际内径之比，D_o / D_i；q_o 为管子外表面热强度，W/m^2；λ_s 为钢的热导率，W/(m · ℃)。材料的参数 α、E、ν 和 λ_s 应按平均管壁温度计算。关于控制炉管热应力的许用应力的计算见 2.4.3 节。

ASME 规范简化的弹塑性方法中，在确定对循环弯曲热应力进行调整的交变塑性调整系数时，把由结构引起的应力升高称为几何应力，并以该调整系数来考虑由几何应力升高引起的附加局部应力集中[4]。在与焊接结构或热应力有关的专业技术资料中，也会遇到几何应力的概念。

《ASME 锅炉及压力容器规范》2013 年版第八卷第 2 册中的热应力棘轮评定方法考虑了弯曲热应力和薄膜热应力同时发生的情况，圆筒体的径向温度梯度只引起纯粹的热弯曲应力，圆筒体的轴向热应变梯度不仅产生了热弯曲应力，还产生了热薄膜应力(环向应力)，而且后者还占主导地位[63]。由于热弯曲应力和热薄膜应力由热引起，热应力属二次应力，因此有时也称上述热弯曲应力为"弯曲当量热应力"或"二次当量热应力"，称热薄膜应力为"二次薄膜当量应力"。

9. 热应力的专业研究

热应力不归类为一次应力。但是也有学者[64]报道过 Eslami 等于 1995 年的研究成果，Eslami 等[65]认为热应力不能完全归类于二次应力，在热塑性条件下热应力会部分贡献给一次应力，并将结构应力分为载荷控制的应力(load-controlled stress)和变形控制的应力(deformation-controlled stress)两类。其中，载荷控制的应力是指结构平衡外加载荷产生的恒定应力，不具有自限性，而变形控制的应力是指相邻结构的恒定应变约束产生的应力状态,结构会因应变松弛而导致应力降低，具有自限性。结构的应力应变场在高温蠕变工况下是时间相关的，即位移控制的载荷(如热应力)会产生应力松弛，而应力控制的载荷会导致蠕变变形，特别是在循环热-机载荷工况下结构的应力应变场显得尤为复杂。

与变温相关的应力松弛特指复合材料的情况。一般来说，复合材料的性能对温度变化较为敏感。有国外学者[14]在金属基复合材料研究中，以下标 esf 表示"有效的无应力"，单从该词汇的字面很难理解其含义，只能从其概念的应用中加以认识。设试验中有两个温度，一个是测试温度，另一个是试样完全没有偏斜应力时的温度，在估算这两个温度的温差 ΔT_{esf} 时，可由 P、Q 两个值以及通过试验观测到的压缩屈服应力 $\sigma_{压}$ 和拉伸屈服应力 $\sigma_{拉}$ 的应力差来计算，具体为

$$\Delta T_{esf} = \frac{P(\sigma_{压} - \sigma_{拉})}{2Q} \tag{2.72}$$

式中，ΔT_{esf} 意为"有效"的温度变化，因为应力释放过程可以降低它的值，所以它比实际温度改变得小，ΔT_{esf} 的测量可以用作研究应力松弛的程度；P 是无量纲常数，表示载荷经过弹性传递到增强剂后基体能承受载荷的程度的数值，对于能够起到实效的增强剂，该值应尽可能小；Q 表示复合材料冷却 1K 时所引起的基体轴向应力与横向应力之差，MPa/K。

国际上一向重视热应力分析这一具有重大应用背景的研究方向，不仅有专刊(*Journal of Thermal Stresses*，*Taylor & Francis*)，而且有系列大会(International Congress on Thermal Stresses)。2013 年 5 月 31 日～6 月 4 日，在南京航空航天大学举办的第十届国际热应力大会(隶属国际理论与应用力学联合会 IUTAM)上，Springer 出版社做了新书 *Encyclopedia of Thermal Stresses*[66]预售简介。国内对热应力分析的研究分散在各行各业，2015 年 12 月，第一届全国热应力大会在南京航空航天大学举行，清华大学冯雪教授以"热冲击下材料动态应力演化与裂纹扩展"为题做了大会报告，介绍了动态应力对裂纹扩展的影响；后来，还发表了硫化锌热冲击开裂机理和热冲击裂纹间距、深度的预报研究，10mm 厚硫化锌试块的燃气急热试验表明，裂纹间距随热冲击能量的增大而减小，热冲击过程中加热面最先出现非贯穿裂纹，停止加热后，裂纹贯穿试件；结合传热和热强度仿真分析，获得了热冲击过程中试件的瞬态温度场和应力场,基于材料性能的损伤演化理论，以裂纹间距和深度为变量，利用最小能量原理，获得了热冲击裂纹间距的理论预

报方法，预测结果与试验吻合较好，进而分析了断裂韧性、热胀系数、材料初始模量对裂纹间距、裂纹深度的影响[67]。

2.2.7 化学应力、物理应力、诱导应力和生长应力

1. 化学应力

质量和过程控制的微电子传感器或探测器一般为双层或多层悬臂梁结构，用于测量由于物质的扩散、吸附或者温度变化等造成的悬臂梁的偏差，以获得和分析相关的数据。由测量物质的浓度差异导致的扩散在材料内部引发的局部应力的变化，称为扩散致应力(diffusion-induced stress)，或者化学应力(chemical stress)[68]。

1) 氢扩散致扩散应力

在承压设备中也存在另一种化学应力，钢材中与氢致应力有关的氢脆和碱脆就包含常见的化学应力作用。碳素钢在 NaOH 溶液中形成的钝化膜易破裂，在钝化膜破裂处，如果存在热而浓的碱液，会对钢材发生作用产生氢。部分氢原子渗入钢材内部，积聚于碳素钢板的原始缺陷处，结合成分子状态，产生高压力和局部的高应力。当设备本身有较高的应力时，促使脆化加快。又如，有学者采用扩散氢试验方法、插销试验方法和热影响区最高硬度试验方法研究了扩散氢对 X100 管线钢临界断裂应力的影响[69]。

2) 碳扩散致扩散应力

文献[70]详细给出了线弹性小变形条件下金属渗碳过程中碳元素扩散与扩散应力之间的耦合方程，并利用该方程研究了平面应变条件下渗碳与扩散应力之间的相互关系，结果表明耦合关系对碳扩散与扩散应力都有显著影响，其中联系主应力与碳浓度的弹性相容关系是最为主要的影响关系，在不考虑其他弱耦合关系的条件下，它可以使碳扩散方程和静力平衡方程解耦。

常把扩散致应力简称扩散应力[26]，扩散应力与应力扩散是两个不同的概念，应力扩散主要是指土力学中附加应力分布的一种现象。

2. 物理应力

承压设备中存在的物理应力与机械应力有很多重叠的内容，可以说，物理应力属于机械应力。典型的物理应力是复合材料中不同层次或成分由于热膨胀不同而引起的应力。随着技术的进步，功能材料的防腐(护)涂层热应力分析也成为深入研究的关键。文献[71]利用 ABAQUS 软件模拟搪玻璃设备搪烧后的冷却过程，结果表明管口搪玻璃层内残余第一主应力最大值均随着管口圆角半径的增大而减小，管口圆角处搪玻璃层厚度减少可使管口圆角处第一主应力残余应力略减小，

搪玻璃层内最大主应力值均随着基材与搪玻璃层之间材料线性膨胀系数差的减少而减小。

3. 诱导应力

诱导应力也称为"诱发应力"，主要是指一类对开裂的方向起到作用的应力，也指外来因素起辅助作用产生的应力，其应力词组的英文中常把应力与诱因组合在一起，如应力腐蚀开裂(stress corrosion cracking，SCC)。硫化氢是石油和天然气中最具腐蚀作用的有害物质之一，在天然气输送过程中，硫化氢对输送管线的应力腐蚀占很大比重。在湿硫化氢环境中使用时，硫化氢能导致碳钢内部出现氢鼓泡(hydrogen blistering，HB)、氢致开裂(hydrogen induced cracking，HIC)和应力导向的氢致开裂(stress oriented hydrogen induced cracking，SOHIC)，引起这些开裂的应力就是一种诱导应力。

常见奥氏体不锈钢在拉应力和介质中氯离子作用下开裂，这种拉应力就是一种诱导应力。又如，与大气有关的氧化引起的应力(oxide-induced stress)，或者油气开采中对油气田实施水力压裂后，当微裂缝闭合时初始损伤带中已存在的诱导应力就会导致围岩应力重新分布。

4. 生长应力

业内有时把相变应力称为内部生长应力。所称生长应力是指导致氧化皮开裂或剥落的原因之一，但其研究相对较少。文献[72]以锅炉 T91 过热器管为研究对象，根据材料的化学成分及氧化皮抛物线氧化动力学速率公式，计算双层氧化皮的厚度；将氧化皮的生长应变引入胡克定律，借助广义平面应变问题的应力平衡关系，推导过热器管氧化皮生长应力的计算模型。在模型中，内外层氧化皮的不同生长氧化模式导致了不同的位移边界条件。通过该模型可以计算氧化皮内的环向应力、径向应力和轴向应力。

2.3 应力的工程性

2.3.1 拉应力、压应力、挤压应力、承载应力、支承应力和成偶压应力

1. 应力的拉压性与正负性

在术语在线中，根据冶金学学科金属加工专业，抗拉应力(简称拉应力，tensile stress)的定义为：法向应力为正的、物体受拉的应力；抗压应力(简称压应力，compressive stress)的定义为：法向应力为负的、物体受压的应力。术语在线中与拉伸应力相关的学科包括冶金学、物理学和力学，其英文表达包括 drawing stress、 stretching stress、tensile stress 等；与压缩应力相关的学科包括地质学、物理学和力学，其英文与压应力的英文同为 compressive stress。

从点的应力状态来说，拉(伸)应力和压(缩)应力(compressive stress、compression stress)即正的正应力和负的正应力，两者在应力的作用方向上相反。对于一个平行六面体微单元，若截面的外法线方向和坐标轴的正方向一致，则这个截面定义为正面，规定作用在正面上的应力以沿坐标轴正向为正，沿坐标轴负向为负；若截面的外法线方向和坐标轴的正方向相反，则这个截面定义为负面，规定作用在负面上的应力以沿坐标轴负向为正，沿坐标轴正向为负。仅有内压作用下的圆筒体，环向应力总是拉应力，径应力总是压应力。

有些文献用 T-stress 表示拉(伸)应力。

从效用的角度来说，在力的作用方向下使弹性体缩短的应力就是压应力[16]。

2. 接触应力

接触应力(contact stress)是由两个接触物体相互挤压时在接触区及其附近产生的，也是压应力的一种。无论零件的接触在加载前是点接触还是线接触，在加载后，由于材料的弹性变形，接触点或线就会发展成接触面，这种接触面很小，很容易造成大的接触应力。但是由于接触点附近的材料处于三向受压的应力状态，即使接触应力很大，材料往往仍然处于弹性状态。同时，接触应力存在于非常小的局部区域，即使它的计算应力达到材料的屈服极限，也只是在这局部区域内发生塑性变形。

这种点接触应力其实是赫兹应力(Hertz stress 或者 Hertzian stress)。1881 年，赫兹首先用数学弹性力学方法导出接触问题的计算公式，其假设条件为：材料是均匀、各向同性、完全弹性的，接触表面的摩擦阻力可以略而不计，并将其看成理想的光滑表面；接触面与接触物体之间无润滑剂，不考虑流体的动力效应[28]。根据该理论，接触压应力在接触点下方材料中产生的最大切应力，在与接触面呈 45° 的平面上，且该最大切应力的分布随着表层向下而增大，待达到最大值后，又随着离表层的距离而减小。在总压力 P 作用下，接触压应力或最大单位压力 p_0 的计算公式为[73]

$$p_0 = n_\mathrm{p} \frac{1}{\pi} \sqrt[3]{\frac{3}{2}\left(\frac{\sum k}{\eta}\right)^2 P} \tag{2.73}$$

$$\eta = \frac{1-v_1^2}{E_1} + \frac{1-v_2^2}{E_2} \tag{2.74}$$

$$\sum k = k_{11} + k_{12} + k_{21} + k_{22} \tag{2.75}$$

式中，E 为材料的弹性模量，MPa；ν 为材料的泊松比；k_{11} 和 k_{12} 为第一物体在原点主平面方向的曲率；k_{21} 和 k_{22} 为第二物体在原点主平面方向的曲率；n_p 为由接触区形状决定的系数，对于圆形，$n_p = 1.0$，对于矩形，$n_p = 0.4267$。根据两接触体的材料、形状，可对上述公式进行相应的简化。

从圆球与凹球面接触的分析看，接触应力有如下两个特点：①最大接触压应力与载荷不呈线性关系，而是与载荷的立方根成正比，这是因为随着载荷的增加，接触面积也在增大，其结果使接触面上的最大压应力的增长较载荷的增长慢。应力与载荷呈非线性关系是接触应力的重要特征之一。②接触应力与材料的弹性模量 E 及泊松比 ν 有关，这是因为接触面积的大小与接触物体的弹性变形有关[28]。

理论分析表明，两个物体相互接触时，危险点恰在接触面中心的下面某个深度处。按照第四强度理论，该点的接触强度条件为[74]

$$0.6 p_{max} \leqslant [\sigma_c] \tag{2.76}$$

式中，$[\sigma_c]$ 为许用接触应力，可由机械设计手册查得。

近年来，螺旋缠绕管管束作为一种新的换热器结构部件在工程应用中取得了较好的效果，扭曲管(或称螺旋扁管)管束则是一种换热管自支撑的管束，这两种管束中换热管之间的接触所引起的相互摩擦阻力不能忽视，因此其相互作用的应力有别于上述接触应力，其相互接触更类似于钢丝绳股线或者输电线电缆分层股线之间的接触行为。

3. 压紧应力

引起接触应力的两物体间相对静止，有别于引起摩擦应力的两物体间相互运动。垫片和壳体开口密封面之间的压应力有时也称为"压紧应力"，英文中则以 clamping stress(夹紧力)表示。而换热管和管孔之间的胀接贴紧就是依靠这种应力的作用，称为接触面应力。《制冷装置用压力容器》(NB/T 47012—2020)[75]中规定，固定管板式换热器的换热管与管板连接时的强度需进行应力校核，当换热管与管板采用焊接连接时，应校核作用于焊缝截面上的剪切应力，应不大于规定的许用剪切应力值；当换热管与管板采用胀接方法连接，换热管与管板接触面的拉脱应力需按照式(2.77)求得，应不大于规定的接触面许用拉脱应力值：

$$\sigma_t = \frac{W}{3.14 d_o \delta_n} \tag{2.77}$$

式中，W 为一根换热管所支持的载荷，等于设计压力与面积的乘积，单位为 N，面积需取规则布管区和不规则布管区及周边缺区大值，其中规则布管区面积为

图 2.12 中相邻的四个管头所包容的面积；d_o 为换热管外径，mm；δ_n 为管板名义厚度(应取胀接长度)，mm。制冷装置的换热器管板较薄，焊接管头抗拉脱的剪切应力计算仍按式(2.77)，但是应以换热管头的有效焊接长度代替 δ_n。

胀接接触面的许用拉脱应力：对钢制管板和钢制换热管时为 2.5MPa，对钢、铜或铜合金制管板与铜或铜合金制换热管时为 1.2MPa。

作用于换热管焊接缝截面上的许用剪切应力：对钢制管板和钢制换热管时为换热管许用应力的 40%；对钢、铜或铜合金制管板与铜或铜合金制换热管时为换热管许用应力的 30%。

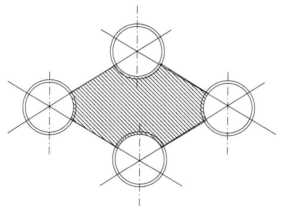

图 2.12　一根换热管的支持截面积

4. 同一结构件内的挤压应力

受均布载荷作用的简支梁中的挤压应力，沿着梁的深度方向存在的应力分量是由于梁的各纤维之间的挤压引起的，其最大绝对值等于均布载荷，发生在梁顶，而在梁的下边缘，其值为零。在材料力学中，一般不考虑这个应力分量，在精度要求不高的工程弹性力学中，也可以假定梁的纵向纤维互不挤压[9,76]。

薄板可以看成多根梁在其两侧的集合组成，所以上述关于梁的挤压应力及其在材料力学中的假设也适用于薄板[17]。参照均布载荷梁的例子来说明均布载荷作用下薄壁板壳厚度方向的挤压应力，在薄壁板壳中也就是与中面平行的截面上的正应力。因此，在仅受内压作用的圆筒中，按照拉梅公式计算的径向应力也属于挤压应力。该挤压应力沿壁厚方向垂直于板面，远小于其垂直面的正应力，故它对变形的影响可忽略不计。挤压应力分布曲线如图 2.13 所示。

内表面处的挤压应力等于内压，外表面处的挤压应力等于零，壳壁厚度内 r 处的挤压应力 σ_r 也等于该处的挤压应力，挤压力的大小可根据图 2.11 中的虚线按照插值法粗略地保守估算。挤压应力水平虽然不高，但是对某些缺陷具有压紧作用而不是拉开作用，承压设备中的应力分析一般就不考虑挤压应力，与筒体因曲率变化而在环向引起的中性层以外的压缩应力是有区别的。

5. 两个结构件之间的挤压应力

铆钉的挤压应力(bearing stress)是两个结构件之间挤压应力的典型。在材料力学理论中，挤压应力与承载应力相同，对应的英文名都是 bearing stress[77]。

铆钉在发生剪切变形的同时，往往也发生挤压变形。挤压应力过大会使挤压面发生塑性变形，致使构件遭受破坏。图 2.14 给出了铆钉挤压应力示意。工程上用受挤压件在垂直于挤压应力的面上的投影面积作为挤压面积 $S = dh$，令总挤压力为 F，则挤压应力 σ_{bs} 为

$$\sigma_{bs} = \frac{F}{S} = \frac{F}{dh} \tag{2.78}$$

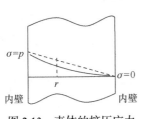

图 2.13　壳体的挤压应力

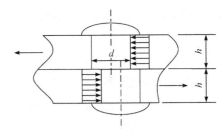

图 2.14　铆钉挤压应力

因此，仅就举例而言，挤压面是铆钉外表面与铆钉孔内表面紧密接触的半圆面，与挤压面积所表达的面是两个概念，换句话说，挤压面上每点处单位面积的挤压力为挤压应力，它始终垂直于挤压面，而不是垂直于挤压面积所在的平面。在没有试验数据的情况下，强度条件中的挤压许用应力可取 $[\sigma]_{bs} = (1.6 \sim 2.0)[\sigma]$ [7]。

显然，机械加工中像钻头施加给钢材的挤压应力与上述概念是不同的。

6. 承载应力和支承应力

在一些公开资料中，bearing stress 可译为承载应力、承压应力、支承应力或负荷应力，可见这几个应力词汇的关系，不过它们在中文里是有区别的。

承载应力和负荷应力、负载应力较为接近，即由所承受的各种载荷在构件中所产生的应力，是较为广泛的应力。对于压力容器中常见的负压或真空工况，很少使用"负压应力"来描述壳体中的应力。

支承应力更多是起支承作用的基础构件在被支承件作用下产生的应力，载荷包括支承件和被支承件的自重以及通过被支承件传递过来的所有载荷，载荷的作

用方向不仅仅是指上下垂直方向，如立式设备作用在腿式、耳式、支承式、刚性
环式或裙座式支座上所产生的应力，卧式容器作用在腿式、支承式、鞍式支座上
所产生的应力，反应器内部筒体上催化剂支承环所受重力引起的应力。在物理学
中，支承应力可简称支应力。

承压应力一般指承受内压的设备壳体中的应力，也可以特指构件端部之间相
互顶(压)紧时的压应力，因此它包括支承应力。

7. 成偶压应力

成偶压应力是指处理裂纹塑性区的裂纹 D-M 模型中一个虚拟模型的应力。成
偶出现的成偶压应力 σ_s 如图 2.15 所示。1960 年，达格代尔(Dugdale，也有译为杜
格旦尔或杜格达勒)运用穆斯海里什维里(Muskhelishvili，也有译为摩斯海里什维利)
方法，研究了裂尖区的塑性区，主要是在平面应力状态下无限大薄平板中穿透直裂
纹的弹塑性应力问题，并假设材料为理想弹塑性体而建立的研究模型。达格代尔把
原裂纹(2a)两端的耳状塑性区简化成尖劈形状，并在模型中以分布成偶压应力 σ_s
(屈服极限)来代替尖劈形状，该成偶压应力将裂纹闭合。这样原裂纹(2a)和两端尖劈
状的塑性体等效成线弹性裂纹(2c)。等效线弹性裂纹要比原裂纹多承受一个分布成
偶压应力。经过这样处理后，塑性问题将转化成线弹性问题[78]。在断裂力学的发展
史中，该研究模型简称D-M 模型。巴伦布拉特(Barenblatt)则于 1963 年提出了"内聚
力"的概念，由于 D-M 模型属于"内聚力"模型的特殊情况，因此 D-M 模型有时也
称为D-B 模型。另外，该模型又称"小量(或大范围)屈服模型"或"窄条屈服模型"。

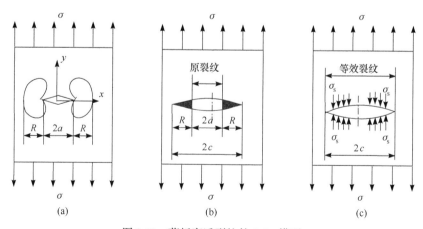

图 2.15　薄板穿透裂纹的 D-M 模型

根据成偶压应力 σ_s 的概念，可以把 D-M 模型分解成两个独立单元线弹性裂
纹模型，一个是在无限远处均匀外加拉应力 σ 作用下，另一个则是在分布成偶压

应力 σ_s 的作用下，这样就简化了有关分析，原模型的应力强度因子等于两个独立模型的应力强度因子之和，原模型的裂纹顶端张开位移也等于两个独立模型的裂纹顶端张开位移之和。

2.3.2 相变应力、收缩应力、拘束应力、约束应力、回热应力、铸造应力和干涉应力

1. 相变应力和收缩应力

当对受压元件材料进行改善力学性能的热处理时，由于金属材料进行相变或扩散过程而形成的应力属于相变应力，包括不均匀相变引起的应力(组织应力)和不等时相变引起的应力(附加应力)。焊接中焊接接头的降温过程也存在复杂的相变应力。

在术语在线中，机械工程学科机械制造工艺与设备方向给出的相变应力(transformation stress)的定义为：热处理过程中由于工件各部位相转变的不同时性所引起的应力，又称组织应力，见载于《机械工程名词 第二分册》(第二版)；冶金学学科钢铁冶金专业给出的收缩应力(shrinkage stress)的定义为：由于凝固外壳中各部分、各方向的冷却条件差异导致各部分、各方向的线收缩不同，因而产生不同分布状态的拉应力或压应力，见载于《冶金学名词》(第二版)。

在承压设备技术中，收缩应力(shrinkage stress、string stress、contraction stress)主要是指焊接接头冷却过程中，焊缝的收缩受母材结构的限制，形成很大的拘束应力(restraint stress)，也称约束应力。平均拘束应力和临界拘束应力的概念见 2.4.6 节。通俗地说，收缩应力就是构件受到限制无法自由变形位移而在其内部引起的应力，因此既包括拉应力，也包括压应力，但是收缩应力本质上也不是热应力；此外，收缩应力与压缩应力的区别也是明显的，引起收缩应力的直接载荷源自结构内部，产生压缩应力的直接载荷源自结构外部。除了焊接，设备的强行装配过程也产生约束应力。相变应力和收缩应力均属于残余应力。

2. 回热应力和铸造应力

在术语在线中，回热应力(stress at temperature rising-again)的定义为：连铸二冷区坯壳外表面受强冷而收缩，而液芯释放潜热导致温度回升，外冷内热的温差产生相当大的热应力，又称回温应力，表面温度回升应限制在 100℃/m 以下，见载于《冶金学名词》(第二版)。

造纸烘缸是一种常见的铸造承压设备。有学者对球墨铸铁容器内压极限载荷进行了研究[79]，铸件在凝固后的固体冷却过程中就存在收缩应力，这是铸型、型芯、浇冒口等外来阻力作用的结果。一般来说，铸件冷却到弹性状态后，收缩受

到阻碍都会产生收缩应力，并且该应力通常是拉应力。当引起收缩应力的因素去除后，如打开砂箱、去掉冒口，相应的收缩应力就会消失，因此这是一种临时应力，主要危害是在其消除前，与浇铸后凝固冷却过程的热应力叠加在一起，瞬间的总应力大于铸件的抗拉强度时会导致铸件开裂。

铸造应力按产生的原因不同可以分为热应力和收缩应力两种，分别对应凝固过程和凝固后的冷却过程。铸造热应力是浇铸后凝固冷却过程中铸件自身不同部位之间不均衡的收缩而产生的，但是不称为铸件的收缩应力，铸造热应力使冷却较慢的厚壁处受到拉伸作用，使冷却较快的薄壁处或者铸件表面受到压缩作用，铸件的壁厚差异越大，合金的线收缩率或者弹性模量越大，引起的热应力就越大。而所称的铸造收缩应力是铸件在凝固后的固体冷却过程中受到外部的阻力而产生的。

3. 干涉应力

Pépin 等在复合管对接接头焊接缺陷及应力分析中使用干涉应力的概念[80]，其含义类似于不同载荷引起的应力的交互作用。而干缩应力的概念应用于土建力学，承压设备中没有这个概念。

2.3.3　装配应力、安装应力、控制应力和目标应力

1. 装配应力和安装应力

在静不定结构中只要存在使结构变形的因素，都会产生内力和应力。常见之一是，由于存在制造误差，进行装配时会引起装配应力。一旦满足装配条件，塑性流动就会自动停止。常见之二是，温度的改变造成热胀冷缩、构件变形，引起温度应力，热胀冷缩也应用于零件装配。理论上可以把温度应力问题分为两个过程求解[81]：先解除多余约束，将超静定问题转化为静定问题，使杆件自由伸长或缩短；再按照原来的方式将所有杆件安装好，由于温度升高后，杆件的长度可能不再匹配，所以会产生装配应力，这时便转化为一般的装配应力问题。这样便把耦合在一起的温度应力和拉压应力分解成两个过程，容易理解热胀冷缩与零件装配的关系。

一般来说，装配应力对结构是不利的，不过工程上也有将装配应力作为有利因素加以利用的[82]，从这个角度而言，装配应力与安装应力(erection stress)没有区别。

过盈应力是过盈装配应力的简称，是装配应力之一。例如，复合管耐腐蚀衬里的套装或者多层圆筒体的套合，就可能存在过盈应力；而搅拌轴和轴承、轴套等零部件的组装则往往依靠过盈应力。文献[83]综合以往轴毂过盈连接分析中只考虑弹性变形的问题，进一步分析了轴毂结构及配合过盈量对应力的影响，以及在怎样的条件下导致其发生塑性变形，并根据特雷斯卡塑性条件找出过盈连接由

弹性变形过渡到塑性变形的条件，推导了在弹性与塑性情况下连接体内的应力计算公式。

例如，传统的圆柱面过盈连接设计将结合直径、结合宽度等因素视为定量，并且忽略了边缘效应所引起的应力集中。为了解决此问题，更好地研究圆柱面过盈连接的力学特性，寻求更合理的设计方法，文献[84]结合有限元法和 BP 神经网络各自的优势，分析了圆柱面过盈连接接触面的应力特性，并结合直径、宽度、包容件外径及过盈量等因素对它的影响，将通过分析得到的大量接触边缘最大应力作为神经网络的训练样本，建立了接触边缘最大应力的 BP 神经网络模型；将接触面应力的各种影响因素视为可调变量，结合接触边缘最大应力的 BP 神经网络模型，提出的一种以接触边缘最大应力为优化目标的圆柱面过盈连接设计的BP 神经网络动态调整算法，比传统的设计方法更为合理。

过盈应力的其他工程实例介绍见 2.3.11 节。

有时，也会出现"过大应力"一词，其实就是过大的应力，强调的是应力的倾向性，应力水平过高的意思，其英文为 undue stress，不具有应力词汇的独立性意义。

2. 控制应力和目标应力

《钢制压力容器——分析设计标准(2005 年确认)》(JB 4732—1995)的附录 B 中有多处提到控制应力一词，其中，B.1.2 条指出：对于结构中的控制应力，当从理论上所做的应力分析不适当或无可用的设计公式与数据时，可采用试验应力分析的方法来确定；B.2.1 条进一步指出：确定控制应力的试验，可采用应变电测试验或光弹性试验，也可以采用其他可靠的试验方法。分析设计新标准修改稿中基本保留了这些条文。

也许有读者认为，"控制应力"一词尚未形成一个具有独立内涵的应力概念，该词出现在标准条文中只是本意为"需要控制的应力"这一短语的缩写。确实，承压设备中需要控制应力的地方有很多，例如，ASME 规范《压力边界螺栓法兰连接螺栓紧固程序》(ASME-PCC-1)中关于紧固力的确定提出了目标螺栓应力法和目标垫片应力法，目标螺栓应力以所采用的螺栓材料常温屈服强度的某一百分数作为安装螺栓时需要达到的螺栓应力[85,86]。文献[87]在讨论石油化工行业法兰紧固密封规范化管理时使用了目标应力和密封应力两个概念，其中的目标应力就是需要控制的垫片应力。文献[87]中指出，使用定力矩紧固方法才能保证紧固精度，方法的关键是要确定合理的螺栓预紧力矩，其前提是确定合理的螺栓载荷，该载荷除了要考虑一定的安全裕度，最简单、有效的方法是尽量提高螺栓的目标载荷，即提高垫片的目标应力，尤其是高压和大直径法兰接头，以保证在操作工况条件下垫片密封表面还剩余有足够的密封应力，从而提高密封性能。

另外，《ASME 锅炉及压力容器规范》2013 年版第三卷第 1 册中采用了 load controlled stress(载荷控制应力)的概念，并指出其应力幅度不会随着位移的变化而减少。鉴于控制应力一词及其同义词出现在国内外重要的专业标准中，本书把其理解为承压结构正常使用中各结构允许承受的最大载荷，在该载荷下结构中应力一般不大于屈服应力，卸载后不存在残留变形，并将其列入附录中。而目标应力一词的含义与控制应力相同，暂不收录。

术语在线中可查阅张拉控制应力一词，但是没有给出定义，在土木工程学科工程施工专业中，其英文为 jacking control stress、control stress for prestressing，见载于《土木工程名词》；在公路交通科学技术学科桥、涵、隧道、渡口工程专业中，其英文为 control stress for prestressing，见载于《公路交通科技名词》。

2.3.4　公称应力、公称应力幅、正常应力、标准应力和规范应力

1. 公称应力

公称应力(nominal stress)又称标称应力，是一个具有规范化作用的基本概念，可用于各种专题研究中关于应力水平的相对比较。而应力水平是外载荷作用下结构材料中应力高低的一种倾向性判断，或应力大小的一种数值量度。

专题一，将标称应力与应力集中关联。应力集中处的应力水平可表达为非应力集中处正常应力水平的若干倍，用于比较的正常应力就可称为公称应力；构件的设计应力是一个固定值，工程实际的应力水平具有分散性，相对而言，设计固定的应力值也可称为公称应力[88]。美国通用电气公司在进行不锈钢管的晶间应力腐蚀开裂对比模拟试验时[89]，也采用了管子公称应力的概念。

正常应力是指结构和材料性能正常的设备在正常操作工况下引起的应力。公称应力幅则是疲劳分析中的应力概念[90]。

专题二，将标称应力与开裂时间关联。文献[91]在对有各种形状和不同尺寸的缺陷的高强度钢试样疲劳裂纹起裂研究时，为了确定裂纹起裂时间，用不同参数表征缺口底部金属的性能，提出了与给定的裂纹起裂时间相对应的标称应力。

专题三，将标称应力与疲劳分析关联。文献[92]认为局部法只需利用材料特性参数就可预测构件受到交变载荷时的寿命，采用试验 S-N 疲劳曲线的标称应力法因更加可靠而仍作为强度计算的主要方法。疲劳寿命计算是机械设计的重要步骤，利用标称应力和可比构件或零件的实际疲劳特性这一疲劳分析方法是疲劳寿命计算的有效方法。

专题四，将标称应力与蠕变裂纹扩展关联。文献[93]中介绍，Shih 等在 1993 年以及 Budden 和 Ainsworth 在 1999 年研究蠕变裂尖应力和应变率场时都用式 (2.79)中的 C^*-Q 二参数描述：

$$\frac{\sigma_{ij}}{\sigma_0} = \left(\frac{C^*}{\dot{\varepsilon}_0 \sigma_0 I_n r}\right)^{1/(n+1)} \tilde{\sigma}_{ij}(\theta, n) + Q\delta_{ij} \tag{2.79}$$

式中，σ_{ij} 为裂尖前正应力；σ_0 为标称应力(一般取为材料的屈服应力)；$\dot{\varepsilon}_0$ 为 σ_0 应力下的蠕变应变率；(r, θ) 为以裂尖为原点的极坐标；n 为材料蠕变指数；I_n 为与 n 相关的常数；$\tilde{\sigma}_{ij}(\theta, n)$ 是和 θ 及 n 有关的无量纲参数；Q 为拘束参数；δ_{ij} 为克罗内克算子。研究者在定义一个新的裂纹拘束参数 R 时，也引用了标称应力 σ_0，在此基础上对承压管道内表面裂纹的拘束参数解以及纳入拘束的蠕变裂纹扩展寿命进行了评价。

专题五，将标称应力与强度极限 R_m(以前用 σ_b 表示)关联。在图 2.16 中拉伸曲线 EF 阶段，构件在外力作用下进一步发生形变，保持构件机械强度下能承受的最大应力，一般用标称应力来表示。根据应力种类的不同，可分为拉伸强度、压缩强度、剪切强度等。

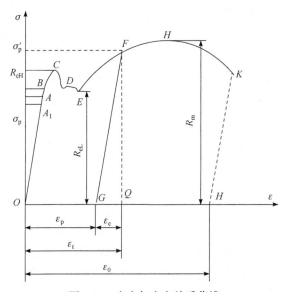

图 2.16　应力与应变关系曲线

2. 对应力与应变关系曲线的认识

用金属材料制作成的标准试样在常温、静载作用下拉伸时所表现出来的宏观力学性能通过图 2.16 所示的应力与应变关系曲线充分展示，如果在超过弹性阶段的任意一点 F 卸载，则卸载过程的关系曲线为直线 FG。压缩时，大多数工程韧性材料具有与拉伸时相同的屈服强度与弹性模量，但不存在强度极限。

图 2.16 中，OA 是弹性变形阶段，变形完全可以恢复原状，其中，OA_1 是线

弹性变形阶段，应力与应变的关系满足胡克定律，即应力与应变成正比；A_1A 是非线性弹性变形阶段；AB 是滞弹性变形阶段，变形无法完全恢复原状，通常也是非线性的变形阶段；可以把 OB 视为弹性变形阶段；严格意义上说，A_1AB 段的应力与应变关系不满足胡克定律，但是绝大多数工程材料的比例极限 A_1 与弹性极限 B 极为接近，因而可近似认为在全部弹性阶段内应力和应变均满足胡克定律；BC 是微塑性变形阶段，是非线性的；CDE 是屈服变形阶段，材料发生屈服时，即便应力不增加，应变也会继续增加，但是该过程不是很稳定；EFH 是塑性硬化阶段，又称应变强化阶段；HK 是缩颈变形阶段。

图 2.16 中，A_1 是比例极限载荷点；B 是弹性极限点；C 是上屈服点；E 是下屈服点，较 C 点显得更稳定，被确定为通常所说的屈服点，又称屈服极限点；H 是形变点，又称强度极限点；K 是断裂点，又称断裂极限点。

图 2.16 中，在卸载过程结束后保留下来的应变 OG 称为残余应变或塑性应变，用 ε_p 表示，但是要注意，在超静定结构中残余应变一般并不等于塑性应变[94]；在卸载过程消失的应变 GQ 称为弹性应变，用 ε_e 表示，这部分应变与应力呈正比关系；塑性应变 ε_p 和弹性应变 ε_e 的和 ε_t 为 F 点的总应变；在 K 点拉断后，总残余应变为 ε_0。

图 2.16 中，卸载过程结束后在 G 点再重新加载，则应力应变重新按直线 GF 正比例关系增加，过 F 点后仍按原曲线变化至 H 点和 K 点，这种情况下在新的应力-应变曲线 $GFHK$ 中，比例极限由 σ_p 提高到 σ'_p，提高了 $\sigma_p - \sigma'_p$；而拉断时的总残余应变为 $\varepsilon_0 - \varepsilon_p$，减少了 ε_p。这一比例极限提高、总残余应变减少的现象称为冷作硬化[12]。

3. 标准应力和规范应力

虽然标准应力和规范应力也具有规范化的基本作用，但是在公开报道中的使用要比口头交流中的使用少得多。与公称应力或标称应力侧重于各种专题研究的应用场合不同，标准应力和规范应力的概念侧重于工程应用的场合，分别指工程技术标准和工程技术规范中定义的应力概念。一般来说，工程技术以专题研究的成果为基础，专题研究的课题选择以工程技术需求为指引，因此两组概念有相互关系。

标准应力和规范应力包括两方面内容。一方面是应力词汇术语本身，强调名称的统一和规范化，例如，《钢制压力容器——分析设计标准(2005 年确认)》(JB 4732—1995)中的应力分类名称；1997 年修订的《热水锅炉安全技术监察规程》中规定，设计锅炉的结构形式时应尽量减小复合应力或应力集中，考虑受压元件的开孔位置和焊缝的布置，复合应力是指应力的叠加等[95]。另一方面是某些应力指标具体数值的内容，应控制工程实际的应力水平不能超过有关数值。

规范应力的英文词组 code stress 在某些场合也被译成计算应力或者综合应力，其中计算应力也隐含着规范应力与标准应力在概念上的相互关系。

2.3.5　屈服应力和抗拉应力

1. 屈服应力和屈服极限

金属材料的单向拉伸应力与应变曲线中，线性弹性阶段的结束点称为弹性极限，该点的应力称为弹性极限应力，即图 2.16 中 A_1 点对应的应力，又称初始屈服应力；但是该点不是塑性变形阶段的起始点，非线性弹性阶段的结束点才是塑性变形阶段的起始点，即图 2.16 中 E 点对应的应力，该点应力称为屈服极限、屈服强度 R_{eL} (以前用 σ_s 表示)、屈服应力(yield stress 或 proof stress)。

根据试验形式，屈服应力可以分为拉伸屈服应力、压缩屈服应力和条件屈服应力 $\sigma_{0.2}$。条件屈服应力 $\sigma_{0.2}$ 是针对有些没有明显屈服阶段的材料曲线而在工程上约定以残余应变达 0.2%作为塑性变形的开始，再通过曲线对应确定的应力。屈服应力的其他含义见 4.6 节参考应力主题。

图 2.16 中，如果从 F 点卸载到 G 点，再从 G 点重新加载，开始时应力和应变仍然服从弹性规律 $d\sigma = E\varepsilon$，到 F 点后才会重新进入塑性状态。对于强化或软化材料，屈服条件将随着塑性变形的增长而变化，改变后的屈服条件称为后继屈服条件，与 F 点对应的应力称为后继屈服应力。由于材料强化，后继屈服应力通常比初始屈服应力高，工程中称为冷作硬化，其提高的程度与塑性变形的历史有关，或者说与塑性阶段的加载历史有关[4,27]。

在术语在线中，由生物物理学学科生物力学与生物流变学专业给出的屈服应力的定义为：介质从弹性行为(变形)转变为黏性行为(流动)的临界应力，固态生物材料有此应力，某些液态生物介质(如血液)也有此应力，见载于《生物物理学名词》(第二版)。而力学学科给出了生物屈服应力(bioyield stress)的概念，却没有具体定义。另外，由建筑学学科建筑设备与系统专业给出的屈服极限(yield limit)的定义为：在荷载作用下材料开始出现屈服形变时的最小应力，又称屈服应力，见载于《建筑学名词》(第二版)。

2. 抗拉应力和抗拉极限

应力与应变曲线的最高点 H 是材料所能承受的最大应力，称为强度极限、抗拉极限、抗拉强度 R_m 或抗拉应力。当弹塑性材料的单向拉伸尚未达到其强度极限而停止，卸载后又重新拉伸时，其屈服强度会有所提高，但是抗拉强度不变。

在复杂应力状态中，通过二维屈服准则来描述屈服面，米泽斯屈服准则是一种塑性材料广泛使用的屈服准则。在脆性材料中，屈服应力是与侧限压力相关的，侧限压力越高，发生屈服所需要的剪应力越大[13]。韦布尔模数，是一个无量纲参数，用于韦布尔分布中描述变化测量脆性材料的材料强度，是基于局部法理论来预测脆性涂层界面的断裂行为的。有的研究中涉及韦布尔应力(Weibull stress)的概念[96]。对于塑性材料，拉伸试验和静水试验是塑性力学中的两个基本试验，塑性应力-应变关系的建立都是以这些试验资料为基础的。

这里关于材料力学性能指标的讨论所使用的强度概念是力学理论中规范的称法，而在力学性能指标中，应力概念则更多是旧论文以及习惯了的口语化称法，是不规范的。旧标准的屈服强度符号 σ_s 在新标准中换成用 R_{eL}，表示的是下屈服强度，抗拉强度的旧标准符号 σ_b 在新标准中换成 R_m。

2.3.6　伸长应力、比例伸长应力、规定总伸长应力、规定残余伸长应力、规定非比例伸长应力和定伸应力

拉伸试验时，试样中的拉伸应力就是伸长应力。在同一拉伸载荷和试样尺寸下，中、低强度钢试样受拉时的伸长明显，对于高强钢或铸铁等脆性材料，试样的伸长不明显，但是同样都存在拉伸应力。本节的几个概念都是金属试样拉伸检测的力学指标，目前在电子型拉伸试验机中都有这些指标的结果输出。

在胡克定律范围内，载荷-位移关系及应力-位移关系是一条斜直线，该范围内的应变属于比例伸长应变(比例伸长率)，应力属于比例伸长应力。

若应力超出胡克定律的使用范围，则试验的载荷-位移曲线开始偏离直线而发生转弯，变为曲线，伸长不再按照开始时的比例而增加，在曲线段内的应变属于非比例伸长应变(非比例伸长率)，应力属于非比例伸长应力。当规定非比例伸长率达到某一规定数值时，如 0.01%、0.05%或 0.2%，其相应的非比例伸长应力以脚注记为 $\sigma_{p0.01}$、$\sigma_{p0.05}$ 和 $\sigma_{p0.2}$，并称它们为非比例伸长应力。

有些国家把 $\sigma_{p0.01}$、$\sigma_{p0.05}$ 和 $\sigma_{p0.2}$ 分别作为规定比例极限、规定弹性极限和规定屈服极限。这样就把"条件比例极限"、"规定弹性极限"和"条件屈服极限"都统一在同一概念"规定非比例伸长应力"之下了。测定非比例伸长应力的方法有多种，其中逐级加载法的做法如下：把各级载荷作用下的总伸长(或总应变)减去计算所得的比例伸长(或比例应变)，就得到非比例伸长(或非比例应变)，加载直至得到的非比例伸长(或非比例应变)等于或稍大于所规定的数值。根据测得的载荷和非比例伸长(或非比例应变)，采用内插法，求出规定非比例伸长(或非比例应变)所对应的载荷值，把该载荷值除以试样的初始横截面积即得所求伸长应力。

而总伸长(或总应变)时的最大载荷除以试样的初始横截面积即得到所求总伸长应力，总伸长达到所规定的非比例伸长率时的应力为规定总伸长应力。

规定残余伸长应力是指试样卸除拉伸力后，其标距部分的残余伸长达到规定的原始标距百分比时的应力。表示此应力的符号也应附以脚注说明，如 $\sigma_{r0.2}$ 表示

规定残余伸长率为 0.2%时的应力。

Q345R 等常用低合金钢材料的拉伸曲线在屈服点附近出现近似水平的线段(屈服平台)，屈服明显，但是 S30408 等常用奥氏体不锈钢材料的拉伸曲线比较光滑，没有明显的屈服平台，难以找出其屈服点。事实上，大多数金属材料在拉伸时没有明显的屈服现象，按照《金属材料　拉伸试验　第 1 部分：室温试验方法》(GB/T 228.1—2010)要求，就取规定非比例伸长与原标距长度比为 0.2%时的应力作为屈服强度指标，称为条件屈服强度，记为 $\sigma_{p0.2}$。因此，规定非比例伸长应力是有前提"条件"的，与一般的屈服强度略有区别，不能相互混淆。

定伸长应力简称定伸应力，是使试样拉伸达到给定长度或给定伸长率时所需施加的单位截面积上的负荷量，该指标主要描述橡胶等弹性材料的特定力学性能，这类材料常用于承压设备密封系统的垫片等。举例来说，如果使截面积为 $1mm^2$ 的试样拉长 1 倍需要 490N(50kgf)的负荷，则其 100%定伸应力就是 490MPa(50kgf/mm^2)，而 200%定伸应力是 980MPa(100kgf/mm^2)，即当试样拉伸至 200%伸长率时的应力，常见定伸应力有 100%定伸应力、200%定伸应力、300%定伸应力、500%定伸应力。相应地，也有定伸强度和定伸模量等与定伸应力关联的力学专业词汇，定伸模量也就是定伸应力。

2.3.7　计算应力、设计应力、设计应力强度和公称设计应力

构件在受力时将同时产生应力与应变。构件内的应力不仅与点的位置有关，而且与截面的方位有关。应力状态理论是研究指定点处的方位不同截面上的应力之间的关系。应变状态理论则研究指定点处的不同方向的应变之间的关系。应力状态理论是强度计算的基础，而应变状态理论是试验分析的基础。

把复杂形状简化为简单形状(如圆筒体、锥体、环形件等)，基于材料本构关系、静力平衡原理和连接结构的变形协调关系建立方程组进行求解取得经典公式，再根据具体情况应用这些公式计算而得到的应力可称为计算应力。计算应力的方法是简单工程力学方法，在满足载荷平衡的条件下，协调各截面的位移和转角。这个方法非常有用，它也是现代规范法兰设计规则的基础。计算应力与计算力学的应力不是等效的概念，《压力容器　第 3 部分：设计》(GB/T 150.3—2011)中把按照其提供的计算公式所计算得到的某设计温度下计算压力在圆筒或者球壳中引起的应力称为计算应力，以 σ^t 作为标准符号；按照有限元应力分析方法、由计算机运算而得到的结果虽然也属于计算而得到的应力，但是一般不称为计算应力，而称为数值试验或数值验证的结果。

按照设计标准规范中的公式计算而得到的应力可以称为设计应力，显然这是以计算应力为基础的，一般情况下两者等同，都同时考虑了压力和温度等多种载

荷的同时作用。比较而言，计算应力偏向纯理论一些，设计应力则往往多考虑一些工程因素，并且设计应力可以是综合多种载荷、多条理论公式的计算结果，甚至根据试验测定的应力水平进行调整，以弥补理论公式的不足或参数的不准确带来的影响。

《钢制压力容器——分析设计标准(2005 年确认)》(JB 4732—1995)中有关于仅受内压的圆筒的计算壁厚δ的公式，当$p_c \leqslant 0.4S_m$时，有

$$\delta = \frac{P_c D_i}{2KS_m - p_c} \tag{2.80}$$

当$p_c > 0.4S_m$时，有

$$\delta = \frac{D_i}{2}\left(e^{\frac{p_c}{KS_m}} - 1\right) \tag{2.81}$$

式中，e 为自然对数的底，e=2.71828…；p_c 为圆筒计算压力，MPa；D_i 为圆筒内直径，mm；载荷组合系数 K=1.0；S_m 为设计应力强度，MPa。S_m 的取值按

$$S_m = \min\left\{\frac{R_{eL}\left(R_{P0.2}\right)}{1.5}, \frac{R_{eL}^t\left(R_{P0.2}^t\right)}{1.5}, \frac{R_m}{2.6}\right\} \tag{2.82}$$

式中，$R_{eL}\left(R_{P0.2}\right)$ 为圆筒钢材常温下的屈服强度，MPa；$R_{eL}^t\left(R_{P0.2}^t\right)$ 为圆筒钢材设计温度下的屈服强度，MPa；R_m 在这里是圆筒钢材常温下标准抗拉强度的下限值，MPa。

法国 CODAPB 标准在确定许用应力安全系数时，提出了公称设计应力的概念[39]。

2.3.8　试验应力、预测应力和冻结应力

试验应力通过试验测试获得。试验应力分析技术利用试验方法来测定构件的内应力或应变，在工程领域中应用于确定构件的承载能力、验证理论分析结果、改进构件设计[82]。各种试验手段的发展很快。用电测法、光弹性法、散斑干涉法、云纹法等试验手段均可测出物体的应力集中。

试验应力测试中欲测点的应力就是欲测应力[47]。这是纯粹直白的一个词组，虽然没有包含多少技术底蕴，也缺少报道，但是朴实地反映了某种结构应力的待研状态。如果把欲测点的应力粗略地分为两种：一种是应力的性质和规律是已知的，测试目的主要是让学生获得感性认识，另一种是应力的性质或规律都是未知的，测试目的正是探究该处的应力，那么显然后者不失其客观意义。

预测应力(predicted stress)[97]也同样是一个直白的词组，是指根据已有条件测

算的应力。

在对合金材料强化机理的试验应力分析中，为了研究基体中掺入体形状的敏感性，在光弹性试验技术中引入冻结应力的概念，冻结应力被固定下来以便于观测，结果表明，尽管局部应力场的精确细节对增强体形状是敏感的，但是在基体内，它们的大部分应力场却惊人地相似[14]。冻结应力不是残余应力概念所指的应力。

金属材料表面涂敷是石油化工设备防腐或功能性监测的重要手段。涂层残余应力是涂层开裂或剥落失效的驱动力之一。文献[31]和[98]认为应力主要来源于：涂层和基体热膨胀系数不匹配而引起的热应力；喷涂颗粒快速冷却到基体温度导致收缩进而引起的淬火应力；相变应力，即内部生长应力。采用有限元方法分析研究涂层残余应力时，把计算得到的应力通过公式

$$\sigma_0^f = E_f^* \alpha_f \Delta T \tag{2.83}$$

进行归一化处理，分别得到基体中的归一化应力和涂层中的归一化应力[31,99]。

2.3.9 操作应力、运行应力、工作应力和介质应力

尽管设备操作的主体是人(或计算机)而设备运行的主体是设备本身，但是一般来说，设备的操作应力(operating stress)和运行应力(running stress)是指设备本体上的同一个应力概念，不过实际操作过程中的应力包括正常运行或非正常运行的应力，而工作应力(working stress)一般是指设备正常运行的应力。若设备非正常运行，则说明设备无法工作，但是故意的操作除外，如某些试验性操作。设备开车和停车过程的应力不是工作应力，但是还属于正常运行的应力。工作应力不应高于设计应力。遗憾的是，这三个英文应力名词常被中文应力名词不加区别地混用。《ASME锅炉及压力容器规范》2013年版第三卷第1册中采用了pipe reaction stress(管应激应力)一词，并给出了应力的计算公式。显然，reaction stress并非指设备的反应应力。

在焊接结构设计中，外力作用在接头部位产生的应力也称为"工作应力"。鉴于焊缝形状和焊缝布置的特点，焊接接头工作应力的分布是不均匀的，为了表示焊接接头工作应力分布的不均匀程度，采用应力集中系数的概念[54]。

介质应力(medium stress或pressure stress)是指由介质载荷引起的应力。介质载荷包括压力、温度或温差、自重及其动能。相对而言，风、雪和环境温度虽然也会引起应力，但不属于介质应力。

2.3.10 强化应力、刚化应力和应力硬化

1. 应力的强化

强化应力是奥氏体不锈钢深冷应变强化技术的关键指标之一。研究发现，合

适的强化应力一方面能够提高奥氏体不锈钢压力容器的屈服强度，另一方面能保证压力容器的韧性与塑性。S30408钢的深冷应变强化程度从0MPa、640MPa、960MPa到1280MPa依次提高，α-板条状马氏体含量越高，试样冲击值和侧向膨胀量越低，材料韧性越差[100]。

应力刚化是结构内应力与横向刚度之间联系的通称，是指构件在无应力状态和有应力状态下的刚度变化。在有应力状态下，构件某方向的刚度显著增大，起相应作用的应力称为刚化应力。

2. 应力硬化

应力硬化也称为几何硬化、增量硬化、初应力硬化和微分硬化，主要针对结构而言，与针对材料的塑性应变硬化不同，本书是指由结构的应力状态引起结构的强化或者软化，通常存在于弯曲刚度相对轴向刚度很小的薄结构中，如索、膜、梁、壳等。

其中，关于结构硬化，如内压对管道系统柔性的影响，分析表明内压使弯管趋于张开，随着管径的增大和采用高强度钢，内压对弯管柔性系数和应力增大系数的影响增强[101]。

关于结构软化，如对薄壁异径弯管模型进行有限元应力分析，当固定其大口径的一端，而对小口径的一端施加超出极限载荷的弯矩或者扭矩作用时，大应变和大挠度使得运算协调困难，结果往往难以收敛。

3. 强化应力与预应力的区别

强化应力和预应力都是提高设备适应运行工况的有效手段，都需要经过设计计算后在设备制造中实施才能取得相应的应力，最后在设备运行中获得所需应力的实现。而应力硬化则是利用结构与工况的交互作用获得结构功能的改善，结构材料本身没有变化。预应力的叙述见2.3.11节。

强化应力主要是从提高材料的性能着手，预应力方法则主要是从降低结构中的应力水平出发，两者都是围绕式(1.3)这条关键的基本公式的两端所展开的相关技术。一般来说，针对材料的强化应力技术能使材料获取的性能改善持续有效，预应力方法取得的效果既有持续有效的，也有在运行中发生应力松弛等而降低甚至丧失了的，可以通过重新处理再次获得预应力。

2.3.11 预应力、温预应力、套合应力和缩合应力

在术语在线中，预应力钢结构(prestressed steel structure)的定义有两种。一种定义来自水利科学技术学科工程力学专业，具体为：在施加荷载之前，经过预加应力以调整结构内力分布,藉以充分发挥材料强度或增大结构刚度的一种钢结构，

见载于《水利科学技术名词》。另一种定义来自建筑学学科建筑结构专业：通过张拉高强度钢丝束或钢绞线等手段或调整支座等方法，在钢结构构件或结构体系内建立预加应力的结构，见载于《建筑学名词》(第二版)。土木工程结构技术中还有有限预应力(limited prestressing)、部分预应力(partial prestressing)、全预应力(full prestressing)和双向预应力(two-dimension prestressing)等概念。在土建力学中，构件的预应力也称"自应力"。

1. 预应力

预应力(prestressing force 或 pre-stress)也称"预加应力"，视工程设计的需要，可以是拉应力，也可以是压应力，或者是弯曲应力甚至扭应力。施加预应力是工程上作为有利因素加以利用的工艺手段。为了满足或改善结构服役表现，在设备制造过程中给零部件结构预先施加的压应力，以及设备服役期间预加压应力可全部或部分抵消载荷导致的拉应力，反之，预加拉应力可全部或部分抵消载荷导致的压应力，避免结构破坏。满足结构服役的典型例子，如换热器管束制造中的管头胀接工艺；改善结构服役的例子有壳体不带膨胀节的固定管板式换热器调整组焊顺序使换热管处于拉伸或压缩状态、夹套管式乙烯裂解气急冷器的夹套管预应力装配、高压聚乙烯管式反应器内壁的预(压)应力制造、高压聚乙烯装置超高压脉冲阀内腔壁的预(压)应力制造、耐疲劳零部件(或焊缝消除应力)的表面喷丸、高压水射流或超声冲击处理、高压容器的自增强处理，以及层板卷制压力容器、缠绕复合材料压力容器制造中预期应力的施加、安装法兰密封系统时的预紧等。预应力方法的特点是针对主要载荷使设备安全运行而采取的技术方法，通过制造工艺来实现。

封闭式夹套壳体或夹套管、固定管板式换热器等结构合拢环焊缝组焊中，焊缝的冷却收缩较为容易在轴向产生较大的残余应力，一般来说，这类残余应力大多数是有害的。当夹套或固定管板式换热器壳体内压升高时，内压引起的轴向应力会叠加轴向的残余应力，如果设计没有考虑到该残余应力或没有对该残余应力评估或没有提出消除应力的要求，结构在运行中就可能因超出正常的应力而开裂。固定管板式换热器的这类超常应力免不了由管束的管头来分担一部分，也就很容易造成管束周边一圈的管头开裂失效。因此，判断固定管板式换热器的管程与壳程介质是否会引起应力腐蚀开裂很重要，若管程介质会引起应力腐蚀开裂而壳程介质不会引起应力腐蚀开裂，则制造时应该先组焊完管头后，再焊接管板与壳体的合拢焊缝，把主要的残余应力留给合拢焊缝及其所在的壳程来承担。反之，若管程介质不会引起应力腐蚀开裂而壳程介质会引起应力腐蚀开裂，则制造时应该先组焊完管板与壳体的合拢焊缝后，再焊接管头，把主要的残余应力留给管头及其所在的管程来承担。

要认识到，这种合拢焊缝的残余应力虽然可以通过热处理等方法降低，或者使残余应力区内的拉伸残余应力与压缩残余应力更加均匀化，但是无法完全消除。无法消除的残余应力就是制造工艺在结构中引起的预应力，它也可以成为利用的对象，变成结构设计所需要的预应力，而实际的预应力水平与设计所需往往有明显的出入。

2. 温预应力处理

20 世纪 80 年代初华东化工学院琚定一教授及其学生就进行过有关试验[102]，并指出温预应力(warm prestressing，WPS)技术是利用结构在比较温和的环境中具有比低温严峻环境高得多的断裂韧性的特点，用预应力造成缺陷前沿的塑性区和裂纹尖端钝化，从而大大提高结构在低温下的抗断能力；由于其可对已成形结构在较一般热处理方法更方便的条件下实施，所以工程实用价值显著。温预应力不仅可较大程度地提高结构的低温断裂韧性，还可大大提高压力容器的低温爆破压力；对带缺陷的容器而言，温预应力处理过程中存在一个最小临界预应力值，若温预应力小于该值则不能起到提高爆破压力的作用，而大于该值以后，预应力程度越高，低温爆破压力也越高；当然温预应力本身是不能无限制地提高的，温预应力过大会造成结构在承受预应力时发生裂纹开裂甚至失稳破坏的危险，这样温预应力的有益作用就会全部损失。2016 年，有报道指出，温预应力对铁素体钢影响的研究最早开始于约 40 年前，并逐步得到深入研究；近年来，温预应力对反应堆压力容器完整性评价的影响已经得到各种试验验证，文献[103]通过计算评价了温预应力对容器失效概率的影响，在考虑温预应力的情况下，容器失效概率有一定降低。

由此可见，关于温预应力只有技术原理的描述，尚没有学术理论上的严谨定义。可以理解为，温预应力技术是预应力技术的一种，与通常的常温下施加内压的预应力技术相比，同样是以超过设计压力一定程度的内压使壳体达到一种状态，但是多考虑了温度这一因素对预应力效果的影响，其中实施预应力处理的温度要高于构件实际运行的温度，而且高于材料的韧脆转变温度，这两个温度的高低是相对而言的，对于 0℃以下的低温，常温也可以作为温预应力处理的温度。要综合考虑结构、材料、潜在缺陷的可能状况等因素来确定最佳的温预应力处理工艺参数。温预应力钝化裂尖的目的如压力容器超过设计压力的水压试验那样，特点是使设备能够长期运行，该技术理论上所针对的对象是容器上的漏检裂纹，实际上这些对象也许并不存在。

由文献[37]可知，早在 1980 年 ICPV-4 会议上 Chell 就提出了相关论文，欧洲、美国、英国等进行了大量有组织计划的研究，推动温预应力的工业实施。在核电装置建设中，为防止受辐照脆化的容器在急冷过程中产生的过大温度应力与工作应力联合作用导致设备中漏检的裂纹破裂，应进行安全评价，这一结构完整性评定称为承压热冲击(PTS)评定。温预应力处理可以用于在较低温度或在韧脆转变温度区温度下工作的铁素体钢设备。如果该设备存在裂纹，那么可在高于转变温度的温度条件下预先施加载荷，此温预应力卸除后，裂尖钝化并形成压缩应力，从而使含缺陷结构在工作温度下的表观断裂韧度大大提高。

3. 套合应力

套合应力是一个常用的概念，很少见到缩合应力或缩套应力的称谓。

套合应力的典型案例之一是多层筒体套合引起的应力。有关研究可从理论上指导退火消除套合筒体的套合应力，推导出套合残余应力衰减模型[104]。采用一次切削残余应力释放方法，测量筒体退火前、退火后内外壁面的残余应力沿圆周和轴向的变化，来验证残余应力的衰减规律。另一个目的[105]是研究由三层筒体套合成高压容器筒体的制造过程中，筒体的套合面不需要经过机械加工而直接套合的工艺技术，了解热套筒节的强度和套合应力分布的特点。

套合应力的典型案例之二是焦炭塔内焦床影响塔体变形的作用机理的研究[106]。通过对冷焦操作中水面温差弯曲应力、焦床与塔壁之间的环(周)向应力、轴向应力计算分析，可以认识到焦床对塔体收缩的阻碍作用在环(周)向与轴向的差异。水面引起的轴向弯曲应力和硬焦引起的轴向收缩受阻热应力是两个使塔体变形的主要因素。在一个操作周期中的冷焦阶段，塔内焦床高度有限，焦床面以上的塔内尚有顶部一段塔体向下收缩的空间，但是塔体高度各段的轴向收缩位移量是不相等的，塔体的轴向收缩不能顺利地均匀收缩，越是塔体上段，其需要向下的收缩位移量就越大，而且塔壁的轴向收缩只能是单向向下的。另外，塔体高度各段的径向收缩位移量也是不相等的，由于塔体下段经历高温的时间比上段经历相似高温的时间多一倍，长期循环使塔体上段径向膨胀变形量小，下段径向膨胀变形量大，结成硬焦的结果是下段直径较上段直径大，在冷塔时因下段先受到冷却而造成径向收缩的结果则是下段较上段大。总体上，在塔体收缩过程中出现塔体下段受到来自上段的阻碍作用就越强、时间也越长，两者的相互作用可比拟为一个垂直薄壁圆筒体的下端开口要强行套进一段上细下粗的硬焦柱，形成"筒套锥效应"，结果是把薄壁圆筒体撑大，使得该处硬焦床直径进一步增大，产生更大的收缩应力和应变，这样的初始变形在周期性往复操作中会累积叠加，形成恶性循环。

焦炭塔的套合效应的深入研究可借助有限元方法进行。文献[107]对焦炭塔进行瞬态热传导模拟，并将温度场顺次耦合于应力场，计算出塔壁、焦炭在降温完成后的应力场分布，再将高应力的关键节点在无焦炭作用时的各向应力与有焦炭作用时进行了对比分析，结果表明，降温阶段焦炭与塔壁发生套合，使得塔壁内的环(周)向、轴向应力大幅提高；对套合效应进行了理论计算，求得焦炭对塔壁的环(周)向套合应力值，验证了有限元计算的有效性。

对套合应力的了解还可参考 2.3.3 节的装配应力和过盈应力。

2.3.12　环境应力、加速应力、正常应力和实际应力

工程实际结构在运行中承受的十分漫长的物理化学或力学过程，存在各种性能的缓慢变化。为了在较短时间内对经历这些过程的结构进行某种性能评估，先根据结构的实际应力确定一个正常应力，再对该结构施加超出正常应力水平的应力进行强化试验，该应力就是加速应力[108]。实际应力往往是变化不定的，但是其变化幅度不会在人为确定一个适当的正常应力时造成过大的误差。正常应力是确定不变的，可用于与加速应力的试验比较。加速试验还需要符合一些基本原理，其中首要的是失效机理不变假设，即产品在正常应力和各加速应力下的失效机理不变。该假设是对加速试验最基本的要求，只有在失效机理不变的情况下，使用加速应力的试验结果推测正常应力下的情况才是有意义的[108]。

为了解决加速试验在性能评估中的误差问题，还应考虑结合实际中的退化信息等问题。影响实际结构性能退化的因素有很多，环境应力却相对简单，主要是温度、湿度及盐雾、辐射等因素的应力。具体到一个个可能发生性能退化的单元上，其敏感应力往往就是单一的某种应力[108]。

简单的初步分析发现，加速应力一词主要出现在与军工产品有关的寿命评估检测试验专题论文中，如同样用到加速应力一词的文献[109]和[110]。

加速试验的主要目的是基于失效机理不变来缩短试验周期，加快获得试验效果，虽然其中的具体方法也可能包括试验载荷的调整，由此引起试验应力的变化，但是试验应力的变化不是最终目的，也不是最终结果，并且变化后的载荷及其应力与变化前的载荷及其应力在试验过程中的输入加速度上常常是一样的，变化的只是试验速度，因此加速应力称法不是很恰当。

2.3.13　中性应力、土体应力、地应力和混凝土应力

1. 中性应力和土体应力

日本学者在研究应力对疲劳裂纹的影响中发现，表面裂纹在压缩性残余应力场中扩展的形态明显有别于裂纹在中性应力场(neutral stress filed)中扩展的形态，在应力强度因子较低的场合，这种现象更加明显[111]。

土体力学中有中性应力和有效应力。土体应力(stress in soil mass)是指自重或荷载在土体中某单位面积上所产生的作用力，有时也称为"土中应力"。《ASME锅炉及压力容器规范》2012年版中把土体应力简称土应力(soil stress)。土是一种以固体颗粒为骨架的有孔物质，孔隙中部分或全部充满着水，水不能承受剪应力，但能承受正应力，所以饱和土体中某平面上由载荷引起的剪应力只能由土骨架承受，而正应力则可能由土骨架和孔隙水共同承受。由于正应力中由孔隙水传递的

那一部分只能对土粒四周或不透水边界加压，并不能使土骨架受力和产生体积压缩，也不会直接影响土的抗剪强度，土的压缩和强度实际上是受土骨架传递的那一部分正应力所控制，所以土力学中常将由孔隙水传递的正应力部分称为中性应力(u)，而将由土骨架传递的正应力部分称为有效应力(σ′)，两者的代数和称为总应力(σ)。为了确定实际控制土的力学效应的有效应力，需先确定被考虑平面上的总应力，然后按照该平面上孔隙水的受力条件确定中性应力(包括静水压力和可引起水流动的超静水压力)，有效应力就可用代数式 σ′=σ−u 计算。

术语在线中，根据水利科学技术中水力学、河流动力学、海岸动力学等专业，静水压力(hydrostatic pressure)定义为：作用于静止液体两部分的界面上或液体与固体的接触面上的法向面力，见载于《水利科学技术名词》。

2. 地应力

术语在线中，根据冶金学中采矿专业，地应力(in-situ stress)定义为：存在于地层中的未受工程扰动的天然应力，又称岩体初始应力或者原岩应力，见载于《冶金学名词》(第二版)。

3. 混凝土应力

混凝土的强度等级是指混凝土的抗压强度。混凝土的强度等级应以混凝土立方体抗压强度标准值划分。混凝土抗压强度是指在外力的作用下，单位面积上能够承受的压力，也指抵抗压力破坏的能力。在建筑工程中，抗压强度一般分为立方体抗压强度和棱柱体(轴心)抗压强度。《ASME 锅炉及压力容器规范》2013 年版第三卷第 2 册中的 Code for Concrete Containments，是核设施部件构造的混凝土安全壳规范，其中 CC-3431 Concrete Stresses 小节有关于混凝土应力的具体规定，包括压缩、拉伸、剪切、扭转和支承等条件时的应力强度及许用应力等内容。

2.4　应力的安全性

2.4.1　外加应力、安全应力和危险应力

1. 外加应力

外加应力也称为作用应力，同译为 applied stress，作用应力还被译为 imposed stress，是裂纹断裂分析时的一个功能性概念，常见于材料分析中[112,113]。对回转壳壁上轴向穿透性长裂纹进行断裂力学分析时，由于裂纹表面是无支承的自由表面，内压将使裂纹两侧的区域向外鼓胀，裂纹端部区域将产生附加的弯曲应力与位移，位移计算公式为

$$\delta = \frac{8\sigma_s a}{\pi E} \ln \sec \left(\frac{\pi \sigma}{2\sigma_s} \right) \tag{2.84}$$

计算裂纹的弹性张开位移时，其中，附加应力 σ 要用比原来的作用应力(环(周)向应力)大 M 倍的等效的环(周)向应力 $M\sigma$ 来代替[29]。相关内容见 2.3.1 节的成偶压应力。

作用应力也泛指作用到研究对象上的任何应力[112,113]。

2. 安全应力和危险应力

安全应力(safe stress)顾名思义是设备安全工作应力(safe working stress)、设备安全操作应力(safe operating stress)或设备安全运行应力(safe running stress)的统一简称。

基于评定单向应力的指标，对于脆性材料，为

$$\sigma \leqslant \frac{\sigma_0}{n} = \frac{\sigma_b}{n_b} \tag{2.85}$$

对于塑性材料，为

$$\sigma \leqslant \frac{\sigma_0}{n} = \frac{\sigma_s}{n_s} \tag{2.86}$$

把 σ_0 称为危险应力[21]，对于脆性材料，$\sigma_0 = \sigma_b$；对于塑性材料，$\sigma_0 = \sigma_s$。

《ASME 锅炉及压力容器规范》2013 年版第三卷第 1 册中采用了 severe stresses (危险应力)一词。危险应力也就是材料丧失正常工作能力的应力，塑性材料的危险应力为屈服极限(屈服强度)，脆性材料的危险应力为抗拉极限(抗拉强度)。

2.4.2　许用应力、基本许用应力、许用切应力、许用临界压应力、临界许用压应力、许用弯曲应力、临界压缩应力和许用薄膜应力

1. 许用应力

许用应力(allowable stress、permissible stress)是指机械设计或工程结构设计中允许零件或构件承受的最大应力。为了判定零件或构件受载后的工作应力过高或过低，需要预先确定一个衡量的标准，这个标准就是许用应力。凡是零件或构件中的工作应力不超过许用应力，这个零件或构件在运转中就是安全的，否则就是不安全的。

许用应力是机械设计和工程结构设计中的基本数据，实质是材料许用应力，但是又不仅与材料有关。在实际应用中，许用应力值一般由国家工程主管部门根据安全和经济的原则，按照材料的强度、载荷、环境情况、加工质量、计算精确度和零件或构件的重要性等加以规定。许用应力等于考虑各种影响因素后经适当

修正的材料的失效应力除以安全系数。压力容器规则设计时对应力只有一个许用应力，用[σ]表示。分析设计时对各类应力取不同的应力强度许用极限，以安全系数、载荷组合系数 K 与材料的设计应力强度 S_m 三者相乘的组合表示。一次弯曲应力的许用值需用极限设计法加以确定，而二次应力的许用值需用安定性原理加以确定[114]。切应力的许用应力称为许用切应力，用[τ]表示。标准中公布的许用应力计入了安全系数，它比测定得到的材料性能值低，这是考虑到如下几个因素[115]：应力评估方法的复杂程度；一定程度的应力集中及其类型；材料一定程度的不均匀性；几何因素；焊接接头中存在的缺陷。

容许应力或许可应力就是许用应力，现在统称为许用应力。

术语在线中，根据水利科学技术学科水工建筑专业，容许应力(allowable stress)的定义为：由材料的极限强度或屈服强度除以相应的安全系数得出，或由可靠度的分析方法确定，见载于《水利科学技术名词》。

2. 基本许用应力

基本许用应力也就是材料基本许用应力(base material allowable stress)的简称，是与许用应力相关但是又有区别的另一个概念。例如，高压厚壁圆筒设计时的许用应力 $[σ]^t$ 就由基本许用应力 $[σ]^t_m$ 乘以许用应力系数 y 来确定，而且对于不同的受压元件有 $y=0.6\sim1.0$[29]。

以前的标准在解释基本许用应力极限的依据时指出，标准中的许用应力极限(即许用应力值)是总体一次薄膜应力的许用值(或称基本许用应力值)，它是针对已有成功使用经验的材料，按照其力学性能($σ_b$、$σ_s$、$σ_D$、$σ_n$)除以相应的安全系数(n_b、n_s、n_D、n_n)而得到的[116]，后来新修订的标准没有关于基本许用应力极限这一名词概念及其解释。作者的理解是，压力容器计算校核标准中的许用应力是以多个基本许用应力为基础进行比较判断而确定的，基本许用应力的主要作用是确定许用应力。

又如，文献[117]介绍 ASME《高温压力容器设计规范》的基本许用应力极限时指出，规范实例 N-47 中工作条件的一次薄膜应力极限是 S_m 和 S_t 中的较小值，并定义为 S_{mt}。其中，S_m 是一个与时间无关的许用应力，可通过高温拉伸试验获得。与时间有关的基本许用应力 S_t 则是下列各值中的最小值：①经过时间 t 以后发生蠕变断裂的最小应力除以 1.5；②经过时间 t 以后出现蠕变第三阶段的最小应力除以 1.25；③经过时间 t 以后出现 1%总应变的最小应力。

有的锅炉标准考虑到个别零部件的特殊性，直接以基本许用应力及其修正值作为计算校核的依据。例如，行业标准《石油化工管壳式余热锅炉》(SH/T 3158—2009)[118]针对管板、换热管、换热管与管板连接焊缝在不同温度下的许用应力，规定其取值等于基本许用应力乘以与其修正系数，修正系数是一个小于 1 的折扣系数，而基本许用应力中已考虑了安全系数，6.3.2 条列出了余热锅炉常用钢材的基本许用应力 $[\sigma]_{j}$ 取值表，以及表中未列材料基本许用应力 $[\sigma]_{j}$ 的计算公式，还在 6.3.3 条中给出了基本许用应力的修正系数。

3. 许用临界压应力和临界许用压应力

《塔式容器》(NB/T 47041—2014)[119]考虑到重量和风等载荷在裙座筋板中引起压应力，其许用值 $[\sigma]_{c}$ 是在筋板材料许用应力 $[\sigma]_{G}$ 的基础上考虑塔式容器细长比 λ 及其临界细长比 λ_{c} 关系的组合形式：

当 $\lambda \leqslant \lambda_{c}$ 时，有

$$[\sigma]_{c} = \frac{\left[1 - 0.4\left(\dfrac{\lambda}{\lambda_{c}}\right)^{2}\right]}{1.5 + \dfrac{2}{3}\left(\dfrac{\lambda}{\lambda_{c}}\right)^{2}}[\sigma]_{G} \qquad (2.87)$$

当 $\lambda > \lambda_{c}$ 时，有

$$[\sigma]_{c} = \frac{0.277}{\left(\dfrac{\lambda}{\lambda_{c}}\right)^{2}}[\sigma]_{G} \qquad (2.88)$$

《容器支座 第 2 部分：腿式支座》(NB/T 47065.2—2018)中则相应称其为许用临界压应力[120]，这样较"临界许用压应力"一词更规范。

根据需要控制的不同应力对象，临界应力可分为许多概念，其中临界断裂应力就是与许用临界压应力不同的另一个概念。例如，扩散氢与 X100 管线钢临界断裂应力之间的关系[70]，或者对 16MnR 钢韧脆转变范围内断裂韧性的研究[121]。当非圆截面压力容器承受外压作用时，除了考虑各侧板和端板的横向屈曲，还要考虑容器的轴向失稳，其力学模型为受轴向载荷作用的直杆，即欧拉杆；对于一端固支、另一端自由的欧拉杆，当杆件处于弹性状态，与直杆在轴向力作用下进入非弹性状态时，两种状态下的临界压缩应力是不同的。

4. 许用弯曲应力

《钢制球形储罐》(GB/T 12337—2014)[122]中球罐支柱底板是与安装基础直接接触的一块圆形平板，当校核其承受最大垂直载荷作用时的压应力 σ_{bc} 时，不以底板材料的许用压应力为依据，而是以底板材料的许用弯曲应力 $[\sigma]_{b}$ 为校核依据，

且 $[\sigma]_b = R_{eL}/1.5$ ，而支柱上用于连接拉杆的支耳，其许用压应力为 $[\sigma]_c = R_{eL}/1.1$ ，由此可知两者的分母系数不同。在压力容器的平封头、平板端盖、盲板、管板、法兰环或 U 形膨胀节环板应力校核中，也会联系到许用弯曲应力的概念，同样要注意具体取值或有关系数的区别。

现行《造纸机械用铸铁烘缸设计规定》(QB/T 2556—2008)[123]中规定了铸铁的许用应力：计算用灰铸铁的许用拉应力应取抗拉强度的 1/10，计算用球墨铸铁的许用拉应力应取抗拉强度的 1/8；计算用铸铁的许用压应力应取许用拉应力的 2 倍；计算用铸铁的许用弯曲应力应取许用拉应力的 1.5 倍。

5. 载荷系数

ASME 规范在极限载荷分析中基于美国土木工程师协会(American Society of Civil Engineers)的规范《建筑和其他结构的最小设计载荷》(ASCE/SEI 7—2005)[124]给出了载荷工况组合及载荷系数，其中考虑到压力试验温度与设计温度下材料性能的变化，以压力试验温度下的许用薄膜应力 S_T 与设计温度下的许用薄膜应力 S 之比作为试验条件的载荷调整系数，类似于《压力容器 第 1 部分：通用要求》(GB/T 150.1—2011)[42]中耐压试验压力的调整系数 $[\sigma]/[\sigma]^t$ 。

6. 许用应力与临界应力的概念区别

首先，许用的是安全的，临界的是接近(危险)的，一般来说，可以取许用应力小于或者等于临界应力；其次，许用应力的概念应用在强度校核等诸多场合，临界应力主要应用在结构稳定性校核或应力腐蚀有关的研究中。但是，临界点与极值的概念也是有区别的，见 2.4.6 节。

2.4.3　材料许用应力、结构许用应力、热应力的许用应力和组合许用应力

1. 材料许用应力

关于许用应力的一般理解是容易的，就是材料的许用应力。不同的材料其力学性能不同，其许用应力也有差异。压力容器标准规范和专著中常见各种钢材的许用应力，受压元件在进行强度计算时，其许用应力的选取与公称厚度有关。对于压力容器用钢板，公称厚度比较容易确定，但是对于形状、结构比较复杂的锻件，确定许用应力时的公称厚度容易混淆。

文献[17]则给出了铸造压力容器受压元件的许用应力，铸铁的许用应力按照设计温度下的抗拉强度除以安全系数。铸钢的许用应力为：当使用温度小于或等于 300℃时，按照材料抗拉强度除以安全系数，并乘以铸造系数；当使用温度大于 300℃时，按照材料屈服点除以安全系数，并乘以铸造系数。安全系数和铸造

系数按照 ASME 规范，铸造系数值不得大于 0.9，具体数值可根据制造单位的水平等确定。

2. 结构许用应力

结构许用应力即构件许用应力。关于不同构件的许用应力，可分几种情况举例说明。

(1) 反映在焊接接头结构。《塔式容器》(NB/T 47041—2014)对裙座与塔壳的连接焊缝结构提出了焊接接头许用应力 $[\sigma]_w^t$，焊接接头是由焊缝、焊接热影响区和相邻的母材组成的构件。当裙座与塔壳搭接组焊时，搭接焊缝在塔体操作中所承受剪应力的校核许可值不大于该焊接接头许用应力与载荷组合系数(K=1.2)及许可值修正系数 0.8 的乘积。当裙座与塔壳对接组焊时，对接焊缝在塔体操作中所承受拉应力的校核许可值不大于该焊接接头许用应力与载荷组合系数(K=1.2)及许可值修正系数 0.6 的乘积。《炼油厂加热炉炉管壁厚计算方法》(SH/T 3037—2016)关于炼油厂加热炉炉管壁厚的计算，计算方法是根据无缝管推导出来的。当采用有纵向焊缝的管子时，许用应力值应乘以适当的焊缝系数，而环向焊缝则不用乘以焊缝系数。

(2) 反映在法兰密封系统的锻件结构。压力设备非标准法兰的规范设计(包括垫片、紧固件)是按泰勒-华特(Taylor-Waters)法为代表的应力解析法进行设计和应力校核的。例如，《压力容器 第 2 部分：材料》(GB/T 150.2—2011)中 20 钢锻件的许用应力与 20 钢螺柱的许用应力是不同的，螺柱的许用应力明显低于同样牌号锻件材料的许用应力。贾桂梅等在第十届全国压力容器设计学术会议上报告了高压容器整体补强接管法兰许用应力的设计取值技术，根据对标准中锻件公称厚度的正确理解，讨论了承压元件的公称厚度与锻件性能热处理时的厚度尺寸、结构形状关系，再依据筒形锻件、环形锻件和长颈法兰锻件选取合适的许用应力。

法兰密封系统的规范设计对螺栓应力校核有明确要求[125]。规范设计中认定螺栓失效模式为屈服或者断裂失效，所以按弹性失效设计准则，设计螺栓应力低于规范列出的螺栓材料许用应力。《ASME 锅炉及压力容器规范》第八卷第 1 册中以较大篇幅说明螺栓材料许用应力仅用于确定设计载荷所需要的总螺栓截面积，实际螺栓应力应该且必须高于螺栓材料许用应力。这是因为螺栓失效模式主要是螺栓安装载荷衰减(松弛)导致的接头泄漏，所以法兰接头中螺栓的功能在于提供足够的螺栓安全载荷，以使垫片压缩应力实现并长期维持法兰接头密封。

(3) 反映在钢板结构。例如，鞍座筋板与裙座筋板许用应力的区别。卧式容器中因温度变化引起圆筒体伸缩时产生了支座腹板和支座筋板组成的组合截面的压应力，《卧式容器》(NB/T 47042—2014)中的释义与算例给出了相应的应力计算式。鞍座截面压应力虽然与热应力有关，但是热应力的作用只是间接的和部分的，热应力引起弯矩转换成压应力后相当于压力载荷的作用，因此其评定的许用应力就是材料许用应力的 1 倍；而不像鞍座截面所受弯矩作用产生的弯曲应力的许用应力，该许用应力应取材料许用应力的 1.2 倍[126]；也不像塔式容器裙座筋板所承受地脚螺栓作用的许用应力，该许用应力需根据筋板细长比 λ 与其临界细长比 λ_c 的比较结果，分别按照不同的公式来计算[119]，见 2.4.2 节。显然，相对于材料许用应力，上述几种筋板的临界许用压应力是一种与构件有关的许用应力，同一种材料应用在不同的结构中时许用应力的取值因系数或结构尺寸不同而有差异。

任何材料都有许用应力，但是只有个别零部件才有构件许用应力，有构件许用应力就取该构件的材料许用应力。本质上构件的许用应力还是以材料许用应力为基础的，不能撇开材料的许用应力来谈构件的许用应力。

3. 热应力的许用应力

《炼油厂加热炉炉管壁厚计算方法(SH/T 3037—2016)[61]中关于炉管最高热应力的计算见 2.2.6 节，该热应力的控制按照《ASME 锅炉及压力容器规范》2001 年版第八卷第 2 册[62]中的一次应力加二次应力的热应力限制，可近似表示如下。

对铁素体钢，有

$$\sigma_{T,\lim 1} = (2.0 - 0.67y)\sigma_y \tag{2.89}$$

对奥氏体钢，有

$$\sigma_{T,\lim 1} = (2.7 - 0.90y)\sigma_y \tag{2.90}$$

式中，σ_y 为屈服强度；y 为管子外径与实际内径之比，即 D_o / D_i。

文献[62]中关于热应力棘齿限制 $\sigma_{T,\lim 2}$ 可近似如下。

对铁素体钢，有

$$\sigma_{T,\lim 2} = 1.33\sigma_y \tag{2.91}$$

对奥氏体钢，有

$$\sigma_{T,\lim 2} = 1.8\sigma_y \tag{2.92}$$

如果管子设计为弹性范围，则一次应力加二次应力限制 $\sigma_{T,\lim 1}$ 和热应力棘齿限制 $\sigma_{T,\lim 2}$ 两个条件均应满足[62]。

4. 组合许用应力

规则设计和分析设计是两种不同的设计方法，传统上给人们的印象是各自关联于不同标准，但是方法的思路是相通的。《钢制球形储罐》(GB/T 12337—2014)则在同一标准内包括规则设计和分析设计两种方法，两种设计方法的不少概念是近似的，正如规则设计中的组合许用应力是指对许用应力的各种修正，分析设计中的组合许用应力强度是指对许用应力强度的各种修正。例如，《卧式容器》(NB/T 47042—2014)要求封头应力 τ_h 应满足式(2.93)的要求，即

$$\tau_h \leqslant 1.25[\sigma]^t - \sigma_h \tag{2.93}$$

式中，σ_h 为内压在封头中引起的应力；$[\sigma]^t$ 为设计温度下封头材料的许用应力。式中的应力许可值不仅是以材料的许用应力 $[\sigma]^t$ 为基础与系数 1.25 组合，还与内压在封头中引起的应力 σ_h 有关，具有组合的性质。

又如，《钢制球形储罐》(GB/T 12337—2014)要求水压耐压试验应力校核时，基于 $0.67R_{eL}(R_{p0.2}) < S_I \leqslant 0.9R_{eL}(R_{p0.2})$ 条件下的一次总体薄膜应力强度 S_I、一次薄膜加一次弯曲应力强度 S_{II} 应满足式(2.94)的要求：

$$1.2S_I + S_{II} \leqslant 2.15R_{eL}(R_{p0.2}) \tag{2.94}$$

式中也具有组合的性质。

此外，鉴于由温度产生的热膨胀应力在管道应力分析中的重要性，需要基于分析法区分其中的一次应力和二次应力，其中的二次应力不应超过许用应力范围。许用应力范围则基于管道在安装温度时(冷态)的许用应力值和管道在使用温度时(热态)的许用应力值，再考虑适当的系数来确定，这样的许用应力范围同样具有组合的性质。

5. 复合材料许用应力

《金属波纹管膨胀节通用技术条件》(GB/T 12777—2019)规定，在某些特定场合下，例如耐介质腐蚀性要求较高时，可以选取不同材料作为波纹管的内外层，不同材料组合的多层波纹管设计温度下的许用应力 $[\sigma]^t$ 按式(2.95)计算。

$$[\sigma]^t = \frac{[\sigma]_1^t \delta_1 + [\sigma]_2^t \delta_2 + \cdots + [\sigma]_i^t \delta_i}{\delta_1 + \delta_2 + \cdots + \delta_i} \tag{2.95}$$

式中，δ_1、δ_2、δ_i 是各层波纹管材料的名义厚度；$[\sigma]_1^t$、$[\sigma]_2^t$、$[\sigma]_i^t$ 是各层波纹管材料在设计温度下的许用应力。

实际上，上述组合许用应力所谓组合的不仅是材料的许用应力，而是通过若干种算术方法组合了若干种数值，包括材料的许用应力或应力强度、外载荷引起的应力以及不同的修正系数，严格地说，组合许用应力应称为组合许用应力值，见 2.4.5 节。

2.4.4　弹性许用应力、塑性许用应力、蠕变许用应力和断裂许用应力

在标准《炼油厂加热炉炉管壁厚计算方法》(SH/T 3037—2016)中，许用应力

只考虑在弹性范围内屈服强度的弹性许用应力(elastic allowable stress)和在蠕变-断裂范围内的断裂许用应力(rupture allowable stress)，这两种设计方法分别适用于加热炉炉管在较低温度下的设计或较高温度下的设计[61]。较低温度下的弹性设计的基础是：腐蚀余量用尽之后，接近设计寿命末期时，防止在最高压力状态下因破裂而损坏；较高温度下的断裂设计的基础是：在设计寿命期间，防止由于蠕变-断裂而损坏。不考虑塑性许用应力或蠕变许用应力，是因为在一些应用中采用这些许用应力可能会产生小的永久性变形，尽管这些小的永久性变形不会影响炉管的安全能力或操作能力。

在断裂力学(fracture mechanics)中，则使用破断许用应力(rupture allowable stress)一词，而不用断裂许用应力一词。

在第十一届全国压力容器设计学术会议上以"高温反应堆规范 ASME Ⅲ-5 的技术进展及工程应用"为题的报告中，综述了美国机械工程学会于 1965 年增设的第Ⅲ卷核动力装置规范的最新进展，当前该卷共 5 册，第 5 册为新册，提供了高温反应堆的建造规则，包括高温气冷堆(HTGRs)和液态金属堆(LWRs)，于 2011 年第一次出版。与 ASME Ⅲ-1 对结构部件的安全等级分为 1 级、2 级和 3 级不同，ASME Ⅲ-5 仅包括 A 和 B 两个等级，其中 A 级的内容主要集中在 HBB 分卷和HGB 分卷，两个分卷的高温分析方法基本相同。针对相关失效模式，HBB 分卷通过限制载荷控制的应力、应变控制的应力、蠕变-疲劳交互作用以及屈曲等来避免结构产生因蠕变作用而产生的破坏。

对于载荷控制的应力控制，HBB 分卷已不再采用与时间无关的许用应力 S_m，而是考虑蠕变的影响，采用与时间有关的应力强度限值 S_t、S_{mt}。对于一次应力的控制评定都是基于弹性分析的，对不同等级的使用载荷使用不同的限制。

对于变形控制的应力控制，主要是为了防止因过量的蠕变变形和循环载荷而导致的蠕变棘轮。

2.4.5 设计应力强度、许用应力强度、组合许用应力强度和许用设计应力

1. 设计应力强度

应力强度是复合应力的当量强度[17]，如"组合应力的当量强度"(equivalent intensity of combined stress)简称"应力强度"(stress intensity)[127]。设计应力强度 S_m是应力强度的许用基准值，《钢制压力容器——分析设计标准(2005 年确认)》(JB 4732—1995)中针对钢板、钢管、锻件和螺柱等列出了不同温度下各种材料或零件的应力许可值。在设计强度校核中，该概念的作用对应于 GB/T 150.1~150.4—2011规则设计标准中各种材料的许用应力的作用，但是两者的数值确定方法不同，对同一种材料的数值也就有差异。钢板的设计应力强度与其标准及使用状态有关。

目前，在分析设计新标准修改稿中，已把设计应力强度的概念修改为许用应力的概念且给出了各种材料的许用应力数值，将其与 GB/T 150.2 标准中的材料许用应力数值进行比较，可发现从小于或等于 20℃到 150℃的温度范围内的许用应力数值有所提高；修改稿增加了当量应力(equivalent stress)这一名词术语，解释为由强度理论定义的用作任意应力状态下强度判据的组合应力。在分析设计新标准修改稿中，第 3 部分关于典型受压元件及结构设计总体上采用第三强度理论，第 4 部分基于应力分类法进行设计或强度核算，第 5 部分基于弹塑性应力分析方法进行强度设计并采用第四强度理论。

2. 许用应力强度及其合成性

许用应力强度是指按照《钢制压力容器——分析设计标准(2005 年确认)》(JB 4732—1995)分类的各类应力强度的许用极限，具体是针对应力分类后各种不同应力分量的组合，以设计应力强度 S_m 为基础与引起该应力强度的载荷组合系数 K 的乘积，再针对不同的应力分类而乘以放大系数 1.5 或 3，可见其中考虑了多种因素，这是一种关于应力强度的组合准则，但是不可以把组合结果称为组合许用应力强度。

可以认为，设计应力强度 S_m 是针对材料的质量指标之一，属于材料标准的技术要求，其确定依据中包含安全系数，对于某一材料，其设计应力强度值就只是 S_m。设计应力强度不包括载荷组合系数 K 和放大系数 1.5 或 3，因此可以说某材料的设计应力强度经过组合调整后的极限值为 KS_m、$1.5KS_m$ 或者 $3KS_m$，也可以说某材料的设计应力强度经过组合调整后的极限值为 K 倍设计应力强度 S_m、$1.5K$ 倍设计应力强度 S_m 或者 $3K$ 倍设计应力强度 S_m，但是不宜说某材料的设计应力强度值为 KS_m、$1.5KS_m$ 或者 $3KS_m$。包含载荷组合系数和放大系数的应力强度极限值不仅仅是材料标准的技术要求，而是已经包含应力强度准则的技术要求，前者需要在材料生产阶段实现，后者需要在图纸设计阶段实现，相对而言，是两个不同工程阶段的内容。

可以认为，在应用 GB/T 150.1～150.4—2011 标准规则设计时，材料的许用应力就只是[σ]。对于包含热变形协调引起的结构应力，可以说该结构计算应力的许可极限值为 3 倍的许用应力，该结构计算应力的许用应力(的)放大值为 3[σ]，但是不宜说该结构计算应力的许用应力为 3[σ]，也不宜说该结构材料的许用应力为 3[σ]。

3. 国内外标准关于许用应力概念的区别

这些区别分别反映在具体数值、引用的材料标准、设置的热处理状态及钢板厚度等条件上。

在 GB/T 150.1～150.4—2011 中使用"许用应力"的概念，在 JB 4732—1995(2005 年确认版)中则使用"设计应力强度"的概念，两个概念的名称及其数值来源都有区别，值得注意。以压力容器中常用的 Q345R 钢板为例进行比较，如

表 2.2 所示，分析设计的允许值要高，相差为 3.7%。

表 2.2　同一材料在不同设计标准中的许可应力值

标准	引用的材料标准	100℃时的允许应力/MPa
GB/T 150.2—2011	GB/T 713 中的 Q345R	厚度为 3～16mm 时[σ]=189
JB 4732—1995(2005 年确认版)	GB/T 6654 中的 16MnR	厚度为 6～16mm 时 S=196

关于材料许可应力值的有关表达，《ASME 锅炉及压力容器规范》2015 年版第八卷第 1 册中使用"许用应力"、"许用设计应力"的概念，虽然两次出现过"应力强度"的概念，但是没有出现"设计许用应力"、"设计应力强度"或"许用应力强度"的概念。

而在《ASME 锅炉及压力容器规范》2015 年版第八卷第 2 册及其以前版本的标准中，虽然分别出现过"应力强度"、"设计应力强度"、"设计薄膜应力强度"、"一次薄膜应力强度"、"一次弯曲应力强度"和"二次应力强度"等概念，但是这些都不是材料许可应力值的有关表达，该标准只有另外出现在正文中的"许用应力强度"、"设计许用应力"两个概念，以及大量出现在正文或者材料许可应力表中(仍像《ASME 锅炉及压力容器规范》第八卷第 1 册标准一样使用)的"许用应力"、"许用设计应力"两个概念才是材料许可应力值的有关表达，例如，《ASME 锅炉及压力容器规范》2015 年版第八卷第 2 册中的 ANNEX 3-A Allowable Design Stresses，其下的 3-A.1.2 则称"The allowable stresses…"，可见"Allowable Design Stresses"与"allowable stresses"等同，也就是说许用设计应力即许用应力。不过，虽然在第八卷第 1 册和第 2 册两个标准中的许用应力概念名称相同，但是两者的数值来源还是有区别的。以压力容器中常用的材料 SA-516M Gr.485 为例，列出有关数值见表 2.3，由表可知也是分析设计的允许值要高，相差达 15.2%。表中所列信息仅对该种材料而言，其最大许用应力值不设置热处理状态及钢板厚度为条件，这是因为其材料的力学性能标准中只对部分材料设置这些条件。

表 2.3　SA-516M Gr.485 的最大许用应力

ASME 规范	材料的力学性能标准	100℃时的最大许用应力 S/MPa
Section Ⅰ； Section Ⅲ，Class 2 and Class 3； Section Ⅷ，Division 1； Section Ⅻ	Section Ⅱ，Division D Table 1A (Cont'd)	138
Section Ⅷ，Division 2	Section Ⅱ，Division D Table 5A (Cont'd)	159

　　在《ASME 锅炉及压力容器规范》第三卷核设施部件构造规范中，对设计的结构有部件分级的概念[128,129]。不同级别的部件，采用不同的设计规则和设计系数[130]。现在其内容发生了变化，分级概念从核容器结构部件引入非核容器中，在《ASME 锅炉及压力容器规范》2017 年版第八卷第 2 册中新增了容器类别的概念，分为 Class 1 和 Class 2 两类。文献[131]指出，《ASME 锅炉及压力容器规范》2017 年版第八卷第 2 册中，对这两类容器在设计时采用的设计应力强度进行区别化规定，Class 1 类容器采用《ASME 锅炉及压力容器规范》2017 年版第二卷 D 部分[132]中表 2A/2B 的设计应力强度，Class 2 类容器采用《ASME 锅炉及压力容器规范》2017 年版第二卷 D 部分中表 5A/5B 的设计应力强度。与表 2A/2B 相比，表 5A/5B 的设计应力强度对于高温情况还考虑了两种应力：10^5 h 发生断裂的相关应力；产生 0.01%/ 1000h 蠕变率的平均应力。

　　文献[130]还指出，如果采用《ASME 锅炉及压力容器规范》2017 年版第二卷 D 部分设计 Class 1 类容器，无法设计超过所用材料蠕变温度的容器，并且当材料的设计应力强度由抗拉强度 S_T 或者屈服强度 S_y 控制时，《ASME 锅炉及压力容器规范》2017 年版第二卷 D 部分表 2A/2B 中设计应力强度的设计系数为 3，而表 5A/5B 中设计应力强度的设计系数为 2.4，两个表中的设计应力强度之间的关系见表 2.4。对于各种屈强比情况，同一种材料在同一温度下，表 5A/5B 中 Class 2 类容器的设计应力强度都大于表 2A/2B 中 Class 1 类容器的设计应力强度。

表 2.4　不同屈强比的材料应用于两类不同容器时的应力强度及两者的关系

屈强比 $K= S_y / S_T$	应力强度		
	Class 1 类容器 相关的表 2A/2B	Class 2 类容器 相关的表 5A/5B	Class 2 类容器 /Class 1 类容器
$K<0.5$	$S_y /1.5$	$S_y /1.5$	1
$0.5 \leqslant K < 0.625$	$S_T /3$	$S_y /1.5$	[1,1.25)
$K \geqslant 0.625$	$S_T /3$	$S_T /2.4$	1.25

2.4.6　极限应力、单位应力、极限单位应力、临界应力、开裂应力、门槛应力和临界应力强度

1. 极限应力

　　安全系数定义为极限应力与设计应力之比，也可以说极限应力等于安全系数与设计应力的乘积，相当于弹性范围的屈服强度（σ_s、R_{eL}）或塑性范围的抗拉强度（σ_b、R_m）等。对于塑性材料，当其达到屈服而发生显著的塑性变形时，即丧失了

正常的工作能力，通常取屈服极限作为极限应力；对于无明显屈服阶段的塑性材料，则取对应于塑性应变为 0.2%时的应力为极限应力。对于高强度材料，由于材料在破坏前都不会产生明显的塑性变形，只有在断裂时才丧失正常工作能力，所以应取强度极限为极限应力。因此，此时的许用应力就是极限应力与安全因素的比值。

2. 极限单位应力

文献[133]中把 stress intensity 同时译为单位应力和应力强度，其中译为单位应力是不妥的。极限单位应力(ultimate unit stresses)是《ASME 锅炉及压力容器规范》2010 年版第九卷中关于焊接试样工艺评定拉伸试验结果的概念，它等于拉伸极限总载荷(N)与试样原始横截面积(mm)之比[134]。目前，国内企业在实践中普遍以焊接试样拉伸试验的抗拉强度作为极限单位应力。《ASME 锅炉及压力容器规范》2013 年版第一卷中采用了 unit stresses 的概念，《ASME 锅炉及压力容器规范》2013 年版第三卷第 1 册中采用了 unit stresses prescribed 的概念。

3. 结构的临界应力

临界应力 σ_{cs} (critical stress)是指结构发生失稳时的应力，一般应用于构件的稳定性校核设计或应力腐蚀的试验研究中。受轴向压力的圆筒存在临界应力，受均布侧向外压的圆筒存在临界压力，外压作用下薄壁球壳失稳也存在临界压力。外压容器设计中的外压应力系数 B 虽然不等于临界应力，但是具有临界应力的属性。在临界载荷作用下，压杆在直线平衡位置时横截面上的应力称为临界应力，大柔度杆的稳定计算采用欧拉公式，中柔度杆的稳定计算采用经验公式[66]。例如，换热器螺纹锁紧环式管箱中的紧固螺柱有时发生弯曲变形，如果不属于小柔度杆，就应进行稳定性校核。又如，热交换器管束中的拉杆，在开停车工况中可能受到流体通过折流板传递来的轴向压力而失稳[135]。

根据具体语境，临界应力也和关键应力、主控应力、支配应力等词汇一起被视作近义，同译为 critical stress 或 governing stress[136]，但是关键应力、主控应力、支配应力这三个概念多应用在口语中，很少在国内书面文献中出现。

4. 裂纹的临界应力强度和门槛应力强度

在压力容器中通常把裂纹开始扩展时的应力强度理解为开裂应力强度。在断裂力学中，设长度为 $2a$ 的裂纹受到垂直裂纹面的外加均匀拉应力 σ 的作用，这种张开型裂纹的应力强度因子 K_I 小于材料的断裂韧性 K_{Ic} 时，裂纹是安全的；当 K_I 等于 K_{Ic} 时，裂纹处于临界状态，极不稳定，具备了裂纹失稳扩展脆性断裂的条件，这是不安全的。称此时的外加应力 σ 为裂纹的临界应力 σ_c。对于 $K_I = \sigma \sqrt{\pi a}$，显然 $K_{Ic} = \sigma_c \sqrt{\pi a}$，则有临界应力[78]

$$\sigma_c = \frac{K_{Ic}}{\sqrt{\pi \sigma}} \tag{2.96}$$

以及

$$[\sigma] = \frac{\sigma_c}{n_c} \tag{2.97}$$

式中，n_c 为安全系数，可取 2.7~3。

　　断裂力学中裂纹的临界应力也称开裂应力，高强度钢种的开裂应力就是断裂应力或爆破应力；应力腐蚀开裂的临界应力又称门槛应力[78]。

　　临界应力或门槛应力的单位是 MPa，临界应力强度或门槛应力强度反映材料的断裂韧性，更多的是应用于判断钢材的疲劳裂纹扩展速率，单位是 MPa·m$^{1/2}$。在失效分析中，当垂直于裂纹扩展方向的应力大于门槛应力时，裂纹扩展，当垂直于裂纹扩展方向的应力小于等于门槛应力时，裂纹闭合。在高强度钢的氢脆开裂现象中，门槛应力强度可用来判断发生开裂的最低应力水平。

　　在术语在线中，来自材料科学技术专业的门槛应力(threshold stress)的定义为：能够发生滞后断裂的最小应力或不发生滞后断裂的最大应力；门槛应力强度因子(threshold stress intensity factor)定义为：含裂纹体不发生滞后断裂所对应的最大应力强度因子，见载于《材料科学技术名词》。

5. 焊缝临界拘束应力

　　焊缝冷裂纹敏感性试验方法包括斜 Y 坡口对接裂纹试验和刚性拘束裂纹试验。对于后者，拉伸拘束度 R_F 的定义为[78]：对接焊接过程中，使焊接接头根部的坡口间隙在弹性范围内收缩单位长度的位移量时，单位长度焊缝所需承受的力的大小。该定义的原理是厚度为 δ 的两块板组成一副坡口间隙为 S(设为焊接后的收缩量)的对接焊接试样，与试板坡口一侧对应的另两侧非对接处则分别被固定，固定点的间距为 L，形成刚性约束，对坡口进行焊接，焊缝厚度为 h_w，则焊接时的拉伸拘束度为

$$R_F = \frac{E\delta}{L} \tag{2.98}$$

拘束力为

$$F = S R_F \tag{2.99}$$

焊道纵断面上作用的横向拉伸的平均拘束应力为

$$\sigma_w = \frac{F}{h_w} = \frac{S}{h_w} R_F \tag{2.100}$$

由式(2.98)~式(2.100)可知，拘束长度增大时，拘束度变小，焊缝处的拘束应力降低，产生裂纹所需的延迟时间就更长。当 L 达到一定程度(临界拘束长度)后就不再发生裂纹，此时的拘束应力称为临界拘束应力，与之对应的拘束度称为临界拘束度。这两个临界值可作为评价裂纹敏感性的指标。

由此可见，围绕材料结构受力的同一种临界状态，有的概念以某一行为的发生作为判断指标的定义，另一个概念则可能以某一行为的不发生作为判断指标的定义，行为的临界发生与临界不发生之间也许存在微妙的中间过渡状态，定义一种概念的前提条件应该是明确的，不容模糊。

6. 金属的临界切应力

在术语在线中，来自冶金学金属加工专业的临界切应力(critical shear stress)定义为：金属晶体内存在滑移系，在外力作用下，使金属在某滑移系滑移的力是滑移面上沿着滑移方向作用达一定值的分切应力，见载于《冶金学名词》(第二版)。

7. 临界点与极值的概念区别

首先，有学者认为临界点是由物理规律所决定的一种状态，它可以由满足该状态的物理规律来确定，是客观存在的。而极值的求解，严格地讲，应是在一定条件和物理规律支配下的一个变化过程，此过程能不能实现，极值是否在临界点取得，要综合分析其所满足的条件和所遵循的物理规律，并把握好物理量的变化特征，同时还要遵循一定的数学原理。临界值和极值相当，则可以通过临界点求极值，但是极值与临界值之间也可能没有必然联系。因此，在极值的求解过程中，只能把寻找临界点作为求极值的一种方法，而不能把它与极值的求解等同起来。

本书的概念中，门槛应力强度相当于一个极值，而且临界应力和门槛应力在概念上的区别并不明显。从临界应力具有接近门槛应力的特性来说，前者可以是一小段范围比较窄的敏感区间值，后者就是一条没有区间的生效红线；从概念的应用场合来说，前者主要针对结构及其刚度，后者主要针对材料及其韧性。

但是临界应力和临界应力强度、门槛应力和门槛应力强度都是有明显区别的关联概念。例如，应力由结构承受的载荷引起，强度是材料固有的本性，门槛应力和门槛应力强度两者的单位都不相同。

2.4.7 屈曲应力

屈曲分析主要用于研究结构在特定载荷下的稳定性以及确定结构失稳的临界载荷。屈曲分析包括线性屈曲分析和非线性屈曲分析。线弹性失稳分析又称特征值屈曲分析。线性屈曲分析可以考虑固定的预载荷，也可使用惯性释放；非线性屈曲分析包括几何非线性失稳分析、弹塑性失稳分析、非线性后屈曲 (snapthrough)分析。

1) 内压作用下的屈曲应力

利用管材, 通过内高压胀形工艺技术可以制造某些特殊结构的管件, 管件的起皱是在内压和轴向压力共同作用下发生的, 当管材的失稳起皱发生在塑性阶段时, 对应的临界载荷应是管材进入塑性阶段时的屈服载荷与屈曲载荷之和, 即起皱临界应力可以表示为

$$\sigma_{cr} = \sigma_{zs} + \sigma_{zmin} \tag{2.101}$$

式中, σ_{zs} 为屈服时轴向应力; σ_{zmin} 为管材的塑性屈曲应力。

在假设材料满足理想线性硬化模型的前提下, 对于塑性屈曲, 当把本构方程的起算点设置在线性强化的起始位置即屈服点时, 本构方程为线性形式。据此建立的求解临界应力基本方程是一个线性方程, 如同弹性问题一样, 避免了求解塑性问题的非线性。根据这个思路, 文献[137]推导出圆柱壳塑性屈曲应力为

$$\sigma_{zmin} = -\frac{\dfrac{\xi E_t t}{r} \sqrt{\dfrac{1}{3(1-\nu^2)}}}{\xi + \left(\dfrac{l}{2\pi rm}\right)^2} \tag{2.102}$$

式中, $\xi = \sigma_z / \sigma_\theta$ 是轴向与环向应力之比; l 是管材的长度; t 是管材的厚度; r 是管材的半径; m 是起皱失稳轴向半波数; $E_t = 0.01E$ 是塑性模量; ν 是泊松比。

内高压成形过程中管材处于平面应力状态, 由米泽斯屈服准则可得管材屈服时的轴向应力为

$$\sigma_{zs} = -\frac{\xi \sigma_s}{\sqrt{1 + \xi^2 - \xi}} \tag{2.103}$$

由式(2.101)~式(2.103)可知, 管材起皱临界应力表达式综合反映了管材的力学性能(弹性模量、屈服强度)、几何尺寸(长度、直径和厚度)、内压(应力比)及失稳半波数对轴向失稳起皱的影响。在内高压胀形过程中, 当应力比 ξ 较大时, 管材受到的环向拉应力相对较大, 容易先产生缩颈失稳(开裂)而不发生起皱失稳。

2) 外压作用下的屈曲应力

对于压缩载荷作用下圆柱壳的稳定性问题, 文献[36]介绍了德国 DIN 18800-Part 4 标准中关于圆柱壳在单独及组合载荷作用下的屈曲设计方法, 其中分别就轴向压缩、环(周)向压缩和环(周)向剪切作用下壳体中的理想屈曲应力(idea buckling stress)、实际屈曲应力(actual buckling stress)、极限屈曲应力(limit buckling stress)的计算公式及公式中的有关系数做了介绍, 本书不再逐一引用。

2.4.8　失效应力、失稳应力、垮塌应力、断裂应力、破坏应力和爆破应力

1. 失效应力

失效应力与设备设计时所依据判断失效的准则是弹性准则、塑性准则或爆破准则有关，这些判据中规定的表征达到失效时的应力是预计可能达到的最高应力水平，材料承受此应力值就会损坏，该值尚没有考虑安全系数，就称为失效应力(failure stress)。因此，在机械设计中，是不允许结构材料达到该失效应力值的，通常通过安全系数来控制结构材料低于该失效应力值，安全系数由零件或构件所用材料的失效应力与设计应力的比值来确定，这样失效应力就等于许用应力乘以安全系数。大多数结构钢和铝合金等塑性材料的应力-应变曲线有明显的屈服，故规定由塑性材料制成的零件或构件的失效应力为屈服极限，称为屈服准则。铸铁和高强钢等脆性材料的应力-应变曲线没有明显的屈服，故规定由脆性材料制成的零件或构件的失效应力为强度极限，称为断裂准则。在疲劳强度设计中，失效应力采用疲劳极限。

在压力容器设计中，按照 GB/T 150.1—2011 标准中的表 1 和表 2，压力容器失效应力的确定是分别以材料的屈服强度、抗拉强度、持久强度或蠕变强度除以相应的安全系数后，选择其中的最小值作为相应的量值。从上述定义可知，断裂应力只是失效应力的一种，失效应力一般不指设备在运行中发生事故时的真实应力，工程构件在实际工作时往往处在复杂受力状态下，它发生的破断机理十分复杂，若要描述当时的极限受力状态或极限的应变状态，则需要进行详细的调查和综合分析。

从理论上或技术规范上来说，安全应力和失效应力均不一定接近临界值或许可值，但失效应力肯定大于安全应力。工程实际上，由于实际材料性能与标准所要求材料性能的差异，一般是设备制造厂通过检测手段和制造过程控制实际材料性能高于标准要求，所以失效应力更加大于安全应力。

2. 失稳和屈曲

失稳应力或屈曲应力是使壳体无法保持原来的平衡形态而出现波纹变形、扁塌，进而失去正常运行功能的结构应力。承受外压的容器或者夹套的内筒体容易发生结构失稳。失稳应力小于材料的屈服应力时发生的失稳属于弹性失稳，失稳应力大于材料的屈服应力时发生的失稳属于弹塑性失稳。弹性失稳的构件在卸去失稳应力后尚可恢复原来的形状，弹塑性失稳的构件即便在卸去失稳应力后也不能恢复原来的形状。分析设计新标准修改稿增加了组合载荷作用的设计规定和许用压缩应力计算方法，出现了预测得到的失稳应力、预期失稳弹性周向应力和预期失稳弹性轴向应力，以及许用周向压缩应力、许用轴向压缩应力等相关名词概念。

屈曲是指受一定荷载作用的结构处于稳定的平衡状态,当荷载达到某一值时,若增加一个微小的增量,则结构的平衡位形发生很大变化,结构由原平衡状态经

过不稳定的平衡状态而达到一个新的稳定平衡状态，这一过程就是屈曲，相应的荷载称为屈曲荷载或临界荷载。有的屈曲在引起弹塑性不稳定时就产生破坏，有的则是引起过量变形而产生破坏，如果发展到新的稳定平衡状态，而且变形不过量，那么就不会产生破坏。在英文中"失稳"(instability，或译成"不稳定性")是一个含义较广的概念。弹性(或弹塑性)屈曲(buckling)、塑性垮塌(collapse，如同单向拉伸试件的颈缩现象)，还有丧失静力平衡(如倾覆)都会使结构丧失稳定性。在基于弹性分析的规则设计中人们往往对屈曲和失稳不加区分，习惯上把 buckling 也翻译成"失稳"，但考虑塑性分析后将 buckling 准确地翻译成"屈曲"是必要的。失稳应力下还可分出临界失稳应力[138]。

内压作用下导致压力容器总体结构不稳定的塑性垮塌载荷即爆破压力，使构件塑性垮塌失稳时的应力称为垮塌应力或坍塌应力，常成为国内外学者的研究内容[139-141]。

3. 断裂应力

由术语在线可知断裂应力(fracture stress)在台湾地区也称为破裂应力。相关学科包括材料科学技术、航天科学技术、物理学、水产、化学工程(第二版)。其中，材料科学技术学科给出的断裂应力定义为：拉伸断裂时对应的载荷与断口处的真实截面积之比，又称断裂真应力，见载于《材料科学技术名词》。而水产学科捕捞学专业给出的断裂应力定义为：纤维材料被拉伸至断裂时，其单位横断面积上所承受的最大拉应力，见载于《水产名词》。

断裂应力是指材料中因存在裂纹或其他缺陷而引起裂纹扩展直至断裂时的应力，在材料应力-应变曲线中则指其终点即断裂点对应的应力，而相应的应变称为断裂伸长率，也称为"断裂应变"。近义的破断应力则较少应用于承压设备。

视在断裂应力(apparent fracture stress)是通过一种基于视频检测技术和计算机图像处理技术的视频检测方法所检测的应力。作为相关成果的工程应用之一，视频检测方法可以对应力断料的全过程进行监测，并能准确地测出相关的工艺参数，与传统检测方法相比，具有方法简单、准确、易实施、结果直观可信的特点。实践证明，视频检测方法是应力断料研究的有效检测手段[142,143]，应力断料是一种下料工艺方法，就是利用制造敏感应力状态的人为切口裂纹，使之失稳扩展来实现下料。由琚定一先生指导培养的国内首位化工过程机械专业博士、华东理工大学潘家祯教授率先在国内应用了视频断裂检测技术。

强度极限(ultimate strength)是指物体在外力作用下发生破坏时出现的最大应力，也可称为破坏强度或破坏应力(breaking stress)。对承受复合载荷的同一结构，随着复合载荷各成分比例的变化，破坏应力可能是变化的，因此相应的设计应力许用值也可能是变化的[29]。徐志平教授在第七届全国固体力学青年学者学术研讨会上以"微纳米结构薄膜材料的力学行为"为题的报告中针对制备得到的强度为600MPa、破坏应变为6%的氧化石墨烯薄膜，进行了理论分析和试验表征，研究发现化学、微观结构对材料稳定性和宏观静、动态力学性能有显著影响，并讨论了力学测试中试样几何尺寸对薄膜强度、刚度、破坏应变的影响。《ASME 锅炉及压力容器规范》2013 年版第七卷中采用了 harmful stresses(有害的应力)一词，虽然是一种口语化的表达，但是属于断裂应力、破坏应力的上位概念。不过，在过载保护机构设防中，断裂应力被用于相对有利的情况。

有美国学者把破坏应力(damaging stress)定义为[144]：使某种材料的构件达到正常寿命前，在已知工作条件下不能胜任工作的某种最小单位应力。产生过大的塑性变形、以过高的速率发生蠕变或者引起疲劳裂纹、应变过度硬化或者断裂，均会导致构件失效。

2007 年，《ASME 锅炉及压力容器规范》第八卷第 2 册首次在承压设备标准中引入弹塑性应力的分析方法，率先在国际上提出了考虑材料应变强化效应的本构模型，据此设计的压力容器降低了壁厚[145]。爆破应力(bursting stress)即考虑材料应变强化后的承载能力提高到极限时，内压容器直到破裂的应力。

2.4.9　设计标准的应力分类

1. 应力分类(stress categorization)

为了使结构各部位的安全裕度均相等，用弹性应力分析来近似地描述塑性行为和估计塑性失效的可能性，根据应力的作用和性质、分布规律和影响范围对其进行分类，以便按照塑性失效准则来评定各类弹性名义应力的安全许可性。

《钢制压力容器——分析设计标准(2005 年确认)》(JB 4732—1995)[3]中给出了一系列关于应力的基本概念，即**法向应力**，是指垂直于所考虑截面的应力分量，也称"正应力"；**剪应力**，是与所考虑截面相切的应力成分，也就是纯剪应力；**薄膜应力**见 2.19 节；**弯曲应力**，也就是纯弯应力，指法向应力的变化分量，沿厚度上的变化可以是线性的，也可以不是线性的，换一种说法则是正应力的变化分量，可能沿截面厚度线性分布，也可能不是[4]，其最大值发生在容器的表面处，设计时取最大值，该标准中指的是线性弯曲应力。

一次应力(primary stress)，也有文献称为基本应力，合理地说只是属于基本应力的一种，是指为平衡压力与其他机械载荷所必需的法向应力或剪应力。对于理想塑性材料，一次应力所引起的总体塑性流动是非自限的，即当构件内的塑性区扩展到使之变成几何可变的机构时，达到极限状态，即使载荷不再增加，也能产生不可限制的塑性流动，直至破坏；对于塑性硬化材料，当一次应力超过材料的屈服极限时，其破坏的进程完全由应变硬化性能决定。

一次总体薄膜应力(general primary membrane stress) P_m 也称 "P_m 类应力"，是指影响范围遍及整个结构的一次薄膜应力。在塑性流动过程中一次总体薄膜应力不会发生重新分布，它将直接导致结构破坏。例如，各种壳体中平衡内压或分布载荷所引起的薄膜应力。**一次局部薄膜应力**(primary local membrane stress) P_L 也称 "P_L 类应力"，其应力水平大于一次总体薄膜应力，但影响范围仅限于结构局部区域的一次薄膜应力。当构件局部发生塑性流动时，这类应力将重新分布。若不加以限制，则当载荷从结构的某一部分(高应力区)传递到另一部分(低应力区)时，会产生过量塑性变形而导致破坏。总体结构不连续引起的局部薄膜应力，虽然具有二次应力的性质，但从方便与稳妥方面考虑仍然归入一次局部薄膜应力，更不能称为二次局部薄膜应力。分析设计新标准修改稿中指出，局部应力区是指经线方向延伸距离不大于 $1.0\sqrt{R\delta}$，且当量应力超过 $1.1S_m$ 的区域。此处 R 是该区域内壳体中面的第二曲率半径，即沿中面法线方向从壳体回转轴到壳体中面的距离，为该区域内的最小壁厚。局部薄膜当量应力超过 $1.1S_m$ 的两个相邻应力区之间应彼此隔开，它们之间沿经线方向的间距不得小于 $2.5\sqrt{R_m\delta_m}$ (其中，$R_m = 0.5(R_1 + R_2)$，$\delta_m = 0.5(\delta_1 + \delta_2)$)。而 R_1 与 R_2 分别为所考虑两个区域的壳体中面第二曲率半径，δ_1 与 δ_2 为每一所考虑区域的最小厚度。例如，在壳体的固定支座或接管处由外部载荷和力矩引起的薄膜应力。文献[64]关注到，《ASME 锅炉及压力容器规范》2007 年版第八卷第 2 册[146]及之后版本将 "由内压引起的最大总体薄膜应力" 改为 "一次薄膜应力"，并指出其两点含义：①说明一次薄膜应力也可以由压力以外的载荷引起；②说明一次薄膜应力可以是总体的，也可以是局部的。

《ASME 锅炉及压力容器规范》2013 年版第三卷第 1 册 NC 分卷的 NC-3611.2 Stress Limits 节和 ND 分卷的 ND-3611.2 Stress Limits 节采用了 nonrepeated stresses 一词，强调的是没有重复出现的应力，而不能译为一次应力，以区别于 primary stress。在由法国核岛设备设计和建造规则协会(AFCEN)于 2015 年出版的 RCC—MRx 规范(核装置机械部件设计和建造规则)中，其棘轮分析准则涉及与一次应力有关的几个概念，规范提到：棘轮分析准则是以等效应力图为基础的，对计算得到的等效一次应力采用许用应力 S_m 进行控制，以代替恒定一次应力和二次应力范围组合的评定[147]。这种方法是以 "有效一次应力" P_{eff} 的概念为基础的，即一种等效应力也能引起和实际循环载荷组合相同的瞬间变形[147,148]。

一次弯曲应力(primary bending stress) P_b 也称 "P_b 类应力"，是指平衡压力或其他机械载荷所需的沿截面厚度线性分布的弯曲应力；例如，平盖中心部位由压力引起的弯曲应力。既然沿截面厚度线性分布，就意味着在筒体壁厚上沿径向变化，弯曲往往造成壁厚一侧的拉应力和另一侧的压应力，可以认为拉应力和压应力的平均合力为零。**二次应力**(secondary stress) Q 也称 "Q 类应力"，是指为满足外部约束条件或结构自身变形连续要求所需的法向应力或剪应力(新的分析设计标准把"剪应力"改称"切应力")。其基本特征是具有自限性，即局部屈服和小量变形就可以使约束条件或变形连续要求得到满足，从而变形不再继续增大。只要不反复加载，二次应力就不会破坏结构。例如，总体热应力和总体结构不连续处的弯曲应力。**峰值应力**(peak stress) F 也称"F 类应力"，是由局部结构不连续或局部热应力影响而引起的附加于一次应力加二次应力的应力增量。峰值应力的特征是同时具有自限性与局部性，它不会引起明显的变形。其危害性在于可能导致疲劳裂纹或脆性断裂。对于不是高度局部性的应力，如果不引起显著变形者也属于此类。例如，壳体接管连接处由局部结构不连续所引起的应力增量中沿厚度非线性分布的应力；复合钢板容器中覆层的热应力。

实际上，《钢制压力容器——分析设计标准(2005 年确认)》(JB 4732—1995)[3] 中也通过举例的方式指出了二次薄膜应力和二次弯曲应力的存在，它们统属于二次应力 Q，具体见 5.1.2 节中的解读 4。

2. 分类应力的提取

从分类应力概念到各种应力成分最终实现分离以便被提取和应用，应力分类离不开应力等效线性化，应力等效线性化的概念源于 ASME 规范，由 Kroenke 等 [149,150]首先于 1974 年把等效线性化方法应用于二维轴对称问题。此后，Hollinger 等[151,152]提出了基于应力线性化的三维应力准则。等效线性化方法要求在结构危险截面上可能发生的几个危险部位设定一些应力分类线，应力分类线应贯穿壁厚，垂直于容器内外两个表面，或垂直于容器的中面；然后分别根据合力和合力矩等效原理把沿应力线分布的应力分解成薄膜应力和弯曲应力，剩余的非线性部分则为峰值应力，或者说根据合力和合力矩都为零的原理把沿厚度方向分布的非线性分布应力分解成峰值应力。而薄膜应力和弯曲应力都平行于中面，沿厚度方向分别均匀分布和线性分布，且都是正应力。应力线性化的三种方法见 4.1.5 节。分析设计新标准修改稿第 4 部分增加了资料性附录 B "弹性应力的线性化处理"。

但是，在此之前，ASME 委员会于 1955 年成立了一个"评定规范应力基准特别委员会"，主要综合研究材料性能、失效模式、应力限制条件等一系列问题，并提出了压力容器建造的另一规则——应力分析设计标准[17]。

因此，经过规范化的应力基准也就是经过分类处理的应力[17]。应力分类的实质是把现有计算方法所求得的应力，根据它们对目前已计及的失效模式所起的作用分类，其中考虑了产生应力的原因、导出应力的方法、应力沿壁厚的分布和应力存在区域的大小等。

关于一次局部薄膜应力 P_L 的应力水平大于一次总体薄膜应力，应该强调指出，在标准中一次局部薄膜应力是指局部应力区薄膜应力的总量，即在局部应力区内 P_m 为 P_L 的组成部分[7]。

在器壁中出现的总弹性应力可看成是由一次应力、二次应力和峰值应力等三种不同的应力所组成的，有时称它们为三类应力。此外，一次应力下面的三个小类应力有时也称为"小三类应力"。

3. 分类应力与应力分类

《ASME 锅炉及压力容器规范》2013 年版第三卷第 1 册中采用了 stress categories(应力分类)的概念和 classification of stress intensity(应力强度分类)的概念，并分 Kind of Stress 和 Stress Category 两栏列举了针对常见结构及载荷的应力分类概念，而在第 3 册中按 Type of Stress 列举了针对常见结构及载荷的应力分类概念。可见，应力的"Categorie"与"Type"是可以等同的，但是种"Kind"与类"Categorie"或"Type"存在区别，虽然两者不同，但是可以对应关联的概念。

此外，还有应力类别的概念。分析设计新标准修改稿中第 4 部分对于各种载荷组合，分别计算不同载荷下的应力，并根据应力的起因及影响范围将其归入相应的应力类别。

(1) 满足平衡条件所需的应力：满足平衡外部机械载荷所需的应力归入一次应力，包括 P_m、P_L 和 P_b。可由应力沿壁厚分布是均匀的还是线性的来区分一次薄膜应力(P_m 和 P_L)和弯曲应力 P_b，由影响区范围的大小来区分总体薄膜应力 P_m 和局部薄膜应力 P_L。

(2) 满足变形协调(即变形连续)条件所需的应力：满足外部或内部变形协调条件所需的应力按其影响范围的大小归入二次应力 Q 或峰值应力 F。

(3) 机械载荷引起的应力：由压力载荷和自重效应等施加在结构上的外部作用力所引起的应力。由机械载荷引起的应力可归入 P_m、P_L、P_m+P_b、P_L+P_b+Q 或 P_L+P_b+Q+F。例如，远离封头或法兰连接处的壳体应力归入 P_m，连接处的应力(不含峰值应力)归入 P_L 和 P_L+P_b+Q，壳体和法兰过渡圆角处的最大应力归入 P_L+P_b+Q+F。

(4) 应变控制的载荷引起的应力：因热效应(包括温度升降和温度梯度)和强制位移等施加在结构上所引起的应力。由应变控制的载荷引起的应力可归入 Q 或 $Q+F$，但由管系热膨胀推力和力矩引起的容器上的应力按标准中的另一条款处理。

4. 分类应力的评定

把前人编制的应力分类框图与应力强度极限值整理成图 2.17，以反映按照应

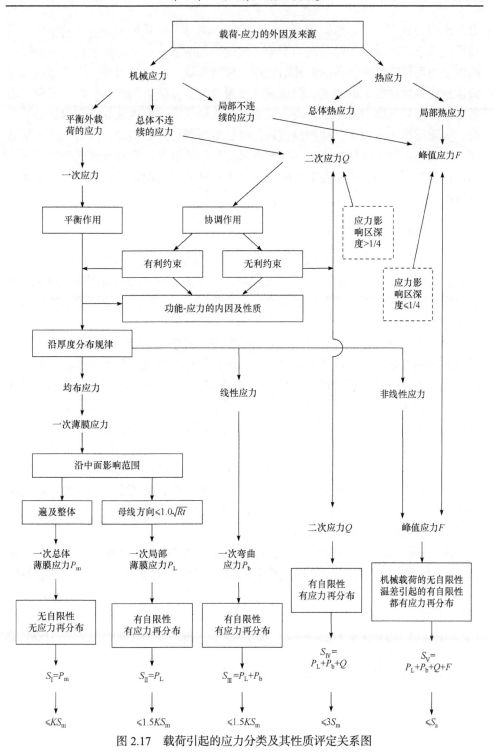

图 2.17 载荷引起的应力分类及其性质评定关系图

力的作用和分布为导向原则所概括的各种应力的分类及其性质评定。其中两个虚线框内关于二次应力和峰值应力影响区深度的判断带有一定的经验性,并非绝对。峰值应力可导致承压设备的脆性断裂或者疲劳失效,一次应力和二次应力也是导致承压设备脆性断裂的因素,但是脆性断裂取决于总应力的大小,而峰值应力不易准确计算且其应力水平也较高,需要通过结构光滑过渡以及焊缝与母材的等强度、等质量技术来控制,这些措施对预防疲劳断裂也是必要的。应力分类法仅适用于结构整体处于弹性状态而局部出现塑性变形的情况,简称小塑性变形情况。当构件发生显著的总体塑性变形时,简称大塑性变形情况,这时应力分类法将不再适用。

2.4.10　自限应力和补偿应力

相对于一次应力的非自限性而言,自限应力是满足变形连续(协调)所需要的应力,对平衡外载荷不起作用,补充满足协调要求,当出现整体塑性变形时,具有自限性。例如,两端约束等截面直杆中的热应力,一旦满足协调要求塑性流动自动停止。

自限应力的自限性实际是指高应力水平引起的塑性变形的自我限制及约束,局部屈服和小量变形可以使引起这些应力的条件得到满足,分为两类。一类是二次应力,沿壁厚均匀或线性分布(薄膜或弯曲应力),影响范围遍及横截面或贯穿壁厚,会直接导致断裂或泄漏,由安定准则来控制。例如,总体结构不连续引起的应力,以及热应力。另一类是峰值应力,沿壁厚(截面)非线性急剧变化,影响范围非常局部,要经过扩展过程才导致断裂或泄漏(寿命),由疲劳准则来控制。例如,局部结构不连续引起的应力、过渡圆角或孔边引起的应力、沿壁厚非线性分布的应力、不锈钢复合层中的热应力。需要说明的是,约束引起的应力不都是自限应力。应力分析标准提供了各种应力极限(也称"许用应力极限"),用来校核各分类应力,以防范各种失效模式。

因此,自限应力、极限应力与应力极限是三个不同的概念。补偿应力(compensation stress)一般指热应力补偿,常用于管道设计时的热应力计算和波纹管补偿器设计。

参 考 文 献

[1] 全国锅炉压力容器标准化技术委员会. 压力容器 第3部分: 设计(GB/T 150.3—2011)[S]. 北京: 中国标准出版社, 2012.

[2] 全国锅炉压力容器标准化技术委员会. 热交换器(GB/T 151—2014)[S]. 北京: 中国标准出版社, 2015.

[3] 全国锅炉压力容器标准化技术委员会. 钢制压力容器——分析设计标准(2005 年确认)(JB 4732—1995), [S]. 北京: 新华出版社, 2007.

[4] 沈鋆. ASME 压力容器分析设计[M]. 上海: 华东理工大学出版社, 2014.

[5] 彼德森 R E. 应力集中系数[M]. 杨乐民, 叶道益, 译. 北京: 国防工业出版社, 1988.

[6] 吴晓, 杨立军. 关于螺栓或销钉连接构件的弯曲应力分析[J]. 力学与实践, 2015, 37(2): 252-254.

[7] 全国锅炉压力容器标准化技术委员会, 李世玉. 压力容器设计工程师培训教程——基础知识 零部件[M]. 北京: 新华出版社, 2019.

[8] Zhu X K. Innovative technology and development in strength design and integrity assessment of pressure vessels[C]. 第八届全国压力容器学术会议, 合肥, 2013.

[9] 徐芝纶. 弹性力学(上册)[M]. 4 版. 北京: 高等教育出版社, 2006.

[10] 陆明万, 张雄, 葛东云. 工程弹性力学与有限元法[M]. 北京: 清华大学出版社, 施普林格出版社, 2005.

[11] 陈鹤, 王希建. 预应力次应力的分析和应用[J]. 山西建筑, 2009, 35(34): 76-77.

[12] 梅凤翔, 周际平, 水小平. 工程力学(上册)[M]. 北京: 高等教育出版社, 2003.

[13] 浦广益. ANSYS Workbench 12 基础教程与实例详解[M]. 北京: 中国水利水电出版社, 2010.

[14] 克莱因 T W, 威瑟斯 P J. 金属基复合材料导论[M]. 余永宁, 房志刚, 译. 北京: 冶金工业出版社, 1996.

[15] 陈学东, 蒋家羚, 艾志斌, 等. 典型压力容器用钢在湿 H_2S 环境下应力腐蚀开裂特性分析与试验验证[C].第六届全国压力容器学术会议, 杭州, 2005.

[16] 安徽省机械工程学会. 机械工程词典[Z]. 合肥: 安徽科学技术出版社, 1987.

[17] 叶文邦, 张建荣, 曹文辉. 压力容器工程师设计指导手册(下册)[M]. 昆明: 云南科技出版社, 2006.

[18] 郭志昆, 陈万祥, 郭伟东, 等. 应力圆的解析与图解法证明[J]. 力学与实践, 2016, 38(5): 581-586.

[19] 叶文邦, 张建荣, 曹文辉. 压力容器工程师设计指导手册(上册)[M]. 昆明: 云南科技出版社, 2006.

[20] 薛守义. 弹塑性力学[M]. 北京: 中国建筑工业出版社, 2005.

[21] 孙智, 江利, 应鹏展. 失效分析——基础与应用[M]. 北京: 机械工业出版社, 2011.

[22] 王广生. 金属热处理的缺陷分析及案例[M]. 北京: 机械工业出版社, 2000.

[23] 廖景娱. 金属构件失效分析[M]. 北京: 化学工业出版社, 2003.

[24] Withers P J, Juul Jensen D, Lilholt H, et al. The Evaluation of Internal Stresses in A Short Fibre MMC by Neutron Diffraction[M]. London: Elsevier, 1987.

[25] Jiang H F, Chen X D, Fan Z C, et al. Creep-fatigue behavior and life prediction of 316L stainless steel under different pre-treatment states[C]. Proceedings of 12th International Conference on Pressure Vessel Technology, Jeju Island, 2009.

[26] Shao S S, Xuan F Z, Wang Z D, et al. Hydrogen diffusion around the stress concentration zone in storage tank[C]. Proceedings of 12th International Conference on Pressure Vessel Technology, Jeju Island, 2009.

[27] Gustafsson A, Möller M. Experimental and numerical investigation of ratcheting in pressurized equipment[J]. Procedia Engineering, 2015, 130: 1233-1245.

[28] 张栋. 机械失效的痕迹分析[M]. 北京: 国防工业出版社, 1996.

[29] 余国琮. 化工容器及设备[M]. 北京: 化学工业出版社, 1980.

[30] 陆明万, 寿比南, 杨国义. 压力容器应力分析设计方法的进展和评述[C]. 第七届全国压力容器学术会议, 无锡, 2009.

[31] Suresh S, Mortensen A. 功能梯度材料基础—制备及热机械行为[M]. 李守新, 等, 译. 北京: 国防工业出版社, 2000.

[32] 蒋玉川, 蒋国宾. 广义主偏应力强度理论[J]. 工程力学, 1998, 15(2): 117-122.

[33] 张丽. 组合壳体膜应力的简化计算[J]. 科学技术与工程, 2011, 11(4): 825-826, 830.

[34] 周忠强, 惠虎, 张亚林. 基于材料力学性能的最低设计金属温度曲线分析[J]. 压力容器, 2020, 37(2): 37-40, 70.

[35] 谢铁军, 刘学东, 陈钢, 等. 压力容器应力分布图谱[M]. 北京: 北京科学技术出版社, 1994.

[36] Mahmoudi A H, Truman C E, Smith D J. Using local out-of-plane compression (LOPC) to study the effects of residual stress on apparent fracture toughness[J]. Engineering Fracture Mechanics, 2008, 75(6): 1516-1534.

[37] 李培宁. 核电及石化承压设备合乎使用评定规程技术进展[C]. 第七届全国压力容器学术会议, 无锡, 2009.

[38] 钟汉通, 傅玉华, 吴家声. 压力容器残余应力: 成因、影响、调控与检测[M]. 武汉: 华中理工大学出版社, 1993.

[39] 寿比南, 杨国义, 徐锋, 等. GB 150—2011《压力容器》标准释义[M]. 北京: 新华出版社, 2012.

[40] 桑如苞, 夏少青, 闫东升, 等. 管道附加载荷在容器上产生应力的正确评定—压力容器应力分析设计中的六个重要问题(三)[J]. 石油化工设备技术, 2016, 37(4): 1-3.

[41] 中华人民共和国国家质量监督检验检疫总局. 固定式压力容器安全技术监察规程(TSG 21—2016)[S]. 北京: 新华出版社, 2016.

[42] 全国锅炉压力容器标准化技术委员会. 压力容器 第 1 部分: 通用要求(GB/T 150. 1—2011)[S]. 北京: 中国标准出版社, 2012.

[43] 刘鸿胜. 风荷载作用下大直径落地式钢筒仓的强度和稳定性分析[D]. 西安: 西安建筑科技大学, 2013.

[44] 杨坤玉, 徐小军, 潘存云, 等. 航空发动机燃-滑油热交换器焊缝裂纹原因分析[J]. 失效分析与预防, 2011, 6(4): 242-248.

[45] 左思佳, 陶冶, 张永峰. 某型航空发动机风扇叶片振动应力试验研究[J]. 机械科学与技术, 2016, 35(增刊): 41-43.

[46] 李仙丽, 罗乘川, 安奕忱, 等. 基于遥测技术的发动机涡轮转子叶片动应力测量[J]. 燃气涡轮试验与研究, 2014, 27(6): 53-56.

[47] Wang X J, Li S R, Liu W B, et al. Research on the mechanical properties and weldability of Wh630e plate with VN micro-alloying[J]. Procedia Engineering, 2015, 130(2): 475-486.

[48] Venkata K A, Truman C E, Smith D J. Characterising residual stresses in a dissimilar metal electron beam welded platep[J]. Procedia Engineering, 2015, 130(2): 973-985.

[49] 郑玢, 胡春燕. 扭力轴裂纹分析[J]. 失效分析与预防, 2011, 6(2): 94-98.

[50] 顾永泉. 英汉化工机械词典[Z]. 北京: 中国石化出版社, 1997.

[51] 吕海宝, 梁军, 郭旭, 等. 第七届全国固体力学青年学者学术研讨会报告综述[J]. 力学学报, 2017, 49(1): 223-230.

[52] 余伟炜, 高炳军, 陈洪军, 等. ANSYS 在机械与化工装备中的应用[M]. 2 版. 北京: 中国水利水电出版社, 2007.

[53] 方洪渊. 焊接结构学[M]. 北京: 机械工业出版社, 2008.

[54] 陈孙艺, 林建鸿, 吴东棣. 塔壁动态轴向温度场的正确测量[J]. 中国锅炉压力容器安全, 1997, 13(2): 11-15.

[55] 陈孙艺, 林建鸿, 吴东棣. 钻孔法电测值推算内壁温度存在的问题及改善[J]. 压力容器, 1996, 12(1): 29-33, 3.

[56] 陈孙艺, 林建鸿, 吴东棣, 等. 焦炭塔塔壁温度场特性的研究(一)——塔壁二维瞬态温度场及热弹塑性有限元计算分析[J]. 压力容器, 2001, 18(4): 16-21.

[57] 陈孙艺, 林建鸿, 吴东棣, 等. 焦炭塔塔壁温度场特性的研究(二)——周向温度场模型及其实测分析[J]. 压力容器, 2001, 18(5): 5-9.

[58] 陈孙艺, 林建鸿, 吴东棣, 等. 焦炭塔塔壁温度场特性的研究(三)——周向温差对塔体垂直度的影响[J]. 压力容器, 2001, 18(6): 8-11.

[59] 陈孙艺, 林建鸿, 吴东棣, 等. 焦炭塔塔壁温度场特性的研究(四)——周向温差对非圆形变形的影响[J]. 压力容器, 2002, 19(1): 6-8.

[60] 国家技术监督局. 特征数(GB/T 3102. 12—1993)[S]. 北京: 中国标准出版社, 1994.

[61] 中石化洛阳工程有限公司. 炼油厂加热炉炉管壁厚计算方法(SH/T 3037—2016)[S]. 北京: 中国石化出版社, 2016.

[62] The American Society of Mechanical Engineers. ASME boiler and pressure vessel code, section VIII, rule for construction of pressure vessels, division 2, altermative rules[S]. New York: The American Society of Mechanical Engineers, 2001.

[63] 沈鋆, 李涛. 对 ASME VIII-2(2013 版)热应力棘轮评定方法修订的解读[J]. 化工设备与管道, 2016, 53(3): 6-11, 16.

[64] 郑小涛, 轩福贞, 喻九阳. 压力容器与管道安定/棘轮评估方法研究进展[J]. 压力容器, 2013, 30(1): 45-53, 59.

[65] Eslami M R, Shariyat M. A technique to distinguish the primary and secondary stresses[J]. Journal of Pressure Vessel Technology, 1995, 117(3): 197-203.

[66] Hetnarski R B. Encyclopedia of Thermal Stresses[M]. Netherlands: Springer, 2014.

[67] 陶永强, 李晶, 宋月娥, 等. 硫化锌热冲击试验与裂纹间距预报[J]. 材料科学与工程学报, 2017, 35(4): 528-533.

[68] 邵珊珊, 轩福贞, 王正东, 等. 基于扩散效应的膜/基传感器弯曲分析[C]. 第七届全国压力容器学术会议, 无锡, 2009.

[69] 徐学利, 黄景鹏, 张福平, 等. 扩散氢与 X100 管线钢临界断裂应力的关系[J]. 热加工工艺, 2016, 45(21): 233-235.

[70] 杨小斌, 涂善东. 碳扩散和扩散应力的相互影响分析[J]. 固体力学学报, 2013, 33(S1): 74-78.

[71] 童郭凯, 盛水平, 邢璐, 等. 搪玻璃设备管口搪玻璃层内残余应力及其影响因素[J]. 压力容器, 2017, 34(3): 38-43.

[72] 孙利, 阎维平. 电站锅炉 T91 过热器管生长应力的计算与分析[J]. 应用力学学报, 2018, 35(1): 197-204, 237.

[73] 徐灏. 安全系数和许用应力[M]. 北京: 机械工业出版社, 1981.

[74] 苏翼林. 材料力学(上册)[M]. 北京: 人民教育出版社, 1979.

[75] 国家能源局. 制冷装置用压力容器(NB/T 47012—2020)[S]. 北京: 新华出版社, 2021.

[76] 程选生, 杜永峰, 李慧. 工程弹性力学[M]. 北京: 中国电力出版社, 2009.

[77] Hibbeler R C. 材料力学[M]. 武建华, 译. 重庆: 重庆大学出版社, 2007.

[78] 龚斌. 压力容器破裂的防治[M]. 杭州: 浙江科学技术出版社, 1985.

[79] 陈志平, 范海贵, 王季, 等. 残余应力对球墨铸铁容器内压极限载荷影响[J]. 浙江大学学报 (工学版), 2014, 48(10): 1884-1892.

[80] Pépin A, Tkaczyk T, Dowd N, et al. Methodology for assessment of surface defects in undermatched pipeline girth welds[C]. Proceedings of the ASME Pressure Vessels & Piping Conference, Anaheim, 2014.

[81] 李忠芳, 马万征, 宛传平, 等. 超静定结构温度应力问题探讨[J]. 力学与实践, 2013, 35(2): 90-91.

[82] 梅凤翔, 周际平, 水小平. 工程力学(下册)[M]. 北京: 高等教育出版社, 2003.

[83] 李伟建, 潘存云. 圆柱面过盈连接的应力分析[J]. 机械科学与技术, 2008, 27(3): 313-317.

[84] 滕瑞静, 张余斌, 周晓军, 等. 圆柱面过盈连接的力学特性及设计方法[J]. 机械工程学报, 2012, (13): 160-166.

[85] French Association of Nuclear Power Standards. Design and construction rules for mechanical components of nuclear installations: High temperature, research and fusion reactors(RCC-MRx 2015)[S]. Paris: AFCEN, 2015.

[86] 蒋小文, 冯少华. 谈压力容器螺栓法兰连接中螺栓预紧力的理解和应用[J]. 化工设备与管道, 2018, 55(4): 10-17.

[87] 曾科烽, 张国信. 石化行业法兰紧固密封管理现状及对策分析[J]. 石油化工设备技术, 2018, 39(5): 48-52, 62.

[88] Hawong J S, Shin D C, Lee H J. Photoelastic experimental hybrid method for fracture mechanics of anisotropic materials[J]. Experimental Mechanics, 2001, 41(1): 92-99.

[89] 李能旺. 防止不锈钢管道焊缝晶间应力腐蚀破坏的方法[J]. 压力容器, 1987, 4(6): 60-64, 97.

[90] 张恩深, 钱嵘. 变截面焊接接头弯曲疲劳断裂行为研究[J]. 焊接, 1992, (7): 29-32.

[91] 博斯 A, 孙朝菊. 对有各种形状和不同尺寸的缺陷的高强度钢试样疲劳裂纹起裂的研究 [J]. 国外舰船技术(材料类), 1980, (1): 13-30, 43.

[92] 缪炳祺, 陈巍. 标称应力法中构件 S-N 疲劳曲线的预测[J]. 工程设计, 1999, (1): 18-24.

[93] 王国珍, 轩福贞, 涂善东. 高温结构蠕变裂尖拘束效应[J]. 力学进展, 2017, 47(4): 122-149.

[94] 王仁, 黄文彬, 黄筑平. 塑性力学引论[M]. 北京: 北京大学出版社, 1992.

[95] 中华人民共和国劳动部. 关于印发《修订后的〈热水锅炉安全技术监察规程〉有关章节的 通知》(劳锅字[1997]74 号)[S]. 北京, 1997.

[96] Gehrlicher S, Seidenfuss M, Schuler X. Further development of the nonlocal damage model of rousselier for the transition regime of fracture toughness and different stress states[C]. Proceedings of the ASME Pressure Vessels & Piping Conference, Anaheim, 2014.

[97] Ghosh A, Niu Y Y, Arjunan R. Difficulties in predicting cycles of failure using finite element analysis of acoustically induced vibration (AIV) problems in piping systems[C]. Proceedings of the ASME Pressure Vessels & Piping Conference, Anaheim, 2014.

[98] Kuroda S, Clyne T W. The quenching stress in thermally sprayed coatings[J]. Thin Solid Films, 1991, 200: 49-66.

[99] 陈清琦, 轩福贞, 涂善东. 蠕变对涂层结构中残余应力的影响[C]. 第七届全国压力容器学术会议, 无锡, 2009.

[100] 陈晓, 惠虎, 李培宁, 等. 奥氏体不锈钢深冷应变强化的材料行为研究[C]. 第八届全国压力容器学术会议, 合肥, 2013.

[101] 孙学军, 赵树炳, 程晖. 内压对管道系统柔性分析的影响[J]. 管道技术与设备, 2015, (1): 12-14, 17.

[102] 周一霞, 丁伯民, 琚定一. 温预应力处理对带缺陷钢管爆破压力的影响[J]. 压力容器, 1886, 3(4): 21-24.

[103] 王东辉, 李锴, 张静. 反应堆压力容器概率断裂力学计算中的不确定性分析[J]. 动力工程学报, 2017, 37(2): 163-166, 172.

[104] 上海锅炉厂, 兰州化工机械研究所, 华东石油学院, 等. ϕ 3200 毫米热套筒节应力测定[J]. 化工与通用机械, 1975, (8): 14-21.

[105] 陈海辉, 臧观建, 曾莹莹, 等. 退火套合残余应力的计算模型及试验研究[J]. 金属热处理, 2014, 39(10): 141-145.

[106] 陈孙艺. 焦炭塔内焦床影响塔体变形的作用机理研究[J]. 石油化工设备技术, 2008, 29(6): 17-20.

[107] 朱成诚, 赵建平. 焦炭塔的套合效应研究[J]. 压力容器, 2016, 33(9): 34-41.

[108] 张海, 余闯, 王晓红. 应用环境应力分类的加速贮存退化试验评估方法[J]. 装备环境工程, 2014, 11(3): 87-90, 109.

[109] 孙祝岭. 失效机理不变的假设检验[J]. 电子产品可靠性与环境试验, 2009, 27(2): 1-5.

[110] 郭学军, 盖晓华, 刘登第. 基于小样本的非等距加速应力试验寿命预测方法[J]. 信阳师范学院学报(自然科学版), 2018, 31(2): 302-306.

[111] Morikage Y, Igi S, Oi K, et al. Effect of compressive residual stress on fatigue crack propagation[J]. Procedia Engineering, 2015, 130:1057-1065.

[112] 李高生, 周昌玉, 张喜亮, 等. 应力作用下 2.25Cr-1Mo 钢的回火脆化试验研究[C]. 第七届全国压力容器学术会议, 无锡, 2009.

[113] 徐庭栋, 李庆芬, 杨尚林. 低作用应力引起的溶质在晶界非平衡偏聚或贫化[J]. 钢铁研究学报, 2001, 13(4): 28-33.

[114] 江楠. 压力容器分析设计方法[M]. 北京: 化学工业出版社, 2013.

[115] 中国石油和石化工程研究会. 炼油设备工程师手册[M]. 北京: 中国石化出版社, 2009.

[116] 全国压力容器标准化技术委员会. GB 150—89 钢制压力容器(三)标准释义[M]. 北京: 学苑出版社, 1989.

[117] 郑津洋, 陈志平. 特殊压力容器[M]. 北京: 化学工业出版社, 1997.

[118] 山东三维石化工程股份有限公司. 石油化工管壳式余热锅炉(SH/T 3158—2009)[S]. 北京: 中国石化出版社, 2010.

[119] 全国锅炉压力容器标准化技术委员会. 塔式容器(NB/T 47041—2014)[S]. 北京: 新华出版社, 2014.

[120] 全国锅炉压力容器标准化技术委员会. 容器支座 第 2 部分: 腿式支座(NB/T 47065. 2—

2018)[S]. 北京: 新华出版社, 2018.

[121] Cao Y P, Hui H, Xuan F Z. Study on fracture toughness of 16MnR steel in the ductile-to-brittle transition region[C]. Proceedings of 12th International Conference on Pressure Vessel Technology, Jeju Island, 2009.

[122] 全国锅炉压力容器标准化技术委员会. 钢制球形储罐(GB/T 12337—2014)[S]. 北京: 中国标准出版社, 2015.

[123] 中国轻工业联合会. 造纸机械用铸铁烘缸设计规定(QB/T 2556—2008)[S]. 北京: 中国轻工业出版社, 2008.

[124] The American Society of Civil Engineers. Minimum design loads for buildings and other structures(ASCE/SEI 7—2005)[S]. Reston Virginia: American Society of Civil Engineers, 2005.

[125] 应道宴, 蔡仁良. 提高法兰连接密封可靠性的最大螺栓安装载荷控制技术[J]. 化工设备与管道, 2018, 55(2): 1-14.

[126] 全国锅炉压力容器标准化技术委员会. 卧式容器(NB/T 47042—2014)[S]. 北京: 新华出版社, 2014.

[127] 顾振铭. "应力分析法压力容器规范" 的设计准则与制订依据[J]. 压力容器, 1984, 1(1): 3-17, 97.

[128] The American Society of Mechanical Engineers. ASME boiler and pressure vessel code, section III, rule for construction of nuclear facility component, division 1, subsection NB class 1 component[S]. New York: The American Society of Mechanical Engineers, 2017.

[129] 王继东. 核电厂物项分级及相关标准[J]. 核标准计量与质量, 2008, (2): 29-33.

[130] 宁冬, 王永东, 李辉, 等. ASME 与 RCC-M 核电材料标准对比分析的初步探讨[C]. 第七届全国压力容器学术会议, 无锡, 2009.

[131] 万里平, 黄勇力. 关于 ASME VIII-2(2017 版)修订内容中新增容器类别的讨论[J]. 压力容器, 2018, 35(3): 39-43, 50.

[132] The American Society of Mechanical Engineers. ASME boiler and pressure vessel code, section II, materials, d-properties(Metric)[S]. New York: The American Society of Mechanical Engineers, 2017.

[133] 孟宪级, 胡士信, 黎苑模, 等. 英汉腐蚀与防护词汇[M]. 北京: 石油工业出版社, 1994.

[134] 美国机械工程师学会. ASME 锅炉及压力容器规范(2010 版)[S]. 北京: 中国石化出版社, 2011.

[135] 陈孙艺. 换热器有限元分析中值得关注的非静态载荷[J]. 压力容器, 2016, 33(3): 45-50.

[136] 陈登丰, 陈祝珺. 当代英汉承压设备词典[Z]. 北京: 中国石化出版社, 2003.

[137] 苑世剑. 现代液压成形技术[M]. 北京: 国防工业出版社, 2009.

[138] 朱红松, 林杨杰, 沈国兴, 等. DIN 18800 组合载荷作用下圆柱壳屈曲设计方法的简介[C]. 第八届全国压力容器学术会议, 合肥, 2013.

[139] 王登峰, 曹平周. 大型薄壁圆柱壳在局部轴向压力作用下的稳定性能研究[J]. 工程力学, 2009, (4): 38-45.

[140] Rodopoulos C A. Collapse Stress and the Dugdale's Model[M]. Netherlands: Springer, 2003.

[141] Becht V C, Paulin T, Edwards D, et al. Sustained stress indices (SSI) in the B31. 3 2010 edition[C]. Proceedings of the ASME Pressure Vessels & Piping Conference, Anaheim, 2014.

[142] 李林. 分析设计法在气化炉外壳设计中的应用[D]. 成都: 西南交通大学, 2017.

[143] 吴文兵, 刘惠娟, 谢志芬, 等. 视频化测量在应力断料工艺研究中的应用[J]. 光学技术, 2005, (3): 470-472.

[144] 杨 W, 布迪纳斯 R. 罗氏应力应变公式手册[M]. 7 版. 岳珠峰, 高行山, 王峰会, 等, 译. 北京: 科学出版社, 2005.

[145] 徐彤, 孙亮, 陈钢. 考虑材料应变强化效应的应力应变关系双线性表征方法的研究[C].第七届全国压力容器学术会议, 无锡, 2009.

[146] The American Society of Mechanical Engineers. ASME boiler and pressure vessel code, section Ⅷ, rule for construction of pressure vessels, division 2, altermative rules[S]. New York: The American Society of Mechanical Engineers, 2007.

[147] 沈錾, 刘应华, 章骁程, 等. 高温设计规范 RCC-MRx 中的分析方法与评定准则[J]. 化工设备与管道, 2018, 55(4): 1-9.

[148] Domenico de meis. RCC-MRx design code for unclear components(Report number: RT/2015/28)[R]. Rome: ENEA, 2015.

[149] Kroenke W C. Classification of finite element stresses according to ASME section Ⅲ stresses categories[J]. ASME Pressure Vessels and Piping, 1974, 34: 78-83.

[150] Kroenke W C, Addicott G W, Hinton B M. Interpretation of finite element stresses according to ASME section Ⅲ stresses categories[J]. ASME Pressure Vessels and Piping, 1975, 63: 98-112.

[151] Hollinger G L, Hechmer J L. Three-dimensional stress criteria-a weak link in vessel design and analysis[J]. ASME Pressure Vessels and Piping, 1986, 109: 9-14.

[152] Hollinger G L, Hechmer J L. Summary of example problems from PVRC project on three-dimensional stress criteria[J]. ASME Pressure Vessels and Piping, 1996, 338: 19-24.

第3章 表观特性的应力概念

结构中的应力随载荷而生，是构件发挥特别作用的基本功效。基于设备零部件几何结构的规范化和外载荷的稳定性，工程构件中的应力大多具有明显的作用路径，从几何空间描述应力的存在，就是其分布性和方向性。空间包括范围大小、东南西北、上下左右、内外表里、距离远近等可细分的因素，其中不免存在性质相反或相异的应力成分。随着装置开车运行，设备复杂的应力成分陆续出现，其组合程度和交互状态除与空间方位有关外，与时间有关的工况变化更加密不可分。

在三维空间到四维时空以及升级到再加上效能的五维模型中，应力的概念逐步从静态展示出更形象的动态，且称为应力的表观特性，基于表观特性主题的应力概念分组及其层次结构如图 3.1 所示。

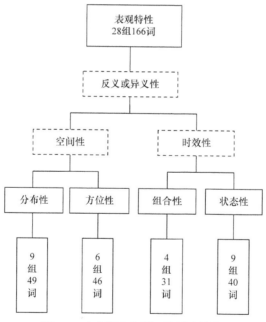

图 3.1 应力概念主题 2 的层次结构

具有表观特性的应力概念当然是同样具有内涵特性的，只不过是相比之下，这些应力概念更能激发读者的想象力，具有"可塑性和可视性"，很容易让读者以联想的方式加以理解。

3.1　应力的分布性

在本章诸多应力词汇中有两个有趣的现象，其中之一是有四个词汇所表达的应力概念反映应力在空间中鲜明的分布性，而且相互之间可以实现概念转换，从而构成一个与体-面-线-点相关的概念系统，它们是：体积正应力概念、圆棒试样单向拉伸时以单位面积计算的面积平均应力概念、分析设计中为了应力分类而进行应力线性化时所选择的路径线计算求得的沿线分布的薄膜应力概念、所选择的路径面计算求得的沿面分布的薄膜应力概念，以及描述某一点应力状态的点应力概念。过同一点不同方向的面上的应力是不同的，同一面上不同点的应力也可能是不同的。应力的线性化处理是在部件厚度截面内进行的，该截面也称为校核面。在校核面内沿部件厚度方向划分的直线称为校核线。对于轴对称部件，校核线代表了绕回转轴一周圈的面，因此这种沿校核线分布的薄膜应力其实是沿面分布的薄膜应力。另一个则是四个应力状态概念及其相互转换，见 3.1.4 节。

3.1.1　整体应力和局部应力

从应力分析设定的弹性力学模型来说，通过关注结构中某局部结构区域的最大应力来判断其安全性，对简单的结构可以通过力学理论求取其准确解，例如，内压作用下圆筒体内壁面或者外壁面上的应力，对于稍微复杂的结构则通过应力集中系数来反映其应力水平的高低，对于较为复杂的结构或者复杂的载荷作用则通过软件进行有限元应力分析。

《钢制压力容器——分析设计标准(2005 年确认)》(JB 4732—1995)[1]中，局部应力(local stress)区是指经线方向延伸距离不大于 $\sqrt{R\delta}$ ，且应力强度超过 $1.1S_{\mathrm{m}}$ 的区域。

从应力在结构上的分布范围来说，图 3.2 中受内压作用的圆筒体和圆锥体上的薄膜应力分别均匀于整个壳体，属于整体应力，或称为总体应力，圆筒体和圆锥体之间的环焊缝处因结构变化引起的应力属于局部应力。如果筒体某区域受到进口管线的力矩或热作用，该区域也会产生局部应力。内压作用下壳体其他应力概念的含义见 3.2.3 节。

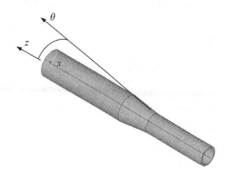

图 3.2　圆筒体和圆锥体

3.1.2　均匀应力、均化应力、梯度应力和应力修匀

1. 应力的均匀性

物体受外力或其他因素影响时，它内部的应力呈现某种分布状况，如果应力在一定区域内作用的方向相同、数值大小相等，则称为均匀应力(homogeneous stress)。实际上，即便是简单的单向拉伸，由于材料的不完全各向同性及微观缺陷的影响，绝对的均匀应力状态难以实现，所以"均匀"应力是理想化的状态[2]。如果用箭头表示应力的方向，箭头长度表示应力数值的大小，则尚可考虑箭头密度来反映应力的强度。

均化应力(equalization of stress)则是指应力分布的均匀化，强调均匀应力的实现手段和过程[3]，侧重于工程应用，例如，焊接过程中对焊缝的锤击振动或者焊接后对结构件的振动消除应力等，但是该概念弱化了应力的去除，因此与热处理消除应力关系不大。

梯度应力(gradient stress)即应力梯度(stress gradient)[4]，是指在某一区域内应力水平高低的变化程度，可由同一载荷在变化的结构上引起，也可由变化的载荷在平直的结构上引起。术语在线根据冶金学中金属加工专业给出应力梯度的定义为：单位距离或时间应力变化的程度，见载于《冶金学名词》(第二版)。

2. 应力修匀

有限元求解时，在单元边界上的位移是连续的，但是位移的导数往往是不连续的。因此，边界上的应力往往也是不连续的。

有限元应力分析中通过单元内高斯点应力外推得到节点应力，基于单元刚度矩阵的有限元法，无论是单变量有限元法还是多变量有限元法，其应力解在单元间都是间断的。显然，单元不同，高斯点的实际位置也不同。不同的单元会共用一些节点，而从不同单元内的积分点外推到这些公共节点的应变值和应力值一般是不相同的。简单合理起见，传统上常采用平均方法，将一个公共节点的多个高斯应力进行平均，以代表该节点的应力值，获得连续的应力分布，这种平均过程称为"平滑"或应力修匀。或者，在用位移法有限元进行结构分析时，由于单元边界上位移导数不连续，应力在单元边界上是跳跃型的，并且插值函数在插值区域的边界上其精度较内部区域差，故直接利用单元应力公式计算单元节点处的应力往往不能令人满意，需要对节点应力进行修匀处理。现在，很多技术方法已应用于应力修匀。

相比而言，边界节点的位置与积分点的位置更容易确定，提高单元边缘节点求解精度的最佳方法就是在单元内用最小二乘法将应力修匀，并在节点上取有关单元的节点应力求算术平均值。

3.1.3　分散应力、应力集中、不连续应力和偏心应力

1. 分散应力

结构整体上都分布存在的应力属于分散应力。

分散应力的分散程度具有相对性,可分为整体分散性(如内压直接作用到壳壁)、局部分散性(如进口流体的动载荷直接作用到管箱壳壁)和相对集中的分散性(如内压通过换热管间接作用到管板)。

分散应力和"均匀"应力的概念也不同:分散应力不一定均匀,均匀应力一定分散,若干集中力也可以分散作用于壳体上,例如,锅炉排管作用于其所连接的集箱、上升管或下降管作用于其所连接的汽包。但是"均匀"很难达到绝对性。

2. 应力集中

在术语在线中,与应力集中相关的学科包括航天科学技术、力学、船舶工程、公路交通科学技术、机械工程、材料科学技术、化学工程、建筑学、冶金学、水利科学技术、土木工程和航海科学技术。其中,冶金学中金属加工专业给出应力集中的定义为:加工时由于工具形状、变形区几何因素、外摩擦、加工物体的性能不均等因素,致使应力分布不均,造成某个区域应力过分集中的现象,见载于《冶金学名词》(第二版)。水利科学技术中工程力学专业给出应力集中的定义为:物体在形状急剧变化处、有刚性约束处或集中力作用处,局部应力显著增高的现象,见载于《水利科学技术名词》。而船舶工程、机械工程、材料科学技术、建筑学等学科和文献[5]给出应力集中的定义较为接近:受力构件由于外界因素或自身因素几何形状、截面尺寸改变而引起的应力局部增大的现象称为应力集中(stress concentration),由此而来引起一种集中应力。

"应力集中"效应的特点:应力数值大;应力分布范围很小,即应力具有局限性;局部屈服和小量变形可以使约束条件或变形连续要求得到满足,从而变形不再继续增大,即应力具有自限性;其数值的理论弹性解很难,常用试验法测定或数值法求解。

应力集中和峰值应力概念不同:应力集中分为一次应力和二次应力,通俗上将应力集中和局部结构不连续混为一谈,但是《钢制压力容器——分析设计标准(2005年确认)》(JB 4732—1995)中的一次应力分类中不包括应力集中,标准的二次应力分类中不包括局部应力集中;二次应力集中才与峰值应力有关,应力集中指总应力;峰值应力由局部应力集中引起,是总应力扣除一次应力与二次应力后的值。

3. 应力集中系数

评定应力集中的指标是应力集中系数(stress concentration factor),其有两种:

一种为理论应力集中系数，它只考虑零件几何形状的影响，其值为用试验或分析计算求得的最大应力与名义应力之比；另一种为有效应力集中系数，也称疲劳缺口应力系数，它同时考虑零件的几何形状、尺寸、材料性能和应力种类等影响，用与零件相同的材料制成光滑试样和缺口试样，通过试验得出光滑试样的疲劳极限和缺口试样的疲劳极限，两者之比即有效应力集中系数[6]。

在术语在线中，来自机械工程学科的有效应力集中系数(effective stress concentration factor)的定义为：在载荷条件和绝对尺寸相同时，无应力集中的光滑试样与有应力集中的缺口试样的疲劳强度之比；理论应力集中系数(theoretical stress concentration factor)的定义为：按弹性理论计算所得缺口或其他应力集中源处的局部最大应力与相应的名义应力的比值，见载于《机械工程名词(第一分册)》。理论应力集中系数是指基于弹性计算的总应力与结构应力之比。正因为是总应力与结构应力之比，所以理论应力集中系数仅表征由局部结构不连续或沿厚度非线性分布的热应力引起的应力集中，而不是由总体结构不连续引起的应力集中。理论应力集中系数与通常所说的应力集中系数在原理上是不同的，通常所说的应力集中系数是指最大应力对截面平均应力或弯曲应力之比。可以看出，应力集中系数是基于某参考应力的，如截面平均应力，该参考应力用来描述结构的总体效应，如总体几何变化[7]。

似乎大部分应力都可以通过应力集中系数这一形式进行另一种表达。文献[4]就有正应力的应力集中系数、总应力的应力集中系数、名义应力的应力集中系数、切应力的应力集中系数等。但是，文献[4]引用文献[8]指出，这些应力集中系数都针对弹性应力，在塑性区必须分别考虑应力和应变的集中系数，而这些系数取决于应力-应变曲线的形状和应力或应变的大小。

换一种表达方式，把局部应力最大值称为峰值，无应力集中源试件的应力称为名义应力[9]。

4. 应力集中的相对性及应力点集中、应力线集中、应力面集中

目前，业内对应力集中现象的分类不够细致，对相应的应力集中系数的分析热点过于集中，还有待深化。理论上说，应力集中是指基础结构上的应力集中到某一点，这在由公式表达的数学模型上通过变量的赋值不难求解。但是客观地说，应力集中并非只是指基础结构上的应力集中到某一点，而是指应力集中到几何范围相对窄的某一区域，也应包括复合板爆炸焊的复合层与母材基层熔合面上的应力集中，还有热壁加氢反应器内壁耐腐蚀堆焊层与母材基层熔合面上的应力集中。初始应力状态对厚试件超声冲击处理后亚表层的应力分布是有影响的[8]，同理，对承压设备表面喷丸处理也就能够调整表面某一深度处的应力分布状态。管截面与横向板焊接连接处存在的应力集中现象，其应力分布线相对于整个结构件来说

是一个圆，相对于焊缝来说是一条具有单峰的曲线。因此，应力集中的表现具有相对性和多面性，应力集中的分布形式从一个点到一个相对窄的区域，从一条直线到一个封闭的圆圈，从一个平面到一个圆筒面，都有相对应的工程案例。

5. 结构性应力集中与载荷性集中应力

应力集中可以从不同角度进行分类。

第一，单就结构因素而言，文献[10]中把由形状不规则而引起的应力集中称为局部应力集中，对于不规则形状之外的孔、螺旋线、槽和尖的肩所产生的局部高应力，定义其真实最大应力与力学一般公式计算的名义应力之比为集中系数。

作者曾在第十七届全国结构工程学术会议上以"弯管内外拱间的面积压力差及其环向等效弯矩"为题的报告中指出：内压作用下的弯管沿内外拱方向存在面积压力差，由此引起的静态力矩可分为经向等效弯矩和环向等效弯矩两部分，后一部分与管线作用于弯管端面的弯矩有明显的区别；取一个单位经向角度的管段进行内力分析时忽略微段截面上的力，并将内拱处视为固支建立一个简化的力学模型，根据材料力学变形能法中的卡氏定理可求取管壳中的环向等效弯矩；结果表明，一种弯管的环向等效弯矩只与管截面内径及内压有关，而与弯管的弯曲半径无关，外拱处的环向等效弯矩比内拱处的环向等效弯矩要大，两者都将在相应内壁处引起环向拉应力，中性线处的环向等效弯矩比外拱处的环向等效弯矩还要大，但是将在中性线处内壁引起环向压应力，该定性结论与作者文前进行内压作用下环壳变形的模拟试验测试时所得到的管截面变形结果完全一致。当时作者在结论中也指出，等效弯矩在弯管中产生的应力大小及其对总体应力分布的影响值得进一步研究，后来的初步分析表明，内拱处的环向等效弯矩虽然较小，但是由于所简化的力学模型将内拱处视为固支点，内拱处环向等效弯矩产生的应力却无限大，这其实主要与该模型内拱处的单位经向管段较窄有关，也与模型忽略管段两端的边界条件有关，模型欠佳的结构性引起了虚假的应力集中。

第二，除了结构原因外，载荷也是应力集中的因素。与主要由受力构件自身因素几何形状、截面尺寸改变而引起的应力集中现象不同，即便受力构件自身因素不变，由于其承受的载荷从分散性趋于集中性，也会引起应力集中现象，为区别这两种不同的情况，把后者称为载荷性集中应力，把前者称为结构性应力集中。

美国学者[10]更早注意到这一现象并指出，当受载半径趋于零时，所有计算载荷加于小面积上的最大应力的公式都呈现非常大的数值；载荷集中于半径为 r_0 的小面积产生的实际最大应力可用等效半径 r_0' 代替 r_0，这个半径主要取决于平板的厚度 t，其次取决于最小横向尺寸，Holl[11]给出了 r_0' 如何随着平板宽度变化的关系，Westergaard[12]给出了等效半径的近似表达式为

$$r_0' = \sqrt{1.6r_0^2 + t^2} - 0.67t \tag{3.1}$$

此式适用于任何形状的板，可以应用于所有 r_0 小于 $0.5t$ 的情况，当 r_0 较大时可以使用实际的 r_0。使用等效半径使得计算(名义)点载荷产生的有限最大应力成为可能，这与常用公式表明这些应力为无限大不同。

第三，单就载荷因素而言，不同载荷在同一不规则结构中引起的应力集中是不同的。如对载荷性集中应力的研究曾经聚焦在壳壁中的热斑应力，见 5.4.2 节。

第四，载荷和结构两者的作用效应所表现的力学行为也可以成为一个综合因素。例如，文献[10]定义了与应力集中系数相关联的应变集中系数(strain concentration factor)：如果有应力集中源，就会产生局部高峰应变；应变集中系数就是某截面上的局部最大应变与该截面上的名义平均应变之比；名义平均应变是按平均应力和材料应力应变性能方面的资料计算的；在应力和应变全为弹性的情况下，应力集中系数和应变集中系数是相等的。

文献[10]在定义应力集中系数之后，紧接着定义了应力集度系数(stress intensity factor)，并指出，这一名词用于断裂力学，描述围绕裂尖的弹性应力区。

6. 不连续应力

不连续应力是板壳力学中特有的一类应力概念。基于板壳力学模型的假设，不连续应力由不连续效应引起，其产生的原因与结构的变形协调有关，但是并不限于两个壳体连接处的边缘效应。其产生的条件可以是下列任意的一种或组合：几何不连续(如曲率半径有突变)；载荷不连续；材质不连续。例如，夹套反应釜的内筒与夹套相接处同时存在几何与压力载荷不连续，实际上还存在轴向温度的不连续。因此，有人将不连续应力等同边缘应力的说法是粗糙的，两个概念的关系可具体细分为好几种情况。边缘效应通常被狭义地认为是指两个壳体连接处引起的变形协调，尽管该连接处的两侧可能同时存在不同的几何结构、不同的结构材料、不同的载荷，这些条件单独存在都可以产生边缘效应，传统概念强调的却是前者。广义地说，即便是结构曲率不变、材料连续均匀且材质相同的一个无焊缝壳体，只要其整个面上分布的载荷在某处出现明显的不连续，也会产生不连续应力，是一种关于载荷的边缘效应。总之，对于非壳体连续的边缘效应引起的应力也可称为不连续应力，或者说不连续应力包括各种边缘效应引起的应力，可以是薄膜应力或者弯曲应力。

按照不连续应力影响范围的大小，又分为总体结构不连续应力和局部结构不连续应力。总体结构不连续应力是指几何形状或材料或载荷不连续，使结构在较大范围内的应力或应变发生变化，对结构总的应力分布与变形产生显著影响。例如，封头、接管等与壳体的连接处，以及不等直径或不等壁厚或弹性模量不等的壳体的连接处。总体结构不连续应力沿壁厚的分布有的是线性分布，有的是均匀分布。

局部结构不连续应力是指几何形状或材料或载荷不连续，仅使结构在很小范围内的应力或应变发生变化，对结构总的应力分布和变形无显著影响，也就是前面的"应力集中"效应，产生集中应力。例如，容器上的开孔边缘、接管根部、小圆角过渡处、未全熔透的焊缝处因应力集中而形成的集中应力，其峰值可能比基本应力高好几倍。

与不连续应力对应的是连续应力，但是资料对连续应力[13]的专题报道较少，口语中都不怎么提及，这是因为其普遍性存在的状态已成为一种常识。

《ASME 锅炉及压力容器规范》2013 年版第一卷中使用了 eccentric stresses (偏心应力)的概念。

3.1.4　点应力、面应力、截面平均应力、高斯点应力、节点应力和单元应力

1. 点应力及其表达

点应力是一点的应力状态，应力被定义在应力空间中一个抽象的点上。由于一个点有无穷方向，所以点应力的方向还应由经过该点的某一平面的法线方向来确定。

在材料力学和弹塑性力学中，截面法常用来分析求解物体中的内力。如图 3.3 所示，以任意点 O 为原点建立空间直角坐标系 XYZ，也称三维笛卡儿坐标系，空间坐标系上的任意实体 w 内部的一点 o 的应力状态,过 o 点任意作一个平面为 p_0 的截面把右上角的部分实体去除，而 o 点仍留在该截面上，截面使 o 点处露出了与被截去的外部相联系的作用力，以平面 p_0 的法线方向上的应力 σ_0 来表达该作用力。为了简化分析，忽略平面 p_0 上的剪应力，$\tau =0$。截面上所有无穷多个点各

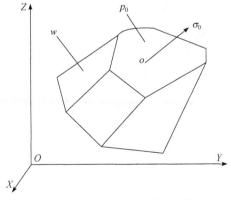

图 3.3　任意实体截面的作用力模型

自对应一个作用力，这些力被暴露之前的共同作用就是将被截去的右上角部分与保留的左下角部分连在一起。这些无穷多点作用力的总和就是平面 p_0 的正应力。因为 $\tau = 0$，所以该正应力也就是主应力。

2. 点应力的分解与转换

任意实体截面转动一次。如果改变平面 p_0 的法线方向，过 o 点所作其他截面同样会暴露出截面上的外联作用力，但是大小和方向都可能不同。

如果只作一个截面，则只会露出 o 点的一个外联作用力，而 o 点其他方向的力还在左下角实体的内部，属于内力。如果过 o 点作 n 个截面，则会露出 o 点的 n 个外联作用力。因此，这个外联作用力可以反映实体内部应力与外部作用力之间的关系。

实体内的应力状态是三维的，在空间三维笛卡儿坐标系中分析受力关系是常见的研究方法。三维笛卡儿坐标系中的任何一个空间斜面，都可以通过两次旋转就能成为平行于一个坐标面同时垂直于另两个坐标面的平面。一般地说，任何空间斜面转动第一次时，只能垂直于一个坐标面，在这个过程中，截面上唯一的一个外联作用力可被分解为旋转后的平面上的一个法向力(沿着某个坐标轴)，以及另一个在平面上的力。

在空间三维笛卡儿坐标中，图 3.4 是图 3.3 的实体 o 点的作用力在任意截面 p_0 上(虚线所示)围绕 OY 轴进行一次逆时针旋转到平面 p_1 时恰好垂直一个坐标面 YOZ，作用力 σ_0 分解为 σ_1 和 τ_1，σ 成为新平面 p_1 上法线方向的力。

任意实体截面转动两次。图 3.5 是图 3.4 所示的新平面 p_1 从另一个角度围绕 OX 轴旋转第二次到最新平面 p_2，使 p_2 同时垂直于 YOZ 和 XOY 两个坐标面的平面，则作用力 σ_1 进一步分解为 σ_2 和 τ_2，垂直于 YOZ 面的 τ_1 不变，σ_2 成为最新平

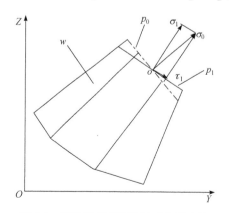

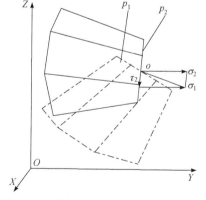

图 3.4　实体任意截面旋转时作用力的
分解模型

图 3.5　实体任意截面再旋转时作用力的
分解模型

面 p_2 上法线方向的力。

这样，经过两次平面旋转，图 3.3 中的任意应力 σ_0 分解为图 3.5 中 σ_2、τ_1 和 τ_2 三个应力，每个应力各沿着某一坐标轴方向。

一方面，过 o 点旋转到新平面所分解出的新的法向应力是一个等效转化的应力，其与原来就过 o 点且位于新平面的原有截面上所固有的法向应力不是同一个力，尽管两者力的方向重合在一起。另一方面，应力的分解与转换是两个不同的概念，可以看到应力的分解是分析的主线，两次平面旋转中的原有主应力通过矢量分解成新的主应力时逐步变小，被缩减的主应力并非消失，而是通过矢量分解被转换成与新的主应力垂直的剪应力。

3. 点的六面体微单元应力状态

微单元分析法是比截面法更为基本的方法。理论上常用三维笛卡儿坐标系中的一个六面体微单元表示实体上某一点的应力状态，而且六面体微单元的各个面都垂直于某一坐标轴，或者说六面体微单元的各个面都垂直于某一坐标平面。例如，基于六面体微单元来分析圆筒体上一点的应力状态时，往往设该六面体微单元的两个对应的面垂直于圆筒体的中心轴线，另两个对应的面垂直于圆筒体的半径。对于六面体微单元，当其中一个面的方位确定后，其他五个面的方位也就确定了。基于上述关于点应力及其等效转换的分解过程进行规范化表达，任意实体截面上的点应力模型只要通过截面的两次转动，就可以成为传统的点应力六面体微单元模型中一个面的模型，就可以用六面体微单元表现该点的应力状态表达的应力，如图 2.8 所示。这一条把微元分析法和截面法两者紧密联系到一起的路径，填补了点应力的任意实体截面模型与规整六面体微元模型之间的模型空白。

这里一个有趣的概念现象就是有四个应力状态概念组成了具有鲜明的空间对应性和系统性的概念特色，它们是：点的三向应力状态，作为特例转变为点的二向应力状态即平面应力状态，再简化成特例转变为单向应力状态或者纯剪切应力状态。而单向应力状态包括单向拉伸应力状态和单向压缩应力状态。相应地，有广义胡克定律的一般形式：

$$\varepsilon_x = \frac{1}{E}[\sigma_x - \mu(\sigma_y + \sigma_z)] \tag{3.2}$$

$$\varepsilon_y = \frac{1}{E}[\sigma_y - \mu(\sigma_z + \sigma_x)] \tag{3.3}$$

$$\varepsilon_z = \frac{1}{E}[\sigma_z - \mu(\sigma_x + \sigma_y)] \tag{3.4}$$

$$\gamma_{xy} = \frac{\tau_{xy}}{G} \tag{3.5}$$

$$\gamma_{yz} = \frac{\tau_{yz}}{G} \tag{3.6}$$

$$\gamma_{zx} = \frac{\tau_{zx}}{G} \tag{3.7}$$

设 σ_x、σ_y、σ_z 其中之一和 γ_{xy}、γ_{yz}、γ_{zx} 其中之一为 0，则得到平面应力状态的广义胡克定律公式，设两组应力各自其中只有一个不为 0，则得到单向应力状态的胡克定律公式。另外，把式(3.2)～式(3.4)代入式(2.42)可得到体积应变胡克定律为

$$
\begin{aligned}
\theta = \varepsilon_x + \varepsilon_y + \varepsilon_z &= \frac{1-2\mu}{E}(\sigma_x + \sigma_y + \sigma_z) \\
&= \frac{3(1-2\mu)}{E}\frac{(\sigma_x + \sigma_y + \sigma_z)}{3} = \frac{\sigma_m}{k}
\end{aligned}
\tag{3.8}
$$

式中，σ_m 为平均正应力；k 为体积弹性模量，即

$$k = \frac{E}{3(1-2\mu)} \tag{3.9}$$

4. 工程点应力

在工程中要考虑的点不是随意的点，而是关键的点，工程中常说的点应力就是危险点应力，主要用于结构中的危险点分析。例如，疲劳分析就是研究整个应力循环中危险点上随时间而变化的应力状态。由于实际材料与理想弹塑性材料的差异，受到材料塑性强化及其他因素的影响，结构的危险点可能发生转移，即弹性阶段的危险点进入塑性阶段后可能不再是危险点。

点应力显然不同于节点应力，节点应力只是有限元分析模型中代表离散体中一个单元体上的若干个节点的应力，这若干个节点的应力不一定相等，它们的平均值即单元应力才与点应力对应。单元应力是弹性应力和固有应力之和。但是有限元分析中离散化后的单元应力与上述点应力分析中的四面体微单元或六面体微单元又不是完全等同的。一方面，在客观结构上有限元中的单元具有实在的几何尺寸，从而使得实物有限元离散化后的单元数量是有限的、可数的；另一方面，微分多面体是基于假想的一种理论方法，有限元方法则是一种把物理问题和数学手段统一起来的技术。因此，这些单元的应力也是不同的。

工程中的点应力概念有时被相对地理解为面积很小的区域内的应力，如结构性应力集中与载荷性集中应力，见 3.1.3 节。

5. 截面应力

通常所说的截面应力就是危险截面应力，它主要用于结构中的设计校核和安全分析，例如，高塔的裙座在设备重力与风载荷或地震载荷作用下，可能出现三

个危险截面需要进行应力校核：裙座圈的底部截面、裙座圈开孔削弱处的截面、裙座圈与设备的环焊缝截面，这三个危险截面都是指横截面。有的壳体开口接管连接结构或其他特殊结构，其危险截面不一定是横截面，而是斜截面。

等厚度薄板只在板边上受平行于板面且不沿厚度变化的面力作用，同时，体力也平行于板面且不沿厚度变化，则板中只剩下平行于板面的两个正应力和一个剪应力，这种问题称为平面应力问题[14]。

对设备进行剩余寿命预测时，有时用到净截面应力的概念[15]。净截面是指构件原始截面去除其中已受到损伤的剩余部分截面，已受损截面无法再承受载荷作用，全部载荷由剩余部分截面来承担，显然，净截面的应力水平要高于原始截面的应力水平。例如，国际上对焊接疲劳寿命预测的研究可以基于 BS7608、ⅡW、AWS、EN1993-1-9: 2005 和 ASME-2007 等不同的标准，其中发表于 1975 年的国际ⅡW 按照脆断观点的缺陷评定标准草案提出了剩余的韧带净应力(一次应力)概念[16]。

在不会引起误解的情况下，一般认为截面应力就是截面平均应力，或称为平均截面应力，净截面应力就是净截面平均应力。

6. 高斯点应力和节点应力

有限元应力分析中先建立结构静力学方程，再引入边界条件就可以求解节点的位移向量，这是求解结构静力学方程组所得到的第一组解，它是最精确的。得到节点的位移解后，进一步以位移解为基础条件求取应变解和应力解。

与位移解不同，应变解和应力解并不是直接在节点上获得的，而是首先在积分点上获得的。积分点，是指在对单元建立方程时，为了能够方便计算而选择的计算点，它一般靠近单元节点，又没有节点的拐角等不利的边界条件。简单力学结构的应力计算常采用规则设计方法中的解析式，有限元分析计算的大多是复杂的构件，往往会遇到复杂的被积函数，不能直接积分，只能采用数值积分。经过代数精度比较和误差分析，大多数有限元软件采用了高斯积分的方式以获得高精度，即在单元内分布一些高斯点，这样有限元软件会首先获得这些高斯点的应力和应变，高斯积分点的应变和应力是最准确的。

节点的应力和应变的计算，则是利用特定单元的形函数以及高斯点的应力、应变，将这些值外推到该单元的节点上，就得到了单元上节点的应力、应变。因此，高斯点应力是通过节点位移求得的，节点应力则是通过高斯点应力外推得到的。

同时，单元应力由一个单元中高斯点上的应力平均值而得，各单元的应力值一般高低不等，连接起来时呈阶梯状。而节点应力是由每个节点所对应的相邻单元中高斯点应力外推而得，常采用求平均值或其他方法，在这个过程中对高低不同的高斯点应力进行了修平，因此一般总是平滑的。

减小网格尺寸可以使不同单元在同一节点处的应力值接近。

3.1.5　基本应力、基准应力和无量纲应力

1. 基本应力

基本应力(elementary stress)是指主要载荷在结构中引起的应力，分散较广但其应力水平不一定完全均匀。在不严格的场合或口语中，基本应力也可以称为一般应力。受内压的壳体，其基本应力即薄膜应力，壳体开小孔边缘的最大应力与壳体最大的基本应力的比值即应力集中系数[5]。承受内压薄壳中的薄膜应力就是分布于整个容器上的基本应力，总体结构不连续处将产生剪力与弯矩，使基本应力提高。在有限元分析中，基本应力则是指某单元元素的平均应力，而节点应力则可能由于网络的划分问题，畸变较大，所以有限元分析的基本应力是可靠的，尽量不以节点应力来评价结构的安全性。

2. 基准应力

基准应力是指为了使所分析的载荷应力通过无量纲化的方式反映其分布规律及应力水平而作为比较基准的应力[17]。经过无量纲化后的物理量，就可以在很宽的范围内对关联变量进行尺度变换而不影响该物理量的特性。例如，循环疲劳分析中，基准应力是关注点定位后的一种应力补偿，对于没有蠕变的半循环，基准应力等于零[18]。又如，在内压与支管外载荷作用下，圆柱壳开孔处的应力分析解析法中对应图 3.6 的 7 种载荷的基准应力见表 3.1，其计算式基于材料力学原理而得。表 3.1 中提到的"接管面"是指图 3.6 定义的坐标构成的平面，在坐标平面上称为接管面内，不在坐标平面上称为接管面外。

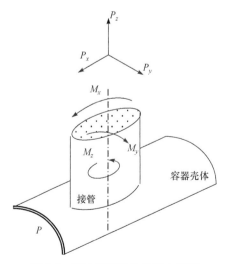

图 3.6　圆柱壳开孔处的受力模型

表 3.1　圆柱壳开孔处的基准应力

载荷形式	基准应力	应力公式在本章中的编号
内压 P/MPa	$\sigma_0 = \dfrac{PR}{T}$	(3.10)
接管轴向拉力 P_z /N	$\sigma_0 = \dfrac{P_z}{2\pi rT}$	(3.11)
接管面内弯矩 M_x /(N·mm)	$\sigma_0 = \dfrac{M_x}{\pi r^2 T}$	(3.12)
接管面外弯矩 M_y /(N·mm)	$\sigma_0 = \dfrac{M_y}{\pi r^2 T}$	(3.13)
接管面内剪力 P_x /N	$\tau_0 = \dfrac{P_x}{\pi rT}$	(3.14)
接管面外剪力 P_y /N	$\tau_0 = \dfrac{P_y}{\pi rT}$	(3.15)
接管扭矩 M_z /(N·mm)	$\tau_0 = \dfrac{M_z}{2\pi r^2 T}$	(3.16)

　　基准应力与基本应力的含义相同，但是随载荷不同而有所区别。应力基准线是指结构应力分布曲线图上的零应力线[19]，可以认为其基准应力为零。

　　对于复杂结构，设构件应力集中区域内任意一点的应力 σ 与基准应力 σ_N 的比值为 K，当 $\sigma = \sigma_{\max}$ 时，$K = K_t$ 为应力集中系数。基准应力 σ_N 的取值方式有三种[20]：构件应力集中处的净截面平均应力；假设构成应力集中的因素(如圆孔、缺口等)不存在，构件未减小的截面上的平均应力；远离应力集中区，相应点的应力(即远场应力)。为了更好地反映整体结构的应力梯度变化，基准应力一般采用后两种取值方式较好。各种结构的定义可参考文献[21]，另外参见 3.1.3 节和 4.5.1 节。

　　德国压力容器规范设计准则中明确以剪应力作为基准应力的假设，规范中提供一系列的设计支承系数表，表中均包括基准应力值。

　　3. 无量纲应力

　　在术语在线中，量纲为一的量(quantity of dimension one)的定义是：在其量纲表达式中与基本量相对应的因子的指数均为零的量，又称无量纲量(dimensionless quantity)，见载于《计量学名词》；无量纲量群(dimensionless group)的定义是：由几个物理量通过积、商形式构成的量群，并且其中物理量的量纲彼此相消而无量纲，又称无量纲数，见载于《化工名词(三)化学工程基础》。

无量纲应力在文献[4]中也称为"无因次应力"，反映的是应力分布随变量变化的规律性，其应力水平是相对表达，而不是绝对值。无量纲应力的应力内容也随变量而变化，是非固定的相对表达，无量纲化后的应力与结构形状(关键几何尺寸的相对值)有关，与某个单一几何变量没有直接关系。应力集中系数或应力比均是常见的无量纲应力表达方式。

例如，压力容器壳体中的环(周)向应力与薄膜应力之比可得到一条无量纲应力分布曲线，经(轴)向应力与薄膜应力之比也可得到一条无量纲应力分布曲线，径向应力与薄膜应力之比同样可得到一条无量纲应力分布曲线，把薄膜应力作为比较的基准，相当于一种基准应力。

又如，图 3.7 反映了各种椭圆形封头结构承压能力的各向应力分布曲线[19]，图中的轴对称中心线左边的 σ_ϕ 是封头的经向应力，图中的轴对称中心线右边的 σ_θ 是封头的环(周)向应力，m 是封头的长半径与短半径的比值，也称为"椭圆封头的椭圆特性系数"。对于标准椭圆形封头，特性系数 $m=2$，其应力分布是图 3.7(c)所示的情况，以此图中封头顶部的应力系数 1.0 为基准，当特性系数小于 2 时，图 3.7(a)和(b)中封头顶部的应力系数分别降低到 0.5 和 0.75，当特性系数大于 2 时，图 3.7(d)中封头顶部的应力系数上升到 1.5；比较椭圆封头周边赤道处的应力

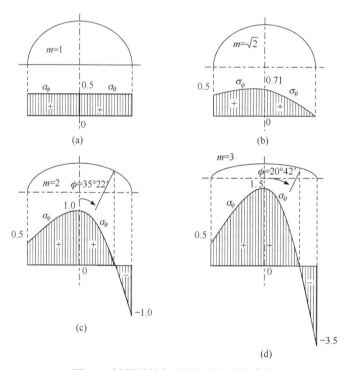

图 3.7　椭圆形封头无量纲应力分布曲线

变化，随着特性系数从小到大，应力系数从正数到零，再到负数，表明拉应力逐渐减少到零，然后反过来转变成压应力。上述分析讨论中，标准椭圆形封头顶部的应力也相当于一种基准应力。

再如，在板的一维非定常热应力分析计算中，将实际应力与热膨胀完全受到约束时板的热应力的比值也称为无量纲应力[22]，见 5.4.4 节。

3.1.6　远场应力、近场应力、近源应力、远源应力、根部应力、边缘应力、一步应力和两步应力

应力矢量反映了物体相邻两部分间通过截面所传递的接触力，称为近程力；一般而言，物体中相隔一定距离的两部分间也存在相互吸引力，称为远程力；弹性力学假设：物体各部分间的远程吸引力相对于近程接触力可以忽略不计，称为欧拉-柯西应力原理，于是应力张量成为描述物体内力场的基本物理量[23]。但是，不宜说近程力引起近场应力或者引起近源应力，也不宜说远程力引起远场应力或者引起远源应力。

1. 远场应力和近场应力

按照前面的描述，远离应力集中区域相应点的应力即远场应力。远场应力是施加在分析模型上远离所研究的具体部位处的载荷或应力，一般在模型的端部，其大小主要取决于研究部位处所需的应力水平[24]，即近场应力。意大利学者和法国学者研究了工程临界评价中预测嵌入式缺陷的疲劳裂纹扩展的各向异性方法，并讨论了该方法在非均匀远距离应力场(non-uniform remote stress range field)中的适应性[25]。

2. 近源应力和远源应力

文献[26]和[27]指出，内螺纹通常是机械零件疲劳强度薄弱的部位，由于包含螺纹的有限元分析具有极大的困难，一方面，螺纹具有结构复杂、螺纹尺寸小、特征细的特点，需要大量单元才能取得满意的几何精度；另一方面，其非线性接触的有限元方程迭代求解收敛困难，有限元分析具有很大的难度。有学者采用子模型计算其应力，多个螺纹孔都要计算时的工作量很大，或采用迭代方法计算螺纹根部的应力集中系数来推算其应力时，只能针对外螺纹，因此机械零件强度仿真分析时螺纹通常被忽略，只能根据经验对螺纹进行保守设计，工程上普遍采用无螺纹的简化模型进行仿真。简化模型的缺点是无法反映螺纹根部应力集中，所以应力结果是不正确的。

事实上，承受循环重载的零件极容易从螺纹部位发生疲劳断裂，在设计阶段

有必要进行疲劳强度校核。针对此问题，文献[27]提出了一种基于简化模型仿真和应力转换的内螺纹高周疲劳强度分析方法，把任意一扣螺纹根部应力集中处选为考察点，该扣与前后两扣螺纹组成的区域为当前考察点的近区，其余区域为远区，考察点位于螺纹根部的自由圆柱面上，而且假设轴对称条件成立，那么只有轴向正应力和环向正应力两个分量。相应地把螺纹根部应力分解为远源应力和近源应力两部分，其中远源应力定义为远区的螺纹接触以及零件所受其他载荷在考察点所产生的应力，近源应力定义为近区内螺纹接触在考察点所产生的应力。通过无螺纹简化模型仿真获得螺纹接触压力和摩擦力之后转换为近源应力和远源应力并叠加得到螺纹根部最大应力，最后考虑应力梯度、存活率和表面粗糙度等因素的影响系数，借助 Haigh 图计算各扣内螺纹的疲劳安全系数。把这种方法与带螺纹的三维细节模型有限元仿真和疲劳强度分析结果进行对比，所提方法的安全系数结果与细节模型的相应结果相差−7.6%；把这种方法应用于某型号缸体主轴承壁，其分析结果与疲劳试验结果相差−8.2%，证明了它的可行性。尤其是在疲劳强度薄弱部位即孔底端第一扣啮合螺纹根部，两种方法的结果吻合良好，证明了内螺纹应力转换法的精确性和有效性[26,27]。

3. 根部应力和边缘应力

根部应力是指结构拐角处的应力，由于存在应力集中，常成为结构补强或疲劳分析的对象。此时，根部应力是一种近场应力。但是由于壳体结构边缘效应衰减较快，很难直接测定拐角边缘根部的真实应力，于是在 20 世纪 50～60 年代研究者通过试验应力测试外推间接求取根部应力。欧盟标准就是用该方法外推得到焊缝根部的应力，然后进行疲劳分析[28]。

边缘应力(boundary stress，edge stress)，是指结构周边或研究区域边缘处的应力，由于常与局部结构关联，而成为判断应力衰减至可忽略程度的研究对象，也成为相邻局部结构应力集中是否存在交叉叠加的研究对象。一般来说，边缘应力是由边缘剪力和边缘力矩引起的。边缘应力属于不连续应力，见3.1.3 节。

文献[29]采用近似方法求解承受轴对称载荷回转壳体的一般方程，提出了一种实用的边缘应力计算方法，并编制了通用求解边缘应力的计算机程序，为压力容器分析设计提供了简单可靠的应力计算方法。

4. 一步应力和两步应力

在进行材料疲劳试验时，可将应力强度分步加载，这种疲劳模型考虑了加载历程的影响，有时可取得很好的效果[30]。

3.1.7 边界应力、非自由边界应力和自由边界应力

1. 边界应力

边界应力有两种工程概念。一种基于承压设备构件自身因素去理解，分为非自由边界的应力和自由边界的应力。当采用边界元法计算边界应力和近边界应力时，往往存在边界点和近边界点的奇异积分；当采用有限元法计算边界点的应力时，也将出现较大的偏差。另一种基于承压设备构件承受的外来载荷去理解边界应力，外来载荷在承压设备同一构件上存在作用边界，从而引起的边界应力，常见的例子如立式圆筒体中液体界面之下在圆筒体中会引起的应力，与液体界面之上的气相在圆筒体中引起的应力有明显区别。

2. 非自由边界应力

边界应力有两种含义，一种含义就是指两种连接在一起的形体在连接处因变形协调而引起的边缘应力，位于假设剖开的连接面上，属于非自由边界应力。例如，壳体中承受同一内压的圆筒体和椭圆形封头，两者连接处的径向位移出现相互牵制，圆筒体较大的向外位移受到椭圆形封头较小的向外位移的限制，圆筒体把椭圆形封头向外拉时产生边界力，在边界附近也就产生边界应力。这种边界应力与原有的薄膜应力叠加，组成壳壁的合成应力。

3. 自由边界应力

边界应力的另一种含义则是模型或实物壳壁表面上的应力，属于自由边界应力，包括开孔、缺口等处的最大应力。《钢制压力容器——分析设计标准》(JB 4732—1995)的标准释义第十一章试验应力分析中给出了边界应力的计算公式[31]。根据平面光弹性试验得到的等差线，可直接求得边界应力和应力集中系数。边界应力可按照式(3.17)计算[31]，即

$$\sigma = \pm n\frac{f_c}{\delta} - |p| \tag{3.17}$$

式中，p 是垂直于边界的均布压力，对于自由边界，$p=0$；f_c 称为材料光弹性试验条纹值，是光弹性材料的主要参数，它只与材料常数 c 及光波长 λ 有关，它与主应力之间的关系为

$$\sigma_1 - \sigma_2 = \frac{f_c}{\delta} n \tag{3.18}$$

其中，δ 为厚度；n 为条纹级数。

自由边界应力的符号，可采用简单拉、压试件沿着边界的方向使光程差叠加

或消去的方法加以确定，也可以在被测边界上，局部加上一个微小的法向压力，当受压点的条纹级数升高时，边界应力为拉应力，反之为压应力[31]。

3.1.8　有限元应力(皮奥拉-基尔霍夫应力、任意点应力、切面应力、相对应力、膜面应力)

通过有限元分析方法求得的应力可称为有限元应力。利用 ANSYS 软件进行有限元分析时会出现三种应变应力关系，分别为工程应变和工程应力、对数应变和真实应力、格林-拉格朗日(Green-Lagrange)应变和皮奥拉-基尔霍夫(Piola-Kirchhoff)应力。具体采用何种应变和应力，程序可根据分析类型和采用的单元自动选择。固体力学理论认为大应变的塑性分析应该采用真实的应力、应变数据，因此一般来说，ANSYS 软件将工程应变和工程应力应用于小变形分析或者仅支持大位移单元的大变形分析，将对数应变和真实应力用于支持大应变的大多数单元的大变形分析[32]。不过，材料试样的真实应力并不一定代表实际结构的材料的真实应力。

1. 皮奥拉-基尔霍夫应力

对于原长为 l_0、横截面积为 A_0 的杆件，一端固定，另一端在拉力 F 的作用下长度变为 l，其格林-拉格朗日应变和第二皮奥拉-基尔霍夫应力分别表达为

$$\varepsilon_G = \frac{1}{2}\left(\frac{l^2 - l_0^2}{l_0^2}\right) \tag{3.19}$$

$$S = \frac{l_0}{l}\frac{F}{A_0} \tag{3.20}$$

格林-拉格朗日应变在大应变问题中，它自动包含任何大转动，ANSYS 软件将它用于大变形分析中支持大应变的一些单元，但是其应力没有物理意义，因此在输出时总是将其转换为真实应力。

2. 任意点应力

ANSYS 软件还会出现一些独特个性的应力词汇概念[32]，主要是反映模型内部的应力分布状况，如任意点应力、切面应力、相对应力、膜面应力。

利用二维、三维实体单元或者板壳单元进行有限元应力分析中，有时需要知道任意坐标位置(X, Y, Z)处的应力，该位置可能不在单元的结果点或节点上，无法直接获得该位置的应力，此时就要通过编程计算获得。计算原理为在坐标点定义很小的路径，将某个结果数据映射到路径上，而路径上的应力最大值即为所求。土体中任意点的应力是莫尔圆应力。

3. 切面应力

切面应力，也称端面应力。当需要三维实体结构内部的任意剖面应力分布时，可采用切面技术和面操作技术。切面技术中，切面的定义采用 ANSYS 软件中的/CPLANE 命令，切面的显示方式可采用/TYPE 命令定义。因工作平面既可以移动也可以旋转，所以通常以工作平面定义为基础切面。而切面的显示方式有多种，常用的是 SECT、CAP 和 ZQSL 三种，其中 SECT 仅仅显示切面模型，CAP 显示切面及切面前的模型，ZQSL 显示切面及模型的几何线。不过，尽管切面所显示的模型不同，但是显示的结果范围即云图颜色标识是相同的，不是基于切面而是基于所选择的整个模型，因此只有通过人工调整云图的大小范围才能取得较好的显示效果。

切面操作技术可以基于工作平面或者球面定义切面，并且其显示仅仅为切面本身范围内的结果云图，因此不需要人工调整云图的大小范围。

4. 相对应力

在利用 ANSYS 软件进行结构弹性稳定分析中，若想观察屈曲模态形状和应力分布，就需要定义模态扩展数目，也可以在提取特征值后再次进入求解层单独进行模态扩展分析。在特征值屈曲分析中，"应力"并非真实的应力，仅表示各个模态中的相对应力概念，缺省时不计算"应力"。《ASME 锅炉及压力容器规范》2013 年版第一卷和第三卷中都采用 opposing stress (相对应力)一词。

5. 膜面应力

有一些膜结构是类似于索结构的非封闭空间结构，主要应用于民用或者公共场所，尚未见应用于承压设备，但是可应用于热气球，或者应用于飞艇一类非绝对封闭受压结构，以及储存气体的各种形式的囊状封闭结构。在应用 ANSYS 软件对这类膜结构进行找形分析中，已使用到膜面应力这一专有名词。

6. 节点应力的基础及其平均化应力

利用有限元运算计算出积分点的应力之后，可以以此为基础再计算其他应力。首先，在一个单元内部，基于积分点的应力按形函数来推算其他几个节点的应力，如果某一节点是多个单元的共同节点，也就是多个单元共享一个节点，就会出现在不同单元内计算该节点应力值出现差异的情况，意味着在该节点有几个应力值出现，是未平均的应力值(unaveraged)。如果对共享节点的几个应力值进行平均计算，则意味着在该节点的应力值是平均的应力值(averaged)，此时该共享节点只有一个应力值[33]。

3.1.9　解析解应力与检测应力

1. 解析解应力

解析解应力是指通过解析公式求得的应力的俗称。例如，压力容器规则设计标准中列出大量的解析解应力计算式。解析解应力分析、有限元应力分析、试验应力分析等表达方式强调的是获取应力的技术路径，虽然不同的路径本来没有对所获取的应力进行分类的内容，并且出于结果的相互比较、修正及校核的目的还应该尽量指向同一应力概念，但是缘于不同路径的技术能力所获取的应力成分及性质自然是有区别的。例如，试验模型可以是小尺寸的，装置里的设备实物必须满足工程要求，检测所获取的应力往往是表面的，有限元分析模型还可以通过截面剖视获取内部的应力，而解析公式也能推算构件表面及内部的应力，但是只限于规则的几何结构。

由此，解析解应力通过多项式应力(polynomial stress)表达，公式各项中可能包括立方应力(cubic stress)或者平方应力[34]。

2. 检测应力

检测应力是指通过各种仪器所测量得到的应力的俗称。应力的检测包括传统上残余应力的逐层剥离的钻孔释放法，限于表面电阻应变片检测法、表面的 X 射线衍射检测法、超声波检测法，可检测内部应力的模型光栅检测法、超声波检测法，以及现代技术发展中根据强磁性材料的磁各向异性原理、磁致伸缩效应、磁记忆、磁声发射、巴克豪森效应的各种磁性检测法，视在断裂应力的视频测量方法等，各种方法所测得的应力大小与所测位置沿厚度的应力变化大小关联程度不同，有的只反映测点表面的应力，有的能反映测点壁厚内部的应力，有的反映测点表面以下一定深度范围内的应力平均值。

3.2　应力的方位性

3.2.1　周向应力、静压应力、圆周应力、切向应力、环向应力和横向应力

1. 圆筒体中的应力

在圆筒体或圆锥体中，周向应力(circumferential stress)与环向应力(ring stress)均指壳体圆周方向(第二曲率方向)的应力，有时也称为"圆周应力(hoop stress)"，与壳体中其他方向的应力相比，其数值最大，因而也就是第一主应力。当在内压 P_i 的基础上考虑外压 P_o 时，全弹性圆筒形厚壁容器的三向主应力的数学关系式按照拉梅公式如下：

径向应力为

$$\sigma_r = \frac{P_i - P_o K^2}{K^2 - 1} - \frac{(P_i - P_o)K^2}{K^2 - 1}\left(\frac{r_i}{r}\right)^2 \tag{3.21}$$

环(周)向应力为

$$\sigma_t = \frac{P_i - P_o K^2}{K^2 - 1} + \frac{(P_i - P_o)K^2}{K^2 - 1}\left(\frac{r_i}{r}\right)^2 \tag{3.22}$$

轴向应力为

$$\sigma_z = \frac{P_i - P_o K^2}{K^2 - 1} \tag{3.23}$$

以上公式中前面部分

$$\frac{P_i - P_o K^2}{K^2 - 1}$$

称为静压应力，后面部分

$$\frac{(P_i - P_o)K^2}{K^2 - 1}\left(\frac{r_i}{r}\right)^2$$

称为剪应力。所以环(周)向应力为静压应力加上剪应力，而径向应力为静压应力减去剪应力[35]。平均应力等于轴向应力，即

$$\sigma_m = \frac{\sigma_r + \sigma_t + \sigma_z}{3} = \frac{P_i - P_o K^2}{K^2 - 1} = \sigma_z \tag{3.24}$$

静压应力与静水应力有很大区别。静压应力反映实际工程结构应力水平的计算方法，静水应力只是力学理论中描绘应力状态的一个专用词汇，参见 2.1.4 节。

与只考虑内压作用下的应力式(2.54)~式(2.56)相比，应力式(3.21)~式(3.23)同时考虑了外压 P_o 与内压 P_i 的同时作用，因而显得复杂一些。更复杂的是，弹塑性状态下圆筒应力计算式，需要分开塑性状态的内层和弹性状态的外层来表达，分别见(2.57)~式(2.59)，以及式(2.60)~式(2.62)。其实，这还是只考虑压力载荷的应力分析，最复杂的是压力叠加弯矩及剪力的情况。弯曲理论较薄膜(无矩)理论更具有一般性[36]。

但是，有时切向应力不一定是圆筒体的环(周)向应力，也不宜简称切应力。美国学者在关于实体内裂纹二维问题的有限元分析研究中，肯定最大切向应力(maximum tangential stress，MTS)被广泛用来判断裂纹的扩展方向，且该预测方法的正确性已被证实[37]。定义切向应力的方向只基于裂纹结构本身，与裂纹所在的构件是不是壳体无关，考虑到裂纹一般是线条状的实际，把切向应力理解为切线应力的含义更贴切。

2. 环壳中的应力

在弯管这类非轴对称的结构中，其中心轴是弯的，环向应力指环壳横截面壳壁圆周方向(第二曲率方向)的应力，经向应力与轴向应力一致，一般不称为周向应力。弯管可看成一段局部的环壳，外载作用下局部环壳与整体环壳的受力是有区别的。在环壳这类轴对称的结构中，其对称轴是直的，环向应力指环壳横截面壳壁圆周方向(第一曲率方向，相当于经向)的应力，周向应力指环壳上垂直于弯曲半径方向(第二曲率方向)的应力，如图 3.8 所示，模型中 ϕ 是环壳(弯管)横截面的周向角，第一曲率半径为 $r+R/\sin\phi$，第二曲率半径为 R，环壳半径为 r，ϕ 表示环向，θ 表示周向，O_1、O_2 表示对称轴。

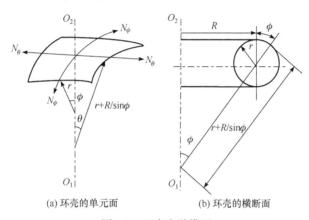

(a) 环壳的单元面　　　　　　　(b) 环壳的横断面

图 3.8　环壳力学模型

其实，在圆筒体和直管这类轴对称结构的壳壁应力中，工程习惯更多使用"环应力"一词而较少使用"周向应力"一词，这除了可以与弯管等非轴对称结构中该方向的应力名称一致，还可以省略"环向应力"中的"向"字，发音也顺畅，从而提高技术交流中信息表达和传递的效率，而"周向应力"却不便省去"向"字称为"周应力"。同理，"环向焊缝"也可省去"向"字称为"环焊缝"，而"周向焊缝"却不便省去"向"字称为"周焊缝"。

在壳程设计压力 p_s 的作用下，作用在壁厚为 t 的环壳的环向薄膜应力 σ_ϕ 大于经向薄膜应力，它是强度校核的主要因素，其经典计算公式为[38,39]

$$\sigma_\phi = \frac{p_s r}{2t} \frac{2R + r\sin\phi}{R + r\sin\phi} \tag{3.25}$$

由此可见，一方面，内压作用下环壳的环向应力计算式与圆筒体的应力计算式有根本区别；另一方面，虽然工程应用量大面广的弯管(弯头)在结构外形上可视为工程应用不多的环壳的一部分，但是从力学本质上来说，两者在同一外载荷作用下的受力状态及应力分布是有根本区别的，也就是说弯头的应力计算条件又不同，多了一项由力不平衡引起的弯曲应力，详见 5.1 节关于典型情况的应力分类。

关于环壳，文献[40]提出了用环壳液压胀形工艺制造弯头的方法，分析了环壳的应力特点及塑性变形规律，还通过试验研究了环壳胀形过程位移及应变变化规律。胀形过程中，环壳内侧首先产生塑性变形，外侧最后产生塑性变形；外环壳的成形压力大于内环壳的成形压力；外环壳体处于双向拉伸变形状态，内环壳体处于一拉一压变形状态。有关环壳的研究最早是从德国亚琛工业大学开始的，钱伟长先生和孙博华则解决了细环壳的精确解问题[41]，钱伟长先生针对膨胀节波纹结构特点首次提出把环壳简化为细薄壁曲杆问题研究，并采用细环壳理论对 C 形波纹管进行了详细的模型计算，得出了其在轴向拉力下的周向弯曲应力与波纹参数的关系[42,43]，而张维则是研究环壳的第一位华人，并在国际上第一次获得粗圆环壳一致有效渐近解[44]。但是在波纹管现有的规范中，均未涉及波纹管周向弯曲应力的概念，工程界则对该问题给予关注和研究[43,45]。

3. 横向应力

横向应力不是横截面应力的简称，但是有时又与横截面有关，需视具体结构而定，如试样的横向应力[46]。一般地，横向应力总被定义为与纵向应力相互垂直。在水管锅炉标准中，圆筒体的圆周方向称为横向，但是该标准中没有使用横向应力一词，而是使用环向应力一词。在压力容器壳体应力分析中使用不多，主要应用于柱、板等钢结构。在板形焊接件中，纵向应力的作用方向与焊缝平行，横向应力的作用方向与焊缝垂直。横向应力的另一概念参见 5.2.2 节。

3.2.2 轴向应力、经向应力、纵向应力和纬向应力

轴向通常指结构中轴线的方向，中轴线不一定是直的，而是可以变化的。轴向应力是指沿着结构轴对称轴线方向的应力，非轴对称结构轴线方向的应力因每处的方向都在改变，不宜称为轴向应力，更宜称为经向应力。如图 3.9 所示的异径弯管中间弯曲一段，其中轴线与弯曲段内拱面、外拱面的夹角存在差异，沿着轴向的应力与沿着经向的应力也就存在差异，其横截面属于非轴对称结构；而该异径弯管两端的直管段轴线直管经向是一致的，不存在方向差异，其轴向的应力与经向的应力也就不存在差异，其横截面属于轴对称结构。

等径弯管的横截面属于轴对称结构，其弯曲段上的轴向应力与经向应力也就不存在差异。对于轴对称主体结构上组焊了局部构件形成的非轴对称复合结构，其主体结构上的轴向应力与经向应力也不存在差异。

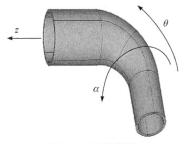

图 3.9　异径弯管

经向应力通常是指沿着构件母材表面经线方向的应力，一般用于描述非轴对称结构沿轴线方向变化的应力，如图 3.9 中异径弯管段的 θ 向应力。

虽然异径弯管结构中弯管段的经向与其两端短管的轴向之间存在夹角，因而方向不一致，但是两者在常见的其他承压结构中大多是相一致的，例如，在圆筒体中，经向应力即轴向应力。对应于轴向应力(axis stress)和《ASME 锅炉及压力容器规范》2013 年版第 X 卷中的同轴应力(on-axis stress)的概念，不仅存在非轴向应力(uniaxial stress)的概念，也存在离轴应力(off-axis stress)的概念[47]，但是后者应用不多。

在不是严格区分的情况下，一般来说，纵向应力(longitudinal stress)包括轴向应力和经向应力。纵向应力可由内压、外压、重量载荷、热载荷或其他持续的载荷引起。与承压壳体中其他方向的应力相比，轴(经)向应力数值大小居中，因而也就是第二主应力。

对于带有 Ω 形膨胀节的一段圆筒体，由于该膨胀节的波形结构属于有缝的环管结构，可以认为其经向与筒体的经向相互垂直，所以在提到各应力方向时，最好加上与方向有关的前置定语，表达更清晰。在 U 形波纹设计的应力计算及分析中，经常涉及压力引起的波纹管直边段周向薄膜应力 σ_1、压力引起的波纹管周向薄膜应力 σ_2、压力引起的波纹管子午向薄膜应力 σ_3、压力引起的波纹管子午向弯曲应力 σ_4、位移引起的波纹管子午向薄膜应力 σ_5、位移引起的波纹管子午向弯曲应力 σ_6，其中，前三个应力符号虽然与力学强度理论中最大主应力、第二主应力、最小主应力的应力符号相同，但含义是完全不同的。

纬向应力是《钢制球形储罐》(GB/T 12337—2014)[48]标准中特指支柱与球壳连接最低点处沿着纬向的专用应力概念。在不致引起混淆时，在半球形封头上也可使用纬向应力的概念。

3.2.3　内壁应力、外壁应力、表面应力和径向应力

1. 内壁应力和外壁应力

即便是夹套管或夹套容器，内管或内壳的内壁应力也称为"内表面应力"，而不会被误称为夹套应力，夹套或外壳的外壁应力也称为"外表面应力"，而不会被误称为外壳应力。对常见的封闭性承压设备和管道来说，壳体上与操作介质接触的一侧为内壁面，沿内壁表面上分布的应力为内壁应力，壳体上与大气接触的一侧为外壁面，沿外壁表面上分布的应力为外壁应力。

2. 表面应力

非内压的其他外载荷也会产生表面局部应力。SW6 过程设备强度计算软件包包含了美国焊接协会的 WRC-107 公报(1979 版)和 WRC-297 公报(1987 版)的全部内容,可快速科学地确定被计算的柱壳或球壳(或椭圆形封头和碟形封头等)上在外载荷作用下所产生的最大表面应力和最大薄膜应力。该计算软件模块包括如下结构的子模块局部应力计算:柱壳上圆形附件或接管时壳体的应力、柱壳上方形附件时壳体的应力、柱壳上矩形附件时壳体的应力、球壳上接管时球体的应力、球上圆形附件时球体的应力、球壳上方形附件时球体的应力、柱壳上接管时两者的应力。文献[49]中介绍 ASME 规范中与时间有关的蠕变极限时,对于结构承受纯弯曲的情况,提到了表面弹性应力和实际表面应力两个概念,实际表面应力是指由于蠕变而重新分布后的应力。

板或壳的两面或者只有一面受到冷的或者热的流体介质的冲击时,由于热的传递需要一个过程,厚度上的应力分布很不均匀,有的地方是拉应力,有的部位却是压应力,技术评估时就需要区别板壳的表面应力和中心应力。分析设计新标准修改稿关于由内压引起的管板应力,出现了管板在管(壳)程侧的“表面处应力”的表述,而不用更简洁的“表面应力”来表述。其实,表面应力还是位于构件内,只不过处于构件的表层。

在术语在线中,表面应力(surface stress)一词涉及物理学、冶金学、材料科学技术、海洋科学技术四个学科,其中,材料科学技术学科给出的定义为:作用在材料表面或表层的应力,见载于《材料科学技术名词》。

3. 径向应力

回转壳体上沿第一弯曲半径方向的应力称为径向应力(meridian stress, radial stress)。对于常见的圆筒体、圆锥壳和球壳,沿壁厚方向的应力就是径向应力。与承压壳体中其他方向的应力相比,径向应力数值最小,因而也就是第三主应力。

3.2.4 多向应力、多轴应力、单轴应力、双轴应力、轴对称应力、双轴应力比和三轴应力度

1. 多轴应力也称多向应力(multiaxial stress)

构件所受应力不止一个,每个应力的轴向方向上不一样的受力状态即为多轴应力状态,但不是无限多轴应力状态,可等效简化为三轴应力状态。当然,也存在只有一个应力轴方向的单轴应力或一轴应力(uniaxial stress),也存在只有两个应力轴方向的双轴应力或二轴应力(biaxial stress)。

若已经确定了一点的三个相互垂直面上的应力,则该点处的应力状态即完全

确定。因此，在表达一点处的应力状态时，方便起见，常将"点"视为边长为无穷小的正六面体，即微单元体，并且认为其各面上的应力均匀分布，平行面上的应力相等。微单元体在最复杂的应力状态下的一般表达式上共有 9 个应力分量。可以证明，无论一点处的应力状态如何复杂，最终都可用剪应力为零的三对相互垂直面上的正应力，即主应力表示。当三个正应力均不为零时，称该点处于三向应力状态，也称为"三轴应力状态"。若只有两个面上的主应力不等于零，则称为二向应力状态，也称为"双轴应力状态"、"双向应力状态"、"二轴应力状态"或"平面应力状态"。若只有一对面上的主应力不为零，则称为单向应力状态或单轴应力状态。

多轴应力状态下直接采用单轴近似算法计算应变应力会产生较大误差。实际结构中的三轴应力可能由三轴载荷产生，但是更多的情况下是由结构几何不连续性引起的，在三轴拉伸时，最大应力就超出单向拉伸时的屈服应力，形成很高的局部应力而材料尚未发生屈服，结果降低了材料塑性，使该处材料变脆，而该材料在单轴或双轴拉伸下呈现塑性[50]。

2. 双向等应力及其应用

工程中，三向非等轴应力是常态。双向等应力又称等双轴应力，就是双向应力相等的应力，是一种简化处理后获得的特殊应力状态，主要用于应力试验。例如，用钻孔释放法分析残余应力时，由于钻孔在孔边引起的应力集中，标定试件一般是在拉应力 $\sigma \leqslant \sigma_s/3$ 时确定常数，然后进行实测，当残余应力水平较高时，孔边应力可以达到甚至超过屈服极限值而产生孔边塑性变形。此时孔附近为弹塑性应力应变场，用线弹性理论公式(Kirshc 公式)计算释放应变，或者测出释放应变后用线弹性公式计算残余应力都将造成显著误差。由于孔边弹塑性场复杂的边界条件与连续条件以及数学上的困难，不可能在一般应力状态下得到松弛应变与残余应力的理论关系。Procter 等[51]对三种应力状态下孔边进入局部塑性时进行了试验研究，认为当应力水平 σ/σ_s 接近 1 时，用线弹性公式计算的应力偏大 9%～10%。文献[52]提出当应力水平 σ/σ_s 接近 1 时用线弹性公式计算的应力约偏大19%。另外，发现当 $\sigma > \sigma_s/2$ 时测得的释放应变 ε 是由纯弹性释放应变 ε_e 和孔边塑性变形的影响 ε_p 组成的。计算时应在 ε 中减去 ε_p，即用 ε_e 计算得到的残余应力才是真值，采用理论假设与试验标定相结合的方法，提出了一个逐步迭代计算弹性释放应变的过程，用 ε_e 代替 ε 在 σ 接近 σ_s，其测量误差已降至 2%以下，从而提高了小孔松弛法测定焊接残余应力的精度。

文献[53]在总结上述前人成果的基础上，在双向等应力场下，用弹塑性理论基本方程导出了松弛应变与残余应力的理论关系式，并分析了不同应力水平下，用线弹性公式计算残余应力时的误差及其修正系数；同时指出，实际的应力状态是各种各样的，虽然在二向等拉的应力状态下所做的分析结果不能应用于一般应力状态，但是从文献[51]的试验结果看，三种极端应力状态即双向等拉、单向受拉与纯剪之下，局部塑性区引起的应力误差相差不大，而且双向等拉应力水平是处于另外两者应力水平的中间位置，因此在没有一般应力状态下孔边弹塑性理论解的情况下，建议把双向等拉的分析结果借用到一般的二向应力状态，进行残余应力的修正。

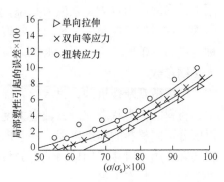

图 3.10　塑性影响盲孔法的孔边应力

又如，图 3.10 中采用盲孔法测量开孔孔边缘残余应力的双向等应力，也是处于单向拉伸和扭转时分别测得的应力的中间位置。

3. 轴对称应力

在各种分析中经常要判断应力的对称性，对称应力包括轴对称应力、面对称应力或者角对称应力，甚至涉及循环时的对称应力。除了结构的几何形状，结构的外载荷受力状态也影响壳体应力的对称性。对称应力和非对称应力都是经常使用到的名词概念。如果一点的应力状态是对称于通过某轴线的任何平面的，这种应力称为轴对称应力。有一个特例，如果一点的应力状态是对称于通过某轴线的某一个平面的，这种应力称为面对称应力。轴对称结构都是面对称结构，因此轴对称应力都是面对称应力。

有限元方法应力分析中，判断各种常见结构的对称性是正确建立简化局部模型的基础。一段弯管不是轴对称结构，所以承受内压的弯管壳上的应力是不对称的，但是环壳是轴对称结构，所以承受内压的 360°弯管壳上的应力是对称的。同心圆锥壳是轴对称结构，承受内压的同心圆锥壳具有轴对称应力。偏心圆锥壳不是轴对称结构，只是面对称结构，承受内压的偏心圆锥壳只具有面对称应力。换热器管箱上的进出口接管或分程隔板都会引起管箱整体结构的非轴对称性。

4. 双轴应力比和三轴应力度

金属材料的断裂行为非常复杂，虽然试件在载荷的作用下最终会发生断裂，但是不同的材料在不同的载荷及其加载条件下表现出的断裂形式各不相同，本质上反映了断裂机理的差异。脆性断裂的微观断裂机理基本为解理断裂，而韧性断裂大多数是由于孔洞的萌生，相邻的孔洞生长并聚合形成宏观裂纹而最终导致的。工程实际中，结构危险截面的应力状态是多轴应力状态，即便是在单轴外载荷作用下其局部应力也为多轴应力状态，多轴的约束作用影响了材料的韧性，拘束度越大，材料的韧性越差，材料的断裂韧性主要由多轴应力度确定。三轴应力度也称为应力三轴度，定义为静水压力与米泽斯等效应力之比，即 σ_m / σ_e，它是一个无量纲参数。

根据微观断裂机理，很多学者提出了考虑细观损伤的断裂准则。在细观力学中，材料的应力状态就以三轴应力度来量度，将应力三轴度作为断裂参数，就可以区分不同材料的断裂机理，并合理选用断裂准则来判断结构的断裂行为。若工程实际应用中直接采用单轴试验的数据，没有考虑到应力状态的影响，则这与构件实际应力状态不符。

很多研究者对多轴应力状态下材料的行为进行了研究，文献[54]介绍了应力多轴度对断裂韧性以及多轴应力状态对材料的疲劳断裂和蠕变失效的影响研究的最新进展，对几种具有代表性的多轴应力状态下破坏准则以及多轴应力状态下蠕变损伤准则做了简要回顾，并进行简单的评述。

有的计算软件在做损伤分析时，Field Output 里有应力三轴度 TRIAX 输出。文献[55]指出，通过有限元分析获取应力三轴度时，主要关注最小截面积平面内的骨点或者最大损伤点。双轴应力比 P_2 / P_1 和三轴应力度 σ_m / σ_e 间关系为

$$\frac{\sigma_m}{\sigma_e} = \left(1 + \frac{P_2}{P_1}\right)\left[\sqrt[3]{1 + \left(\frac{P_2}{P_1}\right)^2 - \frac{P_2}{P_1}}\right]^{-1} \tag{3.26}$$

3.2.5 应力线、应力曲面、应力云图、应力场、应力椭球和应力椭圆

1. 应力点和应力空间

以应力分量作为坐标轴可以形成应力空间。物体中任何一点的应力状态可用应力空间中的一点来表示，称为应力点。在复杂应力状态时，结构上某一点的应力状态由六个应力分量确定，因此一般的应力空间是六维的，不能任意选取某一个应力分量的数值作为判断材料是否进入塑性状态的标准。

当材料为各向同性时，方向并不重要，只需要用三个主应力分量作为坐标轴就可以形成主应力空间。应力空间既非几何空间，也非物理空间，只是为了表达空间一点的应力状态所引用的一个概念。

2. 应力路径

若以应力分量作为坐标的空间，则空间中每一点都代表一个应力状态。一点应力状态的变化可用应力点的运动轨迹来描述，应力的变化在相应的应力空间中可绘出一条曲线，称为应力路径。

3. 应力线

应力线有多种。在不致误解的情况下，材料拉伸的应力应变曲线简称应力曲线，但因为其中包含应变因素而不宜简称应力线。图 2.10 给出了内压作用下厚壁圆筒体的弹塑性应力分布，图 3.7 给出了椭圆形封头无量纲应力分布，因应力分布曲线中包含位置因素，故也不宜简称应力曲线或者应力线。如图 2.10 所示，有限元应力分析结果线性化处理也会获得沿壁厚所选定线性化路径的应力分布线，但是应力线的指标量不是环(周)向应力、轴向应力和径向应力，而是薄膜应力、薄膜应力加弯曲应力、总应力。应力线则是另一种力学概念。

4. 材料力学中的应力流线

在材料力学中，应力流本质上强调的是构件中应力的方向，以获得应力"像流体一样流动"的形象化。而应力线、应力流线、应力迹线和应力轨迹只是同一概念的不同简称，均是指应力流的图像表达，鉴于这些名词不会引起相关概念上的误解或误导，作者不对其加以评论，只提醒这不是应力线性化或线性化应力，线条本身一般不反映应力水平的高低。必要时，应力水平的高低可通过应力线的粗细、疏密、深浅和空白程度等方式来定性表达。在土建学科中，应力轨迹是指物体内相邻各点间主应力方向的连线，在其二维平面中，应力轨迹以代表最大及最小主应力方向的两条正交线来表示，反映物体各点间主应力方向的连续变化。

5. 不同专业的应力迹线

在封闭空腔内部通入高压介质使腔壁鼓胀成形是常见的制造技术，承压设备中的复合衬管、波形膨胀节、异形管的制造在这方面都有成熟的经验。异形管由于结构不对称，内高压成形过程中的加载路径也不一定是简单加载，结构上不同点以及同一点在不同阶段的应力状态有很大的差异，选取其中容易产生各种缺陷的部位作为典型的检测点，描绘出典型点的应力在屈服椭圆上的变化轨迹，可判断这些点是否处于容易减薄的双向拉伸应力状态[40]。

应力重分布轨迹(stress redistribution locus，SRL)的概念是由日本高压研究所(The High Pressure Institute of Japan)的高温设计委员会(The Elevated Temperature Design Committee)提出的，它是针对结构承受高温和蠕变疲劳损伤时，作为预测结构蠕变疲劳寿命的一种简化方法[56,57]。

主应力轨迹线是应力迹线的下位词汇，但是多应用于土建及宇宙空间应用学科。若平面内有一条曲线，除了各向同性点和奇异点，其上任何一点的切线方向恒为此点的一个主应力方向，则此曲线称为主应力轨迹线。当其切线方向代表 σ_1 方向时，称为最大主应力轨迹线，用符号 S_1 表示；当其代表 σ_2 方向时，称为最小主应力轨迹线，用符号 S_2 表示，S_1 和 S_2 形成正交曲线簇。不同类型的构造体系，主应力轨迹线的展布特点不同，在分析构造应力场时，常用主应力轨迹线表示应力状态。主应力轨迹线有时简称应力迹线或者应力轨线，例如，美国学者将应力轨线(stress trajectory, stress isostatic)定义为[10]：受力物体内与各点上的一个主应力方向相切并通过这些点的一条连线。

在本书附录关于主应力迹线的诸多英文译词中，最简短的 isostatic 一词引自《力学名词》[58]。

6. 应力线的工程表现

在对压力容器的典型痕迹图进行专题分析时，收集到一些实际构件的应力线图。如图 3.11 是压力容器管口一块薄壁盲板在内压作用下由锈层开裂所形成的锈纹图，设应力垂直于裂纹的延伸方向，则可转换成应力线图。图 3.12 是对图 3.11 下部边缘的放大，从图中可以看出，由于周边被焊缝固定的边界约束，其锈纹线或应力线比盲板中间的显得复杂，但锈纹线条在盲板整体上是轴对称分布的。

图 3.11　试压密封盲板　　　　　　　图 3.12　应力导致锈层脆裂线

内压 p 作用下，半径为 R、厚度为 δ 的圆平板，材料泊松比 ν 取 0.3，周边固定时以半径为自变量的径向 r 处的板面应力为[36]

$$\sigma_r = \frac{3p}{8\delta^2}[R^2(1+\nu)-r^2(3+\nu)]$$

$$= \frac{3p}{8\delta^2}[R^2(1+0.3)-r^2(3+0.3)] \approx 0.38625\frac{p}{\delta^2}(R^2-3.2r^2) \tag{3.27}$$

周向弯曲应力为[36]

$$\sigma_\theta = \frac{3p}{8\delta^2}[R^2(1+\nu)-r^2(1+3\nu)]$$

$$= \frac{3p}{8\delta^2}[R^2(1+0.3)-r^2(1+3\times0.3)] \approx 0.38625\frac{p}{\delta^2}(R^2-1.84r^2) \tag{3.28}$$

比较式(3.27)和式(3.28)，在板中心 $r=0$ 处，周向应力等于径向应力，随着径向位置离开中心，周向应力明显高于径向应力，因此可在图 3.12 中看到周向拉伸形成的径向锈纹，而看不到径向拉伸形成的周向锈纹。在板周边靠近 $r=R$ 处，周向应力和径向应力均从拉应力变成压应力，可看到弯曲交叉的应力线，与周边约呈 45°。

实际上，图 3.11 就相当于脆性涂层试验的一种，根据《钢制压力容器——分析设计标准(2005 年确认)》(JB 4732—1995)中的规定，脆性涂层试验和破坏性试验不能用来确定极限载荷。

7. 应力等高线

等应力迹线、应力等高线、应力等值线、应力轮廓线是一组同义词，把构件上应力性质、大小、方向相同的各位置点用曲线连接到一起，反映这种应力分布的范围，是承压设备有限元应力分析后处理中常用于展示应力分布的有效方法。

有的应力特征线基于特定的应力特征面而存在。在术语在线中，来自冶金学金属加工专业的屈服曲线(yielding curve)的定义为：屈服曲面与 π 平面或其他特定平面(如某一主平面)的交截线，又称屈服轨迹，见载于《冶金学名词》(第二版)。

8. 应力曲面

在不致误解的情况下，根据壳体上沿经向分布的应力可绘制出经向应力线，由沿环向分布的应力可绘制出环向应力线，但是应力经线、应力纬线则是另一种概念，分别指图 1.4 应力曲面因素族三维模型上沿经向或纬向分布的应力线的简称，而应力曲面是指图 1.4 模型上由应力经线和应力纬线织成的曲面，见 1.2.2 节。

有限元应力分析中，为方便计算，在单元内分布一些高斯点进行高斯积分，由此求得高斯点应力，选取某区域内高斯点应力连接而成的曲面就是高斯应力曲面。

9. 应力云图

应力云图是应力分布图的简称，其形式多种多样，包括黑白的和彩色的、二维的和三维的、静态的和动态的、由应力线勾勒的和团块填充的，结构表面的和结构截面的，等等。用有限元软件分析结构时常用应力云纹图，其也简称应力云图，是可形象地观察和理解构件中应力分布的有效手段，有利于了解结构内部的受力状态，从而合理选择校核线的位置和方向。此外，审核应力分析结果时，虽然尚不能判断应力的自限性，但是对应力云图的拓展应用还能够证明已有的理论结果，而且可以完善或修正初步的理论分析，并从中探索新的发现，分别举例如下。

(1) 理论证明的例子——应力与载荷的关系。文献[59]根据圆筒大开孔应力"肩部"截面接管与圆筒相接处的应力云图纹线分布(与圆筒轴线呈 45°倾斜分布)，证实了开孔边缘不仅有 ASME 所指出的弯矩, 同时必定存在与此弯矩成正交的另一弯矩, 否则云纹线不可能呈 45°倾斜分布。文献[60]对此弯矩进行了考证。

(2) 完善分析的例子——应力与位移的关系。某异径弯管小端分别受到弯矩或扭转作用的有限元运算位移结果[61], 可通过位移云图间接反映应力分布。图 3.13 是异径弯管模型小端受到开弯矩作用时内表面的环向位移云图, 图 3.14 中是模型小端受到扭转作用时内表面的环向位移云图, 图 3.15 是模型小端受到扭转作用时外表面的径向位移云图。

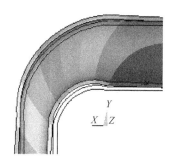 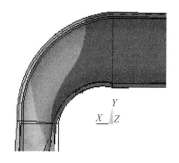

图 3.13　模型开弯矩的环向位移云图　　　　图 3.14　模型扭转内面环向位移云图

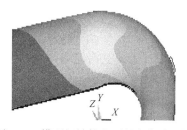

图 3.15　模型扭转外表面径向位移云图

比较图 3.13 和图 3.14 可知, 两者的云纹分布及走向相同, 均是从内拱螺旋过渡到外拱, 越近大端其位移量越小; 但两者的云纹形状略有差异, 图 3.13 中的螺旋过渡线较短, 从异径弯管小端到大端经过 6 个云纹色块的过渡, 位移量值从大到小, 而图 3.14 中的螺旋过渡线较长, 从异径弯管小端到大端只有 3 个云纹色块的过渡, 且大端接管、异径弯管大端及其内拱的云纹为相同的色块, 位移量值很小。图 3.15 所示的螺旋过渡线既长又弯, 且 S 形的弯曲部分正好处于中性线区, 从异径弯管小端到大端同样只有 3 个云纹色块的过渡, 位移量值很小。由此可见, 端面扭矩在异径弯管中的作用在一定程度上类似面内弯矩在异径弯管中的作用, 证实了文献[62]提出的扭矩在异径弯管中传递过程的弯矩化效应, 但是也有新发现, 扭矩在弯矩化过程中并不像文献[62]提出的转化得那么彻底。多项有限元分析均表明, 90°异径弯管的一端承受扭矩时, 另一端面上的剪应力并不等于零, 而是比受扭端面的剪应力低 1 个数量级的剪应力值。

(3) 探索发现的例子——应力与形变的关系。如图 3.16 所示为筒体切向斜插弯管大开孔焊接应力及结构变形分析[63-65]，基于 ANSYS 有限元软件建立大型厚壁结构焊接变形有限元计算模型，应力云纹分布复杂，规律性不明显。在分析了壁厚为 125mm 的筒体斜插弯管接头焊接时小弯管与厚壁筒体间相对距离、筒体圆度变化及接头的位移演变过程，则可得结果：小弯管位移以及厚壁筒体两侧圆周上的圆度改变在焊接与冷却过程中呈相反状态，而厚壁筒体两端的圆度变化率也有明显差异；坡口下端最终会产生相对较大的收缩。

(4) 加深认识的例子——应力与位移的均匀性。图 3.17 是某设备多波膨胀节的位移分布云图，由图可以明显看到从下部到上部四个波形的位移差异，这是后一波形自身的变形位移累加上前一波形位移的结果；而其等效应力云图则看不出区别，这是因为各相同的波形承受相同载荷。

图 3.16　厚壁弯管焊接应力分布云图　　　　图 3.17　多波膨胀节位移分布云图

10. 应力场

场是物理学的概念，同时具有方向和大小的任一个矢量，如果在某空间区域内的分布是连续的，但是分布可以是直线或曲折的，就可以沿着分布方向构成矢量线，一束矢量线就构成了矢量场。矢量场一般都是三维立体的，如温度场、流速场，应力场就是用物理场的方法对应力的描述。某些条件下忽略次要因素，也可简化成二维矢量场。一般不考虑一维矢量场，而是称为该矢量线。

3.1.3 节所提到的不连续应力，其强调的是某种稳定的应力状态的连续性，而不是指结构中存在应力空白区。例如，内压在筒体中引起的轴向应力分布状态在环焊缝处被改变而不连续，但是环焊缝处还是存在由内压引起的轴向应力。

一个构件受力后，其内部各个点的合应力也是有方向和大小的，并且连续(矢量的零值并不表示间断)，不可能交叉，物体中各点的应力张量是变化的，其空间分布就称为应力场，相应也存在应变场和位移场。当然，可以在有限元软件分析结果的后处理中人为地提取某一方向的应力，观察该方向的应力场，就是某方向的分应力的应力场。

在术语在线中，由冶金学金属加工专业给出的静可容应力场(statically admissible stress field)的定义为：在塑性变形体中，满足平衡条件且不违反屈服准则的应力场，见载于《冶金学名词》(第二版)；由材料科学技术给出的裂纹应力场(crack stress yield)的定义为：裂纹前端各个应力分量及其分布，见载于《材料科学技术名词》。

土木工程中还有初始应力场(primary stress field)和构造应力场(structural stress field)的概念。

11. 应力椭球和应力椭圆

应力球是应力球量或应力球张量的简称。应力球和应力椭球(ellipsoid of stress)都是物体内一点的应力状态的几何形象。一个六面体受到三对正应力的作用而处于平衡状态，这三对正应力称为主应力(主应力可以是压应力，也可以是拉应力)，分别为 σ_1、σ_2 和 σ_3，其中，$\sigma_1 > \sigma_2 > \sigma_3$。当 σ_1、σ_2 和 σ_3 的符号相同时(即同时均为压应力或者拉应力)，可以以一点的主应力矢量 σ_1、σ_2 和 σ_3 为半径画出一个椭球体，表明这些应力矢量端点的几何轨迹是半轴分别相当于主应力

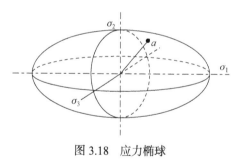

图 3.18　应力椭球

σ_1、σ_2 和 σ_3 的绝对值的一个椭球面，或者说椭球的半轴代表通过该点主应力的矢量。该椭球体表示作用于该点的全应力状态，称为应力椭球体。图 3.18 中，椭球面上任一 a 点的半径长表示该方向的应力数值，或者说椭球上任何半径矢量均代表通过该点的一个平面上的合成应力。

当一个主应力为零时，物体属于二维应力状态，椭球就变成应力椭圆。应力椭圆是应力椭球的二维形态，应力圆则是应力椭圆在等半径时的特例。

3.2.6　T 应力、广义 T 应力和垂直应力

一些报道中，T 应力是拉伸应力的意思，但是在这里多了一层关于应力方位的含义。

裂纹尖端的奇异应力场可以表达为 Williams 级数展开的形式，其中常数项(即 T 应力项)和非奇异项对裂纹尖端的应力应变场有很大的影响，这些影响反过来作用于裂纹应力强度因子的计算。T 应力是存在于裂纹尖端平行于裂纹方向的应力[66]。文献[67]把 T 应力项和非奇异项合称为广义 T 应力，提出一种用特征分析

法和边界元法相互配合求解广义 T 应力的新思路，可以根据需要任意选取广义 T 应力的项数，进而研究广义 T 应力对应力强度因子计算的影响。结果表明，考虑广义 T 应力项的应力强度因子计算结果与试验结果更加接近。对于一个三维各向同性的线弹性体，其中的裂纹在 I 型加载作用下裂纹尖端的应力场表示为与应力强度因子 K 和 T 应力相关的矩阵表达式时，有学者提出其中的 T 应力可以基于裂纹所在的平面，由表征面内应力的一个常规分量和表征面外应力的另一个分量来合成。文献[68]中，在分析压力容器焊缝开裂的材料韧性时提到了弹性 T 应力的概念。

文献[69]在讨论裂纹尖端的应力场时，引入了由其他学者提出的关联高温结构的 Q 应力，以及由 J 积分测算的 HRR 应力，并且讨论了 T 应力和 Q 应力的正负性的物理意义。文献[70]在讨论材料断裂韧性参数时也考虑了 T 应力和 Q 应力的影响。韩国学者在分析拉伸和热载荷组合作用下管道裂纹裂尖应力场时指出，正的 T 应力意味着更大的约束，负的 T 应力意味着约束的减少和更大塑性区[71]。

垂直应力这个概念出现在某管嘴焊接的有限元应力分析中[72]，指的是裂纹面的垂直应力分量，实际上可用横向应力分量等其他概念来表达。垂直应力也曾出现在关于埋地管道应力分析方法的研究中[73]。仅就内容来说，垂直应力没有完整的独立个性，报道不多。

3.3　应力的组合性

3.3.1　单向应力、组合应力、综合应力、总应力和应力总值

1. 单向应力

图 3.9 中的轴向应力(或周向应力)、环向应力都分别是某一个特定方向的应力，属于单向应力，如果把结构上确定某处应力状态的应力分量视为单向应力，则可按照一定的强度准则计算出该处的组合应力[74]。单向应力也就是单轴应力 (uniaxial stress)。

2. 组合应力

单层厚壁自增强筒体设计计算中，需要把自增强制造技术在筒体中产生的残余应力、与设备运行中内压在筒体中产生的应力进行叠加以计算出总的应力水平，这个应力水平就是一种合成应力[49]。自增强超高压容器的静压应力和温差应力的组合也是一种合成应力[31]。合成应力有时也称为复合应力或组合应力[75]，或称为

合应力(resulting stress，resultant stress，combined stress)，也就是两种、几种或所有不同的载荷在同一个方位上引起的应力之和，与当量应力是两种不同的概念。

组合应力有时称为耦合应力[76]。有学者将应力的叠加原理(principle of superposition)定义为[10]：在某些特殊情况下，当结构受组合载荷的作用时，可以将每个载荷的效应分别计算，然后将结果代数相加；并指出这一原理的应用需要以下假设条件：每一个效应与引起它的载荷是线性关系；每一个载荷的效应与其他载荷无关；任意指定载荷引起的变形不能过大，不能改变结构系统中部件几何形状的关系。

物理学上把两个或两个以上的体系或运动形式间通过各种相互作用而彼此影响或联合的现象称为耦合。耦合除了物理上的意义外没有引申义。"偶合"则是指偶然的巧合，或者机件的配对关系，如偶合件。在结构力学中，耦合可以理解为两个或两个以上的零件之间或同一零部件的不同载荷场之间存在紧密配合与相互影响，并通过相互作用进行能量传输的现象，传输的应力则称为耦合应力。

常见的同一构件中，如厚壁管板或厚壁接管，由温度场引起的热应力与由内压引起的机械应力的叠加，就是两种应力的耦合。单独对温度引起热应力这种情况进行有限元分析则是计算方法上的一种耦合应力，其有限元应力分析计算方法中又可分为顺序耦合和直接耦合。顺序耦合是指先后使用两种离散单元，先利用第一种单元进行热分析得出温度场，再把温度场作为热载荷输入由第二种单元离散的模型中进行静载荷分析，求解出应力应变场。直接耦合是指只使用一种离散单元就完成模型中的热分析和应力应变分析，该方法误差较小，所选用的单元必须是耦合单元。

又如，均布载荷作用下深梁的正应力属于弯剪耦合应力，传统的细长梁主要是弯曲应力，其计算公式应用于薄壁深梁应力计算时误差较大，不适用。

复合石墨金属垫的金属骨架和石墨会在密封面压紧作用下分别产生接触应力，两者的组合起到了共同密封的作用。

3. 综合应力

用弹性失效的强度理论计算得的相当应力也称为综合应力[77]。由多种载荷引起的应力的集合也称为综合应力，例如，由介质压力、压缩外载荷和弯矩在圆筒体中引起的轴向应力就属于综合应力[78]。

膨胀节疲劳曲线中的综合应力值指"虚拟应力"值，即通常所说的"名义应力"[79,80]。

4. 总应力

总应力是一个内涵具有相对性的通俗概念，强调的是内容且包括所有应力成分，是合应力的一种最广泛的包容形式。总应力的基本含义是指所有应力成分组合之和，一般根据应力的正负按照算术法求和。但是，当已明确定义某个总应力由具体的两种应力成分组成时，这两种应力成分组成的合应力就是总应力，而其他应力成分将不会被包括在总应力内，因此在某种条件下的总应力并不是所有应力成分之和，而一般意义上的合应力不一定是总应力，总应力更不是总体应力。从集合的角度理解，应力集中就是各种应力成分集合到一起的总应力，有限元分析的结果也是总应力。在金属基复合材料强度及力学行为研究中，总应力还可以指所有材料的应力组合之和，此时其结果往往通过加权求和[36]。但是，复合材料基层和复合层之间的贴合强度一般不会称为复合强度或复合应力。总应力除在本节论及外，另见 3.1.3 节和 3.2.5 节。

应力的总值是总应力的另一种表达。全国锅炉压力容器标准化技术委员会关于《钢制压力容器——分析设计标准》(JB 4732—1995)的培训教材中指出，目前常用的应力分析方法有解析法、数值分析方法和试验应力分析方法，无论用何种方法求解出的应力值均为应力的总值。如何再从总的应力中分解出一次应力、二次应力与峰值应力，则是一个较难处理的问题。

波纹管的应力较为复杂，标准中使用了多个与总应力有关的概念，例如，每个疲劳试验的波纹管按照 EJMA 标准中的应力公式计算试验总应力范围 S_{tt}；每个疲劳试验的波纹管根据 ASME 规范 B31.3 中的下界疲劳曲线可得到参照总应力范围 S_{tr}；设计总应力范围中又有最大总应力和最小总应力。

3.3.2　分部应力、叠加应力和要素应力

1. 分部应力

分部应力是指不同载荷在结构同一处引起的具有某些相同特性的应力，分部应力的作用方向在同一方向线上时，可以进行算术加减的组合，组合后的应力可以是一个单向应力；分部应力的作用方向不在同一方向线上时，可以按照矢量规则进行分解，再进行同一方向分部应力的加减组合。由压力引起的应力与由温度引起的应力就可以叠加到一起形成叠加应力。

2. 叠加应力

在工程结构中，有些构件承受组合载荷引起的组合变形，截面上任意一点处的应力应为各内力分量分别引起的正应力、切应力的叠加结果。不同的内力分量在同一点处引起的正应力按照代数值叠加，不同的内力分量引起的切应力按照矢量叠加[80]。

在术语在线中，根据煤炭科学技术的煤矿开采专业，叠加应力(superimposed

stress)定义为：受两个以上采掘工作面影响而形成的合成应力，见载于《煤炭科学技术名词》。

3. 要素应力

加拿大、西班牙和美国学者在对某一高塔裙座采用法兰铰接连接结构进行设计和分析时，提出了裙座要素应力(factored stress in skirt)，以及由彼得森法中的控制力所引起的裙座要素应力的概念[81]。先按贾瓦德和法尔法(Jawad and Farr method)初步计算法兰和螺栓尺寸，再按结构规范计算附加应力，彼得森法则考虑了风涡的影响。

3.3.3 应力张量、应力矢量、球应力、偏应力和背应力

1. 应力张量和应力矢量

张量(tensor)是 n 维空间内有 nr 个分量的一种量，其中每个分量都是坐标的函数，而在坐标变换时，这些分量也按照某些规则进行线性变换。张量一词的拉丁语就表示引起张力的某种拉伸，R 或 r 称为该张量的阶(rank)。物体的三维空间($n=3$)中，当 $r=1$ 时，即一阶张量也是矢量，有 $3^1=3$ 个分量，二阶张量有 $3^2=9$ 个分量，三阶张量有 $3^3=27$ 个分量，r 阶张量有 3^r 个分量。在 n 维空间中，r 阶张量有 n^r 个分量。

"矢量"与"向量"是同一个概念的两个定名，只不过物理学和数学两学科对两词主次各有偏重，力学跟从物理学采用"矢量"，因此有应力矢量一词而无应力向量一词。但是，从数学的表达方式来说，应力首先是一个二阶张量。应力张量(stress tensor)是应力状态的数学表示，可表示为带双下标的符号形式或对称矩阵形式。对于塑性变形物体中的一点，如果选取的坐标轴方向不同，尽管该点的应力状态没有改变,但是用来表示该点的应力状态的九个分量就会有不同的数值。但是，这些坐标的应力分量之间可以用一定的线性关系式来换算，所以一点的应力状态在数学上是一个二阶张量，当讨论某应力所在截面以及应力在该截面上点的位置确定后，应力的方向就确定了，根据外力和截面的条件可以确定应力的大小及其单位，这时的应力具有矢量的基本特征，可以进行矢量分解或合成运算。

2. 应力状态参量的方向性

讨论一点各个截面的应力变化趋势称为应力状态分析。为了探讨各个截面应力的变化趋势，确定可以描述应力状态的参数，通常将应力矢量(stress vector)在给定的坐标系下沿三个坐标轴方向分解，这种形式的分解并没有工程实际应用的价值，它的主要用途在于作为工具用于推导弹性力学基本方程。但是在工程强度

设计准则中经常要计算最大主应力(第一强度理论)、最大剪应力(第三强度理论)或米泽斯等效应力(第四强度理论)的大小，鉴于不少工程人员往往习惯性地忽视它们的方向性，在处理复杂应力状态时犯下原则性的错误，为此文献[23]从方向性的角度对描述应力的各种参量做一概念性的小结，直接引摘如下。

应力张量是一点应力状态的完整描述，它有面元方向和分解方向两个方向性，共九个分量(由于对称，独立分量只有六个)。应力张量是与坐标选择无关的不变量，但其分量与坐标有关，当已知某坐标系中的九个分量时，其他坐标系中的分量均可由应力转换公式确定。

应力矢量(常简称应力)是给定截面上单位面积所受的内力，它是应力张量对该截面方向分解所得的一阶分量。必须同时指明考察点位置和截面方向才能唯一地确定应力。作用在斜截面上的应力可以用斜面应力公式或应力转换公式来计算，但两种算法的分解方向不同，计算结果也不同。前者的斜面应力是按坐标轴的正向分解的，后者则是按随斜面法线方向选定的新坐标轴的正向分解的。

应力分量由应力矢量分解而得，它们与坐标轴的选择有关。若将微单元三个正面上的应力矢量按微单元的三个正交法线方向分解，可以得到三个正应力和六个剪应力，它们共同构成应力张量的九个分量。若将斜面上的应力矢量按坐标轴正向分解，得到的既不是正应力，也不是剪应力。在已知一个主应力方向的情况下，也可以用莫尔圆求解斜面上的正应力和剪应力。

主应力和最大剪应力是判断材料是否超过弹性范围(即弹性力学是否适用)的基本参量。虽然在各强度理论中只出现主应力或最大剪应力的大小，但必须注意，主应力和最大剪应力都是有方向性的矢量，否则在应力状态叠加时会犯原则性错误。

3. 球应力张量和一个引起畸变的偏应力张量

术语在线根据冶金学中金属加工专业给出球应力张量(spherical stress-tensor)的定义为：引起物体体积变化的球应力用张量表示，为一点处三个正应力的平均应力所组成的张量，见载于《冶金学名词》(第二版)。在固体力学中，也称应力球张量(spherical tensor of stress)。

一点的应力状态在三维空间中需九个分量(三个正应力分量和六个剪应力分量)来确定，它们均是标量，不是矢量。在静力平衡(无力矩)状态下，剪应力关于对角对称，九个分量中只有六个独立分量。显然，应力张量可按照张量运算的方法进行各种数学运算，其中包括应力张量的相加和相减。

一个微单元体六个平面上的力可以用一个应力张量表示，这个应力张量是对称张量，可以分解为一个引起体积变形的球应力张量和一个引起畸变的偏应力张量两部分[82]。换句话说，应力张量和应力球量之差称为应力偏量，它表示实际应力状态对其平均等向应力状态的偏离。

在直角坐标系中，复杂应力状态时三个正应力的平均值为

$$\sigma_m = \frac{1}{3}(\sigma_x + \sigma_y + \sigma_z) \tag{3.29}$$

则任一点正应力 σ_x、σ_y、σ_z 可写成

$$\sigma_x = (\sigma_x - \sigma_m) + \sigma_m = \sigma_x' + \sigma_m \tag{3.30}$$

$$\sigma_y = \sigma_y' + \sigma_m \tag{3.31}$$

$$\sigma_z = \sigma_z' + \sigma_m \tag{3.32}$$

于是，应力张量可写成

$$\sigma_{ij} = \begin{bmatrix} \sigma_x' + \sigma_m & \tau_{xy} & \tau_{xz} \\ \tau_{yx} & \sigma_y' + \sigma_m & \tau_{yz} \\ \tau_{zx} & \tau_{zy} & \sigma_z' + \sigma_m \end{bmatrix} + \begin{bmatrix} \sigma_m & 0 & 0 \\ 0 & \sigma_m & 0 \\ 0 & 0 & \sigma_m \end{bmatrix} \tag{3.33}$$

等式右边第一个张量称为应力偏张量(deviator stress tensor)，简称应力偏量或偏张量，也称为"偏应力"，它只能使物体产生形状变化，而不能产生体积变化。金属的塑性变形与形状畸变有关，也主要与应力偏量有关。等式右边第二个张量，表示从总的应力状态分解出来的、各向均匀的拉压应力，称为应力球张量，简称应力球量或球张量，也称为"球应力"或"静水应力"。试验表明，它只引起金属材料的弹性体积改变(膨胀或收缩)，而对金属进入塑性(屈服条件)的影响很小。换言之，它只能使物体产生体积变化，而不能产生形状变化和塑性变形[6]。将应力张量分解为球量和偏量可以给出更为简明的屈服面表达方式和图示方法，同时适用于弹性力学和塑性力学。

在弹性变形及简单加载时的塑性变形情况下，应力偏量分量与相应的应变偏量分量成正比，即

$$应力偏量 = \frac{应力强度}{应变强度} \times 应变偏量 \tag{3.34}$$

4. 背应力

压力容器分析设计的塑性力学中，应变硬化材料的后继屈服面是不断改变的，其变化规律与材料的应变硬化机理有关。各向同性硬化表现为屈服面的均匀膨胀，运动硬化表现为屈服面随其中心点的移动。实际工程材料往往是屈服面既

膨胀又移动，称为混合硬化。屈服面是应力空间中的空间曲面，其方程为

$$F(\sigma_{ij}) = 0 \tag{3.35}$$

其中，$F(\sigma_{ij})$ 称为屈服函数。米泽斯屈服准则的运动硬化屈服函数为 $F(\sigma_{ij} - \alpha_{ij})$，其中 α_{ij} 称为移动张量或背应力[83]。

　　背应力(back stress)的概念较多出现在非线性随动硬化材料模型中，国外学者常在承压设备业内交流中用到该词[84,85]，国内学者在焦炭塔变形问题研究的国际交流中也使用了 back stress 一词[86]。此外，文献[87]介绍了 20 世纪 70～80 年代国外学者在金属基陶瓷复合材料有效性研究中提及与此相关的几个应力概念：当复合材料两相的含量都不太少时，可以预料其他夹杂场的交互作用将影响基体和增强剂的平均场；一种处理这种效应的方法是利用所有其他增强剂的背应力或像应力估算平均基体应力，并引入这种背应力计算夹杂内或周围的场；不管平均基体应力起源的特殊机制，应用像应力或平均应力概念的方法，通常称为平均场理论，即 Mori-Tanaka 方法，或者"等效夹杂-平均应力"方法。

3.3.4　应力分量和应力不变量

　　在术语在线中，根据水利科学技术中工程力学专业，应力分量(stress components)的定义为：能完全确定物体中某一点应力状态的 3 个相互垂直面上的正应力和剪应力，共 9 个或 6 个独立的应力量，见载于《水利科学技术名词》。

　　基于 3.2.5 节所述应力路径和应力空间的概念，为了便于分析某点的应力状态，人们定义了几个应力分量的概念。

1. 应力不变量

　　应力不变量(stress invariant)是指物体内任一点由应力分量所组成的不随坐标变换而改变的量。一般地，结构内一点的应力分量是随坐标系的旋转而改变的，但是总可在该点找到三个相互垂直的微分面，面上只有正应力而没有切应力，正应力就是主应力。由于一点的正应力和应力主轴方向取决于弹性体所受的外力和约束条件，而与坐标系的选取无关。因此，任意一个确定点，其应力状态特征方程的三个根是确定的，相应代表的三个主应力也是不变的。坐标系的改变导致应力张量的各个分量发生变化，但该点的应力状态不变。应力不变量正是对应力状态性质的描述，可分解为应力张量不变量(invariants of the stress tensor)和应力偏量不变量(invariants of the deviator stress tensor)。

　　在术语在线中，根据冶金学金属加工专业，应力不变量的定义为：用数学推导的方法可以证明，对某一应力状态，当所用坐标轴任意选取时，其主应力值不变，且作用在各坐标面上的各应力分量有如式(3.36)～式(3.41)的关系，而且各式

均等于某一常量，见载于《冶金学名词》(第二版)。

2. 应力张量不变量与主应力

三个主应力按照数值大小分别称为第一主应力(first principal stress)或最大主应力 σ_1、第二主应力(second principal stress)或中间主应力 σ_2、第三主应力(third principal stress)或最小主应力 σ_3，见 1.1 节。而应力张量第一不变量(应力张量一次不变量)是三个主应力的代数和，即

$$J_1 = \sigma_1 + \sigma_2 + \sigma_3 \tag{3.36}$$

或

$$J_1 = \sigma_x + \sigma_y + \sigma_z \tag{3.37}$$

应力张量第二不变量(应力张量二次不变量)是三个主应力两两相乘的和：

$$J_2 = -(\sigma_1\sigma_2 + \sigma_2\sigma_3 + \sigma_3\sigma_1) \tag{3.38}$$

或

$$J_2 = -(\sigma_x\sigma_y + \sigma_y\sigma_z + \sigma_z\sigma_x) + \tau_{xy}^2 + \tau_{yz}^2 + \tau_{zx}^2 \tag{3.39}$$

应力张量第三不变量(应力张量三次不变量)是三个主应力的代数积：

$$J_3 = \sigma_1\sigma_2\sigma_3 \tag{3.40}$$

或

$$J_3 = \sigma_x\sigma_y\sigma_z + 2\tau_{xy}\tau_{yz}\tau_{zx} - \sigma_x\tau_{yz}^2 - \sigma_y\tau_{zx}^2 - \sigma_z\tau_{xy}^2 \tag{3.41}$$

3. 应力偏量不变量

当然，也存在应力偏量第一不变量(应力偏量一次不变量)是三个偏应力的代数和：

$$J_1' = \sigma_x' + \sigma_y' + \sigma_z' = 0 \tag{3.42}$$

应力偏量第二不变量(应力偏量二次不变量)为

$$J_2' = \frac{1}{6}[(\sigma_x - \sigma_y)^2 + (\sigma_y - \sigma_z)^2 + (\sigma_z - \sigma_x)^2] + \tau_{xy}^2 + \tau_{yz}^2 + \tau_{zx}^2 \tag{3.43}$$

应力偏量第三不变量(应力偏量三次不变量)为[6]

$$J_3' = \begin{vmatrix} \sigma_x' & \tau_{xy} & \tau_{xz} \\ \tau_{yx} & \sigma_y' & \tau_{yz} \\ \tau_{zx} & \tau_{zy} & \sigma_z' \end{vmatrix} \tag{3.44}$$

同理，式(3.42)～式(3.44)也各等于某一常量。

3.4　应力的状态性

3.4.1　应力状态和复杂应力

在术语在线中，根据冶金学金属加工专业，应力状态(stress state)的定义为：物体内某点所受应力的状态，亦即物体在此处原子受力被迫偏离其平衡位置的状态；平面应力状态(plane stress state)的定义为：通过一点的单元体上，所有应力分量位于某一平面内，而垂直于该平面的方向上的应力分量为零的应力状态，见载于《冶金学名词》(第二版)。

应力状态是处于平衡状态下变形体内部的应力状况。变形体内各处的应力情况一般是不同的，描写任一点处的应力状态，需用作用于该点的九个应力分量(三个正应力、三对剪应力)来表示。根据剪应力互等定律，实际上表示一点的应力状态，只需要独立的六个应力分量。

单向应力状态(unidirectional state of stress 或 state of uniaxial stress)是只有一个主应力不为零的应力状态；二向应力状态(plane state of stress 或 state of biaxial stress)或平面应力状态(state of plane stress)是有一个主应力为零的应力状态；三向应力状态(three-dimensional state of stress 或 state of triaxial stress)或空间应力状态是三个主应力均不为零的应力状态。复杂应力是指二向应力(biaxial stress)或三向应力(triaxial stress)。

3.4.2　位移应力、持续应力、形变应力、膨胀应力、管道应力和管系应力

在管道应力分析中，结构中的应力常称为管道应力或管系应力，其中存在不少有别于压力容器的应力概念。

1. 位移应力和许用位移应力范围

在《工业金属管道设计规范》(GB 50316—2000(2008 版))[88]标准关于管道应力分析中，持续应力 σ_L 是指管道中由压力、重力和其他持续载荷产生的纵向应力之和，它不应超过材料在最高温度下的许用应力 $[\sigma]_h$。持续应力由持续载荷维持，强调的是应力的连续存在，不一定是恒定应力。计算最大位移应力 σ_E 不应超过许用位移应力范围 $[\sigma]_A$[89]。其中，纵向应力可分为纵向压应力、纵向弯曲应力及其他应力。《ASME 锅炉及压力容器规范》2012 年版的动力管道标准[90]中也有相同表达，使用了许用位移应力范围(displacement stress range)的概念，用 S_A 表示；另外，文献[89]和[91]指出，《ASME 锅炉及压力容器规范》2012 年版中工艺管道

标准[92]、动力管道标准[90]与液态烃和其他液体管线输送系统标准[93]、气体输送和分配管道系统标准[94]等五项标准中，关于许用位移应力范围的计算公式完全不同。这是因为规范 B31.1 和 B31.3 主要是防止二次应力的疲劳破坏，其许用应力公式是基于安定性分析得出的[89,91]，而 B31.4 和 B31.8 的二次应力校核则仍旧以管道强度破坏为基准。管道应力计算中，该规范 B31 标准系列的应用及比较还可见文献[95]。

规范 ASME B31.1—2012 中，位移应力是指结构自我约束引起的应力，必须通过位移满足一定的应变，而不是平衡外载荷。该规范的持续应力则是指必须满足内部和外部包括力和力矩的平衡状态的强制应力，没有自限性。热应力不属于持续应力。按该规范计算的位移应力和持续应力都属于"有效"应力，其通常低于理论预测或者应变片检测的结果。

规范 ASME B31.4—2012 中还包含埋地管道的计算，埋地管道由于土壤弹性力和摩擦力的作用可视为完全约束的直管管道，其二次应力也就是由热膨胀受阻引起的，需要计算的是由热引起的纵向应力减去内压引起的纵向应力。

规范 ASME B31.1—2012 中有一个未分配的应力(unassigned stress values)的概念。管道中特别是海洋底管道，有一个在位应力和在位强度的概念。

2. 形变应力和膨胀应力

管件或承压设备零部件在成形过程中，是应力作用使材料发生塑性变形从而成为所需要的结构形状，这种成形作用的应力就是形变应力。无论冷压成形或热压成形，都需要控制材料的形变应力。对于冷压成形，材料在相对低的温度下其屈服强度较高，固然需要较高的成形应力，但是也要注意冷作硬化引起的脆性导致成形过程开裂。对于热压成形，某一构件成形所需形变应力的大小与合适的成形操作温度范围有关，过热的温度会损伤材料，强度弱化，也会导致成形过程开裂。文献[96]分析了利用中频感应加热方法弯制高等级弯头时的开裂现象，由于加热温度过高，加之中频加热的趋肤效应，钢管近表面发生过热乃至过烧，晶界结合力严重弱化，弯头管坯在弯制形变应力作用下开裂。

在管道安装过程中经常根据经验并结合理论计算预先施加给管道一定的弹性变形，以其产生预期的初始位移和应力，达到降低初始热态下管端的作用力和力矩，也可以用来防止操作法兰连接处受力过大而导致密封面泄漏，这种施工技术称为冷紧(cold spring)，又称为冷拉。根据法国核电标准系列 RCC 的分支规范 RCC-M 中[97]C3673 的内容：在没有冷紧或者各个方向上冷紧百分比相等的管系中，热反作用力 R_h 和冷反作用力 R_c 的计算公式分别为

$$R_{h} = \left(1 - \frac{2}{3}C\right)\frac{E_{h}}{E_{c}}R \tag{3.45}$$

$$R_{c} = \begin{cases} \max R_{h} \\ \max\left(1 - \frac{S_{h}}{S_{c}}\frac{E_{c}}{E_{h}}\right)R \end{cases} \tag{3.46}$$

并满足条件, 即

$$\frac{S_{h}}{S_{c}}\frac{E_{c}}{E_{h}} < 1 \tag{3.47}$$

式中, C 为冷紧比, 取值 $0 \sim 1$, 无冷紧时为 0, 100%冷紧时为 1; S_{c} 为膨胀应力; S_{h} 为设计温度下材料的基本许用应力; E_{h} 为热态弹性模量; E_{c} 为冷态弹性模量; R 为满足膨胀变化范围的最大反作用力, 按以下公式计算[98]:

$$R = kAE\alpha \tag{3.48}$$

式中, k 为由管系形状确定的柔性参数; A 为管导横截面面积; E 为基于计算的保守性取冷态(也就是室温)下 100%冷紧的弹性模量; α 为从安装工况到操作工况的热膨胀系数。

如果没有预先施加给管道一定的弹性变形, 那么可能存在自冷紧现象。当由热膨胀产生较大的初始应力时, 管道运行初期的初始应力可能超过材料的屈服强度而发生塑性变形, 或在高温持续作用下, 管道上产生应力松弛或发生蠕变现象, 在管道重新回到冷态时, 管道中就会产生与初始应力方向相反的应力, 这种现象称为自冷紧。

3. 高频低应力

顶张力立管是广泛使用在海上石油和天然气勘探开采领域的重要装置, 连接着海面的海洋平台和海底采集树。在波浪、剪切流和平台随机激励等多因素共同作用下, 顶张力立管的主要失效模式之一是涡激振动疲劳, 因此其设计和安全评估中使用了高频低应力的概念。其中, 横向高频低应力是导致立管上部位置疲劳损伤累积的主要原因; 顺流向的高频低应力对立管中部位置疲劳损伤累积有一定的影响, 尤其在海况等级较高时不能忽略[99]。

3.4.3 稳定应力、变化应力、波动应力、稳态应力、瞬态应力、固定应力、平衡应力和自平衡应力

1. 应力的稳定性和均衡性

由不随时间而变化的载荷引起的应力(场)也不随时间而变化, 称为稳定应力

或者恒定应力，可简称恒应力，侧重应力的固定不变，反之是变化应力。稳定应力不一定是数值均匀的应力，但必定是静态或动态均衡的应力。动态均衡的应力似乎不易理解，装置开车时介质沿着管道流动，未到之处的管道就不产生应力，所到之处的管道产生应力，管道上某一截面处从无应力到有应力就是一种动态，管道上从这一端先有应力到另一端也有应力同样是另一种动态，但是介质流过之后管道任何截面处的应力状态都是相同的，这就是均衡性，因此称为动态均衡的应力。压力容器薄壁结构上应力的均衡性可通过结构的对称性来实现[100]。

正弦波动载荷虽然具有规则的变化规律，其引起的应力也属于变化应力[5]。但是这样的一个波动应力可以分解为一个稳定应力分量和一个交变应力分量，此时的稳定应力即平均应力[101]。稳定应力因其静态或动态均衡一定是稳态应力，交变应力因其重复不变的动态唯一性也可以是稳态应力。

瞬态应力也称为"瞬时应力"，顾名思义是指某一时刻或者短时内的应力变动状态，细分很广，包括温度及其他各种载荷引起的冲击应力，也包括仅以时间标志一个过程中的特定应力，如投料开车瞬间的应力等。

steady stress 除翻译为稳定应力外，也有剩余应力的意思。不过在中文里剩余应力倾向被认为是残余应力的意思，只不过剩余应力一词多用于复合结构、螺栓连接等结构受力分析中，残余应力一词多用于材料组织受力分析中。

关于应力腐蚀(stress corrosion)，可根据金属所受应力的不同分为固定应力腐蚀和交变应力腐蚀，在交变载荷下，腐蚀大大降低了疲劳强度，故交变应力腐蚀又称腐蚀疲劳(corrosion fatigue)[102]。

对于理想的弹塑性材料，材料的屈服应力和流动应力都是一个恒定应力，其大小不变。

2. 应力的平衡性

应力的平衡性有别于应力的均衡性。弹性理论由整体平衡经过微单元体平衡发展到质点平衡，平衡应力是其中一个基本的概念，也是内涵变化的概念。文献 [102] 研究发现，微单元体平衡与质点平衡是不等价的，而是具有质的区别，反映在如下三方面。一是微单元体的平衡无论微单元体取得多么微小，都要考虑其上力所直接作用的面积大小，必须用应力与面积相乘所得到的力建立平衡，不能直接用应力建立平衡关系；对于无大小及面积要求的一个质点，则可以忽略面积因素(或者在平衡方程中消除)，直接应用其建立平衡关系。二是作用在微单元面积上的力有正应力和剪应力之分，而作用在质点上的力则没有。三是现行弹性力学理论用微正六面体做力学模型，求得各方向上的应力，这些应力仍然是微单元体的平衡应力，不是三向应力状态下的质点平衡应力。据此进一步分析，等直杆拉伸时其斜截面上的正应力及剪应力是保证部分体平衡的应力，而不是保证其斜截面上质点的平衡应力。斜截面上的正应力和剪应力都小于质点平衡应力。与此同时，二向纯拉伸应力状态下的质点平衡应力是微单元体平衡应力的 2 倍。微单元体的主应力不是其上质点的极值应力，而质点平衡应力才是极值应力。二向拉伸没有单向拉伸安全。由质点平衡推导出新的拉伸-剪切公式解释了拉伸-剪切比压缩-剪切更容易破坏的试验现象。

分析设计标准关于热应力的表述中指出，热应力之一就是由结构内部温度分布不均匀或材料热膨胀系数不同引起的一种自平衡应力。

在疲劳设计的应力计算中，位于潜在裂纹区的应力分布可以由一个平衡等效的结构应力和自平衡应力来表示，其中的自平衡应力可以通过引入特征深度 t_1 进行评估[7]。其他关于自平衡应力的叙述见 2.2.6 节和 4.1.5 节。

残余应力也是一种在构件内部自相平衡的内应力(见 4.4 节残余应力主题)，它总是拉伸应力和压缩应力成对地存在[78]。

结构体在某一载荷域内任意变化的外载荷力作用下，静力安定定理可以描述如下：如果能找到一个与时间无关的自平衡应力场 $\rho(x,t)$，它与给定载荷范围内的任意外载荷所产生的弹性应力场 $\lambda\sigma^E(x,t)$ 相加后处处不违反屈服条件，则结构安定，也就是在数次循环后结构的响应表现为完全的弹性行为[103]。

3.4.4 静应力和动应力

1. 静应力

构件在工作过程中虽然受到外载荷的作用但却产生不随时间而变化的应力称为静应力(static stress)，或者说在静载荷作用下出现的应力是静应力。静载荷是指载荷由零逐渐而缓慢地增长至最后值，并且长时间保持不变的载荷，在加载和卸载过程中加速度可略去不计。静应力是稳定应力的一种。

在分析应力循环时，当对称系数 $R=+1$ 时，交变应力幅为零，而平均应力就是循环应力中的最大应力值，也称为"静应力"，可认为是交变应力的一个特例[16]。

2. 动应力

如果构件或其承担的重物是在运动状态而具有加速度时，在构件内将出现随时间而变化的应力称为动应力(dynamic stress, dynamic load stress)、动荷应力或变动应力(varying stress)。在《机械设计手册》中，动荷应力也简称动应力[104]，包括构件做等加速运动、等角速转动、等角加速度转动、变加速运动和平面运动等几种情况引起的应力。动应力还包括前面所述的振动应力、波动应力和后面将要述及的脉动应力、紊动应力，以及如下几种应力。

(1) 冲击应力。偶然性的冲击，例如，管道中的水锤冲击阀门或盲板、复合板生产中的爆炸焊接等引起的应力；长期性的冲击，例如，进口流体冲刷壳体、高速液流经过弯管时其中的硬质颗粒对外拱内壁的撞击等引起的应力，可能对结构产生疲劳破坏。某些冲击应力称为撞击应力，强烈的冲击还会在设备中引起应力波和反回波等复杂的应力状态。声应力本来是岩土勘测中的力学概念，美国学者将这个概念引入管道支管接头的疲劳研究中，用来检测管道振动的影响[105,106]，并提出了声应力增强因子(acoustic stress intensification factor)的概念[106]。

(2) 直线加速应力。例如，设备安装过程的急速起吊、直立储罐液位的大幅急剧升降等引起的应力。

(3) 滚动应力和转动应力。转动应力，例如，流体经过弯头时转向加速度引起的应力，经过弯管的流体因存在转角加速度，会施给弯管内壁一个动应力，但是该动应力的数值可以大小不变，而只是方向随着转角改变。对弯头壳壁整体来说，不同位置处各点动应力的大小和方位都变化不同，属于变动应力；对弯头壳壁某种分区来说，离心力对壳壁的作用可能存在面对称、相似性或其他规律性；对弯头壳壁某点位置来说，该点动应力的大小和方位都不变，属于稳定应力，体现一种动态平衡的稳定性。列管式热交换器换热管与管板的管接头机械胀接是一个多因素的受力过程，胀支在换热管内壁的接触主要是滚动，所以引起滚动应力。在滚动过程中，周期性载荷可简单区分为脉动拉伸载荷、交变循环载荷和脉动压缩载荷。

(4) 滑动应力。换热管与折流板管孔之间的接触主要是滑动。在滑动摩擦过程中，接触表层内同时作用着剪应力和正应力。最大剪应力是变应力，它对表层内裂缝的萌生有决定性意义。正应力是脉动循环的变应力，它使裂缝不断扩展。圆柱形滚子在平面上滚动时接触面的切应力分为对称循环变应力和脉动循环变应力两种[24]。

(5) 流动应力。在术语在线中，根据冶金学金属加工专业，流动应力(flow stress)的定义为：加工体内任一单元发生由弹性向塑性状态过渡所需的单向应力状态下的真实应力，即单向拉伸的屈服极限，见载于《冶金学名词》(第二版)。反映材料屈服过程的流动应力即流变应力，这是与由外载荷引起的动应力是两个不同的概念，材料的流动应力主要由其自身力学性能所致，计算动载荷构件的强度时，由于忽略了材料性能的变化，仍可采用静载荷情况下的强度指标[80]。

3.4.5　平台应力和动态应力

新功能材料研究中针对材料结构的力学行为，需要描述新的应力概念，或者借用已有的应力概念描述新的应力表现。

例如，开胞泡沫金属属于多胞材料，可用于散热型换热器以及预防冲击的耗能安保结构。在冲击动力学中，多胞材料面内压缩的典型应力-应变曲线基本上由三个阶段组成。第一阶段响应是线弹性的，当达到临界应力时，线弹性阶段结束；而此临界应力的水平在很大的应变范围内几乎保持不变，即第二阶段的平台区域，类似于金属材料单向拉伸应力-应变曲线中的塑性平台段；第三阶段由于胞元已被压实，应力会随应变急剧增加。其中，第一阶段的临界应力等于胞元某方向的弹性屈曲应力与胞壁材料的弹性模量之比，第二阶段的平台区域所对应的应力称为平台应力(plateau stress)，平台应力和压实应变(densification strain)是冲击现象中与能量吸收密切相关的两个参数[107]。

多位学者通过不同胞元结构数值仿真模拟出经验公式，平台应力与压缩速度的平方有关，反映速度对平台应力的强影响，表现出动态应力[107]。

3.4.6　奇异应力和应力奇异

应力奇异(stress singularities)性是指受力体由于几何关系，在求解应力函数时出现的应力无穷大，视作一种奇异应力(erratic stress)。由于任何物体都是有一定的强度的，不可能出现应力无穷大，所以在实际结构中是不会出现应力奇异的。应力过大，使得物体产生裂缝或热能，将能量释放出去。应力奇异在断裂力学中很常见。线弹性断裂力学中的裂缝尖端就是一个应力奇异点[13]，通过内聚力的假设，可使裂尖应力的数学求解过程不出现奇异。

陈登丰在介绍欧盟非火压力容器标准时，讨论到容器的哪些部位需要对结构不连续的过渡段进行应力评定以及是否符合规范要求，也提到奇异应力和应力奇异这两个概念。如果构件连接是圆滑过渡的，则评定应力可以在靠近连接处的一排元件上进行(或者沿着连接处的节点进行)。如果连接是尖棱过渡的，则进行应力评定时，为不受缺口效应的影响，必须与连接处有一足够的距离。这样，可不必把奇异应力进行线性化。

进行安定性校核必需的线弹性计算时，在建立无角焊缝模型的特定点上会出现应力奇异。为避免应力奇异，可采用以下方法：如采用二维有限元模型，在建立焊缝模型时可使角焊缝两端与焊接影响区连接；如采用三维有限元模型，在建立焊缝模型时可使角焊缝表面凹入焊缝内部，形成圆滑过渡。

3.4.7　满应力、饱和应力、过载应力和超应力

满应力准则遵循的设计思想是：结构的每一构件至少在一种载荷工况下应力达到饱满。该方法由于具有直观性、设计修改步骤简单、计算量小、迭代次数不依赖设计变量等优点，在优化领域得到广泛的应用和改进。根据满应力准则和板壳结构的应力与内力的关系，文献[108]推导了求解板壳结构满应力设计的迭代关

系式。满应力准则类似于等强度准则，也可以应用于承压设备设计。

明显区别于满应力和超应力，饱和应力主要是土力学中相对于土地三相体系而对其中应力的称谓，饱和土属于二相体系，因此把饱和土中的有效应力简称饱和应力。在金属拉伸中，流动应力曲线和应力-应变曲线本质上都是应力为随变量的曲线，但是因为流动应力超出了弹性范畴，曲线的变量取值成分可以有区别。一般来说，流动应力时，常将弹性部分省略掉，这也是有时流动应力曲线不是从零应力开始，而是从弹性区间结束后开始的原因。当然，也可以不把其弹性部分省略掉，偶见把此时所指的流动应力曲线中的应力形象化地看作未曾削减的饱和应力。可见该概念只涉及承压设备的一个窄点，偶然在承压设备业内交流中遇到饱和应力(saturated stress)一词[84]，为避免与土力学中的概念混淆，作者不建议在承压设备专业中推广使用该词。业内传统上通过正文的描述、字母标志和线图已可以清晰地表达应力或应变是否包含弹性部分。

超应力(hyper stress，over stress)是指超过设计控制限度的应力，此种情况下，如果不能通过改善结构或调整载荷来降低应力，还可以通过材料强化或自增强处理使结构承受超应力作用。

过载应力或者过度应力简称过应力，基本概念与超应力相同，但是与过盈应力不同。过载应力是设备设计和运行时要避免的，过盈应力是设备制造时人为利用其优点而施加的。《ASME 锅炉及压力容器规范》2013 年版第七卷中采用了excessive stress (过度应力)和 over stressing (超应力)一词。《力学名词》中录有过应力(over-stress)一词，但未知其确切含义。

关于过载应力，从疲劳角度来说，金属在高于疲劳极限的应力水平下运转一定周次后，其疲劳极限或疲劳寿命缩短，造成过载损伤。对于一定的金属材料，引起过载损伤，需要有一定的过载应力与一定的应力循环周次配合，即在每一过载应力下，只有过载运转超过某一周次后才会引起过载损伤。从冲击角度来说，瞬时过载引起的应力曲线似尖峰状。从静载角度来说，过载引起的是塑性变形或开裂。

3.4.8　高应力和低应力

1. 应力的高低

构件中应力水平的高低是一个相对材料强度来说的概念。1972 年，联邦德国AD 规范首先在低温压力容器技术中，把使用温度和应力水平联系在一起综合考虑。进入 20 世纪 80 年代，随着断裂力学的不断发展和低温压力容器应用范围日益扩大，世界各国压力容器标准规范均对低应力工况提出处理措施，当时的定义见表 3.2。材料如果有足够的断裂韧性，容器就不会发生低应力脆性破坏[73]。

表 3.2　低应力定义

规范名称	低应力定义
美国《ASME 锅炉及压力容器规范》 第八卷第 1 册	低温下的工作压力低于设计压力的 50%
法国非直接火压力容器规范	低温下的工作压力低于水压试验压力的 25%
英国 BS 5500	分为 $\sigma < \frac{2}{3}[\sigma]$ 和 $\sigma < 50\,\mathrm{MPa}$ 两种定义
联邦德国 AD 规范	分为 $\sigma < \frac{3}{4}[\sigma]$、$\sigma < \frac{1}{2}[\sigma]$ 和 $\sigma < \frac{1}{4}[\sigma]$ 三种定义
日本 JIS B 8240 冷冻设备用 压力容器	低温下的工作压力低于设计压力的 40%
中国 GB/T 150.3—2011	"低温低应力工况"是指低温操作条件下，容器或其受压元件的拉伸薄膜应力小于材料许用应力 $[\sigma]^t$ 与相应焊缝系数 ϕ 的乘积，且钢材最低屈服强度不大于 450 MPa 的工况

没有文献对高应力的概念提出严格的定义，虽然也不能把表 3.2 所定义的低应力范围之外的应力全部列入高应力的范围，原因在于也许存在中间的过渡应力范围，但是在讨论到表中相应的低温低压力或低应力工况下的具体结构时，高应力的概念是清晰的，例如，该工况下的固定管板式换热器，管板周边与壳体连接处是高应力处。

2. 低应力断料与断料应力

有学者创造性地把材料低应力脆断现象应用于机械加工工艺中，将防止断裂转化为谋求断裂，称为"断裂设计"[109]，是产生于 20 世纪 80 年代初建立在断裂力学基础上的、能实现固体材料连续界面快速和规则分离的先进加工工艺方法[110]，其中包含断料应力的概念。由此可见，低应力的概念在设备设计和加工中都是很有价值的。

3.4.9　蠕变应力、有效蠕变应力、松弛应力、等效蠕变应力和单轴蠕变试验应力

1. 塑性变形和蠕变

塑性变形和蠕变都是金属材料的许多物理现象之一，两者的变化都会引起金属物理性能和力学性能的变化。人们在长期的科学研究和工程实践中，都分别建立和发展了塑性力学和蠕变力学这两个固体力学的重要分支。

当作用在物体上的外力取消以后，物体的变形不能完全恢复，而产生一部分永久变形时，即塑性变形；当物体受恒定的外力作用时，其应力与变形随时间变

化的现象则为蠕变。据此，塑性变形与蠕变之间、塑性力学与蠕变力学之间是有根本区别的。随之，塑性曲线与蠕变曲线之间、塑性极限与持久强度极限或蠕变极限之间、塑性变形机理与蠕变变形机理之间本质上是不同的，这些理论都已经由试验证实并经受了工程实践的检验。

但是，高温下塑性变形和蠕变可以存在统一模型，文献[111]对此进行了综述。如果从变形的表现上看，蠕变变形除了其第一阶段中的一小部分可以恢复，其他部分或其他阶段的蠕变都与塑性变形一样，是不可恢复的，由此可以看出两者之间的共同之处。实际上，热塑性随时间因素的变化即蠕变。一维应力下的五个蠕变理论中，塑性滞后理论认为蠕变情况也有后效现象，并且变形是属于塑性的，卸载后变形不可能完全恢复，这种有后效的弹塑性体不管是在加载过程还是在卸载过程，应变都是时间的函数且由瞬时变形和后效两部分组成。

多维应力蠕变理论中，也有与多维应力塑性变形本构关系概念上相似的全量型蠕变理论及米泽斯型增量蠕变理论，这方面的理论早在 20 世纪 30 年代就由国外学者进行了研究。由于蠕变属于不可逆变形，通常遵循塑性理论的发展，一般是从形式上把塑性理论推广到蠕变情况，然后验证理论的可靠性。因此，从蠕变理论的发展史上也可看出其与塑性力学的关系[112]。在一般的研究中，没有把蠕变应力(creep stress)区分为一维蠕变应力和多维蠕变应力。

美国学者把蠕变定义为[11]：应力不变或者减小而变形却继续增加的现象。它通常用于表示金属在高温下受拉时的性能。材料在承受压力时发生同样的屈服，通常称为塑性流动或者简称流动。在大气温度下因承受持续的弹性应力而发生的蠕变有时称为漂移或者弹性漂移。

2. 有效蠕变应力

文献[113]基于 ASME 规范对高温压力容器的高温疲劳强度设计方法进行了比较，并介绍了标准中 NH 分卷高温部件最大累积非弹性应变计算的简化方法，将部件的预期寿命分为 N 个时间段，每个时间段内的有效蠕变应力 σ_c 为

$$\sigma_c = ZS_{yL} \tag{3.49}$$

式中，σ_c 为有效蠕变应力，MPa；S_{yL} 为平均屈服强度，MPa；有效蠕变应力系数 Z 的值是根据一次应力参数 X、二次应力参数 Y 的值从 Bree 图中得到的，且有

$$X = \frac{\left(P_L + \dfrac{P_b}{K_t}\right)_{max}}{S_y} \tag{3.50}$$

$$Y = \frac{(Q_R)_{max}}{S_y} \tag{3.51}$$

式中，P_L 为一次局部薄膜应力，MPa；P_b 为一次弯曲应力，MPa；K_t 为蠕变引起的外层纤维弯曲应力减少系数；S_y 为屈服强度，MPa。

3. 应力松弛

根据计算所得的结构总应变幅 $\Delta\varepsilon_t$ 和结构在设计寿命周期内的温度高于蠕变温度的时间 Δt，从等时应力-应变曲线中确定结构在 Δt 内不同时刻所对应的应力值，就可以得到基于整个设计过程的松弛应力-时间曲线，整个过程的松弛应力应不低于最小应力的下限值[110]。

在稳态工作和瞬态工况中的高温容器都会出现沿容器壁厚的温度梯度，引起热应力。由于蠕变作用，这些热应力会逐步松弛并向稳态蠕变的应力分布过渡，经过足够长时间的初步运行之后，尽管仍然存在温度梯度，但是容器壁中只存在内压引起的应力；压力容器用合金钢的蠕变和松弛性能是高度非线性的，而且在结构的该应力区能量耗散非常快，为了保持平衡，初始的弹性应变和位移需要重新分布[114]。分析设计新标准修改稿的第 5 部分中就使用了松弛应力一词。

4. 等效蠕变应力

文献[115]～[117]介绍了如何利用小冲孔蠕变试验数据对在役高温构件进行寿命预测。如图 3.19 所示，以小冲孔蠕变试验和单轴蠕变试验结果拟合的 Larson-

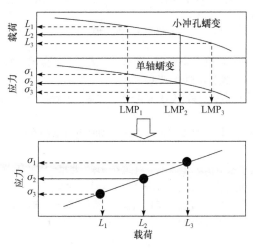

图 3.19　小冲孔蠕变试验载荷与单轴蠕变试验应力的关系

Miller 参数为基础，建立小冲孔蠕变试验载荷 $F(N)$ 与单轴蠕变试验应力 $\sigma(Pa)$ 之间的关系，为

$$F = K\sigma \tag{3.52}$$

式中，K 为与材料相关的常数，m^2。

蠕变应变可由诺顿方程确定，即

$$\varepsilon_c = A\sigma^n t \tag{3.53}$$

式中，ε_c 为等效蠕变应变；σ 为等效蠕变应力；t 为时间；参数 A 和 n 可根据单轴蠕变试验和已有的材料手册获得。

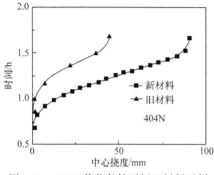

图 3.20　404N 载荷条件下新旧材料试样变形曲线

同时，引入初始蠕变损伤因子 D_0，满足

$$1 - D_0 = \frac{S_{\text{in-service}}}{S_{\text{new}}} \tag{3.54}$$

式中，$S_{\text{in-service}}$ 为图 3.20 所示在役材料曲线下的面积；S_{new} 为新材料曲线下的面积。

基于等效损伤理论，新材料等效应力 $\bar{\sigma}$ 和通过小冲孔蠕变试验的在役材料等效应力 σ 之间满足如下关系，即

$$\bar{\sigma} = \sigma(1 - D_0) \tag{3.55}$$

式中，$\bar{\sigma}$ 可以由式(3.52)获得，进而将式(3.55)求得的在役材料等效应力 σ 代入式(3.53)，便达到了仅通过小冲孔蠕变试验对在役高温构件进行寿命预测的目的。

参 考 文 献

[1] 全国锅炉压力容器标准化技术委员会. 钢制压力容器——分析设计标准(2005 年确认)(JB 4732—1995)[S]. 北京: 新华出版社, 2007.

[2] 全国压力容器标准化技术委员会. GB 150—89 钢制压力容器(三)标准释义[M]. 北京: 学苑出版社, 1989.

[3] 冯刚宪, 李春林. 消减与均化焊接残余应力的振动时效方法简介[J]. 材料开发与应用, 1990, (6): 11-16.

[4] 彼德森 R E. 应力集中系数[M]. 杨乐民, 叶道益, 译. 北京: 国防工业出版社, 1988.

[5] 余国琮. 化工容器及设备[M]. 北京: 化学工业出版社, 1980.

[6] 安徽省机械工程学会. 机械工程词典[Z]. 合肥: 安徽科学技术出版社, 1987.

[7] 沈鋆. ASME 压力容器分析设计[M]. 上海: 华东理工大学出版社, 2014.

[8] Liu C, Shen J B, Lin C H, et al. Effects of initial stress state on the subsurface stress distribution after ultrasonic impact treatment on thick specimens[J]. The Journal of Strain Analysis for Engineering Design, 2021, 56(7): 443-451.

[9] Inge L. Stress concentration factors at welded connections between tubular sections and a transverse plate[J]. Journal of Offshore Mechanics and Arctic Engineering, 2021, 143(4): 1.

[10] 杨 W, 布迪纳斯 R. 罗氏应力应变公式手册[M]. 7 版. 岳珠峰, 高行山, 王峰会, 等, 译. 北京: 科学出版社, 2005.

[11] Holl D L. Analysis of thin rectangular plates supported on opposite edges[D]. Bull: Iowa State College, 1936.

[12] Westergaard H M. Stresses in concrete pavements computed by theoretical analysis[J]. U. S. Dept. of Agriculture, Bureau of Public Roads, 1926, 7(2): 25-35.

[13] Batura A, Orynyak I, Oryniak A. Semianalytical method for the SIF calculation for a crack of arbitrary shape in infinite body[C]. Proceedings of the ASME Pressure Vessels & Piping Conference, Anaheim, 2014.

[14] 徐芝纶. 弹性力学(上册)[M]. 4 版. 北京: 高等教育出版社, 2006.

[15] 张帆, 赵建平. $Cr_{25}Ni_{35}Nb$ 钢乙烯裂解炉管剩余寿命预测[C]. 第八届全国压力容器学术会议, 合肥, 2013.

[16] 龚斌. 压力容器破裂的防治[M]. 杭州: 浙江科学技术出版社, 1985.

[17] 薛明德, 杜青海, 黄克智. 圆柱壳开孔接管在内压与接管外载作用下的分析设计方法[C]. 第七届全国压力容器学术会议, 无锡, 2009.

[18] Tao J Y, Rayner G. Creep fatigue crack initiation assessment for weldment joint using the latest R5 assessment procedure[J]. Procedia Engineering, 2015, 130: 879-892.

[19] 谢铁军, 刘学东, 陈钢, 等. 压力容器应力分布图谱[M]. 北京: 北京科学技术出版社, 1994.

[20] 刘应华, 陈立杰, 徐秉业. 复杂结构塑性极限分析的修正弹性补偿法[C]. 第七届全国压力容器学术会议, 无锡, 2009.

[21] 航空工业部科学技术委员会. 应力集中系数手册[M]. 北京: 高等教育出版社, 1990.

[22] 张栋. 机械失效的痕迹分析[M]. 北京: 国防工业出版社, 1996.

[23] 陆明万, 张雄, 葛东云. 工程弹性力学与有限元法[M]. 北京: 清华大学出版社, 施普林格出版社, 2005.

[24] 姜公锋, 张亦良, 孙亮, 等. 缺陷结构极限承载能力确定的宏微观方法研究[C]. 第七届全国压力容器学术会议, 无锡, 2009.

[25] Carlucci A, Li J, Mcirdi K, et al. A non-isotropic approach to predict fatigue crack growth of embedded flaw in engineering criticality assessment[C]. Proceedings of the ASME Pressure Vessels & Piping Conference, Anaheim, 2014.

[26] 龙旦风, 黄成海, 向东, 等. 基于应力转换的内螺纹高周疲劳强度分析方法[J]. 机械工程学报, 2016, 52(21): 166-174.

[27] 龙旦风, 黄成海, 徐卫国, 等. 基于简化模型仿真的内螺纹应力分析方法研究[J]. 计算力学学报, 2016, (6): 939-945.

[28] 陆明万, 寿比南, 杨国义. 压力容器应力分析设计方法的进展和评述[C]. 第七届全国压力容器学术会议, 无锡, 2009.

[29] 俞树荣, 张宝今, 张镜清. 压力容器典型联接边缘应力计算[J]. 甘肃工业大学学报, 1989, 15(4): 17-23.

[30] Dong J, Chen X D, Fan Z C, et al. Life-prediciyion method for two-step fatigue load under high

temperature[C]. Proceedings of 12th International Conference on Pressure Vessel Technology, Jeju Island, 2009.

[31] 全国压力容器标准化技术委员会. 钢制压力容器——分析设计标准(JB 4732—1995) [S]. 北京: 中国标准出版社, 1995.

[32] 王新敏. ANALYSIS 工程结构数值分析[M]. 北京: 人民交通出版社, 2007.

[33] 沈鋆, 刘应华. 压力容器分析设计方法与工程应用[M]. 北京: 清华大学出版社, 2016.

[34] Xu S X, Cipolla R C, Lee D R, et al. Improvements in article A-3000 of appendix a for calculation of stress intensity factor in section XI of the 2015 edition of ASME Boiler and Pressure Vessel Code[C]. The 14th International Conference on Pressure Vessel Technology, Shanghai, 2015.

[35]《化工设备设计全书》编辑委员会. 超高压容器设计[M]. 上海: 上海科学技术出版社, 1984.

[36] 王俊民, 唐寿高, 江理平. 板壳力学复习与解题指导[M]. 上海: 同济大学出版社, 2007.

[37] Kikuchi M, Yamada S, Serizawa R, et al. Internal crack growth simulation using S-version FEM[C]. Proceedings of the ASME Pressure Vessels & Piping Conference, Anaheim, 2014.

[38] 潘家华, 郭光臣. 油罐及管道强度设计[M]. 北京: 石油工业出版社, 1986.

[39] 阿英宾杰尔 A Б, 卡麦尔什捷英 A Г. 干线管道强度及稳定性计算[M]. 肖冶, 催东植, 戚本明, 译. 北京: 石油工业出版社, 1986.

[40] 苑世剑, 王仲仁, 王海. 环壳液压胀形过程的研究[J]. 塑性工程学报, 1998, 5(2): 50-54, 124-125.

[41] 孙博华. 细环壳钱伟长方程的精确解[J]. 力学与实践, 2016, 38(5): 567-569.

[42] 钱伟长. 应用数学与力学论文集[M]. 南京: 江苏科学技术出版社, 1979.

[43] 李杰, 张小文, 杨玉强, 等. 拉伸位移下波纹管外压周向塑性的极限承压表征[C]. 第十五届全国膨胀节学术会议, 南京, 2018.

[44] 孙博华. 环壳百年忆张维[J]. 力学与实践, 2013, 35(3): 94-97.

[45] 钟玉平, 段玫, 李张治. 波纹管周向稳定性安全研究[C]. 第十五届全国膨胀节学术会议, 南京, 2018.

[46] Maeng W Y, Kim U C, Choi B S, et al. Evaluation of the improvement of the PWSCC resistance of alloy 600 with the Zn injection in high temperature water at 360℃ using hump specimen[C]. Proceedings of 12th International Conference on Pressure Vessel Technology, SCC1-3, Jeju Island, 2009.

[47] Ou K S, Zheng J, Luo W J, et al. Heat and mechanical response analysis of composite compressed natural gas cylinders at vehicle fire scenario[J]. Procedia Engineering, 2015, 130: 1425-1440.

[48] 全国锅炉压力容器标准化技术委员会. 钢制球形储罐(GB/T 12337—2014)[S]. 北京: 中国标准出版社, 2015.

[49] 郑津洋, 陈志平. 特殊压力容器[M]. 北京: 化学工业出版社, 1997.

[50] 方洪渊. 焊接结构学[M]. 北京: 机械工业出版社, 2008.

[51] Procter E, Beaney E M. Recent developments in center-hole technique for residual-stress measurement[J]. Experimental Techniques, 1982, 6(6): 10-15.

[52] 李广铎, 刘柏梁, 李本远. 由应力集中引起的孔边塑性变形对小孔松弛法测定焊接残余应

力精度的影响及其修正方法[J]. 大连铁道学院学报, 1984, 5(1): 81-92.

[53] 王家勇. 钻孔法测量残余应力时双向等应力下孔边塑性变形对残余应力分析的影响[J]. 哈尔滨科学技术大学学报, 1987, (4): 114-119.

[54] 邓志伟, 李俊伟. 应力多轴度对机械零部件破坏的影响研究[J]. 机械制造, 2009, 47(7): 69-72.

[55] 温建锋, 轩福贞, 涂善东. 高温构件蠕变损伤与裂纹扩展预测研究新进展[J]. 压力容器, 2019, 36(2): 38-50.

[56] Shimakawa T, Kobayashi K, Takizawa Y. Proposal of a simplified estimation scheme for the inelastic strain behaviour based on stress redistribution locus[C]. The 10th International Conference on Pressure Vessel Technology, Vienna, 2003.

[57] Shimakawa T, Watanabe O, Kasahara N, et al. Creep-fatigue life evaluation based on stress redistribution locus (SRL) method[C]. The Proceedings of the JSME Annual Meeting, 2002.

[58] 力学名词审定委员会. 力学名词[M]. 北京: 科学出版社, 1993.

[59] 桑如苞, 元少昀, 王小敏. 压力容器圆筒大开孔应力分析设计中的弯曲应力[J]. 石油化工设备技术, 2009, 30(5): 16-19.

[60] 陆明万, 桑如苞, 丁利伟, 等. 压力容器圆筒大开孔补强计算方法[J]. 压力容器, 2009, 26(3): 10-15.

[61] 陈孙艺. 异径弯管在扭矩作用下的应力及极限扭矩的验证[J]. 工程力学, 2013, 30(增刊): 347-352.

[62] Chen S Y, Liu C D, Chen J, et al. Elastic stresses and limit twisting moments of reducing elbows subject to twisting moments[C]. The 12th International Conference on Pressure Vessel Technology, Jeju Island, 2009.

[63] 张可荣, 张建勋, 黄嗣罗, 等. 大型厚壁筒体斜插弯管接头应力特征有限元快速预测[J]. 西安交通大学学报, 2010, 39(3): 68-71.

[64] 张可荣, 张建勋, 黄嗣罗, 等. 大型厚壁筒体斜插弯管结构焊接变形及其演变数值模拟[J]. 材料工程, 2011, (1): 64-67, 71.

[65] 张建勋, 刘川. 焊接应力变形有限元计算及其工程应用[M]. 北京: 科学出版社, 2015.

[66] 赵艳华, 刘津, 甘楠楠. 三点弯曲缺口梁 T 应力的确定[J]. 工程力学, 2013, 30(10): 14-18.

[67] 高玉华, 汪洋, 程长征. 广义 T 应力对裂纹应力强度因子的影响[J]. 中国科学技术大学学报, 2009, 39(12): 1319-1322.

[68] Peng W Y, Jin H J, Wu S J. Structural integrity analysis of cracked pressure vessel welds using conventional and constraint-modified failure assessment diagrams[J]. Procedia Engineering, 2015, 130: 835-844.

[69] Je J H, Kim D J, Bae K H, et al. Crack-tip stress field of fully circumferential cracked pipe under combined tension and thermal loads[C]. Proceedings of the ASME Pressure Vessels & Piping Conference, Anaheim, 2014.

[70] Mu M Y, Wang G Z, Xuan F Z, et al. Unified correlation of wide range of in-plane and out-of-plane constraints with cleavage fracture toughness[J]. Procedia Engineering, 2015, 130: 803-819.

[71] Je J H, Lee H S, Kim D J, et al. Crack-tip stress field of cracked pipe under combined tension

and thermal load[J]. Procedia Engineering, 2015, 130: 1686-1694.

[72] Ryu T Y, Choi J B, Lee K S. A study on development of optimum FE analysis model on welding stress analysis for CEDM penetration nozzle[C]. Proceedings of the ASME Pressure Vessels & Piping Conference, Anaheim, 2014.

[73] Marohl M P H. Comparison of numerical methods for calculation of vertical soil pressures on buried piping due to truck loading[C]. Proceedings of the ASME Pressure Vessels & Piping Conference, Anaheim, 2014.

[74] 薛守义. 弹塑性力学[M]. 北京: 中国建筑工业出版社, 2005.

[75] 张恩深, 钱嵘. 变截面焊接接头弯曲疲劳断裂行为研究[J]. 焊接, 1992, (7): 29-32.

[76] 刘松, 李姿琳, 关振群. 核主泵主轴机械—热耦合疲劳分析[J]. 中国核电, 2013, 6(1): 22-27.

[77] 姚虎卿. 化工辞典[M]. 北京: 化学工业出版社, 2013: 1108.

[78] 叶文邦, 张建荣, 曹文辉. 压力容器工程师设计指导手册(上册)[M]. 昆明: 云南科技出版社, 2006.

[79] 邵国华, 魏兆灿. 超高压容器[M]. 北京: 化学工业出版社, 2002.

[80] 李世玉, 桑如苞. 压力容器工程师设计指南——GB150、GB151 计算手册[M]. 北京: 化学工业出版社, 1994.

[81] Stefanovic R, Ranieri P, Dorado J I, et al. Design and analysis of flanged skirt splices for tall pressure vessel towers[C]. Proceedings of the ASME Pressure Vessels & Piping Conference, Anaheim, 2014.

[82] 梅凤翔, 周际平, 水小平. 工程力学(下册)[M]. 北京: 高等教育出版社, 2003.

[83] 陆明万. 压力容器分析设计的塑性力学基础[J]. 压力容器, 2014, 31(1): 20-26.

[84] Segle P, Eklund G, Skog M. Use of a two-rod approach for understanding ratcheting in structures[J]. Procedia Engineering, 2015, 130: 1199-1214.

[85] Gustafsson A, Möller M. Experimental and numerical investigation of ratcheting in pressurized equipment[J]. Procedia Engineering, 2015, 130: 1233-1245.

[86] Dong J H, Guo L L, Gao B J. A finite element analysis of the cyclic plasticity behavior of circumferential weld of coke drum under moving axial temperature gradient[J]. Procedia Engineering, 2015, 130: 307-321.

[87] Suresh S, Mortensen A. 功能梯度材料基础——制备及热机械行为[M]. 李守新, 等, 译. 北京: 国防工业出版社, 2000.

[88] 中华人民共和国原化学工业部. 工业金属管道设计规范(GB 50316—2000(2008 版))[S]. 北京: 中国计划出版社, 2008.

[89] 查克勇, 杨绪运, 何仁洋, 等. 管系应力计算在工业管道检验检测中的应用[C]. 第七届全国压力容器学术会议, 无锡, 2009.

[90] ASME Standard. Process piping(ASME B31. 3—2012)[S]. New York: The American Society of Mechanical Engineers, 2012.

[91] 方立. 管道应力计算中 ASME B31 标准系列的应用及比较[J]. 化工与医药工程, 2016, 37(3): 41-44.

[92] ASME Standard. Power piping(ASME B31. 1—2012)[S]. New York: The American Society of Mechanical Engineers, 2012.

[93] ASME Standard. Pipeline transportation systems for liquid hydrocarbons and other liquids (ASME B31. 4—2012)[S]. New York: The American Society of Mechanical Engineers, 2012.

[94] ASME Standard. Gas transportation and distribution piping systems(ASME B31. 8—2012)[S]. New York: The American Society of Mechanical Engineers, 2012.

[95] 宋岢岢. 工业管道应力分析与工程应用[M]. 北京: 中国石化出版社, 2011.

[96] 谢道原, 刘盛波, 吴世强, 等. 中频感应加热弯制 91 级弯头开裂分析[J]. 压力容器, 2016, 33(10): 45-49.

[97] 法国核岛设备设计和建造规则协会(AFCEN). RCC-M 压水堆核岛机械设计和建造规则[S]. 巴黎: AFCEN, 2007.

[98] 林宇生. 管道应力计算中弹性模量的选用[J]. 石油化工设计, 2008, 25(2): 37-39, 18.

[99] 王继元, 陈学东, 董杰, 等. 顶张力立管的两向涡激振动疲劳寿命时域分析[J]. 压力容器, 2018, 35(6): 15-23.

[100] 陈丽华, 沈冰, 吴洁. 有限元法在薄壁壳体零件设计中的应用[J]. 沈阳电力高等专科学校学报, 2000, (3): 61-62.

[101] 江楠. 压力容器分析设计方法[M]. 北京: 化学工业出版社, 2013.

[102] 黄双华, 韩文坝, 阮小龙, 等. 单元体的平衡与其质点的平衡不等价[J]. 应用数学和力学, 2015, 36(S1): 191-204.

[103] Gokhfeld D A, Cherniavsky O F, Jr Hodge P G. Limit analysis of structures at thermal cycling[J]. Journal of Applied Mechanics, 1982, 49(1): 259.

[104] 成大先. 机械设计手册第 1 卷[M]. 4 版. 北京: 化学工业出版社, 2002.

[105] Lin D, Prakash A, Diwakar P, et al. Acoustic fatigue evaluation of branch connections[C]. Proceedings of the ASME Pressure Vessels & Piping Conference, Anaheim, 2014.

[106] Ghosh A, Niu Y Y, Arjunan R. Difficulties in predicting cycles of failure using finite element analysis of acoustically induced vibration (AIV) problems in piping systems[C]. Proceedings of the ASME Pressure Vessels & Piping Conference, Anaheim, 2014.

[107] 余同希, 邱信明. 冲击动力学[M]. 北京: 清华大学出版社, 2011.

[108] 金雪燕, 隋允康, 杜家政, 等. 板壳结构满应力设计及在 MSC/Nastran 软件上的实现[J]. 力学季刊, 2006, 27(2): 273-278.

[109] 魏庆同, 郎福元, 董庆珍, 等. 一种新型断料工艺——应力断料的研究[J]. 机械制造, 1982, 20(9): 3-5.

[110] 萧泽新. 应力断料及其在破坏力学层面上断裂机理[J]. 桂林电子工业学院学报, 2002, 22(1): 35-40.

[111] 陈孙艺. 高温下塑性变形和蠕变的统一模型[J]. 化工装备技术, 1996, 17(2): 11-13.

[112] 穆霞英. 蠕变力学[M]. 西安: 西安交通大学出版社, 1990.

[113] 刘芳, 轩福贞. 基于 ASME 标准的高温压力容器高温疲劳强度设计方法比较[J]. 压力容器, 2017, 34(2): 14-20.

[114] 尼柯尔斯 R W. 压力容器技术进展——4 特殊容器的设计[M]. 朱磊, 丁伯民, 译. 北京: 机械工业出版社, 1994.

[115] 凌祥, 周志祥, 郑杨艳. 小冲孔试验技术研究若干进展[C]. 第七届全国压力容器学术会议, 无锡, 2009.

[116] Shan J H, Ling X, Qian Z M. Residual life assessment of in-service high temperature components by small punch creep test[C]. Pressure Vessels and Piping Conference of the ASME, San Antonio, 2008: 427-432.

[117] 凌祥, 周志祥, 解巧云. 小冲孔试验技术研究及其应用[J]. 南京工业大学学报(自然科学版), 2009, 31(2): 106-112.

第4章 量化特性的应力概念

采用多视角对应力进行分组，这样可以对应力获得更全面、更深入的认识。应该说，前两章关于应力概念的内涵特性和表观特性就是较大的主题综述，侧重于概念内容的客观描述，本章则倾向需要某种量化技术来反映复杂应力水平及其计算过程的应力概念，具体以应力的等效转化、虚拟求解、辅助参考及技术发展等四种求取方式为基准，给出了如图4.1所示的含7个二级主题的应力概念层次结构。

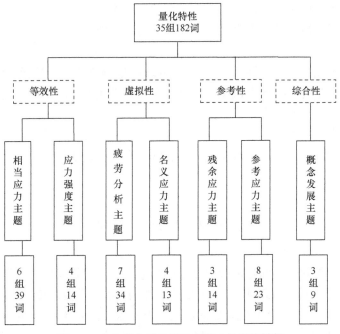

图 4.1　应力概念量化特性主题 3 的层次结构

相当应力强调的应该就是其强度，通过抽象的数理演绎推导出数值相等、效果与复杂应力成分等同的新概念。例如，设计塔壳上的连接法兰时，应同时考虑内压、轴向力和外力矩的作用，可把壳体传递到法兰上的外来弯矩等效为法兰所承受的附加内压，则法兰的当量设计压力 p_e 的计算式为[1]

$$p_e = \frac{16M}{\pi D_G^3} + \frac{4F_z}{\pi D_G^2} + p_c \tag{4.1}$$

式中，右侧的第一分项是外来弯矩 $M(\text{N} \cdot \text{mm})$ 等效的内压；第二分项是轴向力 $F_z(\text{N})$ 等效的内压；第三分项是塔壳内的介质压力 p_c，MPa；D_G 是法兰垫片压紧力作用中心圆的直径，mm。

式(4.1)中弯矩的当量设计压力转化只适用于法兰设计，如果随便把这种转化方法应用到其他结构的设计，是需要重新评估的。

应力的等效转换可能并没有得到完全转换，有些应力成分或属性丢失，也可能存在应力方向性的改变。例如，弯管在端面扭矩作用下，扭矩从弯管的端部向另一端传递的过程中，表现出逐渐转化为弯矩的力矩转化效应[2,3]，也就是说力矩的作用方向发生变化，相应的应力分布也就会发生变化；又如，按照强度理论原理，由主应力计算得到的当量应力就失去了方向性。

名义应力的虚拟性同样具有参考应力的辅助作用，如果不以这种虚拟的方式来表达超出弹性极限的应力水平，可能不容易找到恰当表达塑性应力水平的其他方法。

应力的等效性和虚拟性这两个功能都体现出对复杂应力的某种简化而便于理解，这些主题中的一些应力概念往往具有主题同义或近义的词性，因此也容易让人混淆，实际上它们是有一定区别的。

残余应力对结构疲劳的不利影响是众所周知的，大体来说，热的残余应力多是不利的，塑性变形加工的残余应力则经常是有利的，如管束管头的胀接、表面喷丸或结构预应力处理等。

4.1　相当应力主题

一般地，等效应力和当量应力是相同的概念。在《钢制压力容器——分析设计标准(2005 年确认)》(JB 4732—1995)中，如表 4-1 所示典型情况的应力分类中，"当量线性应力"就译自《ASME 锅炉及压力容器规范》2013 年版第八卷第 1 册中的 "equivalent linear stress"，反映 equivalent 的当量之义，但是它们(等效应力和当量应力)与合成应力是两个不同的概念。所谓等效，起码主矢量相同。相当或当量则往往是不同力学参数之间等价的一种换算关系，或者是工程上用来表征某些复杂而不易表达的整体集合特性。等效应力、相当应力或当量应力都是指应力概念，而不是强调它们作用于结构的某种表现效果。

例如，无缝气瓶设计时的壁厚计算是以薄壁圆筒公式和综合弹性失效准则的拉梅公式两者之一作为依据的，薄壁圆筒公式只考虑环(周)向应力，拉梅公式则考虑了作用于器壁上的三个应力,即环(周)向与轴向的拉应力和径向的压应力,并寻求确定一个单一的当量应力。又如,3.2.5 节指出扭矩在异径弯管中的传递过程表现出弯矩化效应,尚不足以建立起扭矩应力与弯矩应力的等效关系。至于《ASME 锅炉及压力容器规范》2013 年版第八卷第 1 册中的 stress conversion(应力转换),只是应力数值和单位的等效转换,不具有物理概念的等效转换。

4.1.1　相当应力和当量应力

基于当量应力的概念,可以细分出一系列概念,包括一次薄膜当量应力和二次薄膜当量应力、有效当量应力、总的有效当量应力、循环当量应力、交变当量应力、局部温差当量应力和峰值当量应力等。

1. 强度理论及其相当应力

在传统的四个强度理论中,根据不同强度理论所得到的构件危险点处复杂应力状态的三个主应力的某种组合, 与单向拉伸时的拉应力在安全程度上是相当的, 通常称这种组合的主应力为相当应力[4],或称为当量应力,且对应每一种强度理论都有各自的相当应力或当量应力的计算方法和计算公式,见表 4.1。表中的相当应力反映了其与三个主应力之间的关系,当把各个主应力与圆筒体所受压力载荷之间的关系带进去后,再整理化简,则得到当量应力与压力载荷之间的关系,圆筒的外、内直径比为 $K = D_o / D_i$。有学者把修正后的第三强度理论即莫尔强度理论称为第五强度理论[5-7],其基本假设是在最大切应力的基础上,通过系数 γ 加上正应力的影响,相当应力 $\sigma_e = \sigma_1 - \gamma \sigma_3$,系数 γ 是抗拉强度极限与抗压强度极限的比值。由此可见一个力学现象,依据不同的强度理论获得的相当应力是不同的,但是表 4.1 中各强度理论的强度条件都是 $\sigma_e \leqslant [\sigma]$ [5]。

表 4.1　四个强度理论的应力表达式

强度理论的名称及分类		相当应力 σ_e [5]	当量应力 σ_e [6]
第一类强度理论(断裂失效的理论)	第一强度理论是最大拉应力理论:认为最大拉应力是材料破坏的原因	σ_1 若 $\sigma_e = \|\sigma_3\|$, 则要求 $\|\sigma_3\| < [\sigma]_压$	$p\dfrac{K^2+1}{K^2-1}$
	第二强度理论是最大拉应变理论:认为最大拉应变是材料破坏的原因	$\sigma_1 - \mu(\sigma_2 + \sigma_3)$ 若 $\sigma_e = \|\sigma_3 - \mu(\sigma_1 + \sigma_2)\|$, 则要求 $\sigma_e < [\sigma]_压$	$p\dfrac{1.3K^2+0.4}{K^2-1}$
第二类强度理论(屈服失效的理论)	第三强度理论是最大剪应力理论:认为最大切应力是材料破坏的原因	$\sigma_1 - \sigma_3 = 2\tau$	$p\dfrac{2K^2}{K^2-1}$

续表

强度理论的名称及分类		相当应力 σ_e [5]	当量应力 σ_e [6]
第二类强度理论(屈服失效的理论)	第四强度理论是最大应变能理论，又称为畸变能理论或形状改变比能密度理论。它认为最大切应力是材料屈服的主要原因，但其他斜面上的切应力也有影响；物体在外力作用下所发生的弹性变形，既包括物体的体积改变，也包括物体的形状改变；体积改变比能和三个主应力的代数和有关，形状改变比能和三个主应力的差值有关	$\sqrt{\dfrac{(\sigma_1-\sigma_2)^2+(\sigma_2-\sigma_3)^2+(\sigma_3-\sigma_1)^2}{2}}$	$p\dfrac{\sqrt{3}K^2}{K^2-1}$

各种材料因强度不足引起的失效现象是不同的，但主要还是屈服和断裂两类。同时衡量构件受力变形程度的量又有应力、应变、能量等。强度理论是基于不同条件的假设。通常适用于某一种材料的强度理论，并不适用于另一种材料[7]。

2. 相当应力的特例

在许多情况下，三向应力往往有一项很小或等于零，即可按照平面应力状态考虑。此时相当应力表达式为

$$\sigma_r=\sqrt{\sigma_2^1+\sigma_2^2-\sigma_1\sigma_2} \tag{4.2}$$

当只有单向的正应力和剪应力作用时，相当应力表达式为

$$\sigma_r=\sqrt{\sigma_2^1+3\tau^2} \tag{4.3}$$

当受纯剪切作用时，$\sigma_r=\sqrt{3}\tau$，代入 $\sigma_r \geqslant \sigma_s$ 并取等号，得

$$\tau=\frac{1}{\sqrt{3}}\sigma_s \tag{4.4}$$

即当剪应力达到该值时，钢材进入屈服阶段，所以这个剪应力值也称为剪切屈服强度。

3. 当量应力与有效应力

表 4.1 所列当量应力是仅由内压引起的，不同外载荷引起的应力和构件残余应力的叠加应力也可以换算为当量应力。有的专著把当量应力等同于有效应力[8]，这种做法欠妥，其原因是把有效应力等同于等效应力了。当量应力只是等效应力的表达方式之一，等效应力也只是当量应力的表达方式之一，当量应力有多种表达。

分析设计新标准修改稿已把应力强度修改为当量应力，增加了当量应力

(equivalent stress)这一名词术语。

4. 当量应力与相当应力

在弹性应力分析疲劳评定中，采用的是有效当量应力，起决定性作用的有效当量应力则是总的有效当量应力，即在载荷规律中每一循环所计算的 (P_L+P_b+Q+F) 有效的总当量应力范围的一半。而每一循环所计算的循环当量应力，也就是交变当量应力，整个应力范围还包括循环时的局部温差当量应力[9]。

在多层厚壁圆筒受力分析中，第 k 层筒体中的应力是一种当量应力[10]。

文献[6]指出，基于"极限载荷"的 PTM42−62 法兰计算方法的计算应力仅是一种当量应力，并不直接反映法兰的真实应力水平，应把表 4.1 中的相当应力的直接计算结果称为当量应力。由此可见，相当应力虽然在数值上等于当量应力，一般情况下没有什么区别，业内混淆着使用。但是严格地说，两个概念的内涵是有区别的，例如，把当量应力理解为反映复杂应力状态下的塑性条件或屈服条件，按照塑性准则计算应力；而相当应力依据复杂应力状态下的强度理论，按照弹性准则计算应力，计算的结果是等效应力强度[11]，在推导计算公式时，两者的材料简化有区别。

有时，当量应力也称为应力当量，本义上当量应力强调的是应力这个词汇，而应力当量强调的是当量这个量词，两者不宜混用。

5. 当量应力范围

ASME 规范中提到的弹性棘轮分析方法使用了由一次应力和二次应力组合而成的当量应力范围，由规定的操作压力和其他规定的机械载荷及总体热效应引起，沿截面厚度的最高值推导得的当量应力范围，应包括总体结构不连续，但不包括局部结构不连续(应力集中)的影响。一次薄膜当量应力、二次薄膜当量应力和二次当量热应力都是其中的应力成分[12]。

分析设计新标准修改稿中进行疲劳分析时，给出了峰值当量应力范围的计算公式。

4.1.2　当量载荷的应力、当量主应力、当量名义应力和折算应力

1. 当量弯矩的应力

管件外弯矩与管截面当量应力有不同的转化方法，目前为止，各学者在应用 ANSYS 软件对端面上的外力矩加载有六种不同的处理方法。

第一种加载方法是在端面中心建立一个主节点(master node)，并和端面上的其他节点(slave node)组成刚性区，在主节点上建立质量单元(mass element)，力

和弯矩加在该质量单元上(欧盟压力容器标准 EN 13445 中的算例就采用了这种方法)。

第二种加载方法是把弯矩处理成面载荷,在接管断面上施加线性分布的应力梯度。施加弯矩时,根据圣维南原理,把弯矩 M 等效为作用在接管自由端面上线性分布的面力 q,该弯矩可由下式计算得到[13]:

$$M = \frac{1}{4}\pi q (0.5D)^4 \left[1 - \left(\frac{D_i}{D}\right)^4\right] \tag{4.5}$$

在 ANSYS 软件中,程序的命令流为 Define Load/Settings/For Surface Load/Gradient/Pressure/Slop Value,加载到模型端面的面力为

$$q = \frac{4M}{\pi \left(\frac{D}{2}\right)^4 \left[1 - \left(\frac{D_i}{D}\right)^4\right]} \tag{4.6}$$

第三种加载方法也是将弯矩处理成面载荷,但是在接管断面上施加余弦分布的应力梯度[14]。在对承受外弯矩作用的法兰接头进行分析时,由于其材料特性和外部载荷的不规则性,求其解析解十分繁杂,通常寻求近似解,其中用有限元分析螺栓预紧载荷下法兰垫片的应力分布时,将外弯矩 M 转化为沿接管截面圆周呈余弦分布的当量应力[15],即

$$\sigma_{eq}^M = \frac{16M}{\pi d_i (d_o^2 - d_i^2)} \cos\alpha \tag{4.7}$$

式中,d_i、d_o 分别为接管内径、外径;α 为接管横截面的圆心角。编制程序,通过 ANSYS 软件实现该式的函数加载。

第四种加载方法是对当量压力法的有限元分析,即将外弯矩转化为当量压力叠加于内压,进行内压下的有限元计算,并比较其结果和理论计算结果[14]。结果表明,两种方法的垫片应力值均偏高,尤其是后者因假设法兰是刚性的,不考虑法兰、螺栓和垫片三者承载时的整体性和协调性,误差较大。当量压力法的计算基础是力与力矩的平衡方程,该方法的主要优点是计算简单,无论什么类型的垫片均能给出保守的设计计算结果。但是,若考虑法兰和垫片的刚度,当量压力法则不能准确计算螺栓载荷的变化及垫片应力的分布,因此也不可能根据不同类型垫片进行法兰接头的优化设计。若欲改进螺栓法兰接头的设计方法,最重要的是建立一种简单的计算方法,从而较准确地计算外弯矩下螺栓载荷的变化及垫片应力的分布。

第五种加载方法是在直管的端部截面节点或单元上施加与管轴线平行的纵向力。

第六种加载方法是在直管的端部节点或单元上施加与管轴线垂直的横向力。由于施加的是集中力，计算中往往收敛困难；同时存在另一个问题，直管端部的大偏转会引起该横向力作用力臂长度的变化，难免使当量弯矩产生误差。因此，不推荐采用该方法。

不过，现在 Workbench 中可以方便、直观地施加弯矩[12]，而不再需要通过等效载荷来实现。

2. 其他当量载荷的应力

等效静力风载荷是指将该载荷以静力形式作用在结构时产生的响应与实际风载荷产生的动力最大响应相同。其理论的基本思想是将脉动风的动力效应以与其等效的静力形式表达出来，从而将复杂的动力分析问题转化为易于被设计人员接受的静力分析问题。

3. 当量主应力和当量名义应力

有时在结构寿命评估时，应用到当量应力 σ_{eff} 或当量主应力[16]。

飞机结构强度的耐久性分析与结构寿命评估相关。1995 年，王志智等在福建泉州召开的第四届全国结构工程学术会议上，以"基于当量名义应力的耐久性分析的特征应力法"为题，阐述了基于当量名义应力的新的结构耐久性分析的特征应力法。

2013 年，在新疆乌鲁木齐召开的第 22 届全国结构工程学术会议上，董登科等以"结构耐久性分析的当量名义应力法"为题，更加完整地综述了有关该方法的研究成果。有些设备的运行历程非常复杂，其承受载荷谱一般为随机载荷谱，因此结构疲劳寿命分析用载荷谱为复杂的随机载荷谱，这样才能反映真实结构的实际使用历程，使分析结果较可靠。一般在常幅载荷谱作用下，结构局部应力集中部位的应力-应变和名义应力水平有对应关系；在随机载荷谱作用下，若高载的作用使结构局部进入塑性状态，则高载后局部塑性的影响改变了这种对应关系，在拉伸性的高载荷作用下，会导致基于结构细节疲劳特征值的疲劳分析结果过于保守，在压缩性的高载荷作用下又会偏危险。而当量名义应力是通过计算结构细节处承受高载后的真实应力-应变，利用材料的名义应力和局部应力-应变之间的关系而获得的应力。当量名义应力也就是结构危险部位在变幅载荷作用下的各局部应力-应变水平对应的相同寿命的常幅名义应力水平，利用结构细节疲劳特征值疲劳分析方法可计算结构细节处的疲劳寿命。从理论上讲，这种方法既考虑了局部塑性的影响，又利用了试验得到的结构细节疲劳特性，使得细节疲劳特征值方法能够适用于各种载荷作用下的疲劳分析。

4. 折算应力

文献[17]和[18]则在结构设计计算中直接应用了折算应力的概念。全国锅炉压力容器标准化技术委员会组织学习《钢制压力容器——分析设计标准》(JB 4732—1995)时，把表 4.1 中的相当应力的直接计算结果称为折算应力 σ_r，由于钢材是比较理想的弹塑性体，第四强度理论根据形状改变比能来确定复杂应力状态的屈服条件，且与单向拉伸时的屈服强度 σ_s 比较：当 $\sigma_r < \sigma_s$ 时，钢材处在弹性状态。当 $\sigma_r \geqslant \sigma_s$ 时，钢材处在塑性状态。

由表 4.1 中第四强度理论的相当应力表达式可知，当 σ_1、σ_2、σ_3 为同号且数值相接近时，即使它们都远大于 σ_s，但是折算应力 σ_r 仍可以小于 σ_s，钢材还没有进入塑性状态。当三向应力均为拉应力时，直到破坏也没有产生明显的塑性变形，即钢材处于脆性状态，破坏属于脆性断裂。当三向应力均为压应力且数值相接近时，材料既不进入塑性状态，也不会断裂，而且几乎不可能破坏。当主应力中有一个异号，且其他两个同号应力数值相差较大时，折算应力 σ_r 可能大于 σ_s，钢材较容易进入塑性状态，破坏将呈现塑性破坏的特征。

在英文中，折算应力、当量应力和等效应力共用同一单词 equivalent stress。

4.1.3 有效应力、表观应力和净应力

在不同的力学范畴中，有效应力的定义根据表达的需要略有变化。

1. 有效应力与应力不变量

在塑性力学中，在分析扭转的应力特点时，为了简化表示复杂的应力或应变状态，常使用应力和应变不变量，如塑性的应力-应变曲线也就是流变曲线。用应力和应变不变量表示时，不管应力状态如何，可以得到近似相同的曲线。例如，当用应力不变量表示应力，应变不变量表示应变，单向拉伸试验的流变曲线可以和承受内压的薄壁圆管在扭转时得到的流变曲线相重合。在扭转试验时，常用的应力不变量称为有效应力，以 $\bar{\sigma}$ 表示，常用的应变不变量称为有效应变，以 $\bar{\varepsilon}$ 表示，它们和主应力、主应变的关系为[19]

$$\bar{\sigma} = \frac{1}{\sqrt{2}}[(\sigma_1 - \sigma_2)^2 + (\sigma_2 - \sigma_3)^2 + (\sigma_3 - \sigma_1)^2]^{\frac{1}{2}} \tag{4.8}$$

$$\bar{\varepsilon} = \frac{1}{\sqrt{2}}[(\varepsilon_1 - \varepsilon_2)^2 + (\varepsilon_2 - \varepsilon_3)^2 + (\varepsilon_3 - \varepsilon_1)^2]^{\frac{1}{2}} \tag{4.9}$$

2. 有效应力与当量应力

有效一次应力是能够产生与热棘轮作用所导致的最终达到恒定时相同变形量的一种当量应力。棘轮作用产生的变形开始最大,随后逐渐变小,一定次数后达到恒定。将恒定时的累积变形记作 ε_f,则有效一次应力的大小等于 ε_f 在材料应力-应变曲线中对应的应力值[20]。

3. 有效应力与表观应力

在损伤力学中,假设材料的损伤表现在承受力的有效面积 A_e 比原面积 A 减少,有效应力 σ_e 定义为

$$\sigma_e = \frac{A}{A_e} \sigma \tag{4.10}$$

式中, σ 为表观应力(apparent stress)[21]。假定损伤对应变的影响只通过有效应力来体现,也就是说,损伤材料的本构方程只需要把原始(无损伤)材料的本构方程中的应力改为有效应力即可。若表观地看问题,则可以认为损伤体现在弹性模量的降低上。实际上,上述假设就是等效应变假设,即表观应力作用在损伤材料上引起的应变与有效应力作用在无损伤材料上引起的应变相等。

美国学者定义表观应力为[22]:根据单轴应力假设,与某一单位应变相对应的应力;它等于单位应变乘以弹性模量,由于不计横向应力的影响,它可能不同于真实应力。由此可见,单位应变的应力并不能想当然地定义为单位应力。

在术语在线中,出自《海峡两岸化学工程名词》(第二版)的"视应力"被规范为"表观应力"。

4. 土体有效应力的参考

承压设备内的压力介质通过非金属密封垫密封时,存在介质在垫中的渗透现象,也存在渗透泄漏的可能;按照《石墨制压力容器》(GB/T 21432—2021)制造的个别石墨零部件,在内压引起的高水平拉伸应力作用下也可能存在介质向石墨渗透的可能,这两种现象在某种程度上类似于水在土中的渗透。鉴于有效应力原理在土力学理论发展中的提出是土力学发展成为一门独立学科的标志,文献[23]简介了文献[24]关于饱和土有效应力原理的一些错误理解的分析,以便在比较中加深对有效应力这一概念的认识。该文基于土颗粒与水相互作用的分析,给出了土体中有效应力的物理含义,即单位截面的土体中土颗粒骨架所传递的有效载荷,其大小等于总应力与孔隙水压力之差。利用土体的力平衡方程,一方面证明了Terzaghi 饱和土有效应力原理,并分析了该原理的适用范围;另一方面证明了Bishop 非饱和土有效应力原理,解释了参量 χ 的物理含义,将这两个原理统一在

一个力学框架下，从理论上说明了 Terzaghi 饱和土有效应力原理是 Bishop 非饱和土有效应力原理在有效饱和度 $\chi=1$ 时的特例，并分析了 Bishop 非饱和土有效应力原理的适用范围。由此可见，文献[23]在结合载荷条件和土性条件两个角度对饱和土有效应力分析中，其实也提出了孔隙水压力影响土体力学特性的机理。

5. 流体有效应力

有效应力原理在流体力学理论中也得到了快速发展。饱和与非饱和颗粒材料由众多颗粒与其间充满或部分填充液体的孔隙组成，它在宏观尺度通常模型化为饱和或非饱和多孔连续体。人们最初提出了单相流体中饱和多孔介质力学的有效应力定义，并将有效应力概念推广到含两相或多相不可混孔隙流体的非饱和多孔介质中，以便建立多孔介质中静力和动力响应流固相耦合作用的控制方程[25]。

6. 有效应力与净应力

在考虑损伤效应时，实际应力必须表示为与有效承载面积相关的内力分布集度，称为净应力或有效应力。具体如净截面应力、剩余净应力、净截面平均应力，以及最大净应力(maximum net stress)等，参见 3.1.4 节。

4.1.4　塑性等效应力、等效应力、等时应力、等应力和等效力

1. 标量性的等效应力

在塑性理论中，(塑性)等效应力或应力强度的定义与前面的有效应力相同，即表 4.1 中屈服失效的理论相当应力表达式，对于单向拉伸状态有 $\sigma_e = \sigma$，也就相应有等效塑性应变或当量塑性应变的概念。可见，在某种意义上，采用等效应力就将原来的复杂应力状态转化为具有相同"效应"的单向拉伸应力状态。

不过，等效应力只是为了应用方便而引入的一个量，并不表示作用在某个面上的应力[21]。无论是用米泽斯屈服准则，还是用特雷斯卡屈服准则计算的塑性等效应力，该应力结果都只是正的，没有负的，是一个标量结果，并没有力的方向性指示。米泽斯应力的意义就在于从整个分析模型中显示最危险的区域，但是由于是标量，并不能在其中显示哪些地方是受到拉伸应力，哪些地方受到压缩应力，也无法显示某些区域到底是主应力占主导，还是剪应力占主导，而这些细节往往在某些分析类型中是必不可少的，由此可见其局限性。

2. 矢量性的等效应力

通常所说的某种具体结构在一定载荷作用下的等效应力大多是一个矢量，

具有方向性。例如，在圆柱壳开孔补强分析法中应用到的等效薄膜应力和等效总应力[26]，或等效薄膜应力强度 S_{II}、等效总应力强度 S_{IV}(这两项统称为圆筒开孔补强等效应力)和局部薄膜应力强度、最大薄膜应力强度等概念[27]。这是因为等面积补强的目的就是弥补开孔削弱的壳体强度，而该处壳体在开孔前承受的主要是薄膜应力。

矢量性的等效应力又可以通过等效拉应力、等效压应力、等效剪应力的概念来表达其方向性。

3. 等效应力与边界载荷

在对压力容器进行局部模型的应力分析时，常需要在模型中筒体或接管的横截面上施加内压作用在筒体或接管端部的等效载荷，以此作为载荷边界条件，从这种转换的性质来说，该端部边界应力具有一种等效性，但是通常不称为等效应力，而只称为等效力或等效载荷，以便与塑性力学复杂应力状态屈服理论中早已定义的等效应力概念相区别，不过其单位仍是 MPa。

4. 等效剪应力或剪应力强度

等效剪应力或剪应力强度的定义式为

$$T = \frac{1}{\sqrt{6}}[(\sigma_1 - \sigma_2)^2 + (\sigma_2 - \sigma_3)^2 + (\sigma_3 - \sigma_1)^2]^{\frac{1}{2}} \tag{4.11}$$

在纯剪切条件下，$\sigma_1 = \tau$、$\sigma_2 = 0$、$\sigma_3 = -\tau$，于是得 $T = \tau$。可见，在某种意义上，采用等效剪应力就将原来的复杂应力状态转化为具有相同"效应"的纯剪应力状态[21]。

5. 等效应力与应力强度

按照前面的叙述，相当应力也是等效应力。屈服准则的应力值有时也称为等效应力，例如，从有限元模型分析的后处理软件中读取模型的米泽斯等效应力，或特雷斯卡等效应力。又如，文献[28]从希尔(Hill)正交各向异性体二次屈服函数出发，可以导出各向异性板应力强度(等效应力)与应变强度(等效应变)的两组表达式。显然，等效应力与应力强度等同，或者说等效应力是应力强度的另一种表达方式。

6. 等应力

等应力是一个只有唯一内涵的概念。在金属基复合材料力学分析中，由于各个相的应力不相等，应变也不相等，可以通过"等应力"的概念建立模型来研究复合材料的刚度[29]。等应力强调应力的模拟功能，侧重于应力的等效性。

7. 等时应力

等时应力是与蠕变有关的概念。随着温度的升高，材料的屈服点和弹性模量均下降。同时，在持续外加力载荷的作用下，材料变形也随着时间的增加而增大，这种变形是塑性变形，变形将伴随材料的应变强化过程。另外，金属材料在高温下还发生蠕变，在蠕变的初始阶段，应变强化效果将强于蠕变软化的变形效果，蠕变引起的应变速率将呈现随时间增加而下降的趋势。但是在很短的时间段后，蠕变即会进入第二阶段。在高温长期作用下，材料的软化效果越来越明显，直到软化效果与强化效果相当时，两者相互抵消，材料的应变速率将不变，此现象在第二阶段的应变-时间曲线上呈现为一段直线。而在蠕变的最后阶段，软化效果逐渐超过应变硬化效果，应变-时间曲线出现向上的反曲，直至材料断裂。通过试验检测，可以绘制得到试样在不同应力水平下的蠕变应变-时间曲线，组成一组曲线族，其中每一条曲线对应的某一个应力水平在测试中是不变的，称为等应力下的蠕变应变-时间曲线；等应力是指应力水平的数值不变，侧重于应力的等值性，只是一个应力数值。在此基础上，为了方便对比研究以及进行工程应用，可以将这些曲线族转化为等时间下的应力-应变曲线族，在同一时间下各条曲线对应不同的应力水平，这些应力值就可以作为一组，理解为等时应力。

结果是，等时应力-应变曲线在直角坐标系中的形状类似于圆棒试样常温拉伸的应力-应变曲线。而等时应力-应变曲线族中，每一条曲线对应一个时间，时间较短时测算绘制的曲线位于曲线族的上部，应力水平较高；时间较长时测算绘制的曲线位于曲线族的下部，应力水平较低，这是长时间蠕变后应力松弛的表现。

等效热应力是另一个与温度有关的概念。

8. 两个应力状态的等效应力

对于不同的应力状态，八面体切应力的方向不同，所以当计算两个应力状态叠加(或相减)后的等效应力时，例如，计算一次加二次应力的等效应力或疲劳分析中计算循环载荷峰值状态与谷底状态间等效应力的循环幅值时，必须先把 6 个应力分量对应相加(相减)，然后计算等效应力，而不能先计算等效应力再把两个状态的等效应力相加[30]。

9. 等有效应力

在术语在线中，归属冶金学学科的等有效应力(effective stress, equivalent of effective stress)的定义为：将复杂应力状态折合成单向应力状态的当量应力，随应力状态不同而变化，又称应力强度，见载于《冶金学名词》(第二版)。显然，等有效应力就是等效应力。

4.1.5　当量结构应力

1. 结构应力法

结构应力法基于网络不敏感部位的分析计算而提出，是 21 世纪初 ASME 新规范重写中的前沿技术之一[12]，主要应用于疲劳设计，其基本思想是从断裂力学的观点出发，认为焊接接头的疲劳失效完全是裂纹不断扩展造成的后果；其优点是将名义应力范围转化为当量结构应力范围之后，使得在双对数坐标系中试验数据的分散性得到显著的改善[31]。

应力线性化有三种方法：应力积分法(包括连续单元的应力线性化方法和壳体单元的应力线性化方法)、以节点力为基础的结构应力法(包括连续单元的节点力结构应力法和壳体单元的节点力结构应力法)和以应力积分为基础的结构应力法，这些不同方法所定义的结构应力的计算公式及计算说明可参考文献[9]。

2. 裂纹区的结构应力或结构应力范围

位于潜在裂纹区的应力分布可以由一个平衡等效的结构应力和自平衡应力来表示。其中，等效的结构应力是薄膜应力和弯曲应力中与潜在裂纹平面相垂直的应力分量，由薄膜和弯曲分量组成。该应力分量与疲劳寿命数据相关联，为真实应力，与断裂力学中的等效远场应力 σ^∞ 或广义名义应力相对应。而其中的自平衡应力可以通过引入特征深度 t_1 进行评估[12]。

3. 焊缝疲劳分析的等效结构应力幅

焊缝部位由于存在几何或材料上的缺陷，通常会发生应力集中，它也是压力容器中最容易发生破坏的薄弱环节。《ASME 锅炉及压力容器规范》引入由美国著名科技研发公司 Battelle 的美籍华裔工程师 Dong 研究的可以相对准确计算焊缝疲劳寿命的最新方法——结构应力法，该方法又称为 "mesh-insensitive structural stress method" (MSS 法)，即"网格不敏感"结构应力计算方法[32]。这种结构应力法被 ANSYS/FE-SAFE 软件中的 VERITY 模块采用，基于有限元分析软件 ANSYS 的静力分析结果，可用于焊缝疲劳寿命的计算。

结构应力法通过在焊趾节点处建立局部坐标系，将节点载荷等效为该坐标系下的线载荷，求解出焊趾处各节点的结构应力；在断裂力学 Paris 准则的基础上推导出一条主 *S-N* 曲线，该曲线以等效结构应力幅为参数，进行焊缝疲劳寿命预测。

结构应力法针对板壳、实体等结构连接形式，通过一系列专用后处理过程修正计算结果，最终的结果不具有网格敏感性，同时，只要有限元模型能够合理地表示出构件的几何特征，结构应力的结果将与单元的类型无关，壳单元与实体单元建模得到的疲劳寿命相差不大。采用一个统一的"主 S-N 曲线"预测焊接疲劳，这条主 S-N 曲线使用一个"等效结构应力幅参数"的概念，将各类焊接方式的疲劳分析合而为一，通过对比分析数千个焊接疲劳试验数据，涵盖各种不同的焊接类型、焊板厚度、载荷模式等，验证了结构应力法具有极好的预测效果[33]。

有学者对回流罐上手孔与罐体之间的焊缝疲劳寿命进行评定发现，采用不同的网格大小所得到的焊缝疲劳寿命差别很小，由此验证了结构应力法的网格不敏感性。采用壳单元和实体单元建模并计算疲劳寿命，发现结果相差较小，可见结构应力法受到单元类型的影响也较小[34]。

4. 结构主应力

对确定的 ANSYS 有限元模型分别采用最高、最低工作载荷加载求解，在应力强度云图上找到最高总应力节点，沿节点厚度选取路径，提取薄膜应力加弯曲应力的应力强度，其中的主应力就是结构主应力[35]。

5. 横向结构应力和纵向结构应力

文献[36]指出，前人诸多研究均认为焊接结构疲劳裂纹在焊趾处沿焊缝方向萌生并垂直于焊缝方向张开，垂直于焊缝方向的应力分量是主要控制因素，并在称该应力分量为横向结构应力的前提下，基于结构应力的计算原理，针对在焊接接头截面局部受纵向作用力明显的构件，提出一种纵向结构应力概念及合理的构造方法，以评定其疲劳破坏。

4.1.6 当量线性应力、线性化应力、线性应力和非线性应力

1. 当量线性应力

当量线性应力是指沿厚度与实际应力分布具有相同纯弯矩的线性分布应力[37]。例如，圆筒中由径向温度梯度所引起的当量线性应力，属于总体热应力。图 4.2 示意了外壁应力水平高、内壁应力水平低的非线性分布应力，经线性化等效为弯曲应力[38]。

2. 线性化应力与当量线性应力相同

应力的等效线性化处理的真正目的是用扣除峰值应力的方法来寻找压力容器部件中的最大"结构应力"，即处理后得到的薄膜加弯曲应力。这正是欧盟标准只谈结构应力而不提峰值应力的原因[30]。文献[39]指出，薄膜应

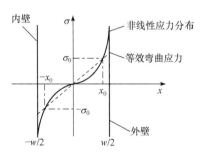

图 4.2　非线性应力的线性化示意图

力和弯曲应力分别是一次应力和二次应力，通过静力等效原理沿着考察路线(面)对结构中的总应力进行线性化而得，它们各自或者两者之和沿着考察路线(面)的分布都是线性的，属于线性应力。其中，薄膜应力是沿壁厚 δ 的平均值，为

$$(\sigma_{ij})_{\mathrm{m}} = \frac{1}{\delta}\int_{-\delta/2}^{\delta/2}\sigma_{ij}\,\mathrm{d}x \tag{4.12}$$

弯曲应力是沿壁厚线性分布的应力成分，为

$$(\sigma_{ij})_{\mathrm{b}} = \frac{12x}{\delta^3}\int_{-\delta/2}^{\delta/2}\sigma_{ij}x\,\mathrm{d}x \tag{4.13}$$

在内外壁最大与最小弯曲应力为

$$(\sigma_{ij})_{\mathrm{b}}^{*} = \pm\frac{1}{\delta^2}\int_{-\delta/2}^{\delta/2}\sigma_{ij}x\,\mathrm{d}x \tag{4.14}$$

线性应力为

$$(\sigma_{ij})_{\mathrm{L}} = (\sigma_{ij})_{\mathrm{m}} + (\sigma_{ij})_{\mathrm{b}} \tag{4.15}$$

非线性应力为

$$(\sigma_{ij})_{\mathrm{F}} = (\sigma_{ij}) - (\sigma_{ij})_{\mathrm{L}} = (\sigma_{ij}) - [(\sigma_{ij})_{\mathrm{m}} + (\sigma_{ij})_{\mathrm{b}}] \tag{4.16}$$

值得一提的是，既然应力的等效线性化只扣除峰值应力，那么就没有扣除二次应力。对于处理后得到的薄膜加弯曲应力，在有限元分析软件的结果输出表中即标记为 memberane+bending 的部分。其中，弯曲应力即标记为 bending 的部分，有时只有一次弯曲应力 P_{b}，有时可能是一次弯曲应力和二次弯曲应力之和即 $P_{\mathrm{b}}+Q$，具体视线性化所在位置而定，例如，在内压作用下椭圆封头与圆筒体的连接处的弯曲应力就是 $P_{\mathrm{b}}+Q$。但是，等效线性化处理后无法得到纯粹的二次弯曲应力 Q。

3. 非线性应力的简化

某些情况下把非线性程度不大而接近线性分布的应力通过简化处理成为线性应力，这与应力分类中按照应力成分的线性化处理不同，应力的本质是非线性应力，与线性应力对应的反面就是非线性应力。把非线性结果简化为线性结果会引起误差，在独立性检验中，只有当相关系数 R 的绝对值大于某个临界值时，才能用直线近似表示两个变量之间的关系。

分段线性应力(piecewise-linear stress)则是非线性应力的另一种简化形式[40]。

有些情况下应力本身就是线性的，不需要线性化处理，例如，单向拉伸中不考虑试样径向收缩的弹性应力大部分是线性应力，接近屈服的小部分是非线性应力。

4.1.7 应力的转换和转化

应力转换和应力转化不是指一个确切的概念，技术发展中需要进行应力转变或者换算的过程很多，满足这些需要的有效方法也很多，下面列出具有特色的几个例子。

1. 同一应力在直角坐标系和极坐标系中的转换

弹性力学中关于边界条件的提法对问题求解过程的难易程度起决定作用，通常来说，当物体的边界线和坐标线相重合时，边界条件最为简单，因此对于圆形、环形、扇形、楔形或者带小孔的物体，当需要求解应力时，选用极坐标比直角坐标更为方便[41]。当已有应力结果的情况，也可以将二维平面的 σ_x、σ_y 和 τ_{xy} 等 3 个应力分量转换成极坐标系下的 σ_n 和 τ_t 等 2 个应力分量，可根据图 4.3 所示的微单元建立力的平衡方程[42]，即

$$
\begin{cases}
\sigma_n \mathrm{d}A - \tau_{yx}(\mathrm{d}A \cdot \cos\alpha)\sin\alpha - \tau_{xy}(\mathrm{d}A \cdot \sin\alpha)\cos\alpha \\
\quad - \sigma_x(\mathrm{d}A \cdot \sin\alpha)\sin\alpha - \sigma_y(\mathrm{d}A \cdot \cos\alpha)\cos\alpha = 0 \\
\tau_t \mathrm{d}A - \tau_{yx}(\mathrm{d}A \cdot \cos\alpha)\cos\alpha + \tau_{xy}(\mathrm{d}A \cdot \sin\alpha)\sin\alpha \\
\quad - \sigma_x(\mathrm{d}A \cdot \sin\alpha)\cos\alpha + \sigma_y(\mathrm{d}A \cdot \cos\alpha)\sin\alpha = 0
\end{cases}
\tag{4.17}
$$

舍去 $\mathrm{d}A$，根据三角函数的平方公式，得

$$
\begin{cases}
\sigma_n = \tau_{xy}\sin 2\alpha + \dfrac{1}{2}(\sigma_x + \sigma_y) + \dfrac{1}{2}\cos 2\alpha(\sigma_y - \sigma_x) \\
\tau_t = \dfrac{1}{2}\sin 2\alpha(\sigma_x - \sigma_y) + \tau_{xy}\cos 2\alpha
\end{cases}
\tag{4.18}
$$

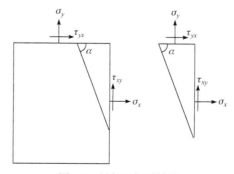

图 4.3　局部坐标系转换

2. 同一应力随着直角坐标系转动时的变换[41]

设新坐标系 $x'Oy'$ 相对于旧坐标系 xOy 沿逆时针方向转过 θ 角，如图 4.4 所示，坐标转换关系为

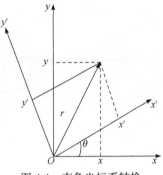

$$\begin{cases} x' = x\cos\theta + y\sin\theta \\ y' = -x\sin\theta + y\cos\theta \end{cases} \tag{4.19}$$

将 x-y 平面看作复平面可以得到复变量的转换关系，即直角坐标系转换关系的复格式。类似地，可由位移分量转换关系得到位移组合转换关系，也可由应力分量转换关系

图 4.4　直角坐标系转换

$$\begin{cases} \sigma_{x'} = \dfrac{1}{2}(\sigma_x + \sigma_y) + \dfrac{1}{2}(\sigma_x - \sigma_y)\cos 2\theta + \tau_{xy}\sin 2\theta \\[2mm] \sigma_{y'} = \dfrac{1}{2}(\sigma_x + \sigma_y) - \dfrac{1}{2}(\sigma_x - \sigma_y)\cos 2\theta - \tau_{xy}\sin 2\theta \\[2mm] \tau_{x'y'} = -\dfrac{1}{2}(\sigma_x - \sigma_y)\sin 2\theta + \tau_{xy}\cos 2\theta \end{cases} \tag{4.20}$$

得到应力组合转换关系为

$$\begin{cases} \sigma_{y'} + \sigma_{x'} = \sigma_y + \sigma_x \\ \sigma_{y'} - \sigma_{x'} + 2\mathrm{i}\tau_{x'y'} = \mathrm{e}^{2\mathrm{i}\theta}(\sigma_y - \sigma_x + 2\mathrm{i}\tau_{xy}) \end{cases} \tag{4.21}$$

文献[41]也介绍了用应力张量在旧坐标系中的九个分量 σ_{ij} 求新坐标系中九个应力分量 σ_{ij}' 的计算公式，称为应力的坐标转换公式简称应力转换公式或转轴公式；同时指出，主应力是具有客观性的物理量，它们是大小和方向都不随参考坐标系的人为选择而改变的不变量，所以经常以它们或它们的函数作为定义材料破坏准则的特征量。

另外，3.1.4 节关于点应力的分解与转换也是一种坐标转换。

3. 莫尔圆采用图形方式直观而简洁地表达了应力转换关系

莫尔圆是表达物体某一点平面应力状态的一种形式，该圆纵坐标轴为切应力，横坐标轴为正应力，最大切应力作用于平分最大及最小主应力平面夹角的正交平面上，其大小等于二主应力差的一半。或者说，莫尔圆是在以正应力和剪应力为坐标轴的平面上，用来表示物体中某一点各不同方位截面上的应力分量之间关系的图线。考虑图 4.5 中二维应力状态的转换关系，这时新基矢量 $\boldsymbol{v}_1'$、$\boldsymbol{v}_2'$ 的方向余弦为

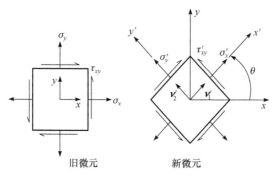

图 4.5　二维应力坐标转换

$$\begin{cases} l_1 = \cos\theta, & m_1 = \sin\theta \\ l_2 = -\sin\theta, & m_2 = \cos\theta \end{cases} \tag{4.22}$$

即坐标转换矩阵为

$$[\beta] = \begin{bmatrix} \cos\theta & \sin\theta \\ -\sin\theta & \cos\theta \end{bmatrix} \tag{4.23}$$

对二维应力状态 $\sigma_z = \tau_{yz} = \tau_{zx} = 0$，且式(4.22)以外的方向余弦均为零，则三维应力转换式(4.21)可简化为

$$\begin{cases} \sigma_x' = \sigma_x \cos^2\theta + \sigma_y \sin^2\theta + 2\tau_{xy}\cos\theta\sin\theta \\ \sigma_y' = \sigma_x \sin^2\theta + \sigma_y \cos^2\theta - 2\tau_{xy}\cos\theta\sin\theta \\ \tau_{xy}' = -(\sigma_x - \sigma_y)\cos\theta\sin\theta + \tau_{xy}(\cos^2\theta - \sin^2\theta) \end{cases} \tag{4.24}$$

利用三角函数关系改写上式中的第一式、第三式，并引入符号 σ 和 τ，得

$$\begin{cases} \sigma_x' = \sigma = \dfrac{\sigma_x + \sigma_y}{2} + \dfrac{\sigma_x - \sigma_y}{2}\cos 2\theta + \tau_{xy}\sin 2\theta \\ \tau_{xy}' = \tau = -\dfrac{\sigma_x - \sigma_y}{2}\sin 2\theta + \tau_{xy}\cos 2\theta \end{cases} \tag{4.25}$$

将第一式右端第一项移到等号左边，两式两端分别平方，再相加，得到一个应力平面 σ-τ 上的圆方程，即

$$\left(\sigma - \frac{\sigma_x + \sigma_y}{2}\right)^2 + \tau_2 = R^2 \tag{4.26}$$

其中，

$$R = \sqrt{\left(\frac{\sigma_x - \sigma_y}{2}\right)^2 + \tau_{xy}^2} \tag{4.27}$$

该圆即莫尔圆。

由图 4.6 可见，莫尔圆的圆心位于坐标原点右方距离为平均正应力 $\sigma_{\text{ave}} = (\sigma_x + \sigma_y)/2$ 的地方。每个截面上的应力状态(用正应力 σ 和剪应力 τ 表示)都对应圆上的一个点，当截面转过 θ 角时，相应的应力点在莫尔圆上按同一个方向转过 2θ 角。特别注意的是，莫尔圆规定：无论在哪个截面上，剪应力 τ 的正向都规定为由正应力 σ 正向按顺时针旋转 90° 为正，这与弹性力学的剪应力正向规定不同，而材料力学常沿用此规定。对比后不难发现，x 方向正面上的正剪应力 τ_{xy} 在莫尔圆中为负值，而 y 方向正面上的正剪应力 τ_{yx} 在莫尔圆中为正值。因此，图 4.6 中弹性力学剪应力分量 τ_{xy} 是正的，但在莫尔圆中应从 σ_x 点向下画，而从 σ_y 点向上画。

图 4.6 中，莫尔圆与 σ 轴的两个交点 σ_1 和 σ_2 分别是正应力的最大值和最小值，且相应剪应力为零，称为第一主应力和第二主应力；第一主应力的作用面在 A-A 截面按顺时针转过 θ 角的位置；莫尔圆铅垂直径与圆周的交点为剪应力最大值 τ_{max}。

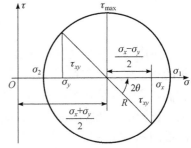

图 4.6　二维莫尔圆

4. 三维莫尔圆

文献[41]鉴于莫尔圆在工程应用中的重要性，清晰强调了弹性力学观点中莫尔圆的重要概念，以及材料力学中的二维莫尔圆推广到三维应力状态时常见工程案例应该注意的重要概念。

莫尔圆可以推广到三维应力状态，这时由三个二维莫尔圆组成，如图 4.7 所示。大圆 σ_1-σ_3、右小圆 σ_1-σ_2 和左小圆 σ_2-σ_3 分别表示当截面绕 σ_2 轴、σ_3 轴和 σ_1 轴(它们沿主应力方向，称为主轴)转动时应力点的变化轨迹。对三维应力状态，当截面绕某个主轴转动时，沿该轴的主应力将保持不变，且该主应力的大小对转动截面上的应力变化规律也没有任何影响，这时的应力转换关系与该主应力为零时由另两个主应力构成的二维莫尔圆完全相同。许多工程结构部件的最大应力往往发生在自由表面处(即已知自由表面上的主应力为零)，或者有一个主应力很容易确定的地方，寻找另两个主应力就退化为二维问题，所以经常可以用二维莫尔圆来处理工程实际问题。例如，梁内最大弯曲应力发生在梁的上下表面处(注意，不是在自由表面上，而是在垂直于自由表面的横截面上，下同)；小孔应力集中发生在孔洞侧面的自由表面处；承扭轴的最大剪应力经常发生在轴的自由表面处；压力容器内表面上的压力是一个已知的主应力。但应注意，当截面绕并非主轴的其他倾斜轴转动时，相应的应力点将落在这三个圆之间的阴影区内，确定阴影区内应力点位置的过程较复杂，工程中较少应用。

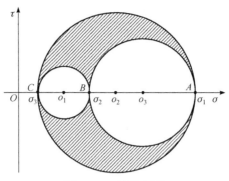

图 4.7　三维莫尔圆

主应力的有些性质可以由三维莫尔圆直接看出。例如，图 4.7 中各莫尔圆与 σ 轴的三个交点从右到左排序就是主应力 σ_1、σ_2 和 σ_3，它们对应的剪应力 $\tau = 0$；它们两两间的莫尔圆夹角都是180°，所以相互正交；任意应力点 P 在 σ 轴和 τ 轴上的投影就是相应截面上的正应力和剪应力，不难直接看出，位于大圆水平直径两端的 σ_1 和 σ_3 是正应力的最大值和最小值；剪应力 τ 的最大值就是大圆的铅垂半径，相应的正应力就是大圆圆心坐标，该截面的方向就是由 σ_1 轴逆时针转过45°角；由 σ-τ 坐标系的原点至任意应力点 P 的连线就是相应的全应力，不难看出全应力的最大值和最小值就是 σ_1 和 σ_3。

莫尔圆与主应力的关系可以换一个角度理解。过任意点的应力通常可分解成两个分量：一个与该平面的外法线平行，称为正应力(用 σ 表示)；一个与该平面平行，称为切应力(用 τ 表示)。现以 σ_s 和 τ 为变量建立平面直角坐标系，以该点的 3 个主应力($\sigma_1 > \sigma_2 > \sigma_3$)为参数画出如图 4.8 所示的图形，称为莫尔圆。

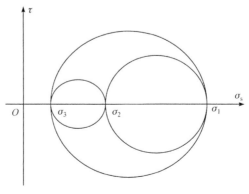

图 4.8　莫尔圆

由于表示在该坐标系中的图形都是圆，而且所表示的量又是应力，所以称其为应力圆[43]，表示复杂应力状态(或应变状态)下物体中一点各截面上应力(或应变)分量之间关系的平面图形。1866 年，库尔曼首先证明，物体中一点的二向应力状态可用平面上的一个圆表示；1882 年，该观点被德国人莫尔发展和完善[44]，故又称莫尔圆。借助应力圆，莫尔给出了一种确定过一点任意斜面上的 σ 和 τ 大小的几何方法。莫尔圆通常由三个两两相切、圆心共线的圆构成；对于两向主应力相等(包括等于 0)状态，莫尔圆是单个圆；对于三向主应力相等(包括等于 0)状态，莫尔圆是一个点，切应力为 0。莫尔圆中无法直观描述有关向量的方向，但相应的解析式弥补了这一缺陷[42]。

5. 层板形状和曲率的莫尔圆表达

莫尔圆以严格的应力解析表达式为理论根据，但圆与公式的数字转换很麻烦。若是把数学公式加以简单变换，可以发现任意方向面上的应力所满足的方程可以转换为一个圆的方程。作为几何图形，莫尔圆是应力状态直观形象的载体，人们可以通过作图的方法方便获得描述应力状态的有关参数，即图解法，这在计算工具尚不发达的年代很有价值。

在分析多层和梯度材料的热机械变形时，小变形理论一般是适用的，即离面位移相对于多层板的总厚度比较小时，可假定板中间的梯度层中板厚为零处的曲率及应变保持恒定值。很多实际情况下需要考虑大变形(尽管可以是小应变)。这些变形研究中就可以采用莫尔圆图形方式来表达层板形状和曲率，如图 4.9 所示。图中符号是小变形情况下六个自由度中的三个曲率：各自在 x 和 y 方向的两个法向曲率，$k_{xx}=k_x$ 及 $k_{yy}=k_y$，扭屈曲率 k_{xy}。六个自由度中的另三个是梯度层中板厚为零处的三个应变分量[45]。

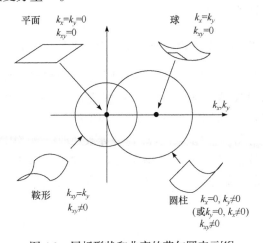

图 4.9　层板形状和曲率的莫尔圆表示[45]

6. 从概念上由主应力换算的当量应力

《钢制压力容器——分析设计标准(2005 年确认)》(JB 4732—1995)中, 应力强度是组合应力基于第三强度理论的当量强度。全国锅炉压力容器标准化技术委员会组织该标准的宣贯学习时, 专题授课老师指出, 内压作用下, 压力容器外表面的正应力为零($\sigma_r = 0$), 剪力也为零($\tau_{r\theta} = \tau_{z\theta} = 0$), 而应用有限元方法计算出的 σ_r 不会绝对等于零, 而是一个接近零的小量; 在几何不连续处, 经过应力抹平处理后 σ_r 的计算值往往较大, 如果 σ_r 的计算值和其他主应力较接近, 那么由此而计算当量应力 σ_e 时常会出错, 见表 4.2。

表 4.2　计算当量应力时的常见错误

σ_r	主应力排序	错误	正确
σ_3	$\sigma_1 > \sigma_2 > 0$, $\sigma_3 < 0$	$\sigma_e = \sigma_1 - \sigma_3$	$\sigma_e = \sigma_1$
σ_2	$\sigma_1 > \sigma_2 > 0$, $\sigma_3 < 0$	不易犯错误	$\sigma_e = \sigma_1 - \sigma_3$
σ_3	$\sigma_1 > \sigma_2 > \sigma_3 > 0$	$\sigma_e = \sigma_1 - \sigma_3$	$\sigma_e = \sigma_1$
σ_1	$\sigma_1 > 0$, $\sigma_3 < \sigma_2 < 0$	$\sigma_e = \sigma_1 - \sigma_3$	$\sigma_e = -\sigma_3$
σ_2	$\sigma_1 > 0$, $\sigma_3 < \sigma_2 < 0$	不易犯错误	$\sigma_e = \sigma_1 - \sigma_3$
σ_1	$\sigma_3 < \sigma_2 < \sigma_1 < 0$	$\sigma_e = \sigma_1 - \sigma_3$	$\sigma_e = -\sigma_3$

7. 从应力分布进行等效线性化处理

内压作用下的压力容器应力分析中, 沿壁厚方向分布的实际应力与等价的当量线性应力之差是非线性的应力, 内壁面上沿壁厚方向分布的非线性应力与当量线性应力之差就是峰值应力, 详见 4.1.6 节。

8. 从静力等效力系和自平衡力系对物体应力的影响方向来处理边界问题

在弹性力学问题的求解中, 由于工程实际的不完全确定性(只知道外来总载荷而不清楚详细分布)和数学求解的困难, 一些边界条件只能通过某种等效形式给出。静力等效原理就是把作用在物体局部表面上的外力, 用另一组与其静力等效(合力与合力矩与它相等)的力系来代替, 这种等效处理对物体内部应力-应变状态的影响将随着远离该局部作用区的距离增加而迅速衰减。局部影响原理是指由作用在物体局部表面上的自平衡力系(合力与合力矩为零)引起的应力和应变, 在远离作用区(距离远大于该局部作用区的线性尺寸)的地方将衰减到可以忽略不计的程度。

静力平衡从力的平衡角度分析物体的受力, 这是圣维南原理的实用之道。圣维南原理主要用于实心体, 大量的试验观测站和工程经验证明了圣维南原理的正确性，从直观上判断，它不仅适用于小变形情况，而且适用于大变形和非弹性变形情况[41]。圣维南原理对于刚体是完全正确的，但是对于弹性变形体一般就不等效，这需要将力系的作用范围限定在变形体局部边界内，物体内部离边界较远处所产生的作用效应才满足这种等效关系。

9. 通过应力重分布实现应力状态的转化

应力分布主要是指沿结构整体分布还是局部分布，沿壁后是均匀分布、线性分布还是非线性分布，更细致的应力分布分类见 3.1 节应力的分布性。应力重分布是指从原来的应力分布中(不是均匀分布)减去一个自平衡力系，使最大应力水平降低，而低应力区的应力水平有所提高，如图 4.10 所示，原来的图 4.10(a)分布加上图 4.10(b)分布后得到图 4.10(c)分布。不同的应力分布具有不同的应力重分布(或者重分配)能力，应力重分布是在截面进入塑性变形后开始的，它可以提高承载能力[39]。

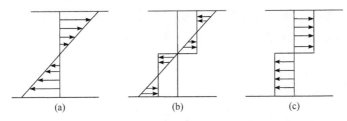

图 4.10　应力重分布示意图

在术语在线中，来自煤炭科学技术学科煤矿开采专业的采动应力(mining-induced stress)的定义为：受采掘影响在岩体内重新分布后形成的应力，又称再生应力，俗称次生应力，见载于《煤炭科学技术名词》；来自水利科学技术学科岩石力学专业的二次应力场(secondary state of stress)的定义为：硐室开挖后围岩中重新分布的应力场，又称围岩应力场，见载于《水利科学技术名词》。显然，这里的再生应力与承压设备结构的应力重分布的含义是不同的，二次应力与承压设备结构的二次应力的含义也是不同的。

10. 通过载荷的等效性实现应力的等效

例如，ANSYS 将面力解释为追随力，将节点力解释为恒定力，这是在力的作用方向上具有不同特点的两种力，如何将面力等效为节点力施加到有限元分析模型上，就需要载荷的等效性来实现。又如，利用圣维南原理把位移边界转化为等效的力边界。波纹管除了通常的柱失稳和平面失稳之外，还有周向失稳的问题，其表现为外压作用下波纹管材料产生突然的扭曲，波纹迅速发生严重皱褶、波峰踏陷或者波谷外鼓。文献[46]针对周向失稳问题构建环梁模型，探讨了通过刚度把波纹管位移载荷转化成力的等效方法，为应力求解及其安全评定打下了基础。

把求解温度应力的问题转化为求解受等效外力载荷作用的问题，这种转化提供了一种温度应力比拟试验方法。比拟试验方法是一种试验应力分析方法，它根据两种物理现象之间的比拟关系，通过一种较易观测物理现象的试验，模拟并研究另一种难以观测试验物理现象的方法。

4.2　应力强度主题

前面多处出现了应力强度的概念，并且指出应力强度是当量应力的结果，如2.3.7 节和 2.4.5 节。虽然分析设计新标准修改稿已把应力强度修改为当量应力(随之而来，一次总体薄膜应力强度修改为一次总体薄膜当量应力等)，设计应力强度修改为许用应力，但是应力强度的概念还有许多其他合适的应用，这里专门以应力强度为主题进行讨论。一般来说，某种应力、该应力强度及其应力强度值三者是没有明显区别的，除非有特指，如疲劳分析中应力强度是指应力强度幅。另外，应力强度与等效应力或相当应力的等效，则只是从应力水平的角度，就概念而言，应力强度有更广的外延。

4.2.1　强度理论及其应力

强度是指构件承受外力而不发生破坏的能力[47]。通俗地说，强度只是指材料对塑性变形和断裂的抗力；具体地说，同一种材料的强度随试验条件的不同而检测出不同意义的强度数值，如室温准静态拉伸试验检测屈服强度、流变强度、抗拉强度、断裂强度等，压缩试验检测抗压强度，弯曲试验检测抗弯强度，疲劳试验检测疲劳强度，高温条件静态拉伸试验检测持久强度。有美国学者[22]定义强度(strength)为特别的应力极限数值，指出：根据一些规定，材料在这一数值下会终止工作；并建议对照持久极限(疲劳强度)、持久强度、极限强度、屈服强度等概念进行理解。

显然，上述从材料能力的角度所描述的强度是指材料强度，与材料抵抗失效的方式有关，而应力强度则是反映应力水平高低的另一个概念，与应力的计算方法相关。

应力强度是用于判断材料应力状态的一个控制参数，当材料由弹性状态转入塑性状态时，应力强度通过当量组合应力计算，作为判断的量。因此，可以说应力强度是弹塑性力学和塑性力学中的概念，用于简单地描述复杂的应力状态。与这个量值对应的条件值则是材料的拉伸断裂准则[48]。

压力容器是处于多轴向应力状态的，故压力容器的屈服并非受某一应力分量支配，而是受所有应力分量的某种组合支配。大多数公式设计的规则是采用特雷斯卡准则，但分析设计方法要求多轴向屈服(multiaxial yield)有更为精确的计算公式。把多轴向屈服数据与单轴向屈服数据联系起来的最为常用的理论是米泽斯屈服准则和特雷斯卡屈服准则。ASME 采用的是特雷斯卡屈服准则，因为它比米泽斯屈服准则略微保守，且易于使用。通常在求应力强度的解析解时，若已知主应力的方向则常采用特雷斯卡屈服准则，但在数值分析中，通常采用米泽斯屈服准则。

人们习惯性地把按相应屈服准则求得的应力分别称为米泽斯应力和特雷斯卡应力。另外，关于各向异性材料的希尔屈服准则，由求得的等效应力称为希尔等效应力，见 4.7.2 节。

既然强度是指材料抵抗塑性变形和断裂的能力，这里就顺便说明一下刚度反映结构变形与外力的大小关系，以一定的外力所产生的相应的变形量来量度，是材料抵抗弹性变形的能力，刚度只与弹性变形阶段有关，如图 2.16 拉伸曲线中的 OA 段。

4.2.2 应力组合及其强度极限值

应力组合的前提是根据应力的性质分清其成分，而有限元求解得出的是不区分成分的组合应力，可采用等效线性化方法对应力校核线上的应力强度值(当超过屈服点时为名义应力或虚拟应力)进行分解。等效线性化方法是采取静力等效的办法，用一个等价的线性化应力分布代替实际应力曲线[34]。

当量组合应力强度，有时称为组合应力当量强度，即复杂应力的当量强度，是按所采用的强度理论对复杂应力状态进行分解后再重新组合为与单向应力可比较的当量应力。复杂应力状态是指三向或二向应力状态。《钢制压力容器——分析设计标准(2005 年确认)》(JB 4732—1995)中的应力强度，是组合应力基于第三强度理论(最大剪应力)的当量强度，即给定点处最大主应力代数值 σ_1 与最小主应力代数值 σ_3 之差值的绝对值[32,49]：

$$S = |\sigma_1 - \sigma_3| \tag{4.28}$$

该标准中的各类应力的强度极限值见表 4.3。

表 4.3 各类应力的强度极限值

应力种类	一次应力			二次应力	峰值应力
	总体薄膜	局部薄膜	弯曲		
符号	P_m	P_L	P_b	Q	F

应力分量的组合和应力强度的许用极限

P_m — S_I $\leq KS_m$

P_L — S_{II} $\leq 1.5KS_m$

P_L+P_b — S_{III} $\leq 1.5KS_m$

P_L+P_b+Q — S_{IV} $\leq 3S_m$

P_L+P_b+Q+F — S_V $\leq S_a$

—— 用设计载荷
---- 用工作载荷

注：对于全幅度的脉动循环，允许的峰值应力强度值为 $2S_a$。

组合应力见 3.3.1 节。在由三个主应力分量描述的一般三维应力场，主剪应力的定义则是主应力两两的差值再除以 2，为避免麻烦，将计算应力和屈服应力都除以 2，采用了"当量组合应力强度"或简称"应力强度"，即"应力差"(stress difference)这个词汇。应力差就是特指三个主应力中每两两之间的差值。

在《力学名词》[50]中，收录了第一法向应力差(first normal-stress difference)和第二法向应力差(second normal-stress difference)两个名词，但是不知它们确切的含义。而在《材料科学技术名词》中，第一法向应力差的定义为：黏弹性流体流动时，流动方向的法向应力与垂直方向的法向应力之差。

4.2.3 屈服强度、抗拉强度、持久强度、蠕变强度和抗压强度

实际上，屈服强度和屈服极限、抗拉强度和抗拉极限、持久强度和持久极限、蠕变强度和蠕变极限均是一种特定条件下的应力。影响屈服强度的内在因素有结合键、组织、结构、原子本性等，外在因素则有温度、应变速率、应力状态等。

1. 屈服强度

屈服强度是材料开始发生宏观塑性变形时所需的应力，也是金属材料发生屈服现象时的屈服极限，也就是抵抗微量塑性变形的应力。换句话说，屈服极限是在荷载作用下的材料开始出现屈服形变时的最小应力。对存在明显屈服效应的材料为其下屈服极限，记为 R_{eL}；对于无明显屈服的金属材料，规定以产生 0.2%残余变形的应力值为其屈服极限，称为条件屈服极限或屈服强度，记为 $R_{p0.2}$。大于此极限的外力作用，将会使零件永久失效，无法恢复。例如，低碳钢的屈服极限为 207MPa，当大于此极限的外力作用之下，零件将会产生永久变形，小于此值，零件还会恢复原来的样子。

(1) 对于屈服现象明显的材料，屈服强度就是屈服点的应力(屈服值)；

(2) 对于屈服现象不明显的材料，屈服强度取与应力-应变的直线关系的极限偏差达到规定值(通常为 0.2%的原始标距)时的应力。材料的实际使用极限通常用作固体材料力学机械性质的评价指标。因为在应力超过材料屈服极限后将产生颈缩，应变增大，材料破坏，所以不能正常使用。

当应力超过弹性极限，进入屈服阶段后，变形增加较快，此时除了产生弹性变形，还产生部分塑性变形。当应力的载荷达到图 2.16 中的 C 点后直到 E 点之间，塑性应变急剧增加，应力出现微小波动，这种现象称为屈服。这一阶段的最大应力、最小应力分别称为上屈服点和下屈服点。由于下屈服点的数值较为稳定，所以以它作为材料抗力的指标，称为屈服点或屈服强度(R_{eL} 或 $R_{p0.2}$)(GB/T

228—1987 旧国标规定抗拉强度符号为 σ_s)，单位为 MPa 。

2. 抗拉强度

在术语在线中，与抗拉强度相关的学科包括冶金学、材料科学技术、土壤学、水利科学技术、电力、航天科学技术、船舶工程、化学工程和航海科学技术等，其中冶金学和材料科学技术学科给出的抗拉强度(tensile strength，ultimate strength，stress rupture strength)定义是一致的：试样拉断前承受的最大拉应力，为试样断裂前承受的最大载荷与试样原始横截面积之比，俗称为拉伸强度。其是金属由均匀塑性变形向局部集中塑性变形过渡的临界值，也是金属在静拉伸条件下的最大承载能力，即表征材料最大均匀塑性变形的抗力。拉伸试样在承受最大拉应力之前，变形是均匀一致的，但超出之后，金属开始出现缩颈现象，即产生集中变形；对于没有(或很小)均匀塑性变形的脆性材料，它反映了材料的断裂抗力。抗拉强度过去曾称为拉伸强度、扯断强度和抗张强度。

当钢材屈服到一定程度后，由于内部晶粒重新排列，其抵抗变形的能力又重新提高，此时变形虽然发展很快，但却只能随着应力的提高而提高，直至应力达到最大值。此后，钢材抵抗变形的能力明显降低，并在最薄弱处发生较大的塑性变形，此处试件截面迅速缩小，出现颈缩现象，直至断裂破坏。钢材受拉断裂前的最大应力值称为强度极限或抗拉极限，符号为 R_m (GB/T 228—1987 旧国标规定抗拉强度符号为 σ_b)，单位为 MPa 。

在一定范围内，随着温度的升高，大多数碳素钢和低合金钢的抗拉强度会升高。从室温到 260℃，为了保持碳素钢许用应力为常数，将最小抗拉强度调整为平均值。当高于 260℃时，碳素钢许用应力主要受蠕变极限的控制，而不再受拉伸屈服强度的影响[51]。

在术语在线中，由建筑学学科建筑设备与系统专业给出的强度极限(strength limit)的定义为：在荷载作用下的材料变形达到破坏时的最小应力，见载于《建筑学名词》(第二版)。

3. 持久强度

在术语在线中，根据材料科学技术学科材料科学技术基础专业给出的持久强度(stress rupture strength)的定义为：在一定温度和时间下材料不发生断裂所能承受的最大(名义)应力，见载于《材料科学技术名词》；根据冶金学学科金属材料专业给出的持久强度(stress-rupture strength,creep-rupture strength)的定义为：在一定温度和时间下材料不发生断裂所能承受的最大(名义)应力，见载于《冶金学名词》(第二版)。

金属材料、机械零件和构件抗高温断裂的能力，常以持久极限表示。试样在一定温度和规定的持续时间下，引起断裂的应力称为持久极限。金属材料的持久极限根据高温持久试验来测定。飞机发动机和机组的设计寿命一般是数百至数千小时，材料的持久极限可以直接用相同时间的试验确定。在锅炉、燃气轮机和其他透平机械制造中，机组的设计寿命一般为数万小时以上，它们的持久极限可以用较短时间的试验数据直线外推以得到数万小时以上的持久极限。经验表明，蠕变速度小的零件，达到持久极限的时间较长。锅炉管道对蠕变要求虽然不严，但必须保证使用时不破坏，需要用持久强度作为设计的主要依据。持久强度设计的判据是：工作应力小于或等于其许用应力，而许用应力等于持久极限除以相应的安全系数，换言之，蠕变持久强度是指金属材料高温下的强度性能指标，在恒定温度下进行的拉伸试样达到规定的持续时间而不断裂的最大应力即为其持久强度，而拉伸持久强度是进行金属材料高温构件强度设计的依据，设计时应使应力低于设计温度下所需持续工作时间对应的、由持久强度决定的许用应力[52]。

4. 蠕变强度

蠕变强度是指金属在某一温度下，经过一定时间后，蠕变量不超过一定限度时的最大允许应力。当用来描述恒定温度时，在蠕变速率随时间减小的情况下，材料中产生的最大应力，称为蠕变极限。

在术语在线中，来自材料科学技术或冶金学学科的蠕变强度(creep strength)的定义是：材料在一定温度达到一定恒定应变速率时所需要的应力，又称蠕变极限，见载于《材料科学技术名词》或《冶金学名词》(第二版)。

在术语在线中，来自电力学科中的热工自动化、电厂化学与金属专业的蠕变极限(creep limit)的定义是：在规定温度下使试样在规定时间内产生的蠕变总伸长率或稳态蠕变速度不超过规定值的最大应力,表征金属材料抵抗蠕变变形的能力，又称蠕变强度，曾称条件蠕变极限，见载于《电力名词》(第三版)。

5. 抗压强度

在术语在线中，来自材料科学技术学科的抗压强度(compressive strength)的定义是：材料抵抗压缩载荷而不失效的能力，为试样压缩失效前承受的最大载荷与试样原始横截面积之比，曾称压缩强度，见载于《材料科学技术名词》。

4.2.4 应力系数、应力参数、应力指数、应力因数和应力常数

应力系数(stress coefficient)和应力参数是一个多义词，常见于规则设计的标准规范中，根据不同应力概念的修正需要而设定，具体数值在实践中总结变化，是调整应力强度的一种有效的工程手段。应力系数和应力参数与压力容器中常见的应力集中系数、应力增加系数，或土力学中的附加应力系数、有效应力系数均

有区别。

1. 压力容器中的应力系数

GB/T 150.3—2011[26]中，关于外压圆筒和外压球壳的设计引入了外压应变系数 A 和外压应力系数 B，B 的单位是 MPa，具有临界应力的属性。在评定应力集中时采用的应力集中系数中有一个称为有效应力集中系数，也称为疲劳缺口应力系数，它同时考虑零件的几何形状、尺寸、材料性能和应力种类等因素影响。有效蠕变应力系数参见 3.4.9 节。

GB/T 150.3—2011 的规范性附录 A 中有关于非圆形截面容器的设计，当容器纵横比小于 2 时，可考虑封头对筒体的加强作用，侧板中点的弯曲应力或者容器拐角处的弯曲应力都有所降低，降低程度分别反映在小于 1.0 的应力系数 J_2 和 J_3 上，以应力系数乘以原来的应力，即由于封头起加强作用而降低后的应力。J_2 的选取范围是 0.56～0.99，J_3 的选取范围是 0.62～0.99，均为无量纲。

GB/T 150.3—2011 的规范性附录 A 中有关于外加强的对称矩形截面容器的设计，在校核任意两相邻加强件之间的距离时，都通过应力参数 J 放大设计温度下材料的许用应力，根据矩形的宽度或高度与任意两相邻加强件之间的距离的比值大小，应力参数 J 的选取范围是 2.0～4.9，为无量纲。

2. 管板应力系数

GB/T 151—2014[53]中，关于固定管板式换交换器的管板设计计算中，先后出现管板径向应力系数 $\tilde{\sigma}_r$、管板最大径向应力系数 G_1、管板布管区周边剪切应力系数 $\tilde{\tau}_p$ 等。

3. 塔设备相关应力系数[54]

(1) 附件挡风应力增大系数。塔设备上一般都设置有若干层环形操作平台、栏杆、钢梯及附塔管线等，经验表明，塔的直径越大，附属件所占的比例就越小；塔的直径越小，附属件所占的比例就越大。随着附属件挡风面积的增加，塔底应力也有所增加。附属件挡风面积按 22%增加的条件下，通过不同的风向角实测可知，挡风应力增大系数最大为 1.22。工程设计时，可通过风荷载扩大系数来反映这一实际情况。

(2) 基础底面应力系数 K_p。基础底面不是塔的底面，而是支撑塔的安装基础的底面，与土接触。该应力系数 K_p 是基础底面相对偏心距 e/R 的函数，按基础底面受力后是否与土地存在部分脱开两种情况分别计算。其中，e 是轴向力对基础底面形心的偏心距，R 是基础底面圆形半径。

(3) 在计算高塔任意高度截面上的剪力或者弯矩时，也引入了与高度有关的剪力系数或者弯矩系数。在计算高塔地基内的附加应力时，对于地基中心受压的圆形基础，任意点下面某深度处的附加应力由应力系数与作用在地面上的载荷相乘而得。

4. 气瓶的设计应力系数

《钢质无缝气瓶》(GB 5099)标准的 85 版、94 版到当前修订版的报批稿中，气瓶最小壁厚计算式均为[55]

$$S = \frac{P_h D_o}{2F \delta_e + P_h} \tag{4.29}$$

同时应满足式(4.30)的要求，且壁厚不得小于 1.5mm：

$$S \geqslant \frac{D_o}{250} + 1 \tag{4.30}$$

式中，S 为钢瓶筒体的设计壁厚，mm；P_h 为水压试验压力，MPa；D_o 为钢瓶筒体外直径，mm；δ_e 为瓶体材料热处理后的屈服应力保证值，N/mm^2；F 为设计应力系数，定义为瓶体材料屈服应力设计取值与水压试验压力下筒体当量应力之比。对于正火或正火后回火热处理的钢瓶设计，F 值取 0.82；对于淬火后回火热处理的钢瓶设计，F 值取 0.77。

目前，国内抗拉强度 1100 MPa 以上的高强度气瓶的设计还没有国家标准，其壁厚计算采用 ISO 9809-2：2010 中的壁厚的计算公式[56,57]，即

$$S_{min} = \frac{D_o}{2} \left(1 - \sqrt{\frac{F R_{eg} - \sqrt{3} P_h}{F R_{eg}}} \right) \tag{4.31}$$

式中，S_{min} 为钢瓶筒体最小设计壁厚，mm；P_h 为水压试验压力，其值是工作压力的 1.5 倍，MPa；D_o 为气瓶外直径，mm；F 为设计应力系数，取 $0.65/(R_{eg}/R_{mg})$ 与 0.77 之小值；R_{eg} 为屈服强度保证值，MPa；R_{mg} 为抗拉强度保证值，MPa。

5. 应力洛德参数

应力洛德参数(Lode parament of stress)也称"洛德应力参数(Lode stress parameter)"。其中，洛德也译成"罗德"。在传统塑性理论中，认为应力张量不影响屈服，所以对应力偏量的影响进行深入研究，而洛德参数或洛德角是应力偏量的特征量。洛德角则是主应力空间第一主应力和偏应力分量的夹角。基于统一强度理论，在考虑洛德参数的基础上，得到随洛德参数和中间主应力系数变化的材料统一强度参数，建立可以考虑中间主应力的统一强度理论平面形式的强度准则。

应力参数的介绍另见 3.4.9 节。

6. 土力学的应力系数

土力学中根据弹性力学和渗流理论，通过力学模型来求取渗透率有效应力系数的数学表达式。有学者以等效孔隙连通率的概念表征岩土类孔隙介质的结构和孔隙之间的连通性[58]，建立了有效应力系数张量演化的普适性理论模型，分析了塑性条件下影响有效应力系数的主要因素就是等效孔隙连通率，从而得到了有效应力系数与变形的关系，为弹塑性条件下的流固耦合研究提供了基础性的理论和方法支持。

7. 应力指数

应力指数是应力分析设计中的概念，用于开孔疲劳估算，其定义为：所考虑点的应力分量σ_t、σ_n和σ_r与无开孔和无补强容器材料中的计算周向薄膜应力的比值，σ_t是在壳体开孔接管结构上所考虑的截面内且平行于截面边界的应力分量，σ_n是垂直于所考虑截面的应力分量(通常为壳体开孔周围的周向应力)，σ_r是垂直于所考虑截面边界的应力分量[37]。《ASME 锅炉及压力容器规范》2015 年版第八卷第 2 册中除 4.15.1 节 Stress Coefficients for Horizontal Vessels on Saddle Supports 直接以应力系数作为规范条文主题，ANNEX 5-D Stress Indices 小节直接以应力指数作为规范条文主题。《ASME 锅炉及压力容器规范》2010 年版 B31.3 节中介绍了管道的持续应力指数(sustained stress indices)。《ASME 锅炉及压力容器规范》2013 年版第三卷中关于管道设计的 NB-3600 部分定义了 K_1、K_2、K_3、C_1、C_2、C_3 等一系列应力指数(stress indices)。

8. 应力因数

应力因数也是应力分析设计中的概念。《ASME 锅炉及压力容器规范》2013 年版第八卷第 2 册中多个小节标题中含有 stress factor 一词，可译为应力因数，不宜译为应力因子，以免在中文里被误解，与应力强度因子的概念搞混了。

9. 应力常数

应力常数特指检测残余应力时的一个常数。基于弹性力学采用 X 射线衍射法检测残余应力是一种理论和实践都较为成熟的技术。当金属存在残余应力时，不同晶粒的晶面间距随着应力的大小发生有规律的变化，通过这种变化就可以测出相应的应变。工程应用时结合等待检测的应力方向，建立试样坐标系统和实验室坐标系统，确定测定方向平面和扫描平面的方位关系，通过这些关系计算出一个斜率，应力就等于应力常数与该斜率的乘积。从某个比较的角度来理解，如果把该斜率视作应变，应力常数就相当于弹性模量，因此，这个应力常数有时又被称为弹性常数。

4.3 疲劳分析主题

《钢制压力容器——分析设计标准(2005 年确认)》(JB 4732—1995)中，定义疲劳是在循环加载条件下发生在结构某点处局部的、永久性的损伤递增过程，经足够的应力或应变循环后，损伤累积可使材料产生裂纹，或使裂纹进一步扩展至完全断裂。分析设计新标准修改稿第 5 部分中修改了疲劳术语的定义：疲劳(fatigue)是指在应力幅低于材料抗拉强度的循环作用下，结构在应力集中部位产生局部损伤累积，并在一定载荷循环次数后形成裂纹的机理。修改后的定义中使用了应力幅的概念，但是标准没有进一步给出应力幅的定义。而在术语在线中，来自机械工程学科的应力幅(stress amplitude)的定义为：交变应力中，最大应力与平均应力的差值，见载于《机械工程名词(第一分册)》。应力幅就是应力幅度或应力幅值的简称。

承受高应力的结构容易较快地萌发裂纹，但是裂纹的扩展与材料的韧性有关，裂纹在韧性好的材料中扩展较慢。因此，结构的疲劳寿命与材料关系较大，承受同样应力水平的相同结构，有的容易萌发裂纹但是阻止裂纹扩展的能力较强，有的裂纹萌发较迟但是阻止裂纹扩展的能力较差。

但是，关于疲劳失效，不宜理解为"材料疲劳"引起的失效，前人对诸多的案例分析发现，经过运行产生疲劳开裂的结构材料其力学性能与运行前相比，大多数并没有退化。引起疲劳开裂的主要因素是应力，根本原因是交变载荷引起的交变应力，材料韧性只影响开裂的快慢。

4.3.1 疲劳应力、扰动应力和疲劳强度

疲劳应力和疲劳强度是两个不同的概念，后者是前者的一个特例。

1. 疲劳应力及其分类

疲劳应力(fatigue stress)是材料、零件和结构件抵抗疲劳破坏过程中的应力。在规定的循环应力幅值和大量重复次数下，材料具有一个所能承受的最大交变应力，当实际承受的应力低于该最大交变应力时，不会发生疲劳破坏。当实际承受的应力高于等于该最大交变应力时，材料会发生疲劳破坏。通俗地说，金属在循环载荷作用下，即便所受到的应力低于屈服强度，也会发生断裂的现象，称为疲劳。根据疲劳应力的高低，疲劳分为弹性疲劳和塑性疲劳。

即便材料实际承受的应力大于等于其最大交变应力，零件和构件的疲劳应力

也常低于材料的屈服极限，其他因素起主要作用引起了疲劳，这种疲劳是一种弹性疲劳。

当然，也存在塑性疲劳。实际上，疲劳可以定义为：由单一作用不足以导致失效的载荷的循环或变化所引起的失效。疲劳的征兆是局部区域的塑性变形导致的裂纹。因此，存在高于材料屈服极限的疲劳应力，特别是结构局部应力集中处，由此而来的疲劳带有塑性的某些特征。疲劳损伤积累理论认为，当零件所受应力高于疲劳极限时，每一次载荷循环都对零件造成一定量的损伤，并且这种损伤是可以积累的；当损伤积累到临界值时，零件将发生疲劳破坏。较重要的疲劳损伤积累理论有线性疲劳损伤积累理论和非线性疲劳损伤积累理论，线性疲劳损伤积累理论认为，每一次循环载荷所产生的疲劳损伤是相互独立的。总损伤是每一次疲劳损伤的线性累加，它最具代表性的理论是帕姆格伦-迈因纳定理，应用最多的是线性疲劳损伤积累理论。

例如，炼油延迟焦化装置的焦炭塔塔壁的鼓胀变形和开裂就可以从热应力塑性变形和热疲劳开裂机理得到解释。文献[59]在分析寒地日照及昼夜动态大温差下多层复合原油输送管道表面开裂时考虑了热疲劳累积效应，指出该动态热疲劳强度指标通常为 $[\sigma_d] = (0.4 \sim 0.6)\sigma_f$，即当实际应力超过该动态热疲劳强度指标时，就会产生开裂破坏。

根据载荷的性质，疲劳可以分为机械疲劳、热疲劳和热机疲劳等。

2. 扰动应力

疲劳的定义分为通俗定义和规范定义。扰动应力(perturbing stress, disturbance stress)的概念主要应用在岩土力学，在金属结构疲劳的规范化定义中也加以引用。在某点或者某些点承受扰动应力，且在足够多的循环扰动作用之后形成裂纹或者完全断裂的材料中所发生的局部的、永久结构变化的发展过程，称为疲劳。扰动应力是指随着时间发生变化的应力，也就是由扰动载荷引起的应力，载荷可以理解为力、应变、位移等。疲劳破坏的特征是扰动应力的作用。

3. 疲劳强度

疲劳强度是指材料在无限多次交变载荷作用下不会产生破坏的最大应力，称为疲劳强度或疲劳极限。实际上，金属材料并不可能进行无限多次交变载荷试验，因此材料在有限多次交变载荷作用下不会产生破坏的最大应力更有实际意义，称为条件疲劳强度或条件疲劳极限。疲劳极限和条件疲劳极限都属于疲劳强度的内容。

对应于循环载荷的特点，疲劳强度也可以进一步细分。循环载荷分为对称循环载荷和非对称循环载荷，其中对称循环载荷是常见的载荷，又可以分为对称弯曲载荷、对称扭转载荷和对称拉压载荷三种。对称弯曲载荷的疲劳极限通常用 σ_{-1} 表示，对称扭转载荷的疲劳极限通常用 τ_{-1} 表示，对称拉压载荷的疲劳极限通常用 σ_{-1p} 表示。

1) 疲劳强度的试验测算

疲劳强度的影响因素包括材料的屈服强度和冶金缺陷、结构的表面状态和尺寸效应、环境温度和介质的腐蚀性，一般主要取决于材料及其结构形状。通过试验模拟结构或部件的实际工况，并根据测量结果可评定材料的疲劳强度，绘制得到材料的疲劳曲线。疲劳试验分为单点疲劳试验、升降法疲劳试验、高频振动疲劳试验和超声疲劳试验等，各自操作过程都有相应的标准。

一般试验时规定，钢在经受 10^7 次、非铁(有色)金属材料经受 10^8 次交变载荷作用时不产生断裂时的最大应力称为疲劳强度。

2) 疲劳强度的图算法和公式算法

常规疲劳强度计算是以名义应力为基础的，可分为无限寿命计算和有限寿命计算。零件的疲劳寿命与零件的应力、应变水平有关，它们之间的关系可以用应力-寿命曲线(σ-N 曲线)和应变-寿命曲线(δ-N 曲线)表示。应力-寿命曲线和应变-寿命曲线，统称为 S-N 曲线。有了某种材料的设计疲劳曲线，就可以基于所需要满足的载荷循环次数从曲线上查出相应的许可应力幅。

根据试验可得到关于材料疲劳寿命的多种数学表达式，其中最常用的幂函数形式为

$$\sigma^m N = C \tag{4.32}$$

式中，N 为应力循环数；m、C 为材料常数。幂函数的 S-N 关系在对数坐标系中为直线。在疲劳试验中，实际零件尺寸和表面状态与试样有差异，常存在由圆角、键槽等引起的应力集中，所以在使用时必须引入应力集中系数 K、尺寸系数 ε 和表面系数 β。

3) 不同循环特性下的疲劳强度图算法

用平均应力 σ_m 和最大应力 σ_{max} 绘制的疲劳分析图 4.11 可表示疲劳强度与循环特性 r 之间的关系[60]。在与水平线呈 45°角的方向绘制一条虚线，将应力幅值 σ_a 对称地绘在虚线的两侧，两曲线交于 C 点，此点表示应力循环幅值 $\sigma_a = 0$，其疲劳强度与静强度 σ_b 相当。线段 ON 表示对称循环时的疲劳强度 σ_{-1}，此时 $\sigma_m = 0$，线段 $O'N'$ 表示脉动循环时的疲劳强度 σ_0。

对于任意的循环特性 r，可在图 4.11 中作一条与横轴呈交角为 α 的射线 OA，与曲线 $N'NC$ 交于 A 点，由 A 点作横轴的垂线 AB 交下面的曲线于 D 点，则由 A 点和 D 点就可以分别得到该循环特性下的 σ_m 和 σ_{max} 以及 σ_a 和 σ_m，从而得到 σ_r。对 α 角来说，可表示为

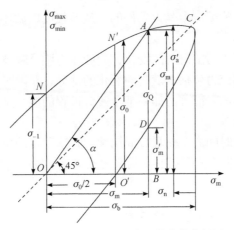

图 4.11　用 $\sigma_{\max}$ 和 $\sigma_{\min}$ 表示的疲劳分析图

$$\tan\alpha = \frac{\sigma_{\max}}{\sigma_{m}} = \frac{2\sigma_{\max}}{\sigma_{\max} + \sigma_{\min}} = \frac{2}{1+r} \tag{4.33}$$

该直线与图 4.11 中上部曲线的交点 A 的纵坐标即该循环特性 r 下的疲劳强度 σ_{r}。循环特性 r 有时称为应力循环对称系数 R，等于 $\sigma_{\min}/\sigma_{\max}$。

4. 循环应力及其应力-应变曲线

循环应力就是由循环载荷引起的应力。

术语在线中，根据机械工程学科给出的循环应力-应变曲线(cyclic stress-strain curve)的定义为：在低周疲劳试验中，经过一定次数的循环后，应力应变的变化趋于稳定，迟滞回线接近于封闭环的应力-应变曲线，见载于《机械工程名词(第一分册)》。

5. 疲劳应力、疲劳强度和持久极限三个概念的相关性及其区别

疲劳应力主要取决于外载荷及其结构尺寸，可根据力学计算。疲劳强度只是疲劳应力之一，是其中的最大交变应力，是在规定的循环应力幅下求得的。循环应力幅的变化不仅会影响到疲劳应力，也会影响到疲劳强度，疲劳强度取决于循环特性 r。

疲劳强度本身虽然也称为"疲劳极限"，但是疲劳极限以材料的持久极限作为规范数值，一方面侧重于标准试样和标准试验环境等条件的结果，另一方面可以理解为在交变应力下的极限应力，这个极限值是唯一值，在其概念所规定的前提下所得的结果是一个点值，没有区间值。而疲劳强度只是相对某一规定循环应力幅的最大值，不同的应力幅可以有不同的最大值，不是唯一值。

或者可以简单地说，疲劳应力的最大值是疲劳强度，各疲劳强度中的最大值

是材料的持久极限；疲劳应力是无条件的，疲劳强度以循环应力幅为条件，持久极限以标准化为基础。

扰动应力强调了应力随时间的变化，疲劳应力则反映破坏过程中的应力。一般来说，疲劳过程的应力包括不随时间变化的部分以及随时间变化的部分，因此扰动应力是疲劳应力的一部分。如果某个疲劳过程的应力全部随时间变化，则扰动应力与疲劳应力相等。

如果扰动应力随时间的变化具有周期性，则这种扰动应力也称为循环应力。因此，这几个应力概念的数值范围按从宽大到窄小可排序为疲劳应力、扰动应力、循环应力与疲劳强度。

4.3.2 平均应力、脉动应力和谷值应力

本书中与平均应力相关的内容较多，相关的达七处，例如，当在内压 P_i 的基础上考虑外压 P_o 时，全弹性圆筒形厚壁容器的三向主应力的平均应力等于轴向应力，参见式(3.22)。又如，净截面平均应力的概念，本节介绍的主要是与循环有关的平均应力。

当通过其他几个分项应力的算术平均计算所得数值来间接表达平均应力时，计算结果与计算方法的关联性较强，带有宏观的属性，在概念上有别于直接基于载荷与承载面积所定义的应力，因此间接计算的平均应力有时也称为统计应力，以示区别。当然，统计应力的概念也不是唯一的，同样与其统计计算时所使用的数学方法有关，例如，有的统计计算目标是所有应力的平均值，有的则是找出不同水平的应力分布状况。

1. 对称循环的平均应力

在直角坐标系中，复杂应力状态时三个正应力的平均值称为平均应力；在金属学中则是三个主应力之和的均值称为平均应力，也称静水应力。即

$$\sigma_m = \frac{\sigma_x + \sigma_y + \sigma_z}{3} \tag{4.34}$$

但是在机械工程循环疲劳分析中则把最大应力和最小应力的平均值称为平均应力，即

$$\sigma_m = \frac{\sigma_{max} + \sigma_{min}}{2} \tag{4.35}$$

应力循环曲线如图 4.12 所示[49]。

在许多工况的载荷历程中都会有非零的平均应力。关于平均应力的修正方法有三种，从而可以不必在不同的平均应力下进行疲劳测试，这三种方法

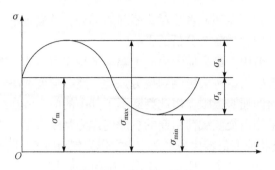

图 4.12　应力循环曲线

是：①Goodman 方法，通常适用于脆性材料；②Gerber 方法，通常适用于韧性材料；③Soderberg 方法，通常最保守。

这三种方法都只能应用于所有相关联的 *S-N* 曲线都基于完全反转载荷的情况。而且，只有所应用疲劳载荷周期的平均应力与应力范围相比很大时，修正才有意义。试验数据显示，失效判据位于 Goodman 曲线和 Gerber 曲线之间。这样，就需要一种基于 Goodman 方法和 Gerber 方法的实用方法并使用最保守的结果来计算疲劳失效。

2. 非对称循环的非零平均应力

对非对称应力循环时的非零平均应力进行处理，可将其转化为一个当量交变应力，并把平均应力细分为校正的平均应力(真实平均应力)，以区别于其他含义的平均应力。

3. 脉动应力

脉动应力(fluctuating stress)是由脉冲载荷引起的应力，如高压聚乙烯装置脉冲阀体上的应力，以及往复式压缩机缸体上的应力。

4. 平均应力和应力幅对疲劳分析的影响

疲劳现象可分为高应力低周期和低应力高周期两种，应力水平如同交变周期一样，其高低也是直接决定结构是否满足强度要求的首要因素。一个承受着交变应力的构件，如果再加上拉应力的作用，显然应力水平有所提高，其疲劳寿命更短暂一些。《钢制压力容器——分析设计标准(2005 年确认)》(JB 4732—1995)的规范性附录 C 以疲劳分析为基础的设计中，除了考虑交变应力，还考虑了平均应力 σ_m、最大名义应力等内容。压力容器的疲劳分析应在满足一次应力和二次应力强度条件的基础上进行，设计时以许用应力作为控制指标。低周循环疲劳曲线和高周循环疲劳曲线的绘制都是以平均应力为零的对称循环为基础的，内压、温度等载荷如果存在不循环或者非对称循环的部分，就满足不了平均应力为零的前提，反映了平均应力对疲劳分析的影响。

在低周循环疲劳中，最大应力由应力幅和平均应力组成，循环应力幅的变化不仅会影响到疲劳应力，也会影响到疲劳强度，疲劳强度取决于循环特性。最大应力往往超过材料的屈服极限，由此判断不了其中的应力幅在结构材料疲劳失效中的作用，因此采用由交变载荷引起的总应变作为判断参量，并且为了保持参量概念的一致，最终将应变值转化为名义应力幅作为判断参量，以名义应力幅和循环次数绘制低周循环疲劳曲线。但是，名义应力幅同时是循环次数、材料弹性模量、材料断面收缩率、材料持久极限等多个变量的函数，其中的材料持久极限被保守地用来代替原来的弹性应力幅，其大小约等于抗拉强度的一半，反映了应力幅对疲劳分析的影响。设计疲劳曲线的纵坐标中，就采用许用应力幅度作为评判参量。

应力幅由应力循环引起，由于循环疲劳分析时的需要定义了平均应力的概念，通俗地说，应力幅是应力值相对平均值的幅度大小。应力幅的定义需要平均应力作为基准，它与应力范围是间接相关的两个不同的概念，应力范围可在应力曲线中任意截取。不宜把应力幅理解为循环应力的应力范围(从多少应力循环到多少应力)，也不宜把应力幅理解为应力范围的大小(应力循环中某个应力值与另一应力值的差值)，常见的错误则是把最高应力值与最低应力值的差当作应力幅值。分析设计新标准修改稿第 5 部分中就使用了总体应力幅值 σ_a 和总体应力范围 σ_r 这两个概念。这一点既反映了应力幅对平均应力的依存关系，也反映了应力幅与应力范围的区别。

当上述通过材料理想的对称循环试验获得的低周循环疲劳曲线应用到实际上通常是脉动循环($\sigma_m \neq 0$)的压力容器上时，由 Langer 修正的 Goodman 关系式，得

$$\frac{\sigma_a}{\sigma_{eq}} + \frac{\sigma_m}{R_m} = 1 \tag{4.36}$$

式中，σ_a 为存在平均应力 σ_m 时，经过 N 次循环后达到疲劳的应力幅值；σ_{eq} 为不存在平均应力时，经过同样的 N 次循环后达到疲劳的应力幅值，称为当量交变应力，也就是把实际的交变应力转换成相当于平均应力为零时产生同样破坏的应力。式(4.36)反映了平均应力和应力幅的量化关系，当其中的第二项客观存在时，第一项的数值就要降低一些，以保持公式的平衡。设计疲劳曲线给出了与循环次数相对应的交变应力强度幅的许用值，并已计入平均应力的影响。

平均应力增大，将使疲劳强度降低。平均应力对疲劳强度的影响，除与载荷有关外，还与材料性能有关。基于应力与载荷的一般关系，换句话说，除了交变载荷，内压等静载荷通过平均应力 σ_m 对疲劳分析存在不可忽略的影响，具体可

通过各种应力循环对称系数 R 来显示，隐藏着静载荷对疲劳分析的影响。

5. 考核点的应力及谷值应力

标准《水管锅炉第 4 部分：受压元件强度计算》(GB/T 16507.4—2013)[61]的规范性附录 A 关于锅炉锅筒低周疲劳寿命计算中，首先确定考核点，包括接管、孔桥及其他结构不连续和应力集中部位，通常位于较大开孔接管内转角处。应力计算是建立在金属线弹性的基础上的，假定考核点的主应力方向在载荷循环中不变化。考核点的应力由内压和温差引起，其中计算环(周)向温差在考核点处引起的应力时，相对于峰值应力使用了谷值应力一词，分别指循环曲线上的波峰和波谷处的热应力。有关计算式见 5.4.3 节。

4.3.3　应力类型和应力参量

1. 应力类型

ASME 规范疲劳设计方法可按照其使用的应力参量的类型来分类。疲劳分析用到的应力类型如图 4.13 所示，图中的应力参量类型描述为[12,62]：名义应力是指远离结构不连续区域的应力；结构应力是指沿厚度方向线性分布、包含总体结构不连续效应但是不包括缺口的不连续效应的应力；缺口应力是指缺口根部的总应力，包括应力分布中的非线性部分；热点应力(hot spot stress)是指通过外推法得到的、位于裂纹潜在萌生区的应力[12,62]。显然，该热点应力既不是热斑(hot spot)引起的应力，也与热应力或点应力的概念有很大区别，而是疲劳分析中的概念。为了提示区别，有的报道就在疲劳分析中的热点应力名词上加上引号，即"热点"应力[63]。同时，也隐藏了一个外推应力(extrapolation stress)的概念。

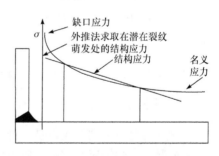

图 4.13　应力类型及其位置示意图

目前压力容器主要标准中的疲劳设计方法对应的应力类型如表 4.4 所示[61]。

表 4.4　疲劳设计方法对应的应力类型

标准	应力类型
《ASME 锅炉及压力容器规范》 第八卷第 2 册	缺口应力：非焊接件，焊接件，螺栓 结构应力：焊接件
EN 13445	缺口应力：非焊接件，螺栓 热点应力：焊接件
JB 4732—1995	结构应力：非焊接件，焊接件，螺栓

2. 应力类型中的结构应力

ASME 规范疲劳设计方法中的结构应力法的基本思想是：垂直于假想裂纹平面的应力分量是裂纹扩展的驱动力。例如，焊趾处位于潜在裂纹区的应力分布可由一个平衡等效的结构应力和自平衡应力来表示，其中的结构应力与断裂力学中的等效远场应力或广义名义应力相对应，自平衡应力可以通过引入特征深度来评估，因此其含义与热应力中的自平衡应力有区别。

3. 应力类型中的应力分类

最大结构应力属于 ASME 规范疲劳设计方法中的应力类型之一，对最大结构应力进行分析设计的应力分类，就是应力类型中的应力分类。大量应用实例表明，峰值应力往往出现在线性化处理有困难的三维复杂应力区，但是那里的结构应力并不大，最大结构应力常发生在该区与板壳相接的部位，那里线性化处理是有效的。此时，虽然三维复杂应力区线性化处理不准确，但是用最大的总应力进行疲劳校核仍是正确的，而发生最大结构应力的部位线性化处理又是可信的，所以应力分类法同样适用[30]。

4. 总应力疲劳分析与应力分类疲劳分析

在有限元应力分析中，可以利用线性化对设定的路径进行应力分类处理，并据此进行疲劳分析，但是研究表明，用表面一点的总应力进行疲劳分析更为合理[64]。

4.3.4　虚拟应力、虚拟应力幅、虚拟临界应力、虚假应力和虚应力

1. 虚拟应力

多种情况下得到的应力是一种"虚拟应力"(pseudo stress)。

情况一：塑性应变中由于应力应变不是直线关系，所以它不是真实应力值，而是一个"虚拟应力"，它并不存在，只是为了便于比较而假设的[9]，例如，端部弯矩作用下的矩形截面梁进入屈服状态后，仍按照弹性公式计算得到的最大弯曲应力实际上并不存在，因此是"虚拟应力"。

情况二：有些材料试验中其屈服过程产生不稳定状态，如果直接以应力作为检测控制的对象，则因其数据分散而困难，但是如果以应变作为检测控制的对象则其数据具有明显的规律性，此时的应力应变关系就可假定为弹性范围基础上的"虚拟"关系。

法国核电规范标准协会(French Association for the Rules Governing the Design, Construction and Operating Supervision of the Equipment Items for Electro Nuclear

Boilers)发布的 RCC-MRx-2012 版法规中，采用效率图来评估有效主应力，这个有效主应力就被定义为一种虚拟应力(virtual stress) P_{eff}，其单独作用引起的应变可看成静应力应变和二次循环应变实际应用的组合，且 P_{eff} 是恒定的主应力 P 和二次应力的变化 ΔQ 的函数，而所谓效率图则以效率指数 $v=P/P_{\text{eff}}$ 为纵坐标，以二次率 SR$=\Delta Q/P$ 为横坐标[65]。除了有效主应力，文献[65]还讨论到过载主应力(overloads primary stress)和维持主应力(maintained primary stress)的概念。

　　情况三：考虑一个承受变化的体积力和面力作用的结构体，若结构体发生塑性变形，则其内某一点 x 在 t 时刻的总应力 $\sigma(x,t)$ 可以分为虚拟的弹性应力 $\sigma^{\text{E}}(x,t)$ 和残余应力 $\rho(x,t)$ 相叠加的形式[66]，即

$$\sigma(x,t) = \sigma^{\text{E}}(x,t) + \rho(x,t) \tag{4.37}$$

式中，$\sigma^{\text{E}}(x,t)$ 为完全弹性体在相同外载荷作用下的应力场。

　　"虚拟应力"的概念另见 4.4.1 节。

2. 虚拟应力幅与交变应力幅

　　在低循环区域内，即使缺口根部材料的应变已超出弹性极限以外，缺口附近地区的材料仍然处于低应力弹性状态内。所以，局部峰值应力的计算依然假设在弹性状态下，应变乘以弹性模量所得到的局部峰值应力值虽然是一虚拟应力，但它仍可衡量由应变作用而产生疲劳破坏的程度。另外，在低周循环疲劳时，应力值往往高于材料的屈服值，因而引起破坏时的应变值比屈服应变值要大，最好采用应变值作为低周循环疲劳试验的控制变量，这是区别于高周循环疲劳的重要特点。但是为了使低周循环疲劳试验数据经整理后显示出较好的规律性，也为了与高周循环疲劳曲线坐标系统相一致，低周循环疲劳曲线的纵坐标仍以应力幅来表示，所以提出了虚拟应力幅的概念。在高周循环疲劳时，纵坐标表示交变应力幅[11]。

3. 虚假应力

　　假设在特定条件下，用来比较判断不同研究结果的虚假应力值是一虚拟临界应力[67]。文献[68]通过有限元分析软件 ANSYS 对氨合成塔底部五通结构进行强度分析时，由于对五通结构建模时只构建了本体，忽略了五个开口的密封系统及其连接的管线，显然会对本体的受力及分析结果带来一定的误差。在对本体模型施加位移约束时，研究者考虑到五通结构的危险截面在开孔和上螺纹处，而下部侧面处的材料较充裕，强度可以保证，故约束五通结构下部侧面一点的 X 向的自由度，以限制模型的刚体位移，并指出这样会导致该处出现假应力，但是可以保证在远离该处区域的应力较准确。

4. 虚应力

在弹塑性力学中，假设应力事先已满足平衡微分方程和应力边界条件，且应变根据本构方程有应力确定，则此应力仍需满足的条件只剩下几何方程和位移边界条件。几何方程和位移边界条件可通过等效积分形式进一步推导简化为虚功方程，虚应力就是指虚功方程所表达的虚应力原理中的应力。该原理可叙述为虚应力在位移边界处给定位移上所做的余虚功等于应变在虚应力上所做的余虚功[21]。

显然，虚应力与虚拟应力不是同一个概念。

4.3.5　对比应力、约化应力和归一化应力

英文词组 reduced stress 有对比应力和约化应力两个对应的中文词汇，约化即通过约去而简化的意思，同理可有约化应变，将外加应力和真应变略显复杂的数据分别简化处理成简单易懂的数据，以便于分析，因此如何对应力进行简化要视具体研究案例的必要性和可行性而定，没有统一的规范。例如，图 4.14 是国外学者[29]通过有限元模型分别模拟长径比为 1 的单位圆柱和具有相同尺度的球两者的应力-应变关系曲线，两者均由同一种晶须复合材料构成。由图 4.14 可得出以下结论。

(1) 与图 4.14 中右侧坐标的外加应力不同，左侧坐标的约化应力就没有单位，约化应力既然具有对比性，就相当于一种系数；

(2) 比较图 4.14 中左右两侧坐标的数值发现，左侧的约化应力是一个系数值，是以右侧外加应力坐标上各应力水平除以 280 MPa 的基准应力所得的数值；

(3) 选择用来计算约化应力的基准应力，根据图 4.14 中圆柱应力曲线和球的应力曲线相比较的需要，似乎选择了球的屈服应力。

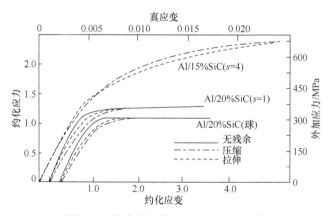

图 4.14　复合材料的应力-应变关系曲线

《力学名词》中指出，力学的简化(reduction of force system)又称力系的约化；简化质量(reduced mass)又称约化质量，为减少自由度而用的折算质量。由此可见

"约化"一词在力学中并不陌生，与"简化"同义。

归一化(normalization)是一种简化计算、缩小量值的有效方式，即将有量纲的表达式变换为无量纲的表达式，成为标量。归一化的作用是使物理系统数值的绝对值变成某种相对值，更加容易显现物理量的规律性。归一化就是归纳统一样本的统计分布特性的方法。归一化应力有许多实例，如 2.3.8 节的式(2.83)和 3.1.5 节的无量纲应力或者无因次应力。

4.3.6　交变应力、重复应力、反复应力、完全反向应力、当量交变应力和反向应力

1. 循环应力和交变应力

有些构件工作时，承受着随时间做周期性变化的应力，这种应力就称为交变应力(alterative stress，repeated stress)或循环应力、周期应力(cyclic stress)，材料的持久极限是指标准试样经历"无限次"应力循环而不发生疲劳失效时的最大应力，可以理解为在交变应力下的极限应力[7]。承压设备温度或压力的波动均可引起交变应力，或结构自身的旋转也可产生随时间周期性变化的交变应力，即周期性交变应力(completely reversed stress)。

2. 重复应力和反复应力

在术语在线中，由水利科学技术学科工程力学专业给出的交变应力(alternating stress)的定义为：随时间作周期性变化的应力，又称重复应力，见载于《水利科学技术名词》；交变应力在台湾地区又称交替应力，见载于《海峡两岸材料科学技术名词》。

也有报道把循环应力称为反复应力或完全反向应力(completely reversed stress)，文献[69]则指交变正应力为完全反复应力。可以怀疑交变正应力也是非完全反复的应力，只是两者的概念略有区别；可以把循环应力称为重复应力。

循环应力是一种应力概念，应力循环(stress cycle)则不是指一种应力概念，而是一种应力现象。根据应力分析设计标准中的定义，应力循环是指应力由某初始值开始，经过代数最大值和代数最小值，然后又返回初始值的循环。一个工作循环可以引起一个或多个应力循环。

重复应力是指反复出现而完全不变的应力，该概念罕见在论文或著作中出现，作者基于上述反复应力和完全反向应力相一致的认识，认为重复应力不能等同反复应力，重复应力既包括应力水平的重复，也包括应力方向的重复，而反复应力可以理解为只包括应力水平的重复，不包括应力方向的重复，并且应力方向是相反的。通俗地讲，各种应力都可以重复出现，当各种应力重复出现时，就属于重复应力，显然不能据此说明重复应力也就是各种应力。

以图 4.15 中应力循环曲线为例，正弦曲线中的前半周期 *AB* 段与后半周期 *BC* 段是一对反复应力，前半周期与后半周期之间不是重复的。在半周期中，前半周期 *AB* 段与 *CD* 段，或者后半周期 *BC* 段与 *DE* 段才是重复应力。前半周期与后半周期合起来的整个周期 *ABC* 段与 *CDE* 段也是重复应力。

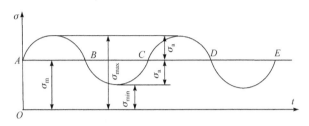

图 4.15 应力循环曲线

3. 当量交变应力

在非对称应力循环时，要考虑平均应力与交变应力两者的共同作用。如果仍用低循环疲劳曲线来确定疲劳寿命，就必须将交变应力加大到某一个数值。这时可根据疲劳破坏程度相同的原则，把平均应力不等于零的交变应力折算到相当于平均应力等于零时的数值，即求得一个当量交变应力[8,11]。

平均应力是校正的平均应力(真实平均应力)，它与根据循环载荷计算的基本平均应力在某些条件下不完全相等[8]。

4. 反向应力

安全泄放装置放空管道支架设计时应考虑超压排放时的排放反力。根据《钢制压力容器——分析设计标准(2005 年确认)》(JB 4732—1995)可知，泄放管道阻力宜小，泄放口外侧可认为是大气压力，若泄放管阻力较大，则对泄放装置形成背压，如果在结构设计中已考虑到此背压，在计算泄放量时应按照压差计入。背压是引起排放反力的原因，排放反力会在泄放管及其支架上产生弯曲作用，弯曲方向与排放方向相反，在不会混淆的情况下，通常也称为"反向应力"，如果某台压力容器或管道的安全阀经常性泄放，也会产生反复应力。该应力虽然是由背压引起的，但是一般不称为背压应力，更不能称为背应力，背应力是已有明确定义的另一个概念，是指材料硬化法则中的移动张量。

4.3.7 核应力、变形可能应力和静力可能应力

1. 核应力

ASME Code Case 2843 提供了针对高温工况和交变载荷下承受蠕变和疲劳

损伤交互作用的受压元件进行评定的方法，整套方法包括载荷控制极限的判定、应变控制极限的判定以及蠕变-疲劳损伤极限的判定三个步骤[70]。当其中的应变控制极限设计方法经过判定可以采用简化的弹塑性分析方法(即 Bree 方法)时，设计中会同时考虑产生塑性应变的累积和蠕变应变。为了计算总的塑性应变，O'Donnel 等[71]提出了一个确定蠕变和棘轮所产生的塑性应变上限的方法，该方法是基于 Bree 的模型和假定来进一步推断，如果应力坐标点 (σ_p, σ_t) 落入 Bree 模型应力分区图的 P、S_1、S_2 中之一，当加载、卸载过程趋于稳定后(一般可以假定从第二次加载以后)，在薄板的壁厚中存在一个弹性核，该弹性核中的应力在循环载荷的任何阶段均低于材料的屈服点，但是在弹性核的一侧或两侧的材料会在循环载荷某一阶段产生塑性变形。该弹性核中的应力有时就简称为核应力，以 σ_c 表示，其计算方法按区来分。适用区域 S_1 的计算式为

$$\sigma_c = (\sigma_t + \sigma_y) - 2\sqrt{\sigma_t(\sigma_y - \sigma_p)} \tag{4.38}$$

适用区域 S_2、P 的计算式为

$$\sigma_c = \frac{\sigma_p \cdot \sigma_t}{\sigma_y} \tag{4.39}$$

式中，σ_p 为由压力产生的应力沿壁厚方向的常量；σ_t 为由内、外壁间温差产生的在平板表面的温差应力的最大值；σ_y 为材料的屈服点。

2. 变形可能应力和静力可能应力

弹性力学研究物体的变形关系、静力关系和本构关系。变形关系包括几何方程和位移边界条件，它们反映了变形后物体内及边界上的连续性要求，关系式中只出现几何量，即位移和应变，而与外载荷和应力等力学量无关；静力关系包括平衡方程和力边界条件，它们反映了载荷作用下各微单元以及整个物体都应处于平衡状态的要求，关系式中只出现力学量，与几何量无关；本构关系即物理方程，反映了物体的材料性能，把力学量和几何量联系起来。求解物体同时满足弹性力学全部基本关系真实状态的方法之一是分两步处理，首先寻找满足部分基本关系的可能状态，然后从可能状态中寻找满足全部基本关系的真实状态。

经典能量原理中的可能状态有以下两类[41]。

1) 变形可能应力(deformation possible stress)

满足变形关系而不管它是否满足静力关系和本构关系的任何变形状态都称为变形可能状态或运动可能状态，基本量是变形可能位移和变形可能应变，可能位移应连续且满足给定的位移边界条件，可能应变和可能位移应满足几何方程。

变形可能状态与给定载荷没有必然的因果关系，任何满足变形关系的位移-

应变场均代表一种变形可能状态，不必说明，有时甚至根本不知道它是由什么载荷引起的。变形可能状态一般不涉及材料性质和应力分布，若根据给定物体的本构关系和可能应变计算相应的应力场，则称为变形可能应力，它不一定与给定外载相平衡，因为它们之间没有因果关系。

2) 静力可能应力(statically possible stress)

满足静力关系而不管它是否满足变形关系和本构关系的任何变形状态都称为静力可能状态，基本量是静力可能应力及已知外载荷，包括体力和表面力。可能应力应满足平衡方程和给定的力边界条件。静力可能状态一般不涉及材料性质和应变分布，可以用给定的弹性本构关系和可能应力计算静力可能应变，它不一定是协调的应变场，因而一般来说没有相应的静力可能位移场。

如果把可能应力场当作自变函数，则它的变分称为虚应力。

4.3.8　应力比

在术语在线中，根据机械工程学科的疲劳专题给出了应力比(stress ratio)的定义：交变应力中，最小应力与最大应力的比值，见载于《机械工程名词(第一分册)》。术语在线也收录了强度应力比(strength-stress ratio)一词，但是没有给出定义。

1. 各种应力比

应力比 R 不是一个单一的应力相关概念，而是常见的有关概念，如偏应力比、钢构件应力比、面内稳定应力比、面外稳定应力比、强度应力比、循环应力比、动态应力比等。此外，土力学中的应力比是指广义剪应力 q 与球应力 p 的比值，而动剪应力比是指动剪应力与固结应力的比值。

2. 循环应力比

循环应力比也称为"循环载荷系数"，它也不是一个单一的应力相关概念，是指对试件循环加载时的最小载荷与最大载荷之比，或者是谷值应力与峰值应力之比，又或者是试件最小应力与最大应力之比，有的文献称此为循环特征系数、循环对称系数或循环特性、循环特性系数、循环特性参数。

图 4.15 所示的一条稳定的循环应力曲线中，最低的应力 σ_{min} 称为谷值应力或波谷应力，最高的应力 σ_{max} 称为峰值应力或波峰应力(wave crest stress)，注意该峰值应力是指波峰应力，并非指局部应力集中的应力峰值(peak stress)。姜公锋等[72]研究压力容器结构棘轮安定效应时，定义应力比为谷值应力与峰值应力之比，并把该应力比进一步区分为以下几种。

(1) 循环载荷范围($\sigma_{max} - \sigma_{min}$)小于峰值应力 σ_{max} 的正应力比,即 $R>0$。理论上可以存在 $R=1$,这就是"等应力比",属于正应力比的一种情况,实际上当 $\sigma_{min} = \sigma_{max}$ 时意味着不存在应力循环,因此 $R=1$ 时为静载荷,即无交变应力成分,或者说交变应力成分为零是循环载荷的一个特例,从循环应力比的角度来说,也就失去了循环的意义。

(2) 循环载荷范围大于峰值应力的负应力比,即 $R<0$,其中 $R=-1$ 时为对称循环,如疲劳试验即基于对称循环;换一种说法,当 $\sigma_{min} = -\sigma_{max}$ 时,可以存在 $|\sigma_{min}| = |\sigma_{max}|$ 的等应力水平的循环,但是应力性质是反方向的,因此也不将 $R=-1$ 称为"等应力比"。

(3) 循环载荷范围等于峰值应力的零应力比,即因($\sigma_{max} - \sigma_{min}$)$= \sigma_{max}$,而有 $\sigma_{min} = 0$,从而 $R=0$,这是一种脉动应力循环,大部分压力容器的应力循环属于此类。

在部件服役过程中,常幅循环加载中引入不同类型过载形式作用的现象十分普遍。过载类型主要包括单个拉伸过载、单个压缩过载、拉伸-压缩顺序过载以及其他类型过载。不同过载比、不同应力比和不同试样厚度均会对过载后的裂纹扩展行为产生影响。文献[73]以 Q345R 标准紧凑拉伸试样为研究对象,进行了完整的、体系化的不同类型过载作用下裂纹扩展行为的试验研究,文献[72]则以 304 不锈钢材料为研究对象,进行了材料的棘轮特性分析,发现在循环应力比 R 大于和等于 0 时,材料的累积应变只与循环峰值应力有关。

3. 低应力工况下的应力比

近十多年来的《ASME 锅炉及压力容器规范》第八卷第 1 册中,图 UCS-66.1 为关于免除冲击试验的容器运行的最低金属温度(MDMT)降低值曲线,其纵坐标相当于材料中实际应力与其许用应力之比,即应力重合比(coincident ratio)。

4. 表征材料形变强化的应力比

关于疲劳裂纹扩展,《ASME 锅炉及压力容器规范》第十一卷中有应力比计算公式,即

$$应力比 = \frac{PD}{2t}\frac{1}{S_m} = \frac{PD}{2tS_m} \tag{4.40}$$

在基于应变的管道设计方法中,管道的变形不再由应力控制,而是由全部或者部分应变控制或者位移控制,这时应力已经超过钢管材料的最小屈服强度。在钢管临界屈曲应变预测公式的研究中,发现采用应力比 $R_{t5.0}/R_{t1.0}$ 作为材料形变强

化的表征参量，可以较好地描述应变强化能力对钢管临界屈曲应变的影响。与前面循环加载时的应力比不同，这个应力比是指管段屈曲后起皱点应变水平 5.0%所对应的应力值与管段开始变形时的应变水平 1.0%对应的应力值之比[74]。

5. 许用应力比值及应力强度比值

GB/T 150.1—2011 中考虑到紧固件和容器两者设计温度的不同，在确定容器的耐压试验压力时，需考虑紧固件分别在常温和设计温度下的许用应力的比值 $[\sigma]/[\sigma]^t$，以此提高调整试验压力[75]。容器各主要受压元件，如圆筒、封头、接管、设备法兰(或者人手孔法兰)及其紧固件等所用材料不同时，应取各元件材料的 $[\sigma]/[\sigma]^t$ 比值中的最小值来提高调整试验压力。该条是参照国际上先进标准的规定。例如，《ASME 锅炉及压力容器规范》2013 年版第八卷第 1 册中的 UG-99 Standard Hydrostatic Test 小节沿用其历来各版本的规定，提出了相同含义的 the lowest stress ratio(LSR，最低应力比)的概念。

GB/T 150.1—2011 中在确定设计温度下的最高允许工作压力时，考虑容器分别在设计温度和常温下的许用应力比值 $[\sigma]^t/[\sigma]$，以此降低调整试验压力。同理，GB/T 150.3—2011 中在确定法兰设计力矩时，也以法兰材料分别在设计温度和常温下的许用应力的比值 $[\sigma]^t_f/[\sigma]_f$，以此调整力矩。

GB/T 150.3—2011 中介绍关于开孔补强等面积法时，若补强材料许用应力小于壳体材料许用应力，则补强面积应按壳体材料与补强材料许用应力之比而增加；若补强材料许用应力大于壳体材料许用应力，则所需补强面积不得减少。同时，当接管材料与壳体材料不同时，引入强度削弱系数 $f_r=[\sigma]^t_t/[\sigma]^t$，实际上就是设计温度下接管材料与壳体材料许用应力的比值。

《钢制压力容器——分析设计标准(2005 年确认)》(JB 4732—1995)以元件分别在常温和设计温度下的设计应力强度比值 S_m/S^t_m，来提高调整容器的试验压力。此外，该标准还有几种情况下是通过材料分别在常温和设计温度下的弹性模量比值来调整一些应力强度指标的，弹性模量的比值也是一种应力强度比值。

6. 纤维应力比(fiber stress ratio)

按照 GB/T 24160—2009 标准所测试的中纤维的比强度应力，是缠绕气瓶最小设计爆破压力下纤维的应力与公称工作压力下纤维的应力之比[76,77]。

7. 等效应力与初始屈服应力的比值

虽然只是一个比值，但是可以拓展其意义及应用，例如，当比值为 0~1 时，说明构件是弹性变形；当比值小于 1 时，说明构件发生了塑性变形。

8. 应力指数

应力指数实际上就是应力比。应力分析设计中用于开孔疲劳估算的应力指数是所考虑点的应力分量与无开孔和无补强容器材料中的计算周向薄膜应力的比值。

9. 疲劳强度减弱系数

不光滑的结构表面会引起应力集中，对结构疲劳强度有所削弱，换一角度说就是同等载荷条件下结构表面应力水平的变化与结构疲劳强度的弱化存在关系。用于疲劳分析的角焊缝疲劳强度减弱系数取 4.0;除了可由分析或试验确定一个比较低的适当值的情况，在螺纹构件的疲劳计算中所采用的疲劳强度减弱系数不得小于 4.0；对于局部结构不连续，除裂纹状缺陷情况外，无须采用大于 0.5 的疲劳强度减弱系数[37]。

4.4　名义应力主题

在术语在线中，与名义应力(nominal stress，conventional stress)相关的学科有冶金学、力学、机械工程、化学工程等。其中，机械工程学科机械工程基础专业疲劳专题定义名义应力为：载荷除以原始截面面积得到的应力，见载于《机械工程名词(第一分册)》。冶金学学科金属加工专业定义名义应力为：物体单向拉伸或压缩时，变形力与原始截面积之比，又称条件应力，见载于《冶金学名词》(第二版)。台湾地区化学工程学科中也将名义应力称为标称应力，见载于《海峡两岸化学工程名词》(第二版)。

总体来说，本书中与名义应力相关的内容也较多，约有 8 处。

4.4.1　名义应力、弹性名义应力和弹性计算应力

名义应力即弹性名义应力或弹性计算应力的简称，是应力分类法中的概念，它有多种表达。

1. 与结构有关的表达

表达方式一：在壳体中是指在并无结构不连续(包括总体及局部)处的应力，是由元件的基本理论计算所得的基准应力，为薄膜加弯曲应力(当为厚壁壳时，存在弯曲应力)[78]，见图 2.10。

表达方式二：在设备法兰中，由于 Waters 法是纯弹性分析方法，计算所得的法兰应力属于弹性名义应力，可以允许较高的许用应力$[\sigma]$[6]。

表达方式三：指没有不连续时的应力，可以按照基本理论(如板壳理论等)计算而得，但是不能说计算应力就是名义应力。理论应力集中系数即最大局部应力与计算的名义应力之比。

表达方式四：名义应力区定义为远离不连续部位的筒体和封头[79]。具体介绍另见 4.3.3 节。

2. 与方法有关的表达

表达方式一：极限载荷试验时，不区分屈服与否，按照弹性应力-应变曲线对待的应力。

表达方式二：弹性补偿法(ECM)是结构塑性极限载荷分析中一种简单有效的方法，但在复杂结构塑性极限分析中，需由应力集中系数修正弹性补偿法才能得到极限载荷的较好逼近值，其中的名义应力 σ_n 是用来确定单元弹性模量被调整的基准值，当且仅当单元的米泽斯应力比 σ_n 大时，单元的弹性模量才会调整。同时，为确保只有一部分高应力单元的弹性模量被调整，在名义应力 σ_n 的定义计算式中引入与结构应力集中系数相关的调整因子来控制单元弹性模量被调整的单元数量[80]。

表达方式三：名义应力等于弹性模量乘以总应变，即

$$\sigma = E\varepsilon_a \tag{4.41}$$

表达方式四：在压力容器的分析与计算中，经常采用"弹性名义应力"的概念[49]，简称名义应力，又称虚拟应力，即无论载荷大小，按照胡克定律由应变值计算出的应力值即使已超过比例极限或屈服极限，仍然按照线弹性理论的胡克定律计算出的应力值来分析研究有关问题。线性弹性理论的研究对象是位移比物体最小尺寸小得多的小变形情况，对于小变形情况，应力的定义式(1.1)中取 ΔS 为面元变形前的初始面积，对大变形情况则取 ΔS 为面元变形后的实际面积。

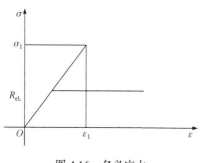

图 4.16　名义应力

如图 4.16 所示，对应于 ε_1 的名义应力值是 σ_1。

4.4.2　名义应力幅

在低周循环疲劳中，$\sigma_{max} = \sigma_a + \sigma_m$ 往往超过材料的 R_{eL}，这时采用应变值作为参量，寻求 $\varepsilon\text{-}N$ 的关系较科学。但是习惯上仍然采用名义应力幅，即

$$S_a = 0.5E\varepsilon_t \tag{4.42}$$

作为参量，其中 ε_t 是交变载荷引起的总应变[49]。

名义应力幅也就是虚拟应力幅，见 4.3.4 节。

4.4.3　真应力和伪应力

1. 名义应力和名义应变

室温下对金属多晶材料进行单向拉伸或压缩试验时，在载荷 P 的作用下，试件的长度和横截面面积将由初始值 l_0 和 A_0 分别变为 l 和 A，则可定义名义应力为

$$\sigma = \frac{P}{A_0} \tag{4.43}$$

名义应变为

$$\varepsilon = \frac{l - l_0}{l_0} \tag{4.44}$$

2. 工程应力和工程应变

当拉伸失稳后，试件局部区域的截面积会有明显的减小，定义真应力为[81]

$$\sigma_T = \frac{P}{A} \tag{4.45}$$

真应力 σ_T 是真实应力的简称，真实应力和名义应力 σ 之间的关系为

$$\sigma_T = \sigma(1 + \varepsilon_T) \tag{4.46}$$

式中，ε_T 为相对应变，也称"工程应变"或"条件应变"，有时也称真实应力为"工程应力"。在小变形条件下，真实应力与名义应力相差很小，可以忽略不计。在设备的安全评估和材料行为研究中，常用到工程应力(engineering stress)[82,83]。抗拉强度对应的真应力就是断裂真应力。

3. 真应力和真应变

在术语在线中，由冶金学学科金属加工专业给出的真应力(true stress)的定义为：物体在变形过程中，其某一瞬间(变形力与当时截面积之比)的应力，见载于《冶金学名词》(第二版)；而由机械工程学科中的疲劳专题给出的真实应力(true stress)的定义为：载荷除以受载后实际的截面面积得到的应力，见载于《机械工程名词(第一分册)》。因此，可以认为真应力是真实应力的简称。

在术语在线中，由冶金学学科金属加工专业给出的真应力-应变曲线(true stress- strain curve)的定义为：描述真应力与真应变的关系的曲线。由试验测出作用力及瞬时截面积和长度，即可求出真应力和真应变，见载于《冶金学名词》(第二版)；而由材料科学技术给出的真应力-应变曲线(true stress-strain curve)的定义

为：以真应力(载荷除瞬时界面积)为纵坐标，真应变(瞬时长度和原始长度比值的自然对数)为横坐标的曲线，见载于《材料科学技术名词》。

《ASME 锅炉及压力容器规范》2007 年版第八卷第 2 册中，根据压力容器的载荷和抗力系数设计(load and resistance factor design，LRFD)法，真实应力 σ_T 是指由真实应变计算的应力，而真实应变等于真实的总应变范围 ε_{ts} 减去应力-应变曲线中微观应变范围的真实应变 γ_1 及宏观应变范围的真实应变 γ_2，即[12]

$$\varepsilon_{ts} = \frac{\sigma_T}{E_y} + \gamma_1 + \gamma_2 \tag{4.47}$$

在计算 γ_1 和 γ_2 时，需要涉及工程屈服应力 σ_{ys}、工程极限拉伸应力 σ_{uts}、真实极限拉伸应变处的真实极限拉伸应力 $\sigma_{uts,t}$ 等三个有区别的概念，即[12]

$$\sigma_{uts,t} = \sigma_{uts} \exp[m_2] \tag{4.48}$$

式中，m_2 等于真实极限应力下的真实应变的应力-应变曲线拟合指数。

4. 伪应力与伪力法

按照美国腐蚀工程师协会的标准 TM0177-2005 中对材料在腐蚀溶液中进行应力集中特性评价的三点弯曲试验，位移控制依据由材料力学公式计算出的加载点最大应力。因为计算公式基于线弹性理论，而事实上，加载试样很多情况下已明显变弯，材料进入了塑性，标准中仍用弹性公式计算，因此得不到真实应力，只能是名义应力，或称为伪应力[84]。这个伪应力是与名义应力具有等同关系的一种别称，较少使用。从应力的求取方法来说，名义应力是一种虚拟应力，但是不宜说虚拟应力都是名义应力，因此虚拟应力与名义应力不具有完全的等同关系。

在力学分析中，将系统中的非线性特征通过近似、等效等手段处理为具有力量纲的载荷项，并置于控制方程右端，保持方程左边线性，是一种常用的非线性问题求解方法，称为"伪力法"[85]。通常可以采用泰勒级数展开、多项式或级数拟合等技术手段进行非线性特征的近似建模。文献[86]结合塑性力学理论和模态综合技术，提出了一种基于"伪力法"思想快速分析柔性结构在冲击载荷下的弹塑性瞬态响应的求解方法。通过引入一个预测参数，将弹塑性变形导致的非线性特征近似等效为一个具有力量纲的外载荷，并置于控制方程右边保持方程左边线性，然后采用模态综合技术建立原系统的降阶模型。经此变换后，用于建立降阶模型的模态变换矩阵只需计算一次，且在整个响应计算过程中保持不变，有效地提高了计算效率。文献[86]通过计算柔性简支梁在谐振载荷和碰撞载荷下的弹塑性响应，并与全模型的计算结果进行对比，验证了该方法求解柔性结构弹塑性瞬态响应的准确性和高效性。即便读者把这个"伪力法"中的力理解为真实存在的力，也没有必要推理该"伪力"引起的应力就是"伪应力"；"伪力法"只不过缘于采用近似而高效的处理方法，为了区别于其原来真实存在的载荷而被赋予一个别名，两者计算结果之间是存在误差的等效关系。

4.4.4 特殊应力、特征应力、表征应力、代表应力和修正应力

1. 特殊应力

《钢制压力容器——分析设计标准(2005 年确认)》(JB 4732—1995)中针对一些特殊结构，也给出了评定其特殊应力的许用极限，这些特殊应力包括防止压毁的平均支承应力、复合材料复层表面上的支承应力、支承载荷在具有悬臂自由端的部件上作用的应力、纯剪切截面的平均一次剪应力、扭力作用下实心圆截面外周上的最大一次剪应力、非整体连接件的扩展性变形引起的一次应力加二次应力。由此可见，特殊应力不是一个在内容上可以独立的应力概念，其特殊性在于引起应力的结构的特殊性，所涉及的应力没有特殊之处，且已由其他应力概念给出了定义，或描述了相关含义。

2. 特征应力和表征应力

特征值(characteristic value)或本征值(eigenvalue)的理论本义是关于线性代数方程符合某种特别格式的关键数值的，现在已应用到数学外的其他领域。文献[87]首先给出了以特征应力为参量表示的结构细节的 $a\text{-}S\text{-}N$ 曲线，然后利用 Neuber 法求得载荷谱中名义应力对应的结构应力集中部位的局部应力应变，再将其转换为当量名义应力，并根据 $a\text{-}S\text{-}N$ 曲线、等寿命曲线和累积损伤理论确定谱载荷下的(a_K, t_K)数据，最后利用(a_K, t_K)数据确定结构细节的当量初始缺陷分布，并给出裂纹超越数概率。

由此可见，特征应力是基于当量名义应力的一种表达方式，但是特征应力又不是指各种应力的特征。例如，文献[88]认为，从应力的性质和影响范围来看，峰值应力的基本特征是具有自限性和局部性，这和 ASME 规范从变形角度提出的"不引起任何显著的变形"的特性是一致的，等效线性化处理方法的重要性在于它是区分峰值应力的有效方法。注意，其中的峰值应力并非指应力循环曲线中波峰处对应的应力峰值，后者实际是指波峰应力。此外，薄膜应力或者弯曲应力都有各自可以明显相互区别的基本特征。

而表征应力则是有别于特征应力的另一个概念。表征一词的含义更接近英文 characterization，是指事物表现出来的特征，通过一个或多个元素来对该特征加以描述，常用于材料力学性能评价中。例如，韧性是材料强度和塑性的综合指标，即韧性综合表征材料的强度和塑性，而韧性则具体可由材料的冲击吸收功值或者断裂韧性等指标来表征。

　　例如，小冲杆的圆片形试样中心加恒载荷做蠕变试验的过程中，试样各点的应力不同，是轴对称分布的。有学者用有限元法再引入蠕变的第二阶段的牛顿方程，对小冲杆试样进行了蠕变全过程的有限元分析。研究表明，试样变形后球部中心点的应力从最初的大值迅速衰减为小值，并逐渐趋平，说明用中心点的应力来表征试验的蠕变应力是可能的。进一步用取点拟合方法建立这一表征应力 $\bar{\sigma}$ 与中心点位移 δ 和施加载荷 F 之间的关系式。由于这一表征应力 $\bar{\sigma}$ 是试样中心点的最大应力，同时又随时间而变化，当蠕变曲线三个阶段均完整时，宜取结束时间80%的点的应力值为表征蠕变应力，当蠕变试验尚未进行到第三阶段时，宜取结束时间的应力值为表征蠕变应力。这样有了表征蠕变应力之后的蠕变曲线就可与常规蠕变试验曲线进行比较[89]。

　　3. 代表应力

　　representative stress 的译文为代表应力，长期以来，在压力管道蠕变变形、高强度钢管的断裂韧性等研究中常用到这一英文应力词组[90-92]。有学者[93]在压力容器焊缝力学性能评价中，基于一种代表性应力应变法(representative stress and strain approach)来确定材料真实的应力应变关系。

　　中文里没有"代表应力"这一专用词汇及概念，只有相关的短语。例如，过一点的任意一组相互垂直的三个平面上的应力就可代表点的应力状态，而其他截面上的应力都可用这组应力及其与需考察的截面的方位关系来表示。

　　4. 二次应力的修正作用

　　弹性理论解需要满足平衡与连续两项要求。与外载荷平衡的条件已由一次应力满足，余下的变形连续条件则由修正的应力(二次应力与峰值应力)来满足。峰值应力的基本特征是局限性与自限性。可以说，二次应力是影响范围遍及断面(能把结构分成互不相连的两部分的平面或曲面)的总体自限性应力，而峰值应力是应力水平超过二次应力但影响范围仅为局部断面的局部自限性应力。二次应力是为满足相邻元件间的约束条件或结构自身变形连续要求所需的应力，实际上它是同一次应力一起满足变形连续(协调)要求，即为了满足变形协调要求的附加应力，也是一种修正应力。

4.5　残余应力主题

　　在术语在线中查阅残余应力，得其英文名为：residual stress, remanent stress, internal stress；涉及相关学科有：力学、机械工程、土木工程、材料科学技术、水利科学技术、物理学、冶金学、船舶工程。

根据机械工程学科的机械制造工艺与设备专业，残余应力的定义为：金属加工过程中由于不均匀的应力场、应变场、温度场，以及不均匀的组织，在加工后，工件或产品内保留下来的应力，见载于《机械工程名词(第二分册)》。

根据水利科学技术学科的工程力学专业，残余应力的定义为：物体受载超过材料的弹性范围，在卸去荷载后物体内残存的应力，见载于《水利科学技术名词》。

4.5.1　残余应力

尽管人们在力学发展中对残余应力有过残留应力、余留应力、残存应力、固有应力等各种认识及不同的称呼，但是当前只有残余应力这个称呼才是最恰当的。

1. 残余应力是一种固有应力

构件在加工制造过程中，因受各种工艺因素的制约、影响和作用，在外部影响和作用解除后，会残存一种在构件内部自相平衡的内应力，这种内应力称为残余应力。成形需要变形加工，铆焊加工中塑性变形的残余应力是主要的，弹性变形回复后的残余应力较小，以去除金属为主的切削机械加工也存在一些残余应力。各种文献对残余应力使用过不同的术语，如内应力、初始应力、固有应力、制造预应力等[58]。

其中，固有应力是在不受外力(体力和表面力)作用下物体内部存在的应力。因此，固有应力实际上也就是内应力，残余应力就是一种典型的固有应力，但是不宜说固有应力就是残余应力，固有应变可看成固有应力的产生源。设物体处于既无内力也无外力的状态为基准状态，固有应变就是表征从应力状态切离后处于自由状态时，与基准状态相比所发生的应变。例如，当构件受到不均匀加热时，若构件尚未产生塑性变形，那么固有应变实际上就是温度应变；若受到不均匀加热后，构件中产生塑性应变，则固有应变将是温度应变和塑性应变的综合。构件受到不均匀加热后，最终产生残余应力。其中，固有应变实际上是残余的塑性应变。以上分析未考虑相变的影响。焊接构件经过一次焊接热循环后，温度应变为零，固有应变就是塑性应变和相变应变残余量之和[58]。因此，残余应力可分为弹性残余应力和非弹性残余应力。

2. 残余应力的早期利用

机械加工和强化工艺都能引起残余应力。残余应力是消除外力或不均匀的温度场等作用后仍留在物体内的自相平衡的内应力，因此也曾称残留应力或残存应力。一般来说，壳体中的残余应力没有明显的方向性，但是焊接的残余应力有一定的方向性，自增强技术产生的残余应力有明确的目的性和方向性。

人们对余留应力(residual stress)的认识较晚。20世纪50年代，由英国德哈维兰(de Havilland)公司设计制造的"彗星"1客机发生多次坠落事故后，研究者将试验机体的客舱和驾驶舱放置在一个特制水槽内，机翼外露于水槽外，以液压方式施加仿真气动载荷，舱体内部以水压模拟舱压，结果证实"彗星"1的机体结构疲劳强度不足；对"彗星"1客机出厂前的结构在执行全尺寸机体疲劳试验测试之前进行静力试验，先承受两倍设计舱压的负载以验证机体静力强度，在材料内留下了当时世人仍一无所知的余留应力，而余留应力会提高结构疲劳寿命，致使试验结果失真。

上述余留应力本质上也就是残余应力，从有效利用的角度来说也是预应力的一种方法。

3. 疲劳设备消除残余应力的必要性

在承压设备中的残余应力，除了可利用的部分，也有部分是不利于设备安全运行的，还有部分是对设备影响不大且可以忽略的。

有一种观点认为，由于焊接残余应力不是交变应力，其对疲劳破坏没有影响，故对于疲劳设备，不需要进行热处理消除焊接残余应力。这种认识是不全面的。首先，焊接残余应力具有同时包含压缩应力和拉伸应力的自平衡性，虽然在某些情况下压缩应力能够改善受压元件在操作状态的应力分布或改善受压元件的抗疲劳性能，但是一般来说，拉伸残余应力会使焊缝引起焊接裂纹，或在操作过程中使元件引起应力腐蚀，因此应设法减小或消除焊接残余应力[94]。其次，热处理消除焊接残余应力的同时，还可以消除由冷加工、热加工等引起的其他残余应力。其他残余应力不但没有自平衡性，而且更多具有拉伸应力的性质，不利于预防疲劳开裂。此外，焊后热处理具有调整材料性能、降低焊接接头硬度的作用，也有利于预防疲劳开裂。

还有一种观点认为只有交变应力才对疲劳开裂产生影响，这种观点也是不正确的，见4.3.2节介绍。

4. 受压构件消除残余应力的必要性

残余应力是影响钢结构受压构件稳定性能的重要因素。文献[95]采用条形切割法对三种截面规格的Q345GJ钢焊接H形和箱形截面残余应力进行测试，通过MATLAB软件拟合得到其简化的多折线分布模式；对9根焊接H形和3根焊接箱形(中)厚板足尺构件进行轴压试验，获得构件整体稳定承载力；引入实测残余应力，通过ABAQUS软件进行Q345GJ钢轴压柱有限元分析，并与试验结果、规范计算结果进行对比，同时开展参数化分析获得轴压构件稳定曲线。试验及分析结果表明,Q345GJ钢H形和箱形截面采用多折线简化分布模式更符合残余应力实测结果；Q345GJ 钢(中)厚板 H 形截面翼缘采用不分层或考虑分层的残余应力简化模式，对构件绕弱轴稳定承载力的影响不大；Q345GJ 钢 H 形截面实测残余应力分布模式在翼缘自由端处与规范有较大区别，构件在正则化长细比为 0.4～1.1 区段的稳定承载力有下降趋势。

5. 残余应力消除新技术

针对奥氏体不锈钢焊缝不便使用热处理方法消除焊接残余应力的问题，人们开发了特种喷丸方法把焊接接头表面的拉应力转化为压应力，以此来提高其抗应力腐蚀开裂的能力。特种喷丸方法不仅包括适合大面积操作的喷玻璃丸，还包括适合锆、钛特种材料的非接触激光喷丸，以及绿色环保的超声波喷丸。豪克能技术，实际就是高频超声波的应用，即利用激活能和冲击能的复合能量对金属零件进行加工，一次加工即可使零件表面达到镜面并实现改性的创新性能量加工技术。目前，豪克能技术的产品转化体现为焊接应力消除设备以及表面光整设备，该技术可以给金属表面消除拉应力，预置压应力，使得金属容易开裂的部位应力释放，不会产生开裂的情况。

焊接应力消除设备工作的原理就是利用大功率能量推动冲击工具以每秒二万次以上的频率冲击金属物体表面，由于豪克能的高频、高效和聚焦下的大能量，金属表层产生较大的压缩塑性变形；同时豪克能冲击波改变了原有的应力场，产生了一定数值的压应力，并使被冲击部位得以强化。该技术最早于 1972 年由乌克兰巴顿研究所发明，并应用在苏联海军潜艇的艇体结构上。国内于 1995 年由天津大学焊接研究所的霍立兴教授率先进行研究，并于 1997 年研制出国内第一台豪克能技术装置。目前该类消除应力的设备已在国内一些装备领域内应用。

4.5.2　宏观应力和微观应力

1. 三类内应力中的残余应力

内应力通常分为三类[5,94]。

(1) 宏观应力，即通常所说的残余应力，是指存在于整个物体或在较大尺寸范围内保持平衡的应力，尺寸在 0.1mm 以上，平衡于金属表面与心部之间。宏观应力有时简称宏应力，有时也称为常量应力。

(2) 组织应力，是指在晶粒大小尺寸范围内保持平衡的应力，尺寸在 10^{-1}～10^{-2} mm，平衡于晶粒之间或晶粒内部同区域之间。

(3) 镶嵌应力，由晶格缺陷引起的畸变应力，是指在原子尺寸范围内保持平衡的应力，如晶体内的不均匀残余应力、位错引起的不均匀残余应力，尺寸在 10^{-3}～10^{-6} mm。

2. 三类内应力的作用

第一、二类内应力都使金属强度降低,而第三类内应力是形变金属中的主要内应力,也是使金属强化的主要原因[94]。第二、三类内应力统称为微观应力。

按照作用范围,微观残余应力可细分为微观结构应力与晶体亚结构应力两类。前者分布在晶粒范围内,它的平衡范围可与晶粒尺寸来比量;后者作用在一个晶粒内部,它的平衡范围更小,其大小可以与晶格尺寸来比量。按照产生的原因,有人将微观残余应力分为如下几种:①由晶格的各向异性而产生的;②由晶粒内外的塑性变形而产生的;③由夹杂物、沉淀相或相变而出现的第二相所产生的[62]。

1907 年,沃尔特拉(Volterra)解决了一类弹性体中的内应力不连续的弹性问题,将它称为位错。位错理论认为,晶体实际滑移过程并不是滑移面两边的所有原子都同时做整体刚性滑动,而是通过在晶体存在的称为位错的线缺陷来进行,位错在较低应力作用下就开始移动,使滑移区逐渐扩大,直至整个滑移面上的原子都先后发生相对位移。随后,很多学者就不同晶体结构、位错机制、滑移线及实物塑性现象等专题展开分析研究。1940 年,皮尔斯(Peierls)提出了最初的位错点阵模型,1947 年纳巴罗(Nabarro)修正了这一位错点阵模型,突破了一般弹性力学范围,提出了位错宽度的概念,并估算了位错开动的应力,因此该应力被称为皮尔斯-纳巴罗(Peierls-Nabarro)应力[96]。该模型得到了业内的认可和应用[97]。

3. 残余应力的分类及焊接残余应力

残余应力可分为热处理残余应力、表面化学热处理引起的残余应力、焊接残余应力、铸造残余应力、涂镀层引起的残余应力及切削加工残余应力[5]。一般认为焊接残余应力是热应力、组织应力、拘束应力和氢致应力叠加的结果。热处理是与焊接密切相关的制造工序,压力容器整体热处理能在一定程度上较为全面地消除其前面的制造工序产生的残余应力。短时而激烈的表面热处理反而会产生较为显著的残余应力,包括热应力产生的残余应力和相变产生的残余应力,而缓慢的表面热处理则通过结构表面材料化学成分变化产生另一种残余应力。

《压力容器缺陷评定规范》(CVDA—1984)[98]中规定,评定焊接区域的裂纹时,必须考虑残余应力。该标准和英国标准《焊接缺陷验收标准若干方法指南》(BSI PD6493)均指出,对于焊后热处理容器,焊接残余应力不一定为零,应对实际应力值进行估计。而日本标准 WES-2805 则将焊后退火热处理的焊缝视作无残余应力处理。利用热作用消除残余应力,宏观上可解释为应力松弛,材料在室温内其屈服极限很高,随着温度的上升,屈服极限将下降,使存在残余应力的材料因达到屈服极限而发生塑性变形,从而使应力松弛,达到降低残余应力的目的[60]。

结构的变形、承载能力、抗腐蚀性及延迟裂纹的发生等都与残余应力有密切联系。在进行安定分析时，必须考虑残余应力对结构行为的影响。由于焊接和装配应力，自平衡的残余应力在结构中总是存在的，所以按照弹性分析所计算的应力并不是结构中真正的应力，它只能是由压力变化引起的应力变化。总应力则应是弹性应力和残余应力之和。而弹性应力的变化不应该引起结构的屈服，残余应力决定弹性结构在外载荷作用下塑性区域的充分发展，并决定结构达到破坏时的挠度大小[99]。

在疲劳分析中，残余应力的作用与平均应力相似，它主要通过改变应力比 R 来影响裂纹扩展速率[62]。

4. 残余应力的测算

变形在弹性范围内，将不产生残余应力。物体内的残余应力不可能通过测量该物体承受外载荷时产生的应变变化来确定。因此，为了测定残余应力，必须释放该物体的残余应力，并测量出释放的应变，从而计算出残余应力[62]。

文献[100]应用十二边形屈服准则研究自增强容器相当应力函数的性质，推导残余应力的计算公式及最佳的弹塑性界面的半径公式，并用试验数据给予验证。这些公式可用于自增强容器的计算与设计。

有关残余应力的介绍另见 2.2.6 节、2.3.2 节、2.3.11 节、3.4.3 节。

4.5.3　偶应力、斜截面应力和拉格朗日应力

偶应力、斜截面应力和拉格朗日应力的概念与残余应力主题的关系并不是很强，只不过是偶应力理论跳出了传统连续介质理论的基础自成一个小分支来研究微结构的变形、应力问题，从而与内应力中的某类残余应力类似，或者其促进了柯西应力的某点发展，而斜截面应力和柯西应力在概念上的定义是相统一的，拉格朗日应力与柯西应力两个名词由于分别针对构形变形前后的状态而被排在一起进行概念比较，所以这几个名词概念被安排在一起讨论。

1. 偶应力不是偶合应力

传统连续介质理论在工程实践中取得了巨大成就，但是由于其本构关系不包括任何特征长度尺寸，在描述材料微观尺度下的性质时有明显的局限性[101]。在连续介质力学中，物体是假设由无穷小的质点组成的，因而不能承受分布的体力偶及面力偶的作用，否则就要导致无限大应力的出现。1887 年，Voigt 设想过物体是由非常小但不为零的体积元素所组成的，内面力偶的存在是可能的。1909 年，Cosserat 兄弟提出了一个偶应力(couple-stresses)理论,研究具有一定微结构介质在外界载荷等作用下的变形、应力问题。Topin 等在 20 世纪 60 年代对该理论做了

进一步发展和完善。偶应力理论是研究具有微结构、一定特征尺度的介质的重要工具之一，如纤维材料、颗粒材料等力学行为，在实际问题中有许多应用[102]。

为了提高材料的耐磨性和耐腐蚀性等，在基体表面镀膜能有效增强材料的表面性能。当薄膜-基体材料的界面剪应力超过膜-基黏合强度时，薄膜会从基体上剥落下来，这是膜-基复合材料的主要失效形式。应用偶应力理论研究薄膜-基体的应力时，除了通常的柯西应力，还存在偶应力。偶应力的存在使柯西应力不再是对称张量，可将其分解为对称部分和反对称部分[103]。

一维多孔固体结构可采用等效连续介质梁模型来研究其动力学行为。当类似梁结构的尺寸和多孔固体单胞结构的尺寸相近时，等效模型的力学行为会产生尺寸效应现象。文献[104]基于偶应力理论，对一类单胞含有圆形孔洞的周期性多孔固体梁类结构，给出了分析其横向自由振动的等效连续介质铁摩辛柯梁模型，并通过对单胞分析，在应变能等价和几何平均的意义下，定义了等效偶应力介质的材料常数，利用已有的材料常数，推导了等效铁摩辛柯梁的动力学微分方程。

2. 斜截面应力和柯西应力

斜截面应力具有与柯西应力相统一的定义式，设物体的现实构形中有一微小面元向量 $n\mathrm{d}a$，面元上作用着面力 $\mathrm{d}t$，其分量为 $\mathrm{d}t_i$。以张量形式定义斜截面应力公式即柯西应力为

$$t_i^{(n)} = \lim_{\mathrm{d}a \to 0} \frac{\mathrm{d}t_i}{\mathrm{d}a} \tag{4.49}$$

式(4.49)表达的是基于现实构形中变形后单位面积的应力，因此称为真应力，而 σ_{ij} 为柯西应力张量[38]。σ_{ij} 参见式(2.17)、式(2.18)和式(2.19)，它是变形时用现实构形来描述应力的方程，用欧拉描述方法在某时刻现实构形上的应力张量，因此柯西应力张量有时也称为"欧拉应力张量"，是研究大变形时用现时构形来描述的对称应力张量。欧拉坐标基于变形后即当前构形的状态而建立。欧拉坐标是固定在空间中的坐标，又称空间坐标或固定坐标。柯西应力也就是工程应力。

3. 斜截面应力与横截面应力的关系公式

一般来说，构件的横截面应力就是指其正应力。在基于实际构件或试样的横截面应力计算斜截面应力时，不能直接按照矢量关系计算，而是要注重定义所描述的条件。例如，图 4.17 所示轴向力 F 拉伸横截面积为 $A = \pi R^2$ 的圆棒试样。

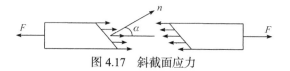

图 4.17　斜截面应力

横截面应力即轴向正应力，为

$$\sigma_F = \frac{F}{A} \tag{4.50}$$

在该试样上，倾斜角的斜截面是一个短半轴为 R、长半轴为 $R/\cos\alpha$ 的椭圆面，其面积为 $A_\alpha = \pi R \times R/\cos\alpha$，按照定义正确计算该斜截面正应力为

$$\sigma_n = \frac{F_n}{A_\alpha} = \frac{F\cos\alpha}{\pi R \times R/\cos\alpha} = \frac{F}{\pi R^2}\cos^2\alpha = \sigma_F\cos^2\alpha \tag{4.51}$$

按照图 4.18 所示斜截面上的全应力 σ_α 为

$$\sigma_\alpha = \frac{F}{A_\alpha} = \frac{F}{A/\cos\alpha} = \sigma_F\cos\alpha \tag{4.52}$$

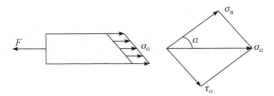

图 4.18　斜截面应力分解

据此，该斜截面正应力也可按照矢量分解的三角函数关系来计算，即

$$\sigma_n = \sigma_\alpha\cos\alpha = \sigma_F\cos\alpha \times \cos\alpha = \sigma_F\cos^2\alpha \tag{4.53}$$

与式(4.49)等同。同理，斜截面剪应力按照矢量分解的三角函数关系计算的结果为

$$\tau_\alpha = \sigma_\alpha\sin\alpha = \sigma_F\cos\times\sin\alpha = \frac{\sigma_F}{2}\sin 2\alpha \tag{4.54}$$

图 4.18 所示的应力分解中，斜截面上的轴向应力是全应力 σ_α，斜截面上的正应力是 σ_n，横截面上的轴向应力是正应力 σ_F，同一点处不同方位截面上的应力不同，三者不能混淆，也不能相互替代。因为应力是二阶张量，只有当方位和截面完全确定时，相关的应力才能按照矢量运算，这就是张量与矢量的区别。例如，若忽略横截面与斜截面上的区别，在图 4.18 中以正应力 σ_F 替代全应力 σ_α，则会错误地计算斜截面上的正应力为 $\sigma_n = \sigma_F\cos\alpha$。

4. 拉格朗日应力与柯西应力的区别

拉格朗日应力(Lagrangian stress)有时也称"皮奥拉应力"，或者称为"皮奥拉-基尔霍夫应力(Piola-Kirchhoff stress)"。第一皮奥拉-基尔霍夫应力是因变形后的构形是未知的(待求的)，所以取变形前的构形上单位面积的面力作为应力，第二皮奥拉-基尔霍夫应力是单位面积和单位面积上的面力均以变形前构形描述的

应力为应力，也就是工程应力。

物体的一个构形是指由连续介质构成的某一物体，在某瞬间该物体在空间所占的区域。而拉格朗日坐标基于变形前的状态，是嵌在物体质点上、随物体一起运动和变形的坐标，又称物质坐标、材料坐标或随体坐标。基尔霍夫应力张量研究大变形时用初始构形来描述的对称应力张量。由拉格朗日应力张量和柯西应力张量关系式可知，拉格朗日应力张量采用了两个构形中的标号，而且是一个非对称张量，这给应用带来了困难。例如，在本构关系中应变是对称张量而应力为非对称张量，应用就很不方便。基尔霍夫应力张量是为了克服这个不对称性的困难而提出的。基尔霍夫应力有时被不规范地译为克希霍夫应力或者克希荷夫应力。非线性结构力学中描述大应变、应力的还有格林应力张量(Green stress tensor)。

在术语在线中，根据冶金学中的金属加工专业，基尔霍夫应力张量(Kirchhoff's stress tensor)定义为：研究大变形时用初始构形来描述的对称应力张量，见载于《冶金学名词》(第二版)；拉格朗日应力张量(Lagrange's stress tensor)定义为：研究大变形时用初始构形来描述的非对称应力张量，见载于《冶金学名词》(第二版)。

5. 柯西应变与格林应变的区别

在小变形理论中，柯西应变(Cauchy strain)基于弹性力学只关心与应力应变有关的形变(体积改变)，而不考虑刚体转动，刚体转动产生的应变由另一个张量处理。在有限应变理论中，格林应变(Green strain)只与形变有关。比较两者可以发现，其差别其实仅在于格林应变多了一个保证其不受转动影响的二次项。

然而，在大变形下，格林应变会偏离工程应变。实际上，把格林应变放到小应变假设下，就可以省去二阶以上的高阶项。因此，格林应变的优势在于将转动与形变分离开来，只关注形变。

4.6　参考应力主题

4.6.1　参考应力

参考应力常用于结构安定分析中，也有多种表达方式。

1. 基于屈服准则的表达方式

不同的屈服准则得到的参考应力强度是不一样的。载荷比 L_r 是含缺陷结构承受载荷与屈服载荷之比[105]，若转换成参考应力与材料的屈服应力之比，则 L_r 的一般计算公式如下[106,107]：

$$L_r = \frac{F}{F_Y} = \frac{\sigma_{ref}}{\sigma_Y} \tag{4.55}$$

式中，σ_{ref} 为参考应力；σ_Y 为材料的屈服应力。有法国学者就应力与应变关系对参考应力有效性的影响进行了研究[108]。

2. 基于弹性模量关系的表达方式

有研究发现[109]，在有限元分析中，可先根据初始的弹性模量 E_0 和任意载荷 P 进行弹性分析；随后，每个单元的弹性模量通过以下方程进行修正，即

$$E^{i+1} = (\sigma_{ref}^i / \sigma_{eq}^i)^q E^i \tag{4.56}$$

式中，q 为弹性模量修正因子；σ_{ref} 为参考应力；σ_{eq} 为米泽斯等效应力；i 为迭代步，$i=1$ 为初始弹性分析。根据 Seshahri 等[110]的研究，参考应力 σ_{ref} 可按下式进行计算，即

$$\sigma_{ref}^i = \left(\int_{V_T} \sigma_{eq}^2 \mathrm{d}V / V_T \right)_i^{\frac{1}{2}} \tag{4.57}$$

3. 基于屈服应力的表达方式

通常认为，弹性安定性来自结构内形成的有利残余应力。2005 年，Carter[111,112]认为英国高温规范 R5[113]中提到的安定评估方法没有计算结构的残余应力场，所以很难应用于一般结构的安定设计中，并进一步提出了两个循环参考应力的概念，即弹性安定参考应力和棘轮参考应力。其中，弹性安定参考应力是指结构安定时屈服应力的最小值，而棘轮参考应力是指结构不产生棘轮时屈服应力的最小值。

4. 基于弹性安定参考应力在结构安定中所起作用的表达方式

文献[114]应用 Polizzotto 的适用于恒定载荷和循环载荷共同作用的安定定理，通过解析推导，不仅得到结构安定极限载荷的一般解析解，还得到如下结果：①当结构受到恒定载荷和循环载荷共同作用时，结构是否安定，取决于循环载荷的幅度、恒定载荷和循环载荷的峰值共同作用时的应力与循环载荷单独作用时的弹性参考应力之间的夹角；②在结构中，若恒定载荷和循环载荷的峰值共同作用所产生的应力与循环载荷单独作用产生的弹性安定参考应力之间的夹角为零，则当循环载荷幅度不超过弹性极限载荷的 2 倍时，结构安定，此时安定极限载荷幅度等于循环载荷单独作用下结构弹性极限载荷的 2 倍；③在结构中，若由恒定载荷和循环载荷的峰值共同作用所产生的应力，与循环载荷单独作用产生

的弹性参考应力之间的夹角为锐角,则当循环载荷幅度不大于该夹角的余弦与其弹性极限载荷的 2 倍的乘积时,结构安定,此时安定极限载荷的幅度小于结构弹性极限载荷的 2 倍;④在结构中,若由恒定载荷和循环载荷的峰值共同作用所产生的应力,与循环载荷单独作用产生的弹性参考应力之间的夹角等于或大于 90°,则结构不安定。

5. 基于蠕变变形的参考应力解法[115]的表达方式

《ASME 锅炉及压力容器规范》1992 年版中给出了基于极限分析的准则,作为限制一次薄膜应力和弯曲载荷的另一种方法。对于高温设备,可用参考应力法代替简单应力极限法。很多学者先后通过均匀弯曲梁分析,提出与蠕变指数 n 无关的参考应力的概念,采用弹性($n=1$)和刚塑性($n=\infty$)的解与应力分布曲线相交来确定参考应力 σ_R,得到其简单的关系式为

$$\sigma_R = \frac{P}{P_L}\sigma_y \tag{4.58}$$

式中,P 为作用在结构上的载荷;P_L 为屈服强度为 σ_y 时的极限载荷。利用式(4.58)的参考应力即可求得蠕变变形,该变形值是实际变形的上限。

6. 基于应力-应变关系的表达方式

各种材料的应力-应变关系较为复杂,在便于工程应用的各种简化中,兰贝格-奥斯古德(Ramberg-Osgood)模型是其中的一种,在固体力学中,专门描述材料在其屈服点附近的应力-应变关系,表达如下:

$$\frac{\varepsilon}{\varepsilon_1} = \frac{\sigma}{\sigma_1} + \frac{3}{7}\left(\frac{\sigma}{\sigma_1}\right)^m \tag{4.59}$$

或者

$$\varepsilon = \frac{\sigma}{E} + k\left(\frac{\sigma}{E}\right)^n \tag{4.60}$$

式中,ε 表示总应变,即包含弹性应变和塑性应变;σ 表示总应力;σ_1、ε_1 分别为关系曲线上 $0.7E$(初始切线模量)处的应力和应变;强化系数 k 随材料类型会有变化,这里取 $k=3/7$。由于式中涉及材料的弹性模量 E、k 及 m(或者 n)三个参数,所以该模型又称三参数模型,通过这三个参数,表达式虽然简单,但是能够较好地代表真实的材料性能,如图 4.19 所示。

同时, 也可把该模型关系曲线上的应力称为兰贝格 - 奥斯古德参考应力 (Ramberg-Osgood reference stress)。对其他各种应力 - 应变关系曲线上的应力也可同理称呼。

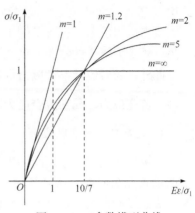

图 4.19　三参数模型曲线

7. 基于应力的高温蠕变失效设计方法的表达方式

文献[116]分别介绍了 ASME-NH(2015)[117]、RCC-MRx(2015)[118] 及 R5　Volume2/3(2014)[119] 基于应力的高温蠕变失效设计方法, 并进行了对比分析。为了防止设备发生高温蠕变断裂失效, 其中英国 R5　Volume2/3(2014)规范基于一次局部薄膜应力和一次弯曲应力定义了相关蠕变断裂参考应力 $\sigma_{\mathrm{ref}}^{\mathrm{R}}$, 并对两类载荷保载阶段中该参考应力的蠕变累积分数按

$$U = \sum_j n_j \left[\frac{t}{t_{\mathrm{f}}(\sigma_{\mathrm{ref}}^{\mathrm{R}}, T_{\mathrm{ref}})} \right]_j < 1 \tag{4.61}$$

进行了限制。其中, 对于蠕变延性材料, 相关蠕变断裂参考应力为

$$\sigma_{\mathrm{ref}}^{\mathrm{R}} = [1 + 0.13(\chi - 1)]\sigma_{\mathrm{ref}} \tag{4.62}$$

$\sigma_{\mathrm{ref}}^{\mathrm{R}}$ 值比一次总体薄膜应力大, 而比组合一次局部薄膜应力加弯曲应力值小, 对于含有明显压缩载荷的情况, 应参考有关成果并基于多轴应力的概念对蠕变断裂参考应力的计算式进行修正。对于蠕变脆性材料, 相关蠕变断裂参考应力为

$$\sigma_{\mathrm{ref}}^{\mathrm{R}} = \left[1 + \frac{1}{n}(\chi - 1) \right]\sigma_{\mathrm{ref}} \tag{4.63}$$

式(4.62)和式(4.63)中, χ 为应力集中系数, 主载荷参考应力 σ_{ref} 基于弹性分析中的一次弯曲等效应力 P_{B} 和一次局部薄膜等效应力 P_{L} 求取, 计算式为

$$\sigma_{\mathrm{ref}} = \frac{P_{\mathrm{B}}}{3} + \left[\left(\frac{P_{\mathrm{B}}}{3} \right)^2 + P_{\mathrm{L}}^2 \right]^{\frac{1}{2}} \tag{4.64}$$

或者, 主载荷参考应力 σ_{ref} 基于极限分析求取的计算式为

$$\sigma_{\mathrm{ref}} = \frac{P}{P_{\mathrm{u}}}\sigma_{\mathrm{y}} \tag{4.65}$$

式中，P_u 为塑性断裂最小极限载荷。

参考应力的另一种含义侧重于作为两种应力相互比较时的基本背景，从而突出另一种应力概念的特征，见 3.1.3 节。

此外，还有设计参考应力等带特定意义组合的概念。

4.6.2　流变应力、局部流变应力和动态屈服应力

1. 流变应力和屈服应力

在第二次世界大战期间，需要在武器攻击的速度范围内预测材料在高速撞击下的动态屈服应力，泰勒杆模型针对理想刚塑性材料杆件端部发生冲击时的情况，表达了刚性区的速度与刚塑性分界面上的塑性应变之间的曲线关系[120]。

流变应力 σ_f (flow stress)是"流动的"屈服应力，材料在单向拉伸(或压缩)过程中，由于加工硬化，塑性流动所需的应力值随变形量增大而增大对应于变形过程某一瞬时进行塑性流动所需的真实应力称为该瞬时的屈服应力，也称为流动应力。流变应力大于屈服强度而小于抗拉强度，由试验测定[11]。或者说，流变应力以材料的屈服应力为下限，而以最大抗拉应力为上限(ultimate tensile stress)，为了便于绘图计算，可设其等于短时蠕变断裂试验时的应力水平[121]。例如，文献[29]在研究温度对复合材料性能的影响时，以 0.2%屈服应力作为流动应力。也有德国学者在管道寿命优化分析中提出虚构的流动应力概念[122]。流变应力和屈服应力的区别在于所描述含义的重点，屈服应力侧重于屈服开始的应力，流变应力侧重于变形过程屈服应力的变化。

如果忽略材料的加工硬化，那么可以认为屈服应力为一个常数，并近似等于屈服极限(σ_s)。也就是说，在极限分析时，理想刚塑性材料的屈服应力称为材料的流变应力，但那是理想的状况，由于冶金或估算方法等多种复杂因素的影响，材料流变应力客观上存在分散性[123-125]。实际上，屈服应力是一个由形变速度、形变温度、形变程度决定的函数，且这些参数彼此相互影响，并通常与材料特性相关。同理，根据 Johnson-Cook 模型，流动应力也是应变、应变率和温度的函数[126]。应该指出，强化材料的结构是没有极限载荷的。而理想弹塑性材料结构和刚塑性材料结构的极限载荷是一样的[99]。

文献[127]在研究管件成形时也使用了流动应力的概念。材料的流变应力是在一定程度上反映管道抵抗塑性和弹塑性破坏能力高低的一个参量(文献[79]把塑性失稳判据又称流变应力判据)，其不确定性分布必然对管道的可靠性有较大的影响，但有关的具体报道很少，国产管道材料流变应力还没有一个规定的计算方法[128]。

由此可见，流变应力和流动应力是业内对变形过程某一瞬时的塑性流动所需

真实应力这同一概念的两种表达。两者字面略有区别，但是词语形式关联且最为切近，讨论的内涵完全一样。当探讨两种表达及其长期使用的成因时，也许描述的同一个物理现象有所侧重，主要表现在：流变一词侧重于反映理论研究中材料在外力作用下外形缓慢的、连续的变化，如拉伸试样的逐渐缩颈；而流动一词侧重于反映材料在工业加工成形过程中金属明显的、可间断的移动，如锻造对钢材的挤压。连续的流动就是流变，本质上没有必须单独使用的区别。鉴于 4.6.3 节流动应力这个词组概念的进一步发展，也为了避免麻烦，不建议对这两个词语留一弃一的强求，暂时放任其应用。

2. 流变应力的工程计算方法

由于工程实际中需要用到某种材料确定的一个流变应力，而各种材料的塑性流动过程又存在差异，具体流变应力的数值大小也就不同。文献[129]综述了国内外报道关于流变应力的工程实践取值方法，目前共有 13 种。

(1) ANSI/ASME B31G 规范中流变应力为

$$\sigma_f = 1.1\,\sigma_s \tag{4.66}$$

式中，σ_s 为材料规定的最小屈服应力。有分析表明，该式过于保守[130]。

(2) 修正的 B31G 规范中，流变应力采用

$$\sigma_f = \sigma_s + 69(\text{MPa}) \tag{4.67}$$

(3) 国外学者考虑了应变强化的影响，试验得出[123,131]

$$\sigma_f = \frac{1.15(\sigma_s + \sigma_b)}{2} \tag{4.68}$$

(4) 国外学者试验得出[131]

$$\sigma_f = \sigma_s + 10(\text{ksi}) \tag{4.69}$$

或[132]

$$\sigma_f = \sigma_s + 10000(\text{Psi}) \tag{4.70}$$

(5) Moulin 等[133]对法国的一批数据分析后提出安全修正后的计算式为

$$\sigma_f = \frac{0.85(\sigma_s + \sigma_b)}{2} \tag{4.71}$$

(6) Bartholome 等[134]指出全修正的计算式为[79]

$$\sigma_f = \frac{0.8332(\sigma_s + \sigma_b)}{2} \tag{4.72}$$

或等效转化为

$$\sigma_f = \frac{\sigma_s + \sigma_b}{2.4} \tag{4.73}$$

(7) 对于屈服限为 2000～4000kg/cm² 的材料，国内学者试验得出[11]

$$\sigma_f = 1.04\sigma_s + 700(\text{kg/cm}^2) \tag{4.74}$$

(8) 对于 14MnMoVB 钢材[79]，可用计算式：

$$\sigma_f = \sigma_s + \frac{1}{4}(\sigma_b - \sigma_s)\frac{\sigma_S}{\sigma_b}\,(\text{kg/mm}^2) \tag{4.75}$$

式中，σ_s 为屈服应力；σ_S 为成偶压应力，见 2.3.1 节；对该钢材可用计算式：

$$\sigma_f = \sigma_s + \frac{1}{2}(\sigma_b - \sigma_s)\frac{\sigma_S}{\sigma_b}\,(\text{kg/mm}^2) \tag{4.76}$$

对于 15MnV 钢材[79]，可用计算式：

$$\sigma_f = \sigma_s + \frac{3}{4}(\sigma_b - \sigma_s)\frac{\sigma_S}{\sigma_b}\,(\text{kg/mm}^2) \tag{4.77}$$

(9) 新 R6 方法采用计算式[135]：

$$\sigma_f = \frac{\sigma_s + \sigma_b}{2} \tag{4.78}$$

文献[59]在进行寒地日照及昼夜动态大温差下保温管道外层破坏的热力耦合仿真与分析时，鉴于带有外护层的原油输送管道其护层材料存在原始缺陷，认为材料力学的静态强度判断准则不适用，需要引入损伤与断裂的强度准则，将其破坏的临界应力称为流变应力，也按式(4.78)计算。

(10) 我国 CVDA—1984 规范中的计算式[99]：

$$\sigma_f = \sigma_s + \sigma_b(\sigma_b - \sigma_s)/(2\sigma_s) \tag{4.79}$$

(11)《ASME 锅炉及压力容器规范》第十一卷中[136]在制定管道许可缺陷深度表时约定：优先取真实材料实测值计算 $\sigma_f = (\sigma_s + \sigma_b)/2$；当无法取得实测值时，对铁素体管材取 $\sigma_f = 2.4[\sigma]$；对奥氏体管材取 $\sigma_f = 3.0[\sigma]$。

(12) 管道断裂试验结果表明[137]，对于 20 碳钢管道，其流变应力的分散性服从对数正态分布，计算式以 $\sigma_f = (\sigma_s + \sigma_b)/2$ 为宜，此时均值为 408.95MPa，标准差为 7.48MPa。也有研究指出，流变应力采用 $\sigma_f = (\sigma_s + \sigma_b)/2$ 与采用 $\sigma_f = \sigma_s + 69$ 相差不大[138]，并且足够保守[139]。ASME 基于已有成果"含缺陷管道剩余寿命评价方法(AGA NG—18)"最早于 1984 年提出了关于腐蚀管道剩余强度的评价准则，其 1984 年版本中关于流变应力的计算仍与 AGA NG—18 方法相同，都按式(4.74)计算，后来的版本则有所修改，但是 1991 版的准则仍比较保守，直到 2009 版的准则[140]才给出流变应力的 3 种不同取值，除按式(4.74)和式(4.75)两中计算方法外，第三种方法还是 $\sigma_f = (\sigma_s + \sigma_b)/2$，该计算方法已成为较常用的方法[141,142]。流变应力采用 $\sigma_f = (\sigma_s + \sigma_b)/2$ 的另一个优点在于可计入应变强化的影响。

由于冶金或估算方法等多种复杂因素的影响，材料流变应力客观上存在分散性。流变应力定义不仅是一个数学上的、理想化的概念，而且与研究者对这些概念的认识和理解有关，不同研究方法所得结果之间必然存在误差。

表 4.5 是含腐蚀缺陷管道剩余强度评价标准中的流变应力对比，表中 SMYS 和 SMTS 分别为标准中规定的某一强度级别管材的最小屈服强度和抗拉强度。图 4.20 是具体案例 X52～X120 钢材料不同流变应力的对比[143]。

表 4.5　含腐蚀缺陷管道剩余强度评价标准中的流变应力对比

评价方法	流变应力
含缺陷管道剩余寿命评价方法(AGA NG—18)	1.1SMYS
早期的 B31G　ASME 锅炉及压力容器规范 1984 年版	1.1SMYS
传统的 B31G　ASME 锅炉及压力容器规范 1991 年版 中国石油天然气行业标准　钢质管道管体腐蚀损伤评价方法(SY/T 6151—2009)	SMYS+68.95MPa
改进的 B31G　ASME 锅炉及压力容器规范 2009 年版	1.1SMYS SMYS+69MPa (SMYS+SMTS)/2
美国石油学会标准　Fitness-FOR-Service(API 579—2000)	(SMYS+SMTS)/2
英国标准协会标准　焊接结构中缺陷的可接受性评定方法(BS 7910—1999)	1.2SMYS
挪威船级社标准　Corroded Pipelines(DNV RP-F101—1999)	SMTS
美国 Battle 实验室基于 Stepherns 等学者采用有壳单元模拟腐蚀缺陷而得到的评价方法　PCORRC	SMTS

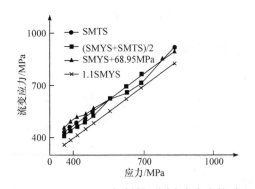

图 4.20　X52～X120 钢材料不同流变应力的对比

(13) 对于理想弹塑性材料，显然有

$$\sigma_f = \sigma_s \tag{4.80}$$

《在用含缺陷压力容器安全评定》(GB/T 19624—2019)极限分析中对无缺陷壳体极限内压计算式中的流变应力，也取实际材料的屈服强度。

3. 流变应力的局部性

结构材料的屈服从最大应力点开始，逐步扩展成屈服线或面，直至整体屈服，在这个过程中，流变应力是针对结构的局部区域来说的。

与流变应力相关的局部流变应力的概念还可用于结构极限载荷的研究。黄淞等在第十届全国压力容器设计学术会议上报告了平衡氢环境下圆柱壳的弹性响应分析，氢的影响可用附加应变来体现，这与 Sofronis 等提出的在氢平衡状态下金属中的氢浓度计算方法有关[144]，得出如下结论：在圆柱壳处于弹性应变时，氢的存在使得应变增大，但圆柱壳的环向应力和经向应力不受氢影响，应力分布是均匀的；氢对圆柱壳的极限载荷有削弱作用，随着氢浓度增大，圆柱壳的极限载荷降低，增加径厚比有利于降低圆柱壳的氢损伤。两端开放的圆柱壳由于没有轴向约束，其应力不会因为氢致膨胀而发生重分布，所以其极限载荷的降低完全是由氢致局部流变应力降低导致的，随着氢浓度增大，极限载荷损伤近似线性增加。

4. 流变应力的动态描述

与流变应力相关的另一个概念是流变应力因子。大部分情况下将流变应力因子 k 简化为 0.5 或者 0.55。但是事实上，流变应力因子是一个变量，不仅与材料有关，还与裂纹形状有关，定义为[145]

$$k = \frac{p_C}{p_L} \frac{\sigma_y}{\sigma_y + \sigma_u} \tag{4.81}$$

式中，p_C 和 p_L 都是关于裂纹形状尺寸 a 和 c 的关系式。

4.6.3　静态流动应力和动态流动应力

流动应力即单向拉伸的屈服极限。

固体力学中，对应于变形过程某一瞬时，进行塑性流动所需的真实应力称为该瞬时的屈服应力，也称"流动应力"。一般来说，流动应力就是流变应力，但是更专业的分析可以进一步展示其区别于屈服应力和流变应力的本质特性。

1. 流动应力的影响因素以及温度的影响

在强动载荷作用下，固体和结构物的材料将发生高速变形。金属塑性变形的机理主要是位错的运动，而位错在金属晶格中高速通过时所遇到的阻力比缓慢通过时更大，这就造成大多数金属在高速变形时呈现出较高屈服应力和流动应力。许多用不同试验技术测试的动态试验结果一致表明，材料的流动应力不仅取决于应变，还取决于应变率、应变历史、温度等[116]。在大多数变形机制中，流动应力随着温度的升高而降低，随着应变率的升高而升高，两者的交互影响不一定能对消。

从低碳钢的低屈服应力与应变率的关系曲线可归纳出，对于给定的热力学温度 T，其对应的流动应力可表示为

$$\sigma = \sigma_r \left[1 - \left(\frac{T - T_r}{T_m - T_r} \right)^m \right] \tag{4.82}$$

式中，T_m 为金属的熔点；T_r 为一个参考温度；σ_r 为在该温度 T_r 下测得的参考应力。

2. 流动应力的细分及应变率的影响

在结构冲击研究中，经常采用理想塑性模型。Cowper-Symonds 的应变率相关本构模型是结构塑性动力学领域著名的方程，可等价地表达为[116]

$$\frac{\sigma_0^d}{\sigma_0} = 1 + \left(\frac{\dot{\varepsilon}}{D} \right)^{1/q} \tag{4.83}$$

式中，σ_0^d 为在单轴应变率 $\dot{\varepsilon}$ 下的动态流动应力；σ_0 为相应的静态流动应力；D 和 q 为材料常数，对于低碳钢，有 $D=40\,s^{-1}$ 和 $q=5$。显然，式(4.83)是应变率和材料流动应力之间的关系式，只考虑应变率，并不像前一流动应力式(4.82)那样考虑温度的影响，其结果是动态流动应力高于原来的静态流动应力，比值越高，说明材料对应变率越敏感。例如，当应变率为 $\dot{\varepsilon}=100\,s^{-1}$ 时，低碳钢的动态流动应力为 $\sigma_0^d / \sigma_0 = 2.20$。

Cowper-Symonds 方程的基本思想是：利用给定的应变率估算材料的动态流动应力，再通过动态流动应力取代原来的静态流动应力进行分析计算。该方法简单实用，便于有限元计算。

3. 动态的流动应力和"流动的"屈服应力

根据上述分析，流动应力可分为动态的和静态的，前者概念应用于结构塑性动力学，后者概念应用于结构弹塑性静力学。一般来说，静力学里的流动应力是指"流动的"屈服应力；准确地说，动力学里的静态流动应力才是静力学里"流动的"屈服应力。

因此，当承压管道受到液锤的冲击时，或者当承压设备从内部受到闪爆物的撞击时，以及当承压设备从外部受到高空坠物或近邻飞来物的撞击时，受击零部件材料屈服时的应力水平不宜只按照传统固定式压力容器的板壳静力学来

分析。

4.6.4　外加应力、加载应力和阈值应力

外加应力可以理解为施加于研究对象的外载荷在对象中引起的应力。

为评价材料的膜应力特性进行恒定负荷拉伸试验时，可得到加载应力与试样寿命的关系[82]。可从字面上将加载应力理解为载荷施加到试样上引起的应力，但是腐蚀试验中材料的加载应力一般是恒定的，强度检测试验中材料的加载应力因试样塑性颈缩而可理解为变化的。

从热激活的角度可研究外加应力与位错运动速度之间的关系，流动应力可表示为取决于材料结构的非热激活势垒与可由热能来克服的热激活势垒之和。在位错响应机制中，当外加应力低于阈值应力 σ_0 (活化的势垒高度)时，热激活机制在控制位错传播速度中起主要作用；当施加应力大于短程势垒高度时，黏滞机制将控制和阻碍位错运动[116]。

阈值应力常被误写成阀值应力，后者是不存在的。

4.6.5　初应力和初始应力

初应力是初始应力的简称，初(始)应力(initial stress；primary stress)是指在施加所考虑的载荷之前材料中已存在的应力，主要是为了区分不同应力叠加到一起时，按时间先后顺序对前面应力的称呼。因此，这是一个相对的概念，应用在多种场合。

力学分析中当材料或结构变形的稳定时间较长时，需要考虑时间因素，变形刚开始时的应力可称为初(始)应力。

在有限元分析中，作为分析的初始条件而施加给模型的预应力也可称为初(始)应力，判断初(始)应力的存在是分析载荷结果存在误差的基础。

在工程研究中，前一种载荷引起的应力场相对于后一种载荷的分析也可称为初(始)应力，例如，先升温后升压的开车过程，温差热应力就是升压的初(始)应力。如果预应力是有意施加给结构材料的有益应力，则初(始)应力一般是指非故意产生的应力，例如，制造引起的残余应力相对于操作运行一般可作为初始应力。

4.6.6　附加应力、雷诺应力、黏性应力

1. 附加应力

附加应力是为了区分不同应力叠加到一起时，按应力产生的时间先后给予次序在后面的应力一个形象化的称呼，或者实际上没有先后之分而对同时产生应力

的不同方式之间，为表达方便而区别称呼的应力。因此，这也是一个类似初(始)应力的相对概念，应用在多种场合。

例如，峰值应力相对于一次应力加二次应力就属于附加应力(extra-stress，additional stress，subsidiary stress，superimposed stress)。又如，二次应力相对于一次应力也可属于附加应力，因为它是同一次应力一起满足变形连续(协调)要求，即为了满足变形协调要求的一种附加应力，二次应力与峰值应力也具有修正应力的特性。例如，就有学者乐于把二次应力看成容器在外载作用下不同变形部分连接处为满足位移连续条件而引起的局部的附加薄膜应力和弯曲应力，从而出现了"二次薄膜应力"。

但是，附加应力没有绝对的主次之分。通常认为峰值应力是叠加在一次应力或二次应力之上的应力增量，而且一次应力中的薄膜应力在强度设计中是主要的，但是在疲劳分析中峰值应力则可能是主要的，尽管薄膜应力对疲劳损伤也有影响。例如，移动式压力容器中液体介质各种晃动作用于器壁引起的应力，与介质内压作用于器壁引起的应力相比，前者属于附加应力但也是主要应力。

在术语在线中，由冶金学金属加工专业给出的附加应力的定义为：由于加工物体内各处不均匀变形，又受物体整体性的限制，引起的应力，又分第一(宏观)、第二(晶粒间)、第三(晶粒内)3 种附加应力，见载于《冶金学名词》(第二版)。给出的三种细分的附加应力容易与内应力中的三类残余应力混淆，给出的英文名中有 secondary stress，容易与压力容器二次应力的英文名混淆。

2. 湍流应力和雷诺应力

在研究流体流动时，若考虑流体的黏性，则称为黏性流动，否则称为理想流体的流动。流体的黏性可由牛顿内摩擦定律表示，该定律适用于空气、水和石油等机械工业中的大多数常用流体。湍流应力和雷诺应力是计算流体力学中的概念。术语在线中与雷诺应力相关的学科包括水利科学技术、大气科学、航天科学技术等。其中，根据水利科学技术学科河流动力学专业给出雷诺应力的定义为：紊流时均流动中由于流速脉动引起质点间的动量交换而产生的附加应力，又称紊动应力(Reynolds stress)，见载于《水利科学技术名词》；根据大气科学中动力气象学专业给出的另一个定义为：湍流动量输送的切向应力，见载于《大气科学名词》(第三版)。

湍流流动与层流相比就是存在着由流体迁移而引起的脉动，这种脉动相当于使黏度显著增加。在数学模型研究中，将湍流流动分为平均运动和脉动运动，所得运动方程经推导整理后多了三项，按照牛顿第二定律，三项分别对应一项正应力和两项切应力。在新的流体力学方法中普遍根据上述模型思想开展研究。

计算流体力学的主要方法包括直接数值模拟(direct numerical simulation, DNS)方法、大涡模拟(large eddy simulation, LES)方法、雷诺平均 N-S 方程 (Reynolds-averaged Navier-Stokes equation, RANS)方法，后者是目前主流的解决流体工程问题的方法。RANS 方法是将满足动力学方程的瞬时运动分解为平均运动和脉动运动两部分，对脉动项的贡献通过雷诺方程项来体现，再根据各自经验、试验等方法对雷诺应力项假设，从而封闭湍流的平均雷诺方程而求解。按照对雷诺应力的不同模型化方式，又分为雷诺应力模型和涡黏模型，相对于涡黏模型，雷诺应力模型对计算机的要求较高，所以在工程实际问题中应用广泛的是涡黏模型。而求解方程的方法一般包括有限差分法、有限体积法、有限元法、边界元法、有限分析法和谱方法等，应用最广泛的是有限差分法和有限体积法[146]。

雷诺应力是湍流正应力和湍流切应力的统称。虽然湍流运动十分复杂，但是它仍然遵循连续介质运动的特征和一般力学规律。因此，雷诺提出用时均值概念来研究不可压缩流体做湍流运动的方法，并导出了以时间平均速度场为基础的雷诺时均方程，并引出雷诺应力的概念。湍流中的应力，除了由黏性所产生的应力，还有由湍流脉动运动所形成的附加应力，这些附加应力称为雷诺应力。旋流器应用于石油工业中的油水分离，其内流场的数值模拟一般以雷诺应力模型作为计算依据[147]。

3. 黏性应力

前面提到的 N-S 方程即纳维-斯托克斯方程，是实际流体的连续性方程与动量方程组成的方程组，与能量方程一起构成流体计算力学的三大基本方程。其中，流体动量方程的本质是满足牛顿第二定律，可描述为：对于给定的流体微单元体，其动量对时间的变化率等于外界作用在该微单元体上的各种力之和。动量方程在实践中有多种形式。流体因分子黏性作用而在微单元体表面上产生一种黏性应力，是具有方向性的矢量[148]。根据用词规范，业内曾用的粘性应力一词已淘汰，统称为黏性应力。

4.6.7 主要应力和次要应力

从应力所起作用的强弱主次上可把应力分为主要应力和次要应力。在薄板弯曲问题中，一定载荷引起的弯应力和扭应力，在数值上最大，因而是主要应力；横向切应力在数值上较小，是次要应力；挤压应力在数值上更小，是更次要应力。

在本构方程中可以不考虑这些次要应力对变形的影响，但它们却是维持薄板平衡所必需的。据证明，这种在次要应力和应变方面引起的矛盾是允许的[21]。从这个角度也可以理解，附加应力也就不一定均是次要应力。

4.6.8　广义应力、二维应力和三维应力

1. 广义应力

在结构动态变形的模态分析中，有学者提出广义应力(general stress)的概念，即包括弯矩以及轴力等[120]。在结构的极限分析中，一般采用广义应力作为变量，而不直接采用应力作为变量。结构中的内力，如弯矩、扭矩、剪力、轴向力、壳体的薄膜力等，均可以作为广义应力。凡是在极限条件中起作用的内力均称为广义应力素。

关于板弯曲理论的广义应力，基尔霍夫于 1850 年发表了第一个完善的板弯曲理论，称为经典板理论。经典板理论基于两个基本假设[149]：①原来垂直于平板中面的直线，变形后仍保持为直线且垂直于弯曲后的中面，即直法线假设；②在横向载荷作用下板产生微弯时，板的中面并不变形。因此，经典板理论要求板的厚度与边长之比处于薄板范围内。依据经典的弯矩、扭矩、剪力(统称为广义应力)表示的平衡方程(简称板的经典平衡方程)，经典板理论最终表示为挠度的四阶偏微分方程和两个边界条件。对于工程结构中大量使用的薄板问题，经典板理论能够给出精度满意的解。然而，对于中厚板或厚板，或者薄板在集中力作用点附近、边界周围以及小孔周边区域，经典板理论的解不仅精度不高甚至还会导致错误的结果。因此，文献[150]提出了一种以力学方式研究板理论的新思路，对厚板的高阶剪切变形理论进行研究，推导出具有高阶剪切变形模型的板的中面位移模式的多项表达式，其中第三项即高阶剪切变形表现为板的截面翘曲，也就是截面翘曲效应产生的附加项，该附加项可以描述所有奇函数类型的高阶剪切变形模型，但是它并不仅仅只与纯高次奇函数有关，还可推导出与奇函数相关的变量与板厚上某点位置之间沿厚度方向在积分意义下具有正交性，从而据此定义板理论的广义应力。文献[150]提出的广义应力通过三个方程式表达，其中除了包括通常的 N_i 表示中面内力、M_i 表示弯矩($i = 1, 2$)或扭矩($i = 6$)，还有 Q_x 和 Q_y 表示侧面上法向分别为 x 或 y 方向的横向剪力，以及 P_i 与 R_x 和 R_y 表示中面附加位移产生的"附加弯(扭)矩"与"附加剪力"。

文献[144]指出，文献[150]提出的广义应力式与其他广义应力的定义[151-154]不同之处，是其具有明确的物理意义和恰当量纲，反映了力学方式研究板问题的第一个特征，尤为重要的是按照该式定义的附加量都是具有截面尺度特征的小量，从而成为高阶理论向低阶理论退化的数学依据。

2. 广义应力与二维应力

但是，在结构的极限分析中，用广义应力表示的极限应力，其数学表达式

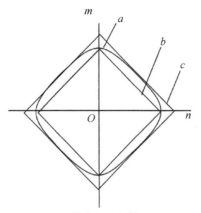

图 4.21　简化极限条件示意图

往往是非线性的，将这种非线性的代数方程与板、壳等结构中以偏微分表示的平衡方程联立求解时，经常遇到数学上的困难。因此，用线性化的极限条件代替非线性的极限条件也可得到极限载荷的上、下限解。将极限条件线性化，在几何上就是将极限曲面用外切或内接的组合平面来代替。在二维主应力空间中，如图 4.21 所示，曲线 a 为该二维应力(广义应力)的极限曲线。

内接多边形 b 和外切多边形 c 都是线性的极限条件，可以用这两个条件代替实际的极限条件。

有时，二维应力也称为二向应力、双向应力、两向应力、两维应力、二轴应力或双轴应力，都与 biaxial stress 这一单词对应。同理，二维主应力也称为二向主应力，二维应力和二维主应力也分别称为两维应力和两维主应力、两向应力和两向主应力等。

3. 广义应力与三维应力

用广义应力表示的极限应力，在三维主应力空间中，在几何上就分别是一个圆柱曲面和与其内接的正六角柱形曲面，如图 4.22 所示。

当 $\sigma_3 = 0$ 时，在二维主应力空间中，特雷斯卡屈服准则和米泽斯屈服准则分别是一个椭圆和与其内接的六边形，如图 4.23 所示。特雷斯卡屈服准则是分段线性的，便于寻找解析解，米泽斯屈服准则是二次光滑曲面，便于数值计算，在有限元分析中大多采用米泽斯屈服准则。

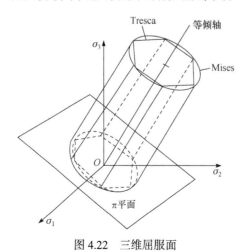

图 4.22　三维屈服面

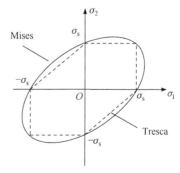

图 4.23　二维屈服面

有时，三维应力也称为三向应力，三维主应力也称为三向主应力。

4.7 概念发展主题

4.7.1 综合分析主题

在有限元分析的后处理中，通常关注这三种力：米泽斯应力、笛卡儿应力(Cartesian stresses)和主应力(principal stresses)。综合这三种应力，才可以对分析对象的受力有一个更清晰而全面的图景，可以使研究者对分析结果做出更好的判断。

1. 米泽斯应力

米泽斯应力主要反映整体的应力分布和应力集中的地方，是一种等效应力，但是没有方向性，是强度评估的主要参考指标，理论分析中化繁为简的能力较强。

2. 笛卡儿应力

笛卡儿应力是把米泽斯应力分解在不同方向上，或者建立局部坐标系探究不同方位上的力分布，这些力在载荷施加在二维平面内的分析非常有效，但在复杂的三维模型状态下，往往需要局部在厚度方向上简化。笛卡儿应力主要展现了哪种力是占主导的，弥补了米泽斯应力没有方向性的不足，在工程应用中的作用感觉强烈。

3. 主应力

通过绘制最大/最小主应力等高线云图和向量云图，可以更好地了解到物体内部的应力流场分布，清晰地了解到最糟糕的拉伸/压缩/剪应力区域。结构应力分布的总体实感强烈。

4.7.2 屈服理论的发展及应力新概念

屈服应力的概念离不开材料屈服理论的发展。

1. 金属材料的多种成熟的屈服准则

(1) 特雷斯卡屈服准则，以最大剪应力作为评价准则。
(2) 米泽斯屈服准则，它是针对各向同性材料的。这是大家较为熟悉的两种屈服准则。
(3) 希尔屈服准则，它是针对各向异性材料的，希尔屈服准则可看作米泽斯屈服准则的延伸，采用米泽斯屈服准则作为"参考"屈服准则，即用希尔模型确定六个方向的实际屈服应力。在 ANSYS 软件中使用时需要输入六个参数(R_{xx}、R_{yy}、R_{zz}、R_{xy}、R_{yz}、R_{xz})以便确定屈服比率，但是由于希尔屈服准则不描述强化准则，所以必须和等向强化模型、随动强化模型或者混合强化模型相结合，在定义强化准则时输入的屈服应力分别乘以六个参数，即各方向的实际屈服应力[155]。希尔屈服准则从微观层次研究晶体材料的塑性变形行为及其机制，适于金属发生屈服时(塑性变形不大于 5%)初始表现为各向异性的情况。该准则假设了一个前提，就是各向异性本身并不会导致金属的塑性变形。希尔屈服准则于 1950年由希尔提出，并且相继白柯芬(Backofen)、戈托(Gotoh)、哈斯福特(Hosft)等相继提出多种关于各向异性屈服准则的相关理论。文献[156]基于平面应力假设，采用 Hill48 各向异性屈服准则和非线性随动硬化模型及随生流动法则相结合构建一种本构模型，对板材成形进行了分析，其中对希尔屈服准则及其修正理论，以及各种硬化模型理论进行了简单的综述。各向异性材料在三个方向上的屈服强度不同，它不再遵循米泽斯屈服准则，有学者经过试验证实 Hill48 屈服准则比较适合钛材[157,158]。

正如将按米泽斯屈服准则求得的等效应力称为米泽斯应力一样，也有美国学者在研究各向异性材料的蠕变损伤模型时将按希尔屈服准则求得的等效应力称为希尔等效应力(Hill equivalent stress)，同时还定义了希尔等效净应力(Hill equivalent net stress)和柯西净应力张量(Cauchyl net stress vector)的概念[159]。

(4) 广义希尔屈服准则，它可应用于各向异性非均质材料，广义希尔势理论的屈服面可看作在主应力空间内移动了的变形圆柱体，由于各向异性导致不同方向屈服不同，所以圆柱屈服面发生变形。屈服在拉伸和压缩中可指定为不同，因此圆柱屈服面被初始移动。

(5) Barlat-Lian 屈服准则。在平面各向异性三参数 Barlat-Lian 屈服准则的基础上加入两个横向剪切应力分量，提出了一个改进的五参数 Barlat-Lian 屈服准则，结合某些壳单元，可以模拟板料在成形过程中的各向异性行为。当屈服函数指数 $M=2$ 时，改进的 Barlat-Lian 屈服准则可以退化成 Hill48 屈服准则，当某几个各向异性参数都等于 1 时，可退化成米泽斯屈服准则。

此外，还有关于复合材料的蔡吴强度理论及其失效准则(Tsai-Wu criteria)，其中，关联到广义米泽斯屈服准则等。

2. 非金属材料的屈服准则

非金属材料的屈服准则也可称为第六种材料的屈服准则，即 Drucker-Prager准则，简称 DP 准则。其塑性理论主要应用于颗粒状(摩擦)材料，如土壤、岩石和混凝土。该准则被排斥在金属材料外，与金属塑性不同，其屈服面是与压力有关的米泽斯面。

3. 各种材料屈服准则的统一

文献[21]则介绍了俞茂宏教授经过 30 多年的理论研究后于 1991 年提出的能够十分灵活地适用于各种材料的统一屈服理论，而当时其他各种屈服理论均为该理论的特例。统一屈服理论的核心是双剪概念和模型，将复杂应力的常用变量从主应力转换为主剪应力，并按照三个主剪应力中只有两个独立量的规律(因为最大主剪应力在数值上恒等于另两个主剪应力之和)，提出双剪的思想，构造了两个新的单元体模型——双剪力学模型。双剪单元体是一个正交八面体，它的八个面上作用着两组主剪应力和相应的正应力。与这两个双剪力学模型相对应的是两个数学方程的数学建模方法。这与传统强度理论的一个模型一个方程的数学建模方法也有所不同。该理论认为，当两个较大的主剪应力及其面上的正应力影响函数达到一定值时，材料开始屈服。统一屈服理论可考虑中间主应力和静水应力的影响，适用于拉压性能不同的材料，并考虑材料微单元上所有应力分量对材料屈服的影响。

关于材料应力状态控制理论，中国科学院金属研究所沈阳材料科学国家(联合)实验室材料疲劳与断裂研究部张哲峰博士的研究组在材料强度理论与断裂规律研究中取得新进展，提出了一个新的统一拉伸断裂准则——椭圆准则。在此之前，关于不同材料的破坏规律，前人曾经提出了上百个模型或准则，但由于材料性质的复杂性，大多数模型或准则都不具有普适性。椭圆准则不但能合理地解释金属玻璃材料所特有的拉伸断裂规律，而且将四个经典的断裂准则——最大主应力理论、特雷斯卡屈服准则、米泽斯屈服准则和莫尔-库仑(Mohr-Coulomb)强度准则有机地统一起来。该项研究成果发表在 2005 年 3 月 11 日出版的《物理评论快报》上[160]。

4. 材料三维屈服准则

文献[161]建立起利用 J 积分、Q 应力和离面约束因子 T_z 三参数对三维裂纹前沿整个塑性区域端部场的完整描述的方法，在此基础上采用应变能密度因子理论和三维约束理论对弹性和弹塑性三维断裂准则进行了探讨。结果发现，建立在应变能密度因子理论基础上的三维断裂准则无法显示 T 应力的影响，通过试验结果验证了弹塑性断裂准则的有效性。同时给出了预测各种一般三维裂纹在疲劳载荷作用下裂纹扩展的近似经验公式，从而为三维结构的剩余寿命预测和剩余强度评估建立起联系的桥梁。

文献[162]利用 ABAQUS 软件中的 UMAT 模块计算螺栓连接的三维累积损伤问题。采用最大应力准则、Hashin 失效准则及它们的混合准则三种损伤失效准则，并结合 Tan 提出的刚度降模型，对复合材料层合板机械连接件进行三维累积损伤模拟，同时考虑连接件是否受刚性的影响，最后将预测结果与试验值进行对比。结果表明，最大应力准则适用于拉伸破坏为主的连接结构，Hashin 失效准则适用于剪切破坏占主导的连接结构。紧固件的刚度大小只影响连接结构的刚度，对失效强度的影响可以忽略不计。

文献[163]运用 Hashin 失效准则对纤维层合壳体的爆破压力进行了有限元分析。文献[164]对复合材料储氢气瓶的失效行为和极限强度进行研究，建立了复合材料三维损伤本构关系和损伤演化模型，从而实现了对复合材料气瓶复杂失效模式和最终强度的准确预测。

5. 关于未来材料的双正应力屈服判据

一般来说，经典强度理论有四个，即第一强度理论、第二强度理论、第三强度理论和第四强度理论。近代强度理论包含双剪屈服准则、统一屈服准则、莫尔强度理论、双剪应力强度理论以及统一强度理论等。有学者于 2020 年 9 月在武汉举办的第 29 届全国结构工程学术会议上以"双正应力屈服判据"为题作报告，以复合载荷效应为基础，把双剪理论中的双剪屈服准则和统一强度理论推广到未来材料，推导并提出与双剪理论相对应的双剪单元体双正应力屈服判据和双剪单元体双正应力强度理论，以及与统一强度理论相对应的广义统一屈服判据和广义统一强度理论，再与屈服上限判据极限线和上限强度理论进行比较、分析讨论它们在先进复合材料上的应用以及开发空间。

6. 国内学者关于强度理论的再认识

物质体的应力应变十分复杂，从伽利略(Galilei)1638 年在《两种新的科学》中提出第一强度理论(应力强度理论)到意大利科学家贝尔特拉密(E.Beltrami)1885 年提出第四强度理论(能量强度理论)，历经 200 多年，先后建立了四大经典强度理论。2022 年，在线上召开的第 30 届全国结构工程学术会议上，李伟利等[165]以"分析强度理论引入变形功求解应力应变问题"为题，基于一些力学行为及其概念的分析对强度理论进行了研究，认为这些强度理论依然处在半理论半经验的探索阶段，存在一些缺陷，得到普遍认可的很少。这种情况不仅由于所依据的假说缺乏足够的实验依据，而且常常由于计算公式很烦琐，以及必须用实验确定大量的材料常数。即便是被俞茂宏教授称之为第五种强度理论[166]，其核心的双剪强度理论也面临许多问题。双剪强度理论虽然在理论上具有完美的演化过程，按其理论表述可以描述已知和未知的所有可能的强度理论，但其仍存在许多缺陷，适用性并不强，如对特征试验点的验算或推导这一简单问题就无法解决[167]。李伟利等学者先后发表过多篇论文，围绕"应变密度能"这一核心思想，他提议应对强度理论中的某些理论、观点进行修改和补充完善，具体反映在如下方面。

1) 以强度量纲的概念为例进行分析

在逻辑关系上，英国医生兼物理学家托马斯·杨(Thomas Young)早在 1807 年就提出：强度是应力与应变之比，说明强度不等于应力。用无量纲因子(应变比)表达应变，使强度拥有与应力相同的量纲，造成了物理概念的丢失和逻辑关系的混乱。强度是应力作用下的变形，是种能量，是一种隐性的被动能量，只有在外力作用时才能体现，是力与应变空间的度量，是力与变形空间的比值。强度不是应力，也不是变形，是力与变形相关的量，不能与应力有相同的量纲。

2) 以剪切力的概念为例进行分析

剪与切，发生在压力面边缘，是压力面无限缩小的一种力学现象。剪切方向与压力方向一致平行，剪力值与应力相同，剪切力的量纲为力的量纲。当出现剪切现象时，由剪切力经过的变形面就是剪切面。剪切的工作原理是选取强度较高的材料，对强度相对较低的材料进行剪或切的工作过程。被剪切材料的精准定位和无限大的破坏压力，将被剪(切)材料分成两个部分。此时，刃锋经过的面就是剪切面。

3) 指出剪与切的区别

当上下刃锋相对，被剪物体同时经过上下刃锋，形成两个部分的力学现象是剪。当上有刃锋，下为砧板，被切物体放在砧板上，被刃锋经过，分为两部分的力学现象是切。剪与切都是压力的一种形式，通常分布在应力面边缘的闭合曲线上。剪与切都只占有作用点，不拥有作用面积。当应力面无限缩小、趋于零时，应力趋于无穷大，此时的力学行为称为纯剪切。

4) 以剪应力的概念为例分析

剪应力定义为单位面积上所承受的剪力，且力的方向与受力面的法线方向成正交。对这个词条的定义稍加分析就能发现其中的四点错误。

首先，应力存在的基本条件是：力与受力面积同时存在。剪切面，一般指变形破坏面，不是事先就存在的，是应力作用后才出现的结果，在因果关系中是后者，是事先未知的量。因此，剪应力在变形破坏前是无法确定的。

其次，应力作用下的变形是逐渐发展扩大的，也就是说，剪切面不是一个静态量，而是因应力增大而增大的动态量。所以，在力学行为之前，剪应力根本没有存在的条件。

最后，剪切力形成的剪切面，是一个隐形存在的面，其实就是变形破坏面。当发生变形时，随应力的增加而增加。它绝对不是事先可知的恒定量，而是一个随着应力增大的动态量。因此，剪切应力是不存在的。

5) 对强度理论的概念归纳和总结

强度理论是应力应变理论，是定义变形与破坏的理论。传统的强度理论表达式有无因次量，必然存在某个应变比系数。这个应变比系数难与现实相符。这种试验结果，只能参考，不足以验证理论。如果抛弃近代现代强度理论，把四大经典强度理论归纳总结，就会形成统一的、简单的、适应各种材料、经得起验证的强度理论体系。将经典强度理论中的第三、第四强度理论稍作修改，就可在应力、应变、剪切、能量四个方面准确表达强度的关键特征。所有的变形破坏都可通过这几种方式得到准确完美的求解。四种强度理论具体可归纳如下：

第一强度理论：从极值应力定义材料的变形与破坏，当某种材料上的应力达到或超过极限应力值，此时材料被破坏。

第二强度理论：从极值应变定义材料的变形与破坏，当某种材料上的应变达到或超过极限应变值，此时材料被破坏。

第三强度理论：从剪切力、剪切面定义材料的变形与破坏，当某种材料上的剪切力达到或超过极限剪切力，或当剪切面达到或超过剪切破坏面(剪切面达到与应力面相当的时刻点)，此时材料被破坏。

第四强度理论：从能量的变化趋势定义材料的变形与破坏，当某种材料的应变能量变化趋势发生转折，即应变过程由正能量转为负能量的时刻，此时材料被破坏。

4.7.3　应力概念及词汇的发展

根据目前的应力分析技术能力、处理手段、试验检测水平、本质认知深度以及对应力概念的需求，许多课题将成为研究的对象。

1. 各种承压软壳的结构应力已成为一个丰富的专题

薄膜应力本来是内压作用下压力容器旋转薄壳无力矩理论中的专有词汇，但是薄膜应力并非天然的属于薄膜结构，现实中的薄膜结构很容易引起力矩，不少薄膜结构通过自身结构特性承受了外来载荷引起的弯矩作用。从阀门和换热器管箱的密封隔膜到化工分离和环保设备中的过滤膜，以及从封闭的汽车轮内胎、汽车安全气囊到空间充气展开结构[168]，再到飞艇、高空坠落缓冲气垫，最后到敞开的热气球、高空弹开的降落伞、合金网架膜和弓网膜等，诸多薄膜结构构成了承压软壳(soft shell)大家族，其理论和实践都得到了充分发展，不过其中的应力只能称为"非薄膜应力"。

2. 应力概念不断从静态向动态发展

工程需求促使应力概念继续创新发展，将可能出现与结构安全关联的应力速度、与瞬态分布关联的应力速率、与非对称非线性关联的应力折拐、与结构形体转换关联的应力迁移(有别于结构屈服引起的应力重新分布)、与结构协调性关联的应力浸润性、与密封关联的应力退化或者应力可靠性，以及与其他学科交叉融合的工程应用方面的应力新概念等。

3. 应力词汇在适用新环境状态上升维重构

应力动态是未来的研究热点之一，尽管已有动态屈服应力或者应力波等相关词汇概念，但还是有可能出现多种四维应力。关联时间的四维应力已被业内普遍接受，其实，空间应力关联材料结构，或者边界条件，或者标准规范，并分别以之替代时间维度而客观存在的四维应力已相当广泛，只不过是被分割开来简化地研究，视而不见而已。潜在的发展可能关联到不连续传递效应的飘浮应力、关联到交互作用的多元应力(或者称为关联应力)、关联到缺陷自愈的修复应力等理论方面的新词汇。

4. 关于振动的模态及其动态应力

振动是高级的动态形式。随着相关学科的发展，人们已改变了仅依靠静强度理论进行结构设计的观念，有些看起来是静态的问题，在结构设计时也必须考虑动态的影响[169]。如图 1.1 所示的聚烯烃环管反应器属于多自由度系统，通过模态分析可以防止结构功能失效或者疲劳损坏。就振动现象来说，有多方面的工程应用技术有待进一步开发：

(1) 振动与消除残余应力、喷丸处理构件表面等工程应用效果的定量关系，以及振动与疲劳开裂的定量关系。移动式压力容器的颤抖或者振动是必须考虑的设计内容，固定式压力容器除了塔等高耸结构进行风载荷和地震载荷的振动计算及强度校核，其实所有设备的运输过程也潜在振动危害，特殊结构设备的包装运输应得到足够的重视。美国曾经有过一台 316L 材料制造的不锈钢卧式储罐，由汽车从制造厂经过 800km 运输到现场后，发现一条伸入罐内的接管与壳壁的角焊因振动疲劳而开裂[170]。

(2) 结构模态分析与构件动态应力的关系。目前，模态分析分别应用在结构性能评价、结构动态设计、故障诊断、动态监测、环保声控等专题中，2.2.3 节只提到了振动应力的概念，尚不涉及应力计算及强度设计。振动是指机械或结构在静平衡位置附近微小的反复运动，与疲劳现象相比具有明显的位移和更高的循环频率，因此不能认为高周疲劳就接近了振动，不能把疲劳应力的相关概念完整推广到振动应力。振动应力应有另一套计算方法。振动相轨迹中的常点、奇点、结点等所定义的概念表明，振动还存在"利"和值得挖掘的可用之处。例如，GB/T 151—2014[53]标准把管壳式热交换器的公称直径放大到 4000mm 后，增列了管箱分程隔板的最小名义厚度表，而没有考虑到厚壁隔板对管箱法兰强度及刚度的环(周)向非均匀性对密封的不良影响，更没有就介质脉动引起的振动计算给出指引。

振动意味着任一时刻、任一广义坐标上的惯性力、阻尼力、弹性力都与外力平衡，力的求解十分复杂。文献[171]～[173]分别针对薄壁结构、圆柱壳体和管道的振动应力求解进行了研究。从矩形板的低阶振型节线[174]看，可从试验回归来探讨从定性到定量确定各位置的振幅以及最大振幅点、零振幅点，把动力特性的振幅转换为静力特性的等效位移，根据静力学原理获得等效位移与应力的关系，再推断振幅与应力的关系。

（3）大型复杂结构模态的层次关系。人们认识到，针对宏观的模态分析和针对材料微观损伤的疲劳分析都是振动理论之一，两者具有前后关系。从另一个角度来说，整模态与局部模态的关系也是很有研究价值的课题。随着管壳式换热器大型化的发展，由于管箱流态非均匀性造成各换热管内的流态差异、壳程流体进出口造成各换热管外的流态差异、管束结构设计造成各换热管的受力差异、产品质量和制造技术要求的差异等因素的影响，管束局部流致振动问题日益受到关注。文献[175]指出换热器管束可能出现管束刚度与其他管束有明显区别的现象，造成某些管束在服役期内破坏，并采用试验与数值模拟相结合的方法对管刚度影响正方形管束流致振动问题进行了分析研究。采用水洞装置测定了三种不同刚度的管束在不同流速下的振动响应；在计算流体力学基础上建立了管束的数值计算模型，研究了直接受冲刷管束模型。结果显示，刚度小幅度减小不会造成临界流速大幅下降，但当下降某一特定值后，可能会出现明显临界流速下降；刚度较大的管对管束流致振动影响较小，而刚度减小后的管束会造成周围管束振动幅值增加，但是更容易造成自身的流弹失稳和湍流抖振过度破坏。通过对比标准计算值，在刚度减小到周围管束的 0.643 时，按照标准计算的安全系数明显减小，而发生流弹失稳的风险显著增大。

参 考 文 献

[1] 国家能源局. 《塔式容器》标准释义与算例(NB/T 47041—2014)[S]. 北京: 新华出版社, 2014.

[2] 陈孙艺. 异径弯管在扭矩作用下应力及极限扭矩的验证[J]. 工程力学, 2013, 30(增刊): 347-352.

[3] Chen S Y, Liu C D, Chen J, et al. Elastic stresses and limit twisting moments of reducing elbows subject to twisting moments[C]. Proceedings of ICPV-12, Jeju Island, 2009.

[4] 金雪燕, 隋允康, 杜家政, 等. 板壳结构满应力设计及在 MSC/Nastran 软件上的实现[J]. 力学季刊, 2006, 27(2): 273-278.

[5] 孙智, 江利, 应鹏展. 失效分析——基础与应用[M]. 北京: 机械工业出版社, 2011.

[6] 全国压力容器标准化技术委员会. GB 150—89 钢制压力容器(三)标准释义[M]. 北京: 学苑出版社, 1989.

[7] 梅凤翔, 周际平, 水小平. 工程力学(下册)[M]. 北京: 高等教育出版社, 2003.

[8] 《化工设备设计全书》编辑委员会. 超高压容器设计[M]. 上海: 上海科学技术出版社, 1984.

[9] 江楠. 压力容器分析设计方法[M]. 北京: 化学工业出版社, 2013.

[10] 郑津洋, 陈志平. 特殊压力容器[M]. 北京: 化学工业出版社, 1997.

[11] 余国琮. 化工容器及设备[M]. 北京: 化学工业出版社, 1980.

[12] 沈鋆. ASME 压力容器分析设计[M]. 上海: 华东理工大学出版社, 2014.

[13] 许志香, 李培宁. 无缺陷压力管道弯头塑性极限载荷的估价[C]. 第二届全国管道技术学术交流会议, 宁波, 2002, (增刊): 187-192.

[14] 孙世锋, 蔡仁良. 承受外弯矩作用的法兰接头有限元分析[J]. 压力容器, 2003, 20(12): 19-22.

[15] Tschiersch R, Blach A. Gasket loadings in bolted flanged connections subjected to external bending moments[C]. Proceedings of the 8th Internal Conference on Pressure Vessel Technology, Fatigue/ Fracture, NDE, Materials and Manufacturing, ASME, 1996.

[16] 陈照和. 制氢转化炉下尾管断裂失效分析[J]. 中国特种设备安全, 2012, 28(13): 1-9.

[17] 吴晨旭, 郎庆善. 对《自承式给水钢管跨越结构设计规程》中最大组合折算应力的探讨[J]. 特种结构, 2014, 31(1): 106-109.

[18] 李律庸. 关于简化《水利水电工程钢闸门设计规范 SDJ13-78》中面板折算应力验算公式的建议[J]. 水力发电, 1980, 6(4): 24-26.

[19] 石德珂, 金志浩. 材料力学性能[M]. 西安: 西安交通大学出版社, 1997.

[20] 杨小林, 金挺, 刘攀. 核电厂压力容器热棘轮效应评定方法研究[J]. 中国特种设备安全, 2014, 30(9): 33-36.

[21] 薛守义. 弹塑性力学[M]. 北京: 中国建筑工业出版社, 2005.

[22] 杨 W, 布迪纳斯 R. 罗氏应力应变公式手册[M]. 7 版. 岳珠峰, 高行山, 王峰会, 等, 译. 北京: 科学出版社, 2005.

[23] 李大勇, 张雨坤, 刘炜炜. 工程问题中有效应力原理的应用与理解[J]. 力学与实践, 2013, 35(2): 92-94.

[24] 路德春, 杜修力, 许成顺. 有效应力原理解析[J]. 岩土工程学报, 2013, 35(S1): 154-159.

[25] 李锡夔, 杜友耀, 段庆林. 基于介观结构的饱和与非饱和多孔介质有效应力[J]. 力学学报, 2016, 48(1): 29-39.

[26] 全国锅炉压力容器标准化技术委员会. 压力容器第3部分: 设计(GB/T 150. 3—2011)[S]. 北京: 中国标准出版社, 2012.

[27] 寿比南, 杨国义, 徐锋, 等. GB 150—2011《压力容器》标准释义[M]. 北京: 新华出版社, 2012.

[28] 冯再新, 张治民. 厚向异性板应力应变强度表述方法讨论[J]. 塑性工程学报, 2002, 9(1): 31-33.

[29] 克莱因 T W, 威瑟斯 P J. 金属基复合材料导论[M]. 余永宁, 房志刚, 译. 北京: 冶金工业出版社, 1996.

[30] 陆明万, 寿比南, 杨国义. 压力容器应力分析设计方法的进展和评述[C]. 第七届全国压力容器学术会议, 无锡, 2009.

[31] 秦叔经. 压力容器中焊接接头的疲劳分析方法[J]. 化工设备与管道, 2019, 56(6): 1-10.

[32] Dong P S, Hong J K, de Jesus A M P. Analysis of recent fatigue data using the structural stress procedure in ASME div rewrite[J]. Journal of Pressure Vessel Technology, 2007, 129(3):

355-362.

[33] Kyuba H, Dong P S. Equilibrium equivalent structural stress approach to fatigue analysis of a rectangular hollow section joint[J]. International Journal of Fatigue, 2005, 27(1): 85-94.

[34] 杨旭, 钱才富. 基于 ANSYS/FE-SAFE 分析的当量结构应力法焊缝疲劳评定[J]. 化工设备与管道, 2013, 50(3): 22-25.

[35] 栾春远. 欧盟与俄罗斯压力容器疲劳设计规范的对比分析[C]. 第八届全国压力容器学术会议, 合肥, 2013.

[36] 董亚飞, 魏国前, 漆金贤, 等. 纵向受载T形焊接接头结构应力构造方法分析[J]. 焊接学报, 2017, 38(5): 31-34.

[37] 全国锅炉压力容器标准化技术委员会. 钢制压力容器——分析设计标准(2005 年确认)(JB 4732—1995)[S]. 北京: 新华出版社, 2007.

[38] Fujioka T. Assesment procedures for bree-type ratcheting without the necessity of linearization of stresses and strains[C]. Proceedings of 12th International Conference on Pressure Vessel Technology, Jeju Island, 2009.

[39] 李建国. 压力容器设计的力学基础及其标准应用[M]. 北京: 机械工业出版社, 2004.

[40] Reinhardt W, Stevens G L. Comparison of peak stress-based and flaw tolerance-based fatigue analysis of a cylinder with variable stress concentrations[C]. Proceedings of the ASME Pressure Vessels & Piping Conference, Anaheim, 2014.

[41] 陆明万, 罗学富. 弹性理论基础下册[M]. 2 版. 北京: 清华大学出版社, 施普林格出版社, 2001.

[42] 刘新灵, 胡春燕, 王天宇. 夹杂物尺寸对粉末高温合金低周疲劳寿命影响的机制[J]. 失效分析与预防, 2018, 13(2): 89-94, 107.

[43] 郭志昆, 陈万祥, 郭伟东, 等. 应力圆的解析与图解法证明[J]. 力学与实践, 2016, 38(5): 581-586.

[44] Mohr O. Uber die darstellung des spannungszustandes uddes deformationszustandes eines korpere lemenltesund uber die an-wendung derselben in der festilakeitslehve[J]. Zivilingenieur, 1882, 28: 112-155.

[45] Suresh S, Mortensen A. 功能梯度材料基础——制备及热机械行为[M]. 李守新, 等, 译. 北京: 国防工业出版社, 2000.

[46] 钟玉平, 段玫, 李张治. 波纹管周向稳定性安全研究[C]. 第十五届全国膨胀节学术会议, 南京, 2018.

[47] 梅凤翔, 周际平, 水小平. 工程力学(上册)[M]. 北京: 高等教育出版社, 2003.

[48] 谢铁军, 寿比南, 王晓雷, 等. 《固定式压力容器安全技术监察规程》释义[M]. 北京: 新华出版社, 2009.

[49] 全国锅炉压力容器标准化技术委员会, 李世玉. 压力容器设计工程师培训教程[M]. 北京: 新华出版社, 2005.

[50] 力学名词审定委员会. 力学名词[M]. 北京: 科学出版社, 1993.

[51] 中国石油和石化工程研究会. 炼油设备工程师手册[M]. 北京: 中国石化出版社, 2009.

[52] 崔克清. 安全工程大辞典[Z]. 北京: 化学工业出版社, 1995.

[53] 全国锅炉压力容器标准化技术委员会. 热交换器(GB/T 151—2014)[S]. 北京: 中国标准出

版社, 2015.

[54] 徐至钧, 陈欢强, 余先声, 等. 高塔基础设计与计算[M]. 北京: 烃加工出版社, 1986.

[55] 国家技术监督局. 钢质无缝气瓶(GB/T 5099—1994)[S]. 北京: 中国标准出版社, 1995.

[56] ISO 9809-2: 2010, Gas Cylinders-Refillable Seamless Steel Gas Cylinders-Design, Construction and Testing-Part 2: Quenched and Tempered Steel Cylinders with Tensile Strength Greater Than or Equal to 1100MPa[S]. European Institute of Standards, 2010.

[57] 吴传潇, 马夏康, 尹谢平, 等. 抗拉强度 1100MPA 以上高强度气瓶的研究[J]. 压力容器, 2017, 34(5): 9-16.

[58] 张凯, 周辉, 胡大伟, 等. 弹塑性条件下岩土孔隙介质有效应力系数理论模型[J]. 岩土力学, 2010, 31(4): 1035-1041.

[59] 邢海燕, 王朝东, 郭钢, 等. 寒地日照及昼夜动态大温差下保温管道外护层破坏的热力耦合仿真与分析[J]. 压力容器, 2019, 36(4): 8-14.

[60] 钟汉通, 傅玉华, 吴家声. 压力容器残余应力: 成因、影响、调控与检测[M]. 武汉: 华中理工大学出版社, 1993.

[61] 全国锅炉压力容器标准化技术委员会. 水管锅炉 第 4 部分: 受压元件强度计算(GB/T 16507. 4—2013)[S]. 北京: 中国标准出版社, 2014.

[62] 沈鋆. 当代压力容器疲劳设计方法进展[J]. 化工设备与管道, 2012, 49(增刊): 2-8.

[63] 邱平, 施建峰, 郑津洋, 等. 2017 年 ASME PVP 会议简介[J]. 压力容器, 2017, 34(9): 73-79.

[64] 余伟炜, 高炳军, 陈洪军, 等. ANSYS 在机械与化工装备中的应用[M]. 2 版. 北京: 中国水利水电出版社, 2007.

[65] Lamagnère P, Lejeail Y, Petesch C, et al. Design rules for ratcheting damage in AFCEN RCC-MRx 2012 code[C]. Proceedings of the ASME Pressure Vessels & Piping Conference, Anaheim, 2014.

[66] 彭恒, 刘应华. 组合载荷作用下带接管碟形封头的安定分析[C]. 第九届全国压力容器学术会议, 合肥, 2017.

[67] 卢绮敏. 石油工业中的腐蚀与防腐[M]. 北京: 化学工业出版社, 2001.

[68] 陈曙光, 李丁, 刘荟琼, 等. 氨合成塔底部五通有限元分析[J]. 化工设备与管道, 2010, 47(6): 19-21.

[69] 彼德森 R E. 应力集中系数[M]. 杨乐民, 叶道益, 译. 北京: 国防工业出版社, 1988.

[70] 秦叔经.ASME Code Case 2843 技术基础分析[J]. 化工设备与管道, 2021, 58(2): 1-10.

[71] O' Donnel W, Porowsky J. Upper bounds for accumulated strains due to creep ratcheting[J]. Journal of Pressure Vessel Technology, 1974, 17: 38.

[72] 姜公锋, 孙亮, 张亦良, 等. 压力容器结构棘轮安定效应的研究[C]. 第八届全国压力容器学术会议, 合肥, 2013.

[73] 丁振宇, 高增梁. 应力比对 Q345R 钢的过载行为影响研究[C]. 第八届全国压力容器学术会议, 合肥, 2013.

[74] 赵新伟, 陈宏远, 吉玲康, 等. 管线钢管的临界屈曲应变研究[C]. 第八届全国压力容器学术会议, 合肥, 2013.

[75] 陈朝晖, 徐锋, 杨国义. GB 150—2011《压力容器》问题解答及算例[M]. 北京: 新华出版社, 2012.

[76] 国家标准化管理委员会. 车用压缩天然气钢质内胆环向缠绕气瓶(GB/T 24160—2009)[S]. 北京: 中国标准出版社, 2009.

[77] Wu Q G, Chen X D, Fan Z C, et al. Damage analyses of composite overwrapped pressure vessel[J]. Procedia Engineering, 2015, 130: 32-40.

[78] 丁伯民. 对欧盟标准 EN 13445 基于应力分类法分析设计的理解—兼谈和 ASME Ⅷ-2 的区别和联系[J]. 压力容器, 2007, 24(1): 12-18.

[79] 龚斌. 压力容器破裂的防治[M]. 杭州: 浙江科学技术出版社, 1985.

[80] 刘应华, 陈立杰, 徐秉业. 复杂结构塑性极限分析的修正弹性补偿法[C]. 第七届全国压力容器学术会议, 无锡, 2009.

[81] 王仁, 黄文彬, 黄筑平. 塑性力学引论[M]. 北京: 北京大学出版社, 1992.

[82] Shi J H. The UK structural integrity assessment procedures-future development[C]. 第八届全国压力容器学术会议, 合肥, 2013.

[83] 陈晓, 惠虎, 李培宁, 等. 奥氏体不锈钢深冷应变强化的材料行为研究[C]. 第八届全国压力容器学术会议, 合肥, 2013.

[84] 王晶, 王翠翠, 张亦良, 等. 15CrMoR(H)材料抗应力腐蚀及氢致裂纹性能研究[C]. 第八届全国压力容器学术会议, 合肥, 2013.

[85] Molnar A J, Vashi K M, Gay C W. Application of normal mode theory and pseudo force methods to solve problems with nonlinearities[J]. Journal of Pressure Vessel Technology, 1976, 98(2): 151-156.

[86] 骞朋波, 钱林方, 尹晓春. 基于降阶模型的弹塑性瞬态响应求解[J]. 机械工程学报, 2018, 54(5): 113-120.

[87] 王志智, 聂学州, 郑仲. 耐久性分析的特征应力法[J]. 航空学报, 1995, 16(2): 99-103.

[88] 陆明万. 关于应力分类问题的一些认识[J]. 化工设备与管道, 2005, 42(4): 10-15.

[89] 王志文, 徐宏, 关凯书. 在役设备材料力学性能的小冲杆测试法研究进展[C]. 第六届全国压力容器学术会议, 杭州, 2005.

[90] Cane B J, Browne R J. Representative stresses for creep deformation and failure of pressurised tubes and pipes[J]. International Journal of Pressure Vessels & Piping, 1982, 10(2): 119-128.

[91] Nam Y Y, Han S H, Han J W, et al. A representative stress model removing weld joint type dependency of S-N curve[J]. Key Engineering Materials, 2007, 353-358: 2061-2064.

[92] Chang Y, Xu H, Ni Y, et al. Research on representative stress and fracture ductility of P92 steel under multiaxial creep[J]. Engineering Failure Analysis, 2016, 59: 140-150.

[93] Kim K H, Choi M J, Kim Y C, et al. Nondestructive evaluation of mechanical properties of welds in pressure vessels using instrumented indentation technique[C]. Proceedings of 12th International Conference on Pressure Vessel Technology, MT3-7, Jeju Island, 2009.

[94] 叶文邦, 张建荣, 曹文辉. 压力容器工程师设计指导手册(上册)[M]. 昆明: 云南科技出版社, 2006.

[95] 聂诗东, 戴国欣, 沈乐, 等. Q345GJ 钢(中)厚板 H 形及箱形柱残余应力与轴压稳定承载力分析[J]. 工程力学, 2017, 34(12): 171-182.

[96] Cahn R W. 走进材料科学[M]. 杨柯, 徐坚, 冼爱平, 等, 译. 北京: 化学工业出版社, 2008.

[97] Wang X J, Li S R, Liu W B, et al. Research on the mechanical properties and weldability of

Wh630e plate with VN micro-alloying[J]. Procedia Engineering, 2015, 130: 475-486.

[98] 全国压力容器学会, 全国化工机械与自动化学会. 压力容器缺陷评定规范 (CVDA—1984)[S]. 北京: 原国家劳动人事部, 1984.

[99] 徐秉业, 陈森灿. 塑性理论简明教程[M]. 北京: 清华大学出版社, 1981.

[100] 邢慧明, 陈国理, 黄兴仁. 自增强压力容器应用十二边形屈服准则残余应力的计算与试验研究[J]. 压力容器, 1997, 14(4): 19-23, 75, 89.

[101] 赵冰, 郑颖人, 陈淳. Cosserat 理论的有限元实现及微梁弯曲的尺寸效应模拟[J]. 长沙理工大学学报(自然科学版), 2010, 7(4): 37-40.

[102] 佘成学, 陈胜宏, 张玉珍. 偶应力理论的工程适用性分析[J]. 武汉水利电力大学学报, 1996, (4): 62-66.

[103] 聂志峰, 肖林京, 韩汝军, 等. 基于偶应力理论薄膜-基体界面剪应力尺寸效应的研究[J]. 工程力学, 2014, 31(3): 27-31, 44.

[104] 苏文政, 刘书田. 一类多孔固体的等效偶应力动力学梁模型[J]. 力学学报, 2016, 48(1): 111-126.

[105] 徐勇, 尹益辉, 王少华, 等. 离心载荷下贮氢压力系统结构安全评定研究[J]. 压力容器, 2012, 29(5): 52-58, 74.

[106] The British Standards Institution. Guide to methods for assessing the acceptability of flaws in metallic structures(BS 7910-2013)[S]. London: BSI Standards Limited Company, 2013.

[107] 中华人民共和国国家标准质量监督检验检疫总局, 中国国家标准化管理委员会. 在用含缺陷压力容器安全评定(GB/T 19624—2019)[S]. 北京: 中国标准出版社, 2019.

[108] Gilles P, Zhang G C, Madou K. Effect of the type of stress-strain law on the validity of the refference stress approach in fracture mechanics[C]. Proceedings of the ASME Pressure Vessels & Piping Conference, Anaheim, 2014.

[109] 郑小涛, 轩福贞, 喻九阳. 压力容器与管道安定/棘轮评估方法研究进展[J]. 压力容器, 2013, 30(1): 45-53, 59.

[110] Seshahri R, Mangalaramanan S P. Lower bound limit loads using variational concepts: The mα-Method[J]. International Journal of Pressure Vessels and Piping, 1997, 71(2): 93-106.

[111] Carter P. Analysis of cyclic creep and rupture—Part 1: Bounding theorems and cyclic reference stresses[J]. International Journal of Pressure Vessels and Piping, 2005, 82(1): 15-26.

[112] Carter P. Analysis of cyclic creep and rupture—Part 2: Calculation of cyclic reference stresses and ratcheting interaction diagrams[J]. International Journal of Pressure Vessels Piping, 2005, 82(1): 27-33.

[113] Ainsworth R A. R5: Assessment procedure for the high temperature response of structures, issue 3[S]. London: British Energy Generation Ltd, 2003.

[114] Zou Z Y, Guo B F, Jin M. General analytical shakedown analysis of a structure subjected to combined loading with constant and cyclic loads[J]. Journal of Harbin Institute of Technology(New Series), 2017, 24(3): 67-75.

[115] 尼柯尔斯 R W. 压力容器技术进展——4 特殊容器的设计[M]. 朱磊, 丁伯民, 译. 北京: 机械工业出版社, 1994.

[116] 龚程, 宫建国, 高付海, 等. 基于应力参量的高温结构蠕变设计准则对比及案例分析[J].

压力容器, 2019, 36(4): 15-21.

[117] ASME. ASME boiler and pressure vessel code, sectionⅢ, division1, subsection NH[S]. New York: ASME, 2015.

[118] AFCEN. Design and construction rules for mechanical components of nuclear installations: High temperature, research and fusion reactors RCC-MRx, section Ⅲ, tome1. Subsection B[S]. Paris: AFCEN, 2015.

[119] Goodall I W, Ainsworth R A. An assessment procedure for the high temperature response of structures//Zyczkowski M. Creep in Structures[M]. Berlin: Springer-Verlag, 1991.

[120] 余同希, 邱信明. 冲击动力学[M]. 北京: 清华大学出版社, 2011.

[121] May I L. Estimation of damage and remaining life in high temperature boilers and pressure vessels[C]. Proceedings of 12th International Conference on Pressure Vessel Technology, Jeju Island, 2009.

[122] Trieglaff R, Schrandt C, Schulz A, et al. TUEV NORD concept loop lifetime optimisation of pipelines[C]. Proceedings of the ASME Pressure Vessels & Piping Conference, Anaheim, 2014.

[123] Section XI task group for piping flaw evaluation ASME Code. Evaluation of flaws in austenitic steel piping[J]. Journal of Pressure Vessel Technology, 1986, 108(3): 352-366.

[124] Ahammed M, Melchers R E. Reliability estimation of pressurised pipelines subject to localised corrosion defects[J]. International Journal of Pressure Vessels and Piping, 1996, 69(3): 267-272.

[125] Gery M. A statistical based circumferentially cracked pipe fracture mechanics analysis for design or code implementation[J]. Nuclear Engineering and Design, 1989, 111(1): 173-187.

[126] Katsuyama J, Onizawa K, Hashimoto T, et al. Prediction of hardness and residual stress distribution generated by surface machining and welding in low-carbon austenitic stainless steel[C]. Proceedings of 12th International Conference on Pressure Vessel Technology, Jeju Island, 2009.

[127] 姜正义. 筋板及内螺旋筋管成形理论与实践[M]. 北京: 冶金工业出版社, 1998.

[128] 刘永健, 秦江阳. ASME IWB-3650 对国产管道周向缺陷评定的适用性[J]. 压力容器, 1996, 13(5): 28-34, 3.

[129] 陈孙艺. 屈服极限和流变应力以及塑性极限载荷的确定方法综述[M]. 北京: 机械工业出版社, 2006.

[130] 郑洪龙, 吕英民, 杨伟. 腐蚀管道修正 B31G 评定方法研究[J]. 压力容器, 2004, 21(4): 17-19.

[131] Wilkowski G M, Eiber R J. Evaluation of tensile failure of girth weld repair grooves in pipe subjected to offshore laying stresses[J]. Journal of Energy Resources Technology, 1981, 103(1): 48-55.

[132] Maxey W A, Kiefner J F, Eiber R J ,et al. Ductile fracture initiation, propagation, and arrest in cylindrical vessels[M]. Fracture Toughness: Part Ⅱ. 100Barr Harbor Drive, P O Box C700, West Conshohocken, 1972: 70-80.

[133] Moulin D, Le Delliou P. French experimental studies of circumferentially through-wall cracked austenitic pipes under static bending[J]. International Journal of Pressure Vessels and Piping, 1996, 65(3): 343-352.

[134] Bartholome G, Biesselt R W. The application of leak-before-break concepts on nuclear piping of

KWU-Plants[C].IAEA Meeting on Recent Trends in the Development of Primary Circuit Technology, Madrid, 1985.

[135] R/H/R6-Revision 3. Assessment of the integrity of structure containing defects[M]. London: The Research Department of the Central Power Authority, 1994.

[136] ASME XI IWB-3650 & Appendix H. Flaw Evaluation Procedures and Acceptance Criteria for Ferritic Piping[S]. New York: American Society of Mechanical Engineers, 1989.

[137] 周剑秋, 朱利洪, 沈士明. 20#碳钢管道流变应力不确定性分布的试验研究[J]. 压力容器, 1998, 15(6): 24-28, 75.

[138] 韩良浩, 柳曾典. 内压作用下局部减薄管道的极限载荷分析[J]. 压力容器, 1998, 15(4): 1-4, 48.

[139] Wilkowski G M, Ahmad J, Barnes C R, et al. Degraded piping program—Phase II [R]. New York: U. S. Nuclear Regulatory Commission, 1986.

[140] ASME B31G. Manual for determining the remaining strength of corroded pipeling[S]. New York: The American Society of Mechanical Engineers, 2009.

[141] Mattheck C, Morawietz P, Munz D, et al. Ligament yielding of a plate with semi-elliptical surface cracks under uniform tension[J]. International Journal of Pressure Vessels & Piping, 1984, 16(2): 131-143.

[142] The British Standards Institution. Guidance on the method for assessing the acceptability of flaws in fusion welded structures (BSI PD 6493)[S]. London: BSI Standards Limited Company, 1991.

[143] 段庆全, 仇经纬, 王建琳, 等. 影响含腐蚀缺陷管道剩余强度的参数分析[J]. 压力容器, 2013, 30(1): 20-23, 30.

[144] Sofronis P, Liang Y, Aravas N. Hydrogen induced shear localization of the plastic flow in metals and alloys[J]. European Journal of Mechanics - A/Solids, 2001, 20(6): 857-872.

[145] 胡军, 刘菲, 马登龙, 等. 蒸汽发生器含未穿透轴向裂纹传热管的极限压力预测研究[C]. 第八届全国压力容器学术会议, 合肥, 2013.

[146] 段中喆. ANSYS FLUNT 流体分析与工程实例[M]. 北京: 电子工业出版社, 2015.

[147] 刘海生, 贺会群, 艾志久, 等. 雷诺应力模型对旋流器内流场的数值模拟[J]. 计算机仿真, 2006, 23(9): 243-245, 271.

[148] 朱红钧. FLUNT 15. 0 流体分析实战指南[M]. 北京: 人民邮电出版社, 2015.

[149] 何福保, 沈亚鹏. 板壳理论[M]. 西安: 西安交通大学出版社, 1993.

[150] 段铁城, 李录贤. 厚板的高阶剪切变形理论研究[J]. 力学学报, 2016, 48(5): 1096-1113.

[151] Reddy J N. A simple higher-order theory for laminated composite plates[J]. Journal of Applied Mechanics, 1984, 51(4): 745-752.

[152] Shi G Y. A new simple third-order shear deformation theory of plates[J]. International Journal of Solids and Structures, 2007, 44(13): 4399-4417.

[153] Challamel N. Variational formulation of gradient or/and nonlocal higher-order shear elasticity beams[J]. Composite Structures, 2013, 105(8): 351-368.

[154] Mantari J L, Oktem A S, Guedes S C. A new trigonometric shear deformation theory for isotropic, laminated composite and sandwich plates[J]. International Journal of Solids and

Structures, 2012, 49(1): 43-53.

[155] 王新敏. ANALYSIS 工程结构数值分析[M]. 北京: 人民交通出版社, 2007.

[156] 李群, 辛策, 金淼, 等. 各向异性非线性随动硬化本构模型的建立及应用[J]. 机械工程学报, 2017, 53(14): 160-164.

[157] Pearce R. Some aspects of anisotropic plasticity in sheet metals[J]. International Journal of Mechanical Sciences, 1968, 10(12): 995-1004.

[158] Woodthorpe J, Pearce R. The anomalous behavior of aluminum sheet under balanced biaxial tention[J]. International Journal of Mechanical Sciences, 1970, 12(4): 341-347.

[159] Calvin M S, Ali P G, Young W M, et al. A novel anisotropic tertiary creep damage model for transversely isotropic materials[C]. Proceedings of 12th International Conference on Pressure Vessel Technology, Jeju Island, 2009.

[160] Qing S U. Signification advances of science, technology and engineering in China in 2005[J]. Science & Technology Review, 2006, 24(1): 4-7.

[161] 卫剑征, 谭惠丰, 杜星文. 空间充气管展开动力学研究进展[J]. 力学进展, 2008, 38(2): 177-189.

[162] 曹树谦, 张文德, 萧龙翔. 振动结构模态分析: 理论、实验与应用[M]. 2 版. 天津: 天津大学出版社, 2014.

[163] 赵军华. 宏观结构的三参数三维断裂研究[D]. 南京: 南京航空航天大学, 2008.

[164] 王佩艳, 王富生, 朱振涛, 等. 复合材料机械连接件的三维累积损伤研究[J]. 机械强度, 2010, 32(5): 814-818.

[165] 李伟利, 李兆然. 分析强度理论引入变形功求解应力应变问题[C]. 全国结构工程学术会议, 广州, 2022.

[166] 俞茂宏, M.Yoshimine, 强洪夫, 等. 强度理论的发展和展望[J]. 工程力学, 2004, 21(6): 1-20.

[167] 杨健辉, 杨正浩, 黄辉, 等. 多种混凝土材料的多轴强度模型[J]. 工程力学, 2008, 25(11): 100-110.

[168] Liu P F, Zheng J Y. Finite element analysis of burst pressure of composite cylindrical laminates[C]. Proceedings of 12th International Conference on Pressure Vessel Technology, Jeju Island, 2009.

[169] 王亮. 基于微观力学分析的复合材料储氢容器强度与寿命研究[D]. 杭州: 浙江大学, 2016.

[170] Timmins P F. Solutions to Equipment Failures[M]. The United States of America: ASM International, 1999.

[171] 白春玉, 牟让科, 曹明红, 等. 基于多轴等效应力的随机振动响应分析[J]. 结构强度研究, 2013, (3): 26-30.

[172] 杨念, 陈炉云, 易宏, 等. 任意应力状态下的圆柱壳振动特性研究[J]. 上海交通大学学报, 2016, 50(9): 1506-1513.

[173] 胡本峰, 周美凤, 李益民, 等. 基于振动测量的在役管道实时应力求取方法[J]. 农业装备与车辆工程, 2017, 55(3): 47-48.

[174] 陈奎孚. 机械振动基础[M]. 北京: 中国农业大学出版社, 2011.

[175] 郭凯, 谭蔚. 非均匀刚度正方形排布管束的流致振动特性研究[C]. 第九届全国压力容器学术会议, 合肥, 2017.

第5章 结构特性的应力概念

不同的设计单位设计同一台设备所依据的标准规范是基本相同的，但是分析计算所使用的方法以及设备的质量技术要求可能不相同，而不同的制造商对同一台设备各零部件的机械加工手段以及零部件的组装工艺技术是有明显区别的，不同的业主对同类同规模装置设定于系统中的工艺路线及操作运行也常存在明显差异。相对而言，承压设备制造或运行中引起的实际应力带有不确定成分，比设计计算的书面结果更复杂。

结构设计会改变应力特性，例如，对于两块承受拉伸作用的钢板接头，其对接焊缝的应力是拉应力，而搭接角焊缝的应力主要是剪应力；筋板是否开设坡口与壳壁相焊，连接接头的应力状态也是有区别的。结构制造中改变应力特性的主要因素为残余应力。曾有分析认为除由焊接残余应力引起的开裂外，初始残余应力对结构完整性的影响很小[1]，其实在低温脆性破坏和应力腐蚀开裂等突然开裂现象中，制造残余应力的影响也是显著的。另外，制造是改变结构形态的成形过程，结构在制造过程中改变应力特性的典型例子十分普遍。

因此，本章不新增应力词汇，而对第2～4章的应力词汇结合结构的实际应用进行概念解释，目的是在理论性相对浓厚的概念描述之后增加关联工程性的分量。结合实践的概念应用既有整理、学习词汇的目的，也可以进一步加深词汇概念的认识。本章主要围绕图1.4中的结构材料轴，通过图5.1所示的应力概念层次结构

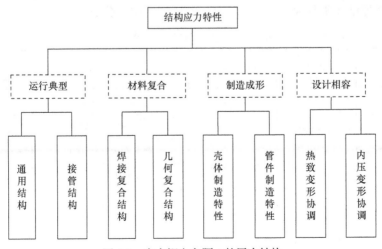

图 5.1 应力概念主题 4 的层次结构

及其展开的内容，从零部件结构的角度分为结构的典型性、结构的复合性、结构的成形性、结构的相容性等四个小节讨论压力容器运行、制造、设计各阶段中一些特殊的结构应力，加深对前面三章所列的部分应力概念在压力容器中的具体存在及其工程性的认识。

其中，压力容器结构应力的典型性主要针对《钢制压力容器——分析设计标准(2005 年确认)》(JB 4732—1995)[2]中所列的结构在常见载荷作用下引起的各种应力。而常见结构非典型热应力分别以换热器、反应器、锅炉中的案例来介绍。《ASME 锅炉及压力容器规范》2013 年版第八卷第 2 册中多个小节均提到了结构应力的概念。ASME 规范疲劳设计方法中的结构应力法的基本思想见 4.3.3 节。

本章所讨论的结构应力不是 ASME 规范中关于疲劳分析的专用词汇，而是泛指承压设备结构中存在的应力。结构应力的复合性和结构应力的成形性都是讨论制造中形成的残余应力，前者针对以堆焊和爆炸焊接制造的复合结构、几种复合筒体结构，后者针对几种壳体和管件的制造工艺。结构应力的相容性是以换热器中挠性薄管板的折边与壳体对接焊接形成的固支连接为例，在设计中分析一次结构与二次结构上的应力概念及其计算校核过程。

5.1　典型情况的应力分类

5.1.1　常见典型结构及典型载荷的应力

表 5.1 给出了一些典型情况的应力分类[2]。该表是以左侧两列所描述的结构及第 3 列应力的起因为因素进行的应力分类，将应力分类进一步通过两个因素的组合进行细分：由词汇文字表达的应力类型和由符号表达的所属种类。也就是说，应力类型和所属种类是两个概念，共同说明应力分类。

表 5.1　一些典型情况的应力分类

容器部件	位置	应力的起因	应力的类型	所属种类	行号
圆筒形或球形壳体	远离不连续处的筒体	内压	总体薄膜应力	P_m	1
			沿壁厚的应力梯度	Q	2
		轴向温度梯度	薄膜应力	Q	3
			弯曲应力	Q	4
	和封头或法兰的连接处	内压	薄膜应力	P_L	5
			弯曲应力	Q	6

容器部件	位置	应力的起因	应力的类型	所属种类	行号
任何简体或封头	沿整个容器的任何截面	外部载荷或力矩或内压	沿整个截面平均的总体薄膜应力，应力分量垂直于横截面	P_m	7
		外部载荷或力矩	沿整个截面的弯曲应力，应力分量垂直于横截面	P_m	8
	在接管或其他开孔的附近	外部载荷	局部薄膜应力	P_L	9
		或力矩	弯曲应力	Q	10
		或内压	峰值应力(填角或直角)	F	11
	任何位置	壳体和封头间的温差	薄膜应力	Q	12
			弯曲应力	Q	13
碟形封头或锥形封头	顶部	内压	薄膜应力	P_m	14
			弯曲应力	P_b	15
	过渡区域和简体连接处	内压	薄膜应力	P_L	16
			弯曲应力	Q	17
平盖	中心区	内压	薄膜应力	P_m	18
			弯曲应力	P_b	19
	和简体连接处	内压	薄膜应力	P_L	20
			弯曲应力	Q	21
多孔的封头或简体	均匀布置的典型管孔带	内压	薄膜应力(沿横截面平均)	P_m	22
			弯曲应力(沿管孔带的宽度平均，但沿壁厚有应力梯度)	P_b	23
			峰值应力	F	24
	分离的或非典型的孔带	内压	薄膜应力	Q	25
			弯曲应力	F	26
			峰值应力	F	27
接管	垂直于接管轴线的横截面	内压或外部载荷或力矩	总体薄膜应力(沿整个截面平均)，应力分量和截面垂直	P_m	28
		外部载荷或力矩	沿接管截面的弯曲应力	P_m	29

容器部件	位置	应力的起因	应力的类型	所属种类	行号
接管	接管壁	内压	总体薄膜应力	P_m	30
			局部薄膜应力	P_L	31
			弯曲应力	Q	32
			峰值应力	F	33
		膨胀差	薄膜应力	Q	34
			弯曲应力	Q	35
			峰值应力	F	36
复层	任意	膨胀差	薄膜应力	F	37
			弯曲应力	F	38
任意	任意	径向温度分布	当量线性应力	Q	39
			应力分布的非线性部分	F	40
		任意	应力集中(缺口效应)	F	41
圆锥体	大端和筒体或封头的连接处	内压	局部薄膜应力	P_L	42
			弯曲应力	Q	43
	离开两端的中间段	内压	总体薄膜应力	P_m	44
			弯曲应力	Q	45
	小端和筒体或封头的连接处	内压	局部薄膜应力	P_L	46
			弯曲应力	Q	47
环壳	任意	内压	总体薄膜应力	P_m	48
			弯曲应力	Q	49
弯管	离开两端的中间段	内压	总体薄膜应力	P_m	50
			弯曲应力	Q	51
	两端和直管连接处	内压	局部薄膜应力	P_L	52
			弯曲应力	Q	53

表 5.2 给出了接管的应力分类[2]，以引起应力的原因为因素列出了接管存在的应力。

表 5.2　接管的应力分类

压力分布情况	引起应力的原因						
		机械载荷			接管外端位移受限制		热膨胀差
	压力	轴向力横剪力扭矩	变矩		有效补强范围内的接管上	有效补强范围外的接管上	
			有效补强范围内的接管上	有效补强范围外的接管上			
总体薄膜	P_m	P_m	P_m	P_L	P_m	Q	Q
局部薄膜	P_L	P_L	P_L		P_L		
弯曲	Q						

表 5.3 为典型结构的应力分类实例，部分内容来源于分析设计新标准修改稿。

表 5.3　典型结构的应力分类实例

容器部件	位置	应力来源	应力类型	应力分类	行号
包括圆筒形、锥形、球形和成形封头等的任意壳体	远离不连续处的筒体	内压	总体薄膜应力	P_m	1
			沿壁后的应力梯度	Q	2
		轴向温度梯度	薄膜应力	Q	3
			弯曲应力	Q	4
	接管或其他开孔附近	作用在接管净截面上的轴向力和/或弯矩和/或内压	局部薄膜应力	P_L	5
			弯曲应力	Q	
			峰值应力(填角或直角)	F	
	任何位置	壳体和封头间的温差	薄膜应力	Q	6
			弯曲应力	Q	7
	壳体形状偏差，如不圆度和凹陷等	内压	薄膜应力	P_m	8
			弯曲应力	Q	

续表

容器部件	位置	应力来源	应力类型	应力分类	行号
圆筒形或锥形的壳体	整个容器中的任何横截面	作用在圆筒形或锥形壳体净截面上的轴向力和/或弯矩、和/或内压	远离结构不连续处的、沿截面平均分布的薄膜应力(垂直于壁厚横截面的应力分量)	P_m	9
			沿截面分布的弯曲应力(垂直于壁厚横截面的应力分量)	P_b	10
	与封头或法兰连接处	内压	薄膜应力	P_L	11
			弯曲应力	Q	12
碟形封头或锥形封头	球冠	内压	薄膜应力	P_m	13
			弯曲应力	P_b	14
	过渡区域和筒体连接处	内压	薄膜应力	$P_L^①$	15
			弯曲应力	Q	16
平盖	中心区	内压	薄膜应力	P_m	17
			弯曲应力	P_b	18
	和筒体连接处	内压	薄膜应力	P_L	19
			弯曲应力	$Q^②$	20
多孔的封头或筒体	均匀布置的典型管孔带	内压	薄膜应力(沿截面平均)	P_m	21
			弯曲应力(沿管孔带宽度平均,沿壁厚有应力梯度)	P_b	22
			峰值应力	F	23
	分离的或非典型的孔带	内压	薄膜应力	Q	24
			弯曲应力	F	25
			峰值应力	F	26
接管	补强圈范围内	压力、外部载荷和力矩(包括由连接的管道自由端位移受限引起的)	总体薄膜应力 沿接管壁厚平均的弯曲应力(不包括总体结构不连续)	P_m	27
			局部薄膜应力(包括总体结构不连续)	P_L	28

容器部件	位置	应力来源	应力类型	应力分类	行号
接管	补强圈范围内	压力、外部载荷和力矩(包括由连接的管道自由端位移受限引起的)	接管壁厚截面的平均应力(含由外部载荷和力矩引起的接管总体弯曲效应)	P_L	28
			热应力或总体结构不连续处的弯曲应力	Q	29
	补强圈范围外	压力、外部的轴向、剪切和扭转载荷(包括由连接的管道自由端位移受限引起的)	总体薄膜应力	P_m	30
		压力、外部载荷和力矩(不包括由连接的管道自由端位移受限引起的)	薄膜应力	P_L	31
			弯曲应力	P_b	32
		压力、所有外部载荷和力矩	薄膜应力	P_L	33
			弯曲应力	Q	34
			峰值应力	F	35
	接管壁	总体结构不连续处	薄膜应力	P_L	36
			弯曲应力	Q	37
			峰值应力	F	38
		膨胀差	薄膜应力	Q	39
			弯曲应力	Q	40
			峰值应力	F	41
复层	任意	膨胀差	薄膜应力	F	42
			弯曲应力	F	43
任意	任意	径向温度分布③	当量线性应力④	Q	44
			应力分布的非线性部分	F	45
		任意	应力集中(缺口效应)	F	46

① 必须考虑在直径与厚度比大的容器中发生皱褶或过度变形的可能性。
② 若周边弯矩是为保持平盖中心处弯曲应力在允许限度内所需要的，则在连接处的弯曲应力应划为 P_b 类，否则为 Q 类。
③ 应考虑热应力棘轮的可能性。
④ 当量线性应力定义为与实际应力分布具有相同净弯矩作用的线性分布应力。

关于一些典型情况的应力分类，读者也可参考《ASME 锅炉及压力容器规范》2013 年版第三卷 D 部分的 Table ⅩⅢ -1130-1 Classification of Stress Intensity in Vessels for Some Typical Cases。由于应力分类方法采用以板壳理论的应力分析为基础，所以应谨慎对待一些非典型情况，特别是不符合板壳理论假设前提的应力分类。对于一个三维受载结构，其失效状态的确定就不能用应力分类的方法解决[3]。

5.1.2　典型应力分类表及特殊结构应力的解读

1. 典型应力分类表的十大解读

解读 1——关于应力的种类。

表 5.1 中按照分析设计标准只要求区分表中所属种类的五类应力。表 5.1 的应力类型与 4.3.3 节关于 ASME 规范疲劳设计方法中的四种应力参量类型(名义应力、结构应力、缺口应力、热点应力)也是不同的概念。

解读 2——关于未列入表中的其他典型情况以及非典型情况的应力。

可以参照或分解为表 5.1 中的典型情况再考虑。例如，《钢制压力容器——分析设计标准(2005 年确认)》(JB 4732—1995)中确定的平盖计算公式同时适用于受内压或外压的有(或无)螺栓连接的圆形平盖，则外压作用下圆形平盖中的应力可以参考表 5.1 中的第 18～21 行(表 5.3 中的第 17～22 行)判断。虽然《压力容器第 3 部分：设计》(GB/T 150.3—2011)[4]是规则设计标准，但是标准中也声明其中确定的平盖计算公式同时适用于受内压或外压的无孔或者有孔(但是已经被加强)的圆形平盖、椭圆形平盖、长圆形平盖、矩形平盖及正方形平盖的设计，对比各公式可知，这些非圆形平盖中的应力类型和种类仍可以参考表 5.1 中的第 18～21 行判断，只不过应力分布状态会随着平盖形状有所改变。

上述两项标准是关于平盖公式的适用性声明，只是一种基本的判断，带有理想化。因为对于同一种结构形状的平盖，在受内压或外压时的周边条件是不同的，或者是有无螺柱固定、辅助安装的构件，或者是密封因素存在差异，所以两者的工程实际是有差异的。平盖计算公式的多种适用性并非肯定所有效果，特别是密封效果的等同性，标准条文既不暗示也不明示，更没有故意掩盖其应用于多种场合时所获得结果的可能差异。

解读 3——关于应力的起因。

表 5.1 将外部载荷作为独立于内压的载荷，且也独立于力矩。因此，同样是接管上的弯曲应力，有表 5.1 中第 29 行(表 5.3 中的第 27 行)属于总体薄膜 P_m 的，是面对称弯矩，不是轴对称弯矩；也有表 5.1 中第 32 行(表 5.3 中的第 37 行)属于二次应力 Q 的。

对于表 5.1 第 29 行的 P_m，这是由外部载荷或力矩作用于接管的整个横截面引起的，如图 5.2 所示。图中同一横截面上不同点的应力都是正应力，大小相等，但是两侧壁上的应力方向相反，以纸面为对称面具有面对称性。

对于表 5.1 第 32 行的 Q，这是由内压作用于接管壁使其直径增大引起的环向弯曲应力，或者如图 5.3 所示在任何一侧壳体上所引起的轴向弯曲应力，是轴对称弯矩，不是面对称弯矩。图中上下两组箭头组合方式表达的弯曲应力是一样的，同一横截面上不同点的应力仍然都是正应力，但是每一侧壁上同一横截面的应力大小已不相等，两侧壁上的应力大小和方向具有轴对称性。

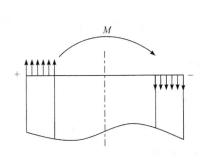

图 5.2　接管的总体薄膜应力

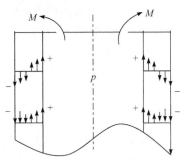

图 5.3　接管的弯曲应力

解读 4——薄膜应力也可以是二次应力。

如果仅仅说"薄膜应力也可以是二次应力"，似乎不好理解，由表 5.1 中第 3 行(表 5.3 中的第 3 行)可知，轴向温度梯度在远离不连续处的圆筒形或球形壳体上所引起的薄膜应力属于二次应力。由表 5.2 可知，与温度、温差或热有关的应力一般都属于二次应力。

解读 5——弯曲应力也可以是薄膜应力。

一次应力包括总体薄膜应力、局部薄膜应力和弯曲应力等三个应力成分，因此如果仅仅说"弯曲应力也可以是薄膜应力"，似乎不好理解，由表 5.1 中第 8 行可知，外部载荷或力矩在任何筒体或封头上沿整个容器的整个截面的弯曲应力就是总体薄膜应力，结合图 5.2 似乎容易理解一些，但还是令人困惑。分析设计新标准修改稿中已对此进行完善，在表 5.3 中的第 10 行，圆筒形或锥形的壳体中的任何横截面，沿截面分布的弯曲应力(垂直于壁厚横截面的应力分量)就纯属于弯曲应力 P_b。

解读 6——壳体和封头之间的温差也可看作轴向温度梯度的一种存在。

因此，表 5.1 中第 3 行和第 12 行一样，其引起的薄膜应力均是二次应力，即二次薄膜应力；第 4 行和第 13 行一样，其引起的弯曲应力更是二次应力，即二次弯曲应力。

解读 7——弯曲应力的细分。

表 5.1 中第 21 行(表 5.3 中的第 20 行)，内压在平盖和筒体连接处引起的弯曲

应力究竟属于 Q 类应力还是 P_b 类应力，关键在于如何理解"周边弯矩是为了保持平盖中心处弯曲应力在允许限度内所需要的"，作者认为，只要实质上起到"保持平盖中心处弯曲应力在允许限度内"的作用，就可判断为 P_b，例如，出于密封目的在平盖周边设计实施了具有强度承载能力的密封焊接。

解读 8——圆锥体的应力分类。

表 5.1 中第 42～47 行关于内压作用下圆锥体的应力，可从第 16 行和第 17 行关于内压作用下锥形封头的应力中得到部分答案。

解读 9——一次弯曲应力的情形。

表 5.1 所示典型情况中的一次弯曲应力较少，表 5.2 所示接管的应力分类中根本就没有一次弯曲应力。

解读 10——膨胀节波纹管可列入环壳结构。

2. 环壳的结构综合特性及其应力复杂性的解读

对于图 3.8，其环壳结构是一种简单的环壳结构，是理想化条件下的结果。当图中第一曲率半径 $r+R/\sin\phi$、第二曲率半径 R、环壳半径 r 随着环向角 ϕ、周向角 θ 变化时，环壳可以转变成圆筒体、圆锥体、弯管、异径管等结构，因此环壳是常见承压壳的综合体，特定条件下具有各个体结构的特性，常见承压壳是一般化环壳某些几何条件下的特例，由此可见其结构应力的复杂性。

3. 关于环壳环向应力的解读

式(3.25)不是完全根据图 3.8 的环壳力学模型推导的。Rossettos 和 Jr Sanders 于 1965 年在美国航天航空学会(American Institute of Aeronautics and Astronautics，AIAA)上发表的相关成果被《应力应变公式手册》采纳，内压作用下弯管的环向应力按照式(3.25)计算，也认为在环形壳的内拱外表面处存在最大环向应力，并同时指出在环壳的顶部和底部有一些弯应力存在[5-7]。但是，没有定性分析这些弯应力的成因，也没有给出这些弯应力的定量分析方法和计算公式。

(1) 局部环壳与整体环壳的受力差异。为了研究环壳因其结构特性引起的受力特性和变形特性，对内压作用下的环壳进行了应变应力和变形的粗略测试，试验以汽车轮橡胶内胎和游泳圈作为试件以便取得直观的结果，分析表明，内拱区的径向弧段长度一直随内压的增加而缩短；外拱区的径向位移最大，中性区的次之，内拱区的最小，外拱区径向拉应力较内拱区的要大；环壳弯曲半径随内压的增大而增大，说明内压具有开弯效应，但是其弯曲系数(λ)随内压的增大而减小，从而降低了环壳的柔性[8]。确认弯矩的存在后，认识到对于整体环形壳体，沿内外拱线其两个相反的弯曲半径方向上的径向力是平衡的，但是对于部分环形壳体，例如，相当于四分之一环形壳体的 90°弯头，其弯曲半径方向上的径向力是不平衡的，这就是基于无力矩理论推导的公式无法反映弯曲应力的主要原因[9]，并进一步分析发现[10]，对于内压作用下的任何弯管，因为弯管中线上径向向外的管壁表面积均要比中线上径向向内的管壁表面积大，两者面积之差在同一内压作用下产生面积压力差；整体环壳存在的面积压力差能整体自平衡，但是局部环壳的面积压力差能产生开弯效应，与相连工程管线之间为了平衡而引起径向等效弯矩，等效弯矩的计算模型与其两端面的边界条件有关；弯管的内壁表面积压力差的大小与管截面内径及内压有关；推导公式表明，径向等效弯矩只与管截面圆内半径、弯曲半径、经向弯角及内压有关。

(2) 非圆截面环壳与圆截面环壳的受力差异。文献[11]介绍了用超静定结构分析方法分析图 5.4(a)所示椭圆截面弯管上截出的一个单位长度在内压 p 作用下的环向应力，椭圆截面长半轴为 a，短半轴为 b，壁厚为 t。

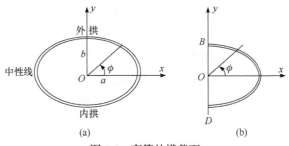

图 5.4 弯管的横截面

由于结构和载荷的对称性，该弯管受内压时，在截面上下的 B 和 D 处的转角及沿 x 方向的位移均为零，可取图 5.4(b)所示的一半椭圆环进行研究。设 B 处固定，D 处截面有环向拉力 X_1 和附加弯矩 X_2，当仅有内压 p 单独作用时，ϕ 角处截面上的弯矩为 $M_p(\phi)$、$M_2(\phi)=1$，通过力法正则方程推导了椭圆截面弯管沿环向任意 ϕ 角截面上的弯矩和切向力公式，分别为

$$M(\phi) = M_p(\phi) + X_1 + X_2 M_2(\phi) \tag{5.1}$$

$$R(\phi) = \frac{1}{\sqrt{a^2 \sin^2 \phi + b^2 \cos^2 \phi}} \left\{ \rho a b \delta_\phi \left[R(1 + \sin\phi) \right. \right.$$
$$\left. \left. - \frac{b}{2}\left(\phi + \frac{\pi}{2}\cos\phi\right) \right] - X_1 a \sin\phi \right\} \tag{5.2}$$

式中，ρ 为椭圆环在 ϕ 角截面处的曲率半径；$X_1 = \rho b H$，H 为椭圆截面上 ϕ 角处的椭圆环厚度，X_2 按式(5.3)计算，得

$$X_2 = \frac{\rho(a^2 - b^2)}{4} \left[1 + \frac{\int_{-\pi/2}^{\pi/2} \cos 2\phi \sqrt{a^2 \sin^2 \phi + b^2 \cos^2 \phi} \, \mathrm{d}\phi}{\int_{-\pi/2}^{\pi/2} \sqrt{a^2 \sin^2 \phi + b^2 \cos^2 \phi} \, \mathrm{d}\phi} \right] \tag{5.3}$$

在此基础上用数值积分求出弯管椭圆截面环任意 ϕ 角截面处内、外表面的应力为

$$\sigma_{内} = -\frac{M(\phi)(0.5t - y_c)}{t(R + b\sin\phi) \cdot y_c \cdot a(\rho - 0.5t)} + \sigma_{膜} \tag{5.4}$$

$$\sigma_{外} = -\frac{M(\phi)(0.5t + y_c)}{t(R + b\sin\phi) \cdot y_c \cdot a(\rho + 0.5t)} + \sigma_{膜} \tag{5.5}$$

式中，$y_c = \rho - r$ 为截面形心到管壁中性层的距离，其中，r 为中性层的曲率半径，按式(5.6)计算，得

$$r = \frac{t}{\ln\dfrac{\rho + 0.5t}{\rho - 0.5t}} \tag{5.6}$$

附加弯矩公式可应用于任意壁厚的椭圆管，应力公式采用了小曲率杆的结论，因此应力计算在 $a/t > 5$ 时适用。案例结果表明，椭圆环宽度的变化对该环横截面的弯矩在椭圆度较小时影响较大，当椭圆度较大时对弯矩的影响较小；椭圆截面管的环向最大应力在截面长轴端部的内侧，随椭圆度的增加而迅速增加；应力式的计算结果与有限元方法得到的结果对比，两者非常接近。通过将有关特征参数代入上述公式，可得内压作用下椭圆截面直管或者圆形截面直管的环向应力计算式，与其他专题分析[12]或弹性力学分析的结果一致。

关于圆截面环壳的周向弯曲应力问题，可参考 3.2.1 节。

4. 管板应力

管板应力分别由管、壳程压力，以及管、壳程热膨胀和法兰力矩等三种载荷的作用引起。在法兰预紧力矩作用下的管板应力，属于为满足安装要求的有自限性质的应力，属于二次应力。在操作力矩作用下的管板应力，属于为平衡压力载荷引起的法兰力矩的非自限性质的应力，属于一次应力。在 GB/T 151—2014 标准中，将以上两种情况的管板应力均视作一次应力，是属于安全的做法[13]。

5.1.3　典型结构应力许可值

除了常见的典型结构及载荷的应力分类，由近似结构的差异引起的应力许可值也是不同的，前面已有很多叙述，其中之一如 2.4.3 节的结构许用应力，下面再以圆环和圆壳的一组近似结构为例，比较其弯矩引起的轴向应力的许可值。

1. 塔壳的强度控制

《塔式容器》(NB/T 47041—2014)[14]标准中，对任意计算截面 I-I 处，不考虑多种载荷的组合以及塔壳的焊缝系数由地震弯矩、风弯矩及其他弯矩组成的最大弯矩 M_{max}^{I-I} 除以该截面的抗弯截面系数得到最大轴向应力，位于横截面上某一点，按弹性极限控制，强度校核中最大轴向应力不超过设计温度下的塔壳材料许用应力 $[\sigma]^t$，即

$$\sigma_{max} = \frac{M_{max}^{I-I}}{\frac{\pi}{4}D_i^2 \delta_{ei}} \leqslant [\sigma]^t \tag{5.7}$$

式中，D_i 为塔壳圆筒内直径，cm；δ_{ei} 为塔壳圆筒有效厚度，cm。

上述设计讨论中忽视了多种载荷的组合以及塔壳的焊缝系数。若考虑多种载荷的组合，则需要通过载荷组合系数来放大载荷，计算出的最大弯矩也会随之放大；压力容器可能存在壳体焊缝，当塔器由多种载荷引起的轴向应力与内压引起的轴向应力叠加后起到强度控制的作用时，如果考虑塔壳的焊缝系数，那么由于承受这些应力的是环焊缝，所以在强度校核时应以环向焊接接头系数来折扣其许可应力，而不是采用纵向焊接接头系数。

制造质量检测中与此设计相关存在另一个结构认识不足时容易误解的问题。根据薄壁壳体的无力矩理论，内压作用下尽管环向焊接接头的轴向应力仅为环向应力的一半，但是在环向焊接接头和纵向焊接接头相交处的 T 形接头中同样存在着(水平较高的)环向应力，为确保整条纵向接头的强度，必然要求环向接头与纵向接头具有同样的质量等级，具体体现在相同的焊接工艺、相同的无损检测技术等级和合格等级。关于成形封头的类似问题可参考文献[15]。

2. 直管的强度控制

对于直径比塔壳小得多的圆管，可作为圆环形截面梁应用，弯矩作用下按受弯梁考虑时，其最大应力按整个横截面屈服时的轴向应力控制。根据力矩平衡可得直管的极限弯矩为

$$M_{max} = 4R_{eL}\int_0^{\frac{\pi}{2}}\int_{R_i}^{R_o} r^2 \cos\theta \, \mathrm{d}r\mathrm{d}\theta = R_{eL}\frac{d_o^3 - d_i^3}{6} \tag{5.8}$$

式中，d_o 为圆直管的外直径，cm；d_i 为圆直管的内直径，cm；θ 为周向角，(°)；R_{eL} 为管材的屈服应力，MPa。

空心圆形截面的弯曲截面系数为

$$W = \frac{\pi}{32d_o}(d_o^4 - d_i^4) \tag{5.9}$$

不考虑安全系数时极限弯矩引起的最大应力为

$$\sigma'_{max} = \frac{M_{max}}{W} = \frac{R_{eL}\dfrac{d_o^3 - d_i^3}{6}}{\dfrac{\pi}{32d_o}(d_o^4 - d_i^4)} = \frac{16}{3\pi}\frac{d_o^4 - d_i^3 d_o}{d_o^4 - d_i^4}R_{eL} \approx \frac{4}{\pi}R_{eL} \tag{5.10}$$

考虑安全系数时极限弯矩引起的最大应力为

$$\sigma_{max} \leqslant \frac{\sigma'_{max}}{1.5} = \frac{\dfrac{4}{\pi}R_{eL}}{1.5} = \frac{4}{\pi}\frac{R_{eL}}{1.5} = \frac{4}{\pi}[\sigma]^t \approx 1.27[\sigma]^t \tag{5.11}$$

因此，纯弯矩作用下直管强度校核时其最大轴向应力按不超过设计温度下管材许用应力 $[\sigma]^t$ 的 $\pi/4$ 进行控制。

在结构上，圆棒、厚壁管和薄壁管的抗弯能力是不同的，其弯曲刚度和强度分析可参考文献[16]。

3. 长(高)颈法兰的强度控制

对于 GB/T 150.3—2011[4]标准中的整体法兰和按整体法兰计算的任意法兰，螺栓力、垫片反力和内压作用下引起法兰环和颈部的偏转，整个法兰环的偏转变形过程与和颈部相连结构协调而产生扭矩，若沿法兰环的径向切出微条，则微条相当于两端受弯曲的梁。由力矩在法兰中引起的轴向弯曲应力按整体一次弯曲应力考虑，针对具体不同的法兰及其与筒体的连接方式，强度条件中控制最大轴向应力不超过设计温度下法兰环材料许用应力 $[\sigma]_f^t$ 的 1.5 倍、与法兰相连的筒体材料许用应力 $[\sigma]_n^t$ 的 2.5 倍(或者与法兰相连的筒体材料许用应力 $[\sigma]_n^t$ 的 1.5 倍)，取两者中的最小值，一般即

$$\sigma_{max} \leqslant \min(1.5[\sigma]_f^t, 1.5[\sigma]_n^t) \tag{5.12}$$

5.2　复合结构的特殊应力

承压设备主体结构基于板壳理论而不断发展。板壳理论是 20 世纪 30～40 年代固体力学领域的重要研究成果，其处理问题的方法与材料力学一脉相承。随着轻量化或者耐腐蚀等各种功能壳体的需求规模化发展，单层结构板壳理论向复合结构板壳理论拓展，复合结构板壳可分为层合结构和缠绕结构。复合结构多种多样，包括板材、管材和棒材等，能满足清洁、耐腐蚀或表面改性及其他各种表面

功能材料的需要，除外载荷作用下业内明确的应力分布，还有复杂的热力耦合应力，因其制造工艺复杂而使产品在运行前也带来复杂的残余应力。

5.2.1　焊接衬里筒体的特殊应力

1. 爆炸焊复合钢板或管板

爆炸焊会在基层和复合层的熔合面附近产生很大的焊接应力，在爆炸冲击和焊接热作用下，基层较薄的复合板毛坯会三维翘曲像一条浅的小船，在滚板机上调平的过程中又输进新的应力，即便经过消除应力热处理，复合板成品还是会带有一定程度的残余应力，并且其在整块板面方向上的分布是不均匀的。最后，复合板卷制成筒体的过程还会引起残余应力的复杂化。

爆炸焊从板的一端起爆时，随着板长的增加，高温氧化和焊接残渣等杂质会影响另一端复合板的复合质量，有些没有贴合的区域甚至需要刨开复合层再通过堆焊的形式形成复合层，这进一步造成了整块复合板在板面方向上残余应力分布的不均匀性。

如果爆炸焊从板的中间起爆，那么效果略有改变。一般来说，由于爆炸波是均衡地向四周传播的，起爆点所在位置就会存在一个小直径的盲爆区，复层和基层没有贴合，也需要刨开复合层再通过堆焊处理。

对于复合钢板或管板制造的承压构件，由于其基层和复合层的温度存在差异，两者之间需要协调的热膨胀量不同，因而在各自中引起不同的热应力，层间不同的应力差产生界面剪力，剪力或应力集中导致界面结合力较低的部位开裂。延性较好的钢材会降低应力集中，避免开裂。

2. 堆焊复合壳体、复合管道或复合管板

堆焊复合壳体是在封头或筒体成形后，在其内表面通过焊材堆焊的形式构成的，也存在较大的焊接残余应力，经过热处理消除应力处理后，板面方向上残余应力的均匀性得到改善，甚至优于爆炸焊复合钢板。

换热器复合管板堆焊时，常见平行于直径的直线形焊道或绕着管板中心的圆圈形焊道，这两种焊道最终留下的焊接残余应力也是不同的，设备制造厂经常利用两块管板毛坯背靠背的效应来抵消焊接应力引起的变形。基本肯定的是，圆圈形焊道引起的变形与直线形焊道引起的变形相比，更加具有对称性；管板管程和壳程双面堆焊的变形在一定程度上具有相互抵消的效果。

管道作为流体介质的输送载体，其内壁经常受到冲刷磨损的危害，例如，乙烯裂解后裂解气的高温高速对一级急冷器弯管的冲蚀，煤化装置管道和部分设备的进出口接管也受到介质中煤粉颗粒的冲蚀。与粉末冶金关系密切的烧结应力的

研究已有上百年的历程，但是总体上还处于试验和计算机模拟阶段。文献[17]针对接管内壁堆焊界面剥离问题进行研究，就烧结应力的产生、理论值计算等方面进行阐述，包括利用能量法、曲率法、力平衡法计算烧结应力的思路，综述了烧结应力发展的历史和研究进展，感兴趣的读者可参考有关资料。

对于复合管板，无论是采用爆炸焊还是堆焊复合，在管板上加工完成换热管管孔后，原来的大部分残余应力会得到释放。因此，对于周边密封要求高且不是很厚的大直径管板，其复合层优先选用圆圈形焊道堆焊，周边密封面宜在管板钻孔后再加工。

3. 复合层壳体设计应力校核

壳体复合层常常是奥氏体不锈钢材料，其在同一温度下的强度性能很可能低于基层，但是复合层又位于壳体内表面应力水平较高处。设计常见问题是以基层材料许用应力作为强度校核的依据，而应力的计算却以复合层内径作为计算的基础，有的筒体直径不大，而复合层厚度达 10mm。特别是高等级换热器的复合层管箱，管板强度校核常以基层材料许用应力作为依据，而最大弯曲应力作用在强度较低的表面堆焊层上，换热管只与管板的堆焊层相焊，管头常见开裂失效。作者认为，宜分别计算复合层和基层内径处的应力水平，并分别以复合层和基层各自材料许用应力进行强度校核，两者都获得通过才是完整的设计。

4. 反应器内壁与环形锻件的焊接结构

在由钢板卷制的筒体内壁组焊环形锻件，以构成支承内件及催化剂的凸台，材料都是 16MnDR 低合金钢，焊接填充材料为配套的 EF2 低合金钢埋弧焊焊丝。为了了解该种复杂结构的形式及大厚度焊缝的焊接残余应力幅值及分布规律，文献[18]基于 ANSYS 有限元分析软件，建立了压力容器内壁环形锻件多层多道焊接三维有限元模型。在此基础上，以带状移动温度热源作为焊接热源模型计算出多层多道焊接的瞬态温度场结果，计算时将母材和焊接填充材料视作相同的 16MnDR 低合金钢材料，并采用随温度变化的材料强度。利用热-力间接耦合法，得到了焊接应力场的计算结果。结果表明，焊缝区域的环向应力从上表面到下表面分布趋势为拉应力—压应力—拉应力，呈现自平衡的分布形式；根部焊道区域的环向应力为拉应力；焊缝上轴向应力最大为 300 MPa 左右；焊缝上下表面径向应力较大，达到 400～500MPa；峰值等效应力出现在焊缝根部区域，幅值最大约为 700MPa。

5.2.2　多层复合筒体的特殊应力

单层厚壁圆筒形压力容器在高压下的失效，正如拉梅的研究(拉梅公式)所揭示的，归因于沿容器壁厚方向的应力分布不均匀。为了克服这一难题，出现了多种预应力容器设计，预应力容器大多数属于多层容器，有不同的构造方法，已形成多层包扎式、多层热套式、多层绕板式、多层绕带式、多层螺旋绕板式、整体多层包扎式六种多层压力容器的结构形式。

1. 套合圆筒体

加热外一层筒体使其直径增大，从轴向套进其内一层筒体后冷却下来，两层筒体之间便紧密贴合。经过设计应力分析，可确定各个相互套合的圆筒体直径，使套合后的筒体产生一定的预压缩环向应力，与设备运行时内压在筒体中引起的拉伸应力组合后，降低环向拉伸应力水平。同时，多层圆筒又使内压在壁厚引起的径向应力均匀化，充分利用材料强度。

2. 层板包扎圆筒体

复合材料层合板结构具有比强度大、比刚度大及物理力学性能可设计等优点。在小氮肥厂合成氨生产中，其合成系统的主要设备如合成塔、氨分离器、油分离器等，由于这部分压力容器的工作压力较高，介质为易燃、有毒气体，所以大多采用多层包扎式或扁平钢带缠绕式结构[19]。与套合圆筒体从轴向套进不同，层板包扎圆筒体是从径向使外层筒体包裹内层筒体后，通过缠绕钢丝绳的勒紧和外层纵缝的焊接收缩使两层筒体紧密贴合，达到预应力的目的。相比而言，其产生的预压缩环向应力水平低，若不进行消除应力热处理，则纵焊缝的焊接残余应力水平高。

广泛应用于飞机、船舶和工程机械等领域的结构实践证明，振动极易造成层合板的脱层扩展，因此有学者[20]基于分层理论，在板的厚度方向取二次插值函数来描述每个数值层内位移沿厚度方向的变化规律，推导出层合板的动力学控制方程，并得出简支层合板自由振动的解，不仅得到了精确的振动频率，还得到了合理的横向应力值。对应于低阶模态，横向剪应力显著高于横向正应力，因此在低阶模态下横向剪应力是造成脱层的主要原因；对应于高阶模态，较高的横向正应力是层合板脱层的主要原因。此外，当层合板各层的弹性模量相差一个数量级时，其层间应力的值比层合板各层的弹性模量相当时的层间应力值增加一个数量级以上，特别是横向正应力增加幅度更大。

在金属基复合材料受力分析中，还有层板模型的横向应力(transverse stress)和轴向应力的概念，前者是指垂直于纤维方向的应力，后者是指顺着纤维方向的应力。当承受横向应力时，轴向收缩与横向延伸也是一种泊松收缩关系，层板模型只能计算顺向排列的纤维复合材料三种不同泊松比中的一种[21]。

缠绕筒体的钢带存在层间摩擦力、带长方向有效正应力和带宽方向有效正应力。《ASME 锅炉及压力容器规范》2013 年版第十卷中采用 ply stresses 的概念来表示层合板厚度的层间应力。

3. 包扎圆筒体

包扎使用较长的钢板，在一个筒体作为内筒或芯轴上连续卷制成，卷制中的钢板形成一定的张力，使层板之间紧密贴合，成型的筒体的横截面上显示出钢板的螺旋缠绕形状，也具有类似于套合圆筒体结构的一些预应力功能，但是少了筒体的纵焊缝，多了层板之间的摩擦力。国内外学者研究表明，即便卷板端部不与筒体进行焊接，该摩擦力也会随着筒体内压的升高而增大，这是该种卷板结构独特的受力特性。

4. 错绕圆筒体

错绕圆筒体是另一种预应力容器，有绕丝式和绕带式两种常见类型，前者即在内圆筒上缠绕承受张力的钢丝，后者即在内胆上缠绕螺旋状紧密型槽钢带或扁平钢带(一般称为型槽钢带缠绕)[22]。《压力容器 第 3 部分：设计》(GB/T 150.3—2011)中给出了钢带错绕圆筒体的设计要求。扁平钢带交错缠绕式高压容器以其制造成本低、可靠性高、易于实现在线监控、失效具有抑爆等特点而应用在高压储氢中[23]。

早在 20 世纪 80 年代，国内学者就采用"剥离"方法，讨论了钢带弯曲应力影响下不同方式的缠绕，并导出了一组相应的缠绕应力级数计算式。通过分析对比这组新公式的结构、功能，并引进三个系数，又推得了一个适用面广的缠绕筒体缠绕应力综合计算式[24]。

为实现不同梯度剩余张力的缠绕张力设计、揭示缠绕过程中的张力变化规律，有学者[25]提出逐层叠加法，即研究可变形厚壁筒上环向缠绕张力与剩余张力之间的关系。基于不同材质的双层筒在外压作用下的变形和应力，获得剩余张力下降量与缠绕张力的积分关系，计算各层缠绕张力产生的外压引起的内缠绕层环向应力的下降量，进而给出剩余张力函数，获得线性锥度缠绕、等张力缠绕和等力矩缠绕条件下的剩余张力解析公式。将缠绕张力与剩余张力的积分关系式化为微分方程，求解出缠绕后等剩余张力的缠绕张力解析公式。

一般来说，缠绕的纤维越细就意味着有更多的纤维可以分担外加负载引起的张力，以及提供更多的摩擦接触点；而纤维间张力的分布和转移依赖于纤维交叠的长度和摩擦接触，因此纤维长意味着有更长的交叠长度承担张力和提供摩擦接触。另外，缠绕式圆筒体技术也应用到了复合管力学性能研究[26]中。

5.2.3　材料复合结构的特殊应力

1. 密封垫复合材料结构

密封作为承压设备研制过程中重要的技术专题，与设备强度、刚度及稳定性等一起成为承压设备设计时需关注的基本内容。由于密封面、垫片和紧固件组成的密封系统在不同工况作用下往往表现出零部件的多重交互作用以及物性的多重非线性特点，所以国内外标准中关于华特法密封设计计算和应力校核主要围绕螺栓和法兰进行，垫片的材料、结构及其受力分析不是被简化了，而是被回避了。即便是在法兰强度基础上强化法兰刚度的设计，或者以泄漏率为质量技术指标的设计，都是仍然回避这个最直接的基本问题。

其实，求解垫片应力的受力分析与已有的密封设计内容并不冲突，《压力容器 第 3 部分：设计》(GB/T 150.3—2011)中表 7-2 所列 13 类常用垫片中有 4 类是复合材料结构。复合柔性石墨波齿金属板、复合柔性石墨齿形垫片、复合柔性石墨金属缠绕板这三种垫片都是目前炼化工程中普遍应用的垫片，是承压设备中同时存在材料和形状的双复合结构典型零件，这些垫片的骨架和具有热膨胀性的石墨都会在密封面的压紧作用下产生复杂的接触应力。遗憾的是，业内对这三种垫片完整结构在实际工况下的受力分析很少，只看到 O 形圈组合密封有限元分析的报道。

文献[27]开展了超高压氢环境组合密封结构的研究，以橡胶超弹性本构模型、吸氢膨胀效应的数值算法等核心问题的解决为着力点，突破了超高压橡胶 O 形圈组合密封有限元分析因高度非线性特性所致难以收敛的技术瓶颈，建立了基于吸氢膨胀效应的高压氢气组合密封结构有限元模型，并基于所建立的数值模型探明氢气压力、初始压缩率、楔尖角、吸氢膨胀效应等因素对密封性能的影响规律，揭示其密封机理，为高压氢气密封的结构形式及结构参数的合理确定提供了科学依据。文献[28]为了探索反应堆压力容器密封性能的数值模拟技术，建立了 CPR1000 反应堆压力容器 O 形圈组合密封结构的热弹塑性三维有限元分析模型，考虑了运行期间的载荷及载荷组合，得到了反应堆压力容器在升温、运行和降温瞬态过程中上下法兰的轴向分离量、径向滑移量和螺栓载荷等。

2. 垫片应力

文献[29]～[31]指出，垫片应力是法兰垫片密封的一个常用术语，它是法兰接头中最重要的参数之一，直接影响垫片的密封性能和法兰接头在全生命周期内密封的安全性和可靠性。上述的垫片载荷即作用在垫片上总的力，而把其施加在垫片单位有效表面的压缩载荷，习惯上称作垫片应力，也有称为垫片压应力或垫片比压。"有效"指垫片与法兰密封面直接接触的面积，即起密封作用的垫片表面积，即

$$\sigma_g = \frac{G}{0.785(D^2 - d^2)} \tag{5.13}$$

式中，G 为垫片载荷，N；D 为垫片的接触外径，等于或小于垫片的实际外径，

mm；d 为垫片的接触内径，等于或大于垫片的实际内径，mm。

通常，垫片发生泄漏是由于垫片本身存在泄漏通道(内部渗漏)，或者是通过垫片表面与法兰密封面间的通道泄漏(界面泄漏)。垫片应力的作用在于以下几个方面。

(1) 通过垫片的压缩变形，填充并堵塞法兰密封面的不平整或表面缺陷而造成的泄漏通道。

(2) 通过垫片进一步的压缩变形，消除垫片内部可能存在的渗漏通道。垫片的渗漏与垫片类型和材料有关，垫片压缩应力越大，压缩变形越大，垫片的渗漏越小。

(3) 对于非金属垫片，由于材料本身的强度较低，在密封面之间需要有足够的摩擦阻力来防止垫片在介质压力下挤出，而摩擦阻力的大小与垫片应力以及密封面的粗糙度成正比。

(4) 足够的垫片预紧应力能弥补使用工况下由介质压力以及外力、外力矩、温差等作用引起的垫片应力的降低。

预紧垫片应力在安装以及后续的使用过程中，由于受到垫片/螺栓的蠕变松弛、法兰的变形、介质压力和外载荷的作用、操作工况的变动等诸多因素的影响，垫片应力都会有不同程度的降低，并且是一个不断衰减的过程。因此，在工作过程中实际维持法兰接头密封的垫片应力是经历上述衰减后剩余的垫片应力(下面称为垫片操作应力)。因此，垫片预紧应力的大小和分布状况是影响法兰接头密封能力最直接，也是最重要的因素，有以下四个主要描述反映垫片应力的特征值。

(1) 最小垫片预紧应力。这是在室温下安装法兰接头时，为了填补法兰密封表面不平整、不光滑和闭合垫片内部泄漏通道，达到要求泄漏率需要的最小垫片应力。这一数值由垫片低压泄漏试验测得。

(2) 最小垫片操作应力。这是在操作压力和温度作用下，垫片上压缩载荷会发生下降，为了保持达到要求泄漏率需要的最小垫片应力。这一数值取决于法兰接头的设计压力(最大允许工作压力)，由垫片压力泄漏试验测得。实际垫片操作应力高于最小垫片操作应力。

(3) 最大垫片应力。这是在运行状态下，因垫片的机械损伤、过度塑性变形、压溃或破碎等，使垫片失去密封能力的最大垫片应力。这一数值也可以通过实验室压溃试验得到。出于对安装的各种变数的安全考虑，推荐最大垫片应力应低于试验结果的最大垫片应力。

(4) 目标垫片应力。它是使垫片和法兰接头运行在最佳性能和密封状态的垫片应力，即在该垫片应力下，法兰接头达到性能和密封最佳。因此，只要法兰接头各个组件处于安全状况，目标垫片应力选取得尽可能高。于是，目标垫片应力也就成为确定安装螺栓载荷的依据，这将在以后做进一步诠释。目标垫片应力应高于实际垫片操作应力，低于最大垫片应力。

上述垫片应力特征值对于不同的垫片形式和材料有不同的数值，通常由垫片生产商按照合同指定的测试标准进行测试得到并提供给客户。

3. 壳体复合材料结构[32]

相对于金属材料，复合材料具有各向异性、耦合效应、沿厚度方向剪切效应等诸多特点。这些力学特点使传统的解析解分析金属结构的理论方法不能适用于壳体复合材料结构。经过数十年的发展，至今已提出了多种关于复合材料板壳的理论，包括一阶剪切变形理论、高阶剪切理论(含简化理论)、分层理论(含简化理论)、三维弹性理论。

《力学名词》[33]中录有层间应力(interlaminar stress)一词，但未给出其确切的含义。在术语在线中可查到层合板层间应力(interlaminar stress of laminate)，它是材料科学技术领域中复合材料专业的词汇，定义为：层合板中与厚度方向(z 向)有关的三个应力分量有 zx、zy 和 z，见载于《材料科学技术名词》。在术语在线中也可查到力学学科的层应力(ply stress)一词，但是没有给出定义。

4. 主要元件的功能梯度材料

对于结构应力，还有一个关于材料介质结构的系列专题，它是承压设备材料研究的基础，可涉及耐腐蚀的双相钢、耐磨的自蔓延复合层材料、功能梯度材料涂层、异种钢焊接接头以及含裂纹、夹杂物的钢材等各种非连续介质。无法将所有专题一一介绍，感兴趣的读者可参考杨菊生等[34]就连续-非连续结构应力分析现状与进展所做的综述，该文献对工程结构应力分析中采用的连续介质模型、非连续介质模型、连续-非连续介质力学三种模型做了系统介绍，从七个方面论述了它的现状及发展特征，包括：从过时观到现代新观念，从连续到非连续，从精确到数值近似，从有限元到无单元，从单一到统一，从标量无网格到复变量无网格，从独立到耦合等，并全面介绍了其相关内容和方法。

文献[35]在讨论沉积厚的梯度多层材料，特别是等离子喷涂 Ni- Al_2O_3 涂层时，提到了所引发的淬火应力和热失配应力等词，并估测了它们与室温残余应力以及内应力的应力水平。

5.2.4 结构组合的特殊应力

1. 支承结构

非裙座支承立式容器有多种支承形式。小型非裙座支承立式容器壳体无需进行风载和地震作用的弯矩计算；支腿计算方法应考虑支腿数量和布置形式；通过改变耳式支座结构设计可使其在壳体上产生的局部应力大大改善;从工程角度看，可对框架上的容器的地震作用及小型直立容器的垂直地震作用进行简化计算[36]。

高耸结构容器常采用环式支座,分为刚性环式支座和弹性环式支座,前者如图 1.1 所示环管反应器各条夹套管的直立支座,后者如多段式煤气化炉各段的直立支座,弹性支座是指由于高压不一、温度不同的各直立段,其垂直方向或水平方向的热膨胀位移不同,而没有地脚螺栓强制固定的支座。刚性环式支座标准,即《容器支座 第 5 部分:刚性环支座》(NB/T 47065.5—2018)[37]中,在进行了一系列有限元应力分析的基础上对该支座及其适用容器的结构尺寸均提出了具体的要求,特殊的应力表现在支座与筒体的相接处:超出范围的设计应进行专门的强度分析;如果刚性环式支座带有整圈环形板,那么制造时应保证环形板紧贴筒体容器外壁表面,否认两者无法整体均衡受力,带间隙焊接时两者强烈抵抗焊缝的收缩,也会使焊缝承受额外的残余应力;如果刚性环式支座与圆锥形筒体组焊,那么也应进行专门的强度分析。

2. 筒体接管结构

《水管锅炉 第 4 部分:受压元件强度计算》(GB/T 16507.4—2013)[38]中,提出了圆筒体各校核截面在弯曲力矩 $M(kN \cdot mm)$ 作用下的最大弯曲应力 σ_{ab} (MPa) 的计算公式,即

$$\sigma_{ab} = \frac{1000M}{W\varphi_w} \tag{5.14}$$

式中,抗弯截面模量 $W(mm^3)$ 的计算应考虑因开孔对筒体的减弱;φ_w 是焊缝减弱系数。相应地,也分别提出了锅筒筒体、集箱筒体的最大弯曲应力的校核公式,其中考虑了支点间距及孔桥减弱系数 φ_{cmin}。

在该标准中,也提出了由重力载荷引起的管子或管道轴向管壁附加应力(轴向应力、弯曲应力和扭转应力)的校核公式,但这些还不是管道系统应力的校核公式。

3. 筒体接管及其支撑结构

有学者在应用有限元方法研究压力容器的屈曲行为时,对一台立式主体设备通过水平接管直接连接另一台立式辅助设备的支撑结构进行了受力分析,观测到接管及支撑结构的压缩应力分布所在,为进一步的屈曲分析指明了具体方位[39]。

4. 梁的结构及其强度

梁结构常成为承压设备的承载辅件,例如,沿着周向加强薄壁圆筒体的加强圈是弯梁结构,大型塔器内支承塔盘内件和介质的是直梁,在设备长颈法兰的受力分析中也利用了梁的模型,这些不同的梁结构(模型)承受不同的载荷,应力分

布自然不同。即便是分布重力或端部弯矩作用下的直梁，其应力分布也可以随梁截面的不同而有明显的区别。《关于两门新科学的对话》最早出版于 1638 年，是伽利略累积数十年研究工作的总结，也是伽利略两本最重要的著作之一[40]。在这本书中，他系统地描述了如何通过大量试验为新科学(材料力学和动力学)奠定基础。例如，关于材料力学方面，他提出了固体的强度问题，介绍了他最早进行的梁的强度试验，讨论了在重力下物体尺寸对强度的影响，提出了等强度梁的概念，且涉及梁截面内的应力分布问题[41]。当前，为了节约材料、降低成本，等强度结构的概念已得到普遍认可和应用。

5.2.5 异形容器的应力

相对于圆筒形压力容器，异形容器已成为一类特殊的设备，除了常见的由圆筒形结构变形而成的环壳，还有一些其他结构的承压壳体。

1. 圆筒交叉组合容器

2016 年 9 月，由茂名重力石化装备股份公司制造的 E-GAS 两段式气化炉在中海壳牌石油化工有限公司惠州分公司煤气化制氢及动力站系统联合装置一次安装成功，标志着美国 CB&I 公司开发的该煤气化技术在国内第一次应用，其气化炉的主体结构是类似于十字交叉形的压力容器，该炉主体等直径相贯的双向圆筒体最大金属壁厚均为 252mm，内直径为 4m，成套设备总重为 840t，其中的某段如图 5.5 所示。

图 5.5 E-GAS 两段式气化炉某段在港口装船

2. 椭圆形断面压力容器

文献[42]对椭圆形断面压力容器的应力进行分析，采用有限元非线性分析方法并拓展到非对称载荷。

3. 矩形断面容器

《压力容器 第 3 部分：设计》(GB/T 150.3—2011)中给出了由壳体和筋板组合的非圆形截面容器的设计要求。有的空气冷却器集箱或者预热器进出口烟风道构件是一种箱形梁结构。文献[43]将单箱单室复合材料箱形梁纯扭转的分析方法拓展到单箱多室，结合经典的薄壁梁理论与复合材料理论，通过换算将层合材料离轴刚度等效为扭转刚度，对单箱中的各室建立剪力流方程，与扭矩平衡方程联立求解。通过算例将该方法与有限元法进行比较，各项应力的计算结果均相符，尤其是采用该方法计算得到的扭转产生的剪应力精度更高，采用该方法计算所得的各项应力均能满足实际工程设计的需要。

异形容器的应力分布具有鲜明的个性，感兴趣的读者可根据参考资料深入关注，这里就不对它们的特殊应力展开讨论。

5.3　结构成形的特殊应力

2017 年 11 月 20 日，在合肥举办的第九届全国压力容器学术会议主旨报告会上，中国工程院院士、中南大学教授钟掘做了"制造中的残余应力"报告，就工程中残余应力开展的研究，结合具体的工程实例，科学系统地阐释了残余应力的本质、产生和消减等问题，对指导压力容器零残余应力制造具有重要意义。制造过程中产生的各种各样的应力，相对于压力容器的设计和运行中的应力而言很少报道，一方面是这些应力复杂且难以在理论上准确求解，另一方面是这些应力的性质或者成分对一般容器的安全运行影响不大，例如，正常制造工艺过程引起的点焊应力、手工焊应力、自动焊应力，又如粗心大意造成的凹坑带来的局部应力、组对不当带来的错边应力、校圆能力欠缺造成的椭圆度应力[44]、焊接不当带来的咬边应力、组焊不当共同带来的棱角应力等。这些应力名词概念并没有列到目录和附录中，因此也不对上述应力展开讨论，而是结合同一类结构的不同成形过程来认识一些抽象的应力概念。

5.3.1　壳体成形的特殊应力

1. 圆筒体压制成形

圆筒体特别是厚壁圆筒体在卷板机上成形前，一般应先将要组对成纵缝的两端板头通过压制预成形所需的弧度，否则就要在组对纵缝时割除两侧板头的直段，两种方法的目的都是保证纵缝焊接后接头附近的圆弧符合要求，以免在筒节校圆或者筒节组对环焊缝中施加给纵焊缝太大的外力，引起图 5.6 所示的热影响区开裂。

文献[45]用大型有限元分析软件 DEFORM-2D 实现了对对称式三辊卷板机卷制宽板过程的有限元仿真，分析了滚弯过程中板料的变形情况和受力情况：板料在滚弯过程中主要分为弹性变形区和塑性变形区，弹性变形区是靠近中性层的部分材料，塑性变形区是靠近内外表面的材料；从板料的任一横截面的受力情况来看，任一横截面的受力过程均分为弹性加载阶段、弹塑性加载阶段和弹塑性卸载阶段；随着滚弯次数的

图 5.6 纵焊缝热影响区开裂

增多，弹性加载区和弹塑性卸载区靠近中性层的应力明显升高，弹塑性加载变形区在长度方向上变小，这主要是因为随着滚弯次数的增多材料发生强化，材料的屈服应力升高。文献[46]也利用大型有限元分析软件 LS-DYNA，成功地实现了对对称式三辊卷板机滚完过程的有限元仿真。

2. 圆锥体压制成形

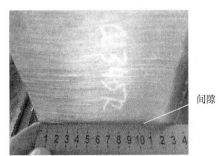

图 5.7 筒节端面变形

与圆筒体压制成形相比，圆锥体压制成形除了有纵缝两侧板头的两种处理方法外，也有分区逐步压制法和小口端摩擦减速法两种工艺方法，不同方法产生的残余应力是不同的。相比较而言，压制法的应力水平高、均匀性差，而减速法应力水平低、均匀性好，由于摩擦压紧力有强烈的挤压作用，普遍会使圆锥体的小口端面产生很大的塑性变形。如图 5.7 所示，原来约 140mm 厚钢板平整的端面在卷制中被挤压成非平面，凹凸差距达 6mm，需要在小口端预留一定的尺寸余量作为塑性变形区，最后将包含复杂残余应力的余量去除。

运行中的圆锥体应力分布也与圆筒体有很大的不同。内压作用下的圆锥体壳壁上除了薄膜应力，还有径向弯曲应力和轴向弯曲应力，圆锥体的小口段壁厚受高水平的环向应力控制，大口段壁厚受高水平的径向应力控制。

3. 封头压制成形

一般椭圆形封头的成形有冲压和旋压两种工装，又分为热成形和冷成形两种工艺。冲压过程存在顶部沿各向的拉应力因而容易减薄，也存在直边段因为环(周)向压应力引起的增厚，旋压过程存在辊轮与板面的挤压而普遍减薄，不存在直边

段的明显增厚。热压成形后的封头冷却过程存在结构收缩,端口直径逐渐变小;冷压成形后的封头脱模后出现结构回弹,端口直径则逐渐变大,两种不同的定型过程所残留的应力也不同。一般地,由于成形操作、高温钢板装模、封头冷却的周边环境以及吊装等因素的影响,椭圆形封头的端口是非圆形的,与圆筒体组对时会附加剪应力和弯曲应力。

板料在弯曲变形过程中发生弹性变形和塑性变形,由于弹性变形区的弹性恢复以及塑性变形区材料弹性变形部分的弹性恢复,其形状、尺寸都发生了与加载时变形方向相反的变化,这种现象称为回弹。回弹实际上就是板料在卸去外部载荷以后,板料内部应力重新平衡的过程。

内压作用下椭圆形封头应力分布见图 3.7,随着椭圆形封头的椭圆特性系数 m 的增加,封头的环(周)向应力 σ_θ 从顶部的拉应力在折边拐弯处突变为高水平的压应力,该压应力与冲压成形中引起的环(周)向残余压应力叠加,更不利于该处结构的稳定性。因此,高压容器的椭圆形封头采用冲压成形工艺应进行消除应力热处理。

4. 半球形封头压制成形

球形封头的经向应力与纬向应力相等。与一般的椭圆形封头相比,半球形封头往往应用于高压容器或锅炉汽包。由于高压容器封头壁厚较厚,其成形过程及运行过程还应考虑到径向应力状况,因此需要进行三维应力分析。

5. 瓜瓣形封头组焊制成形

焊接圆筒体或者圆锥体的纵焊缝时,焊缝只需要环向这一个方向的收缩,即便壁厚很厚,焊缝的残余应力也不会很高。而瓜瓣形封头一般都是半球形封头,不一定应用于高压容器,但是因其直径较大而使壁厚较厚,因此也存在三维应力状况。此外,又因为瓜瓣形封头采用模压成形,瓜瓣之间组焊成体而存在更复杂的残余应力。

特别是顶圆板与瓜瓣片之间的环焊缝焊接时,整圈环焊缝的收缩均受到经向的阻碍作用。由于顶圆板直径较小,其直径方向上对称处的焊缝通过顶圆板存在相互拉伸,所以整圈焊缝收缩的拘束强烈,纬向收缩也会受到一定的阻碍作用,总的拘束度较大,很容易造成焊缝开裂。因此,在结构设计时除考虑运行工况,还应该考虑使制造也能顺利实施,需要使顶圆板的直径、厚度与瓜瓣板的几何尺寸之间有一种合适的协调,以化解由结构制造所带来的复杂的焊接应力。

6. 壳体合拢焊缝

焊接大型压力容器的合拢缝时,由于两段筒体组对的质量、在滚轮架上转动的偏心及其主要在外表面单面焊接等诸多因素不利于施焊过程，再加上整体的重量和结构的刚性对焊缝收缩的影响，其焊接残余应力明显高于筒节与筒节之间非合拢焊缝的残余应力，所以其焊接工艺和焊后消除应力热处理的工艺均应该具有针对性。

7. 壳体成形的结构强度优化

目前压力容器设计中很少考虑材料的各向异性，《钛制焊接容器》(JB/T 4745—2002)[47]中设定钛材弹性模量和屈服强度都是与材料方向无关的。实际上，合理利用钛板的正交各向异性可以产生明显的工程效益。正交各向异性材料的本构关系将使容器分析时的力学公式存在差异，计算出的壳体壁厚不同。如果调整板材的方向，让承载能力强的板材方向承受结构上更大的应力，以充分发挥材料的承载能力，则壳体壁厚可以设计得相对薄。总之，在保证安全的前提下，钛制压力容器按照各向异性材料设计可以节约材料，实现结构轻量化[48]。

5.3.2　壳体表层的特殊应力

1. 卷板表面的残余应力

通常认为高压加氢反应器内壁面较外壁面更容易产生裂纹等缺陷，但是文献[49]就介绍了同一炼油化工厂内的 4 台高压加氢反应器不约而同地在外壁焊缝出现裂纹的成因分析及处理对策。有的高等级压力容器筒体上远离焊缝和应力集中区反而出现表面裂纹，似乎令人费解。实际上，钢板的生产、容器的设计、制造、运输、吊装和操作是多企业参与分阶段实施的过程，一系列环节都存在质量失控、危及设备安全的可能。钢板中嵌入的钢塞等异物是直探头 UT 检测发现不了的，即便检测出来也可能是非超标的缺陷，容器的设计往往没有分析介质流态的冲蚀，容器的制造过程可能不符合规范地组焊了临时吊耳或者卡板，容器的运输过程可能存在未觉察的碰撞或擦伤，容器的安装过程可能有意外受力，容器的开停车过程可能极不稳定，操作过程可能存在冷冲击或热冲击。

图 5.8 显示出厚壁筒节外表面黑色和锈色间隔的环(周)向压痕，黑色表示受到辊子的挤压，分析其成因，筒节两端的压痕是由于金属受到挤压向端部塑性流动而形成的，筒节中间的压痕，一是因为厚钢板自身厚度、硬度不均匀，二是因为辊轴弯曲变形及自身磨损成直径不均。圆筒体内表面的环(周)向压痕的方位及其深浅在一定程度上反映了表层挤压残余应力的不均匀分布。

低合金钢制重型压力容器支承在滚轮架上转动时，在自重作用下受到钢制滚轮的挤压，表面硬度可升高 HB30。

2. 压板表面的残余应力

图 5.9 显示出细长筒节内表面暗色和亮白色间隔的纵向压痕，亮白色表示受到压辊的挤压，分析其成因是压辊等间距压制筒节时，没有受到压制的内壁保持钢板原色，被压制的部位致使脆性的锈层脱落，露出了金属光泽。细长筒节在初步压制成形并组焊纵缝后，对其整形过程只从外表面施加载荷。同理，圆筒体内表面的纵向压痕的方位及其深浅在一定程度上也反映了表层挤压残余应力的不均匀分布。

图 5.8　筒节外表面周向压痕　　　　　　图 5.9　筒节内表面纵向压痕

3. 表面喷丸的残余应力

压力容器表面涂漆前的除锈，以及需要提高抗疲劳性能的内件常采用喷丸工艺。根据要求，丸粒分为河砂、硅砂、铁砂、不锈钢砂等。有研究采用高能喷丸(HESP)对纯铁棒样端面进行了表面自纳米化(SSNC)处理，结果表明，其表面晶粒得到明显细化，表层晶粒大小约为 43.9nm，变形层厚度约为 130μm，表面硬度明显增加，显微硬度比心部基体组织高出近 1 倍，达 HV 228，且硬度在 40μm 的剧烈变形层范围内迅速下降，超过 100μm 后，显微硬度已经趋于基体的硬度[50]。

高能喷丸还能引起振动，从而消除部分残余应力。

4. 滚压的残余应力

螺柱是承压设备的主要受载元件，要求螺纹为滚压成形，不至于在螺纹段残留拉伸应力。

5.3.3　管件成形的特殊应力

压力管道按照其用途划分为工业管道、公用管道和长输管道。压力管道常是工业装置的重要组成部分，广泛用于石油化工、能源和医药等工业领域以及城市燃气和供热系统中，在国民经济中占有重要地位。管道由管子、管件和阀门组成，其中管件主要有直管、弯头、三通管、四通管、异径管、管帽和松套法兰接头等七种品种。常用管件的地方是泵的进出口、调节阀的进出口、温度计扩大管左右和再沸器进料分配管后等部位，它除承受工作介质的压力，还承受着较大的弯曲载荷，由管道的自重、管道附件(阀门、管件等)的重量及其他外载荷引起的附加弯矩，在管道中会产生弯曲应力，它往往大于内压引起的薄膜应力。另外，管道经常与系统中的动设备(泵、压缩机等)相连，动设备的运行会带来振动，即管道常常承受动载荷和疲劳载荷。

1. 成形工艺对复合管应力的影响

双金属复合管又称双层管、包覆管，它是由内外两层或多层两种不同金属材料的管材构成的，在传统的防腐设备和能源化工、恶劣环境油气田、海底石油管道、民用管道、交通建筑等领域都有广泛的应用。现有的双金属复合管按照管层间结合方式的不同分为两大类[51,52]。一类是冶金结合复合管，成形工艺包括爆炸复合法、离心铸造法、铝热剂法、热膨胀焊接、热扩散焊接、热挤压法、堆焊法、粉末冶金法等；另一类是机械结合复合管，成形工艺包括室温液压法、热液耦合内压法、旋压法、内拉拔法、滚压法、套衬复合法、轧制复合法、复合板卷焊法、管外卷焊复合法、轧制复合法、电磁成形法、喷射成形法，采用液氮冷缩衬里管的冷套装技术，以及通过加热使外管膨胀从而增加内管扩张量的热液压耦合技术等，它们各有优缺点，各适用于不同材质组合和规格尺寸的复合管生产。液压复合法由于工艺简单、质量稳定，所以是目前采用最广泛的生产工艺。

显然，各种制造工艺成形的复合管内残余应力的分布是不同的。文献[53]采用弹塑性理论，分析双层复合管液压胀接过程中内外管壁应力应变状态，得出了液压力与残余接触压力之间的关系式，并给出了外管只发生弹性变形时的液压力范围；通过分析液压力与残余接触压力的关系式，得出液压胀接后内外管之间的残余接触压力随着液压力、内外管弹性模量比值的增加而增大，随着内外管之间初始间隙的增加而减小。

2. 成形工艺对弯管应力的影响

横截面圆形和均匀壁厚的弯管是理想结构，阿英宾杰尔、卡麦尔什捷英、潘家华和郭光臣等学者推导了内压作用下弯管的环向应力 σ_ϕ 的计算式[5,6]，即式(3.25)，该式是经典的薄膜应力解，弯管横截面上外拱的环向应力最低，内拱的环向应力最高，两侧中性线的环向应力水平处于中间。

工程实践中，以直管为原材料弯制成弯管后，其横截面产生椭圆化(扁平效应)和厚度不均等现象，对此非理想结构，文献[54]用力法正则方程推导了求解椭圆截面弯管沿环向各截面上的弯矩公式，并用数值积分求出了弯管各截面上的环向应力，与有限元法得到的结果相比，两者非常接近。文献[55]先后分析内压 P 作用下横截面椭圆化的直管和弯管上的应力分布，设直管横截面椭圆化的长半轴为 a，短半轴为 b，壁厚为 t，分析计算过程中，取一个单位宽度的管段为对象，对级数展开后的高次项进行了省略等简化处理，得到由椭圆化造成的附加弯矩为

$$M = \frac{P}{8}D^2\rho\cos 2\phi \tag{5.15}$$

式中，D 为该直管横截面理想圆形时的直径，而实际上具有椭圆度，即

$$\rho = \frac{2(a-b)}{a+b} \tag{5.16}$$

由于壁厚相对于弯曲半径来说要小得多，文献[55]认为附加应力在管壁上沿径向线性分布，当弯管的弯曲半径 R 足够大时，假定椭圆弯管和椭圆直管的附加应力相同，则弯曲应力可表示为

$$\sigma_b = \frac{3}{4}\frac{PD^2\rho}{t^2}\cos 2\phi \tag{5.17}$$

横截面椭圆弯管的应力等于横截面圆形且均匀壁厚弯管的应力与式(5.17)之和，可表示为

$$\sigma_\phi = \frac{Pr}{t}\cdot\frac{2R+r\sin\phi}{2(R+r\sin\phi)} - \frac{3}{4}\frac{PD^2\rho}{t^2}\cos 2\phi \tag{5.18}$$

显然，式(5.18)中有 $D=2R$。文献[55]进一步考虑壁厚变化对弯管应力分布的影响，根据直管弯制成弯管过程中塑性流动使外拱区减薄、内弧区增厚的状况，假定壁厚变化全部由轴向变形补偿，则任意点的壁厚 t_ϕ 与该点的弯曲半径成反比，即

$$t_\phi = \frac{R}{R+r\sin\phi}t \tag{5.19}$$

以式(5.19)中的 t_ϕ 代替式(5.18)中的 t，则得到变壁厚椭圆截面弯管的环向应力计算式。

文献[56]用电阻应变测量技术研究了带有初始椭圆度的弯管在纯内压作用下的应力分布，试验结果表明，弯头横截面上的环向应力和轴向应力分布均呈相似的 W 形，但各点环向应力的绝对值均大于轴向应力，最大应力在外弧线的环向，比直管高 62.7%，最小应力在中线弧处，为负值，这种应力分布情况也与弯管受平面弯矩时完全不同。

Goodall[57]在式(3.25)的基础上得出弯管的极限压力 P 的下限计算公式，即

$$\frac{Pr}{\sigma_s t} = \frac{1-r/R}{1-r/(2R)} \tag{5.20}$$

式中，σ_s 为屈服强度，MPa；R 为弯头弯曲曲率半径，cm；t 为壁厚，cm；r 为弯头截面半径，cm。

式(5.20)为采用特雷斯卡屈服准则和极限相互作用屈服准则，当

$$\lambda = \frac{Rt}{r^2} \to 0 \tag{5.21}$$

时的渐近解。此薄膜解适用于较低的 λ。虽然没有试验验证此结果，但 ASME 管道设计规范采用了此解。

弯头一般采用推制方法制造，分为冷加工和热加工，其中热推制加工用得较多。热推制加工就是将直管坯段套进弯模的一端，继续往前推动管坯，直到整段管坯都经过弯模发生变形，并从弯模的另一端脱出，再进行整形等其他工序成为成品。该工艺必然造成弯管外拱区的壁厚减薄、内拱的壁厚增厚，这种壁厚分布在结构强度上正好与式(5.15)的应力分布趋势相对应，外拱减薄区承受较低的环向应力，内拱增厚区承受较高的环向应力。但是，弯头还普遍出现其他不规则的形式，如经向厚度变化、横截面的椭圆化、内拱的皱褶等几何不均匀性。不完善的程度取决于制造技术。有研究表明，在所有的载荷水平下都存在椭圆化现象，并随载荷增加而逐渐扩展，几何不均匀性对受平面内弯矩作用的弯头的影响很小，对内压作用的弯头应力有明显影响。

弯管一般采用拔制方法制造，也分为冷加工和热加工，其中冷拔制加工用得较多，适用的管径不宜很大。冷拔方法就是在弯管机上夹住直管的两端，需要弯曲的一段靠在弯模的内模上，一端绕着弯模转动而成形。与弯头相比，弯管两端的直段较长，弯头在管系中一般与直管相连，因此可采用拔制法制造弯头。相对于推制法，拔制急弯弯管横截面的椭圆化等缺陷更严重，但若弯管的弯曲半径较大，则采用拔制法的效果较好。另外，直管的约束会对弯头的应力分布产生影响。

此外，采用一副凹凸模具也可以对管段进行模压制造弯头，普遍会出现上述同类的不规则缺陷，也只适用于小管径。在传统的模压成形技术基础上，再增加管内高压的成形技术是一种创新，对成形的缺陷与壁厚变化均有明显的影响，成形件的应力分布得以改善。

相比而言，板坯压片组焊弯头的壁厚较均匀，适用于大管径、厚壁、急弯弯头或者弯管的制造，尤其是适用于个别需要使外拱的壁厚较内拱壁厚更厚的弯头制造，厚壁可抵御流体冲蚀。这类弯头除了承受内压，还可承受较强的外来力矩作用，壳壁上的总应力是各种载荷单独作用引起的应力和制造残余应力的叠加，分布较为复杂，但是制造技术要求高，其无损检测、消除应力热处理或者耐压试验均要同时符合管件和压力容器的制造规范，模具设计、制造、修整的周期较长，且成本较高。

3. 成形工艺对异径管应力的影响

异径弯管虽然被列为标准管件之一，但是与同心异径管或偏心异径管相比，其工程应用不多。通过公式描述物理现象是常见的研究方法，初步分析发现，当弯曲半径 $R \to \infty$ 时，异径弯管便变成同心异径管，而当两端的直径相等时，同心异径管或偏心异径管就成为直管，异径弯管就成为等径弯管(弯头)。因此，异径管的结构可以具有统一的数值表达特性，可通过如下六个结构特征参数的变化来明确表达各种具体结构(表 5.4)，它们是：管件中心线弯曲半径 R，回转半径与左端圆面的夹角 θ，大端圆面与上母线的夹角 α，大端圆面与下母线的夹角 β，大端面圆半径 r_1，小端面圆半径 r_2。由此看来，这些管件在承受相同的外载荷时管壁上的应力分布也可以有一个包含上述六个结构参数的统一表达公式，即

$$\sigma = P(\theta 、 \alpha 、 \beta 、 R 、 r_1 、 r_2 、 t) \tag{5.22}$$

式中，P 为外载荷；t 为管件壳厚。

表 5.4　两通类管件结构关联参数

管件名称	结构参数	结构剖面图	备注
90° 异径弯管	$30° < \theta < 90°$ $\alpha = \beta = 90°$ $r_1 > r_2$ $0 < R < \infty$		轴长按照中心线长 $L = \pi R/2$
90° 弯头(等径)	$30° < \theta < 90°$ $\alpha = \beta = 90°$ $r_1 = r_2$ $0 < R < \infty$		轴长按照中心线长 $L = \pi R/2$
同心 异径管	$30° < \alpha = \beta < 90°$ $r_1 > r_2$ $R \to \infty$ $\theta \to 0°$		轴长按照中心线长 $L = (r_1 - r_2) \tan\alpha$ $= (r_1 - r_2) \tan\beta < l$

续表

管件名称	结构参数	结构剖面图	备注
偏心异径管	$\beta=90°$ $30°<\alpha<90°$ $r_1>r_2$ $R\to\infty$ $\theta\to0°$		轴长为最短母线 $L=2(r_1-r_2)\tan\alpha=l$
直管	$\alpha=\beta=90°$ $r_1=r_2$ $R\to\infty$ $\theta\to0°$		轴长按照中心线长 $L=l$ 式中，l 为母线长

根据上面的分析，文献[58]提出了内压作用下异径弯管无力矩环向应力计算公式，即

$$\sigma_\phi=\frac{Pr_i}{2t\sin\alpha}\cdot\frac{2R+r_i\sin\phi}{R+r\sin\phi}$$

$$=\frac{P[\pi r_{1i}-2(r_1-r_2)\theta]}{2t\pi\sin\alpha}\cdot\frac{2\pi R+[\pi r_{1i}-2(r_1-r_2)\theta]\sin\phi}{\pi R+[\pi r_1-2(r_1-r_2)\theta]\sin\phi} \tag{5.23}$$

式中，下标 i 表示管内壁，其他符号的含义同前。该式可以作为工程中常见回转壳无力矩环向薄膜应力的计算公式，是任意结构条件的统一公式，等径弯管、直管及同心异径管的环向应力均是异径弯管环向应力式的一个固定条件的特例，本质上这些公式均是环向应力的薄膜解。

(1) 有焊缝异径管的制造方法。口径较大的同心异径管和偏心异径管均可将板料在卷板机上滚压成形，这样异径管只有一条经向的纵焊缝。口径较小的同心异径管和偏心异径管，以及任何大小口径的异径弯管，只能通过模具将板料压制成半边的形状，再将两个半边组焊成一个整体管件，这样异径管均有两条经向的纵焊缝。并且，偏心异径管和异径弯管的两个半边均分别需要两副模具。板料(滚)压制成形异径管时，一般采取板料不加热的冷压。只有当压力机的能力受到限制时，才采用热压，冷压和热压的模具尺寸会略有差别。

(2) 无焊缝管件的制造方法。同心异径管的制造工艺最简单，用壁厚较厚的管段毛坯扩大一端口径，或者用等壁厚的管毛坯缩小一端口径均可。无论扩口还是缩口，一般均用模具压制，由此而带来残余应力的特点：扩口工艺使异径管本体具有一定的环向拉伸应力、环向弯曲应力和经向弯曲应力，且使大端口具有较大的环向拉伸应力；反之，缩口工艺使异径管本体具有一定的环向压缩应力、环向弯曲应力和经向弯曲应力，且使小端口具有较大的环向压缩应力。

当前国内普遍采用偏心模具逐级压制偏心异径管，用这种工艺生产的三级以

上的偏心异径管的小头端偏心侧容易产生严重缺口、内壁起瘤、壁厚不均匀及椭圆化等现象。按照斜截同心异径管截头所得结构代替近似的偏心异径管时，因为斜截面不是圆面而是椭圆面，就会出现端面与直管之间出现错边、无法完全相接的问题。若采用新的压制工艺，即先用同心模具压制出同心异径管，再把压好的同心异径管放入偏心模具中压制整形为所需要的偏心异径管，则其内外表面光滑，小头平整，壁厚均匀，圆度合格，所用原材料较少。

异径弯管则可在等径弯头的基础上由模具逐级缩口而成，为便于缩口，在弯头外拱上方便手工焊接的区域割去一片多余的弯头壁，待缩口后再对焊该处割口，该焊缝必须经过严格的检查和测试。这样，异径弯管就成为半段有焊缝的管件，但是壁厚较均匀。

管毛坯压制成形异径管时，采用大口径管热压收口成形的成品质量显然优于采用小口径管冷压扩口成形的成品质量。

4. 三通管或集箱管凸缘成形工艺对应力的影响

三通管可看成多凸缘集箱管的特例，也就是只有一个凸缘。成形工艺主要是拔制，多凸缘成形过程可能因操作不便、凸缘间距偏差或毛坯金属流动不均衡等因素，造成排在中间的凸缘及其与主管相连的肩部厚度不够、厚度不均匀等，这就类似于在同一个圆筒体上液压鼓胀成形制造多波膨胀节，各个波的厚薄不均匀。尽管这些管件的壁厚偏差不是很大，结构设计时也应给予关注，确定合理的减薄量，以最薄壁厚作为强度校核的基础。

5. 各种管件带有共性的应力问题

(1) 验证试验时如何反映管件实际承受的应力水平。管件强度设计除了可按照内压作用下的公式计算校核，也可采用验证试验法，即当水压试验压力超出由公式计算的爆破压力而没有发生失效时，就认为试件所代表的管件是合格的。为了密封管件端口所组焊或组装的密封系统，应离开管件端口一定的长度，以免对管件本体起到加强作用。验证试验虽然是一种综合的检验方法，但是对于所承受载荷不是以内压为主的弯头，不一定是最恰当的方法。

(2) 壁厚不均导致管件应力恶化。为了保证管件的最小壁厚，管件制造所选用的毛坯普遍较厚，致使成形后的管件壁厚不均匀。为了与截面规范的管线对接组焊，需要对已经增厚以及不均匀的管件端口进行机械加工，加工区过渡不当，会进一步造成管件端部与管件本体的壁厚不均匀，这些情况均可能造成同一工况下的应力分布恶化。

(3) 增厚管件成为管道应力集中源。管道系统设计时被赋予一定的柔度，以吸收各种因素引起的位移，管件增厚提高了节点强度，超出设计的预期，又没有设置过渡缓冲段，很容易成为管道应力集中的所在，造成失效。

5.4　常见结构非典型热应力

非典型热应力是指一般情况下其影响较小，或者虽然影响较大但是只存在于个别工艺设备的热应力，常见设备很少考虑这些特殊的热应力，或者只是在失效分析时才关注热应力因素。

5.4.1　换热器的特殊热应力

1. 壳壁不均匀温度场的热应力

研究者主要关注厚壁圆筒体的径向温差及热应力，以及固定管板式换热器的管程和壳程间的温差及热应力，或者塔体轴向温度场及其热应力，而对固定管板或浮头式换热器壳体中的环(周)向、轴向和径向不均匀温度场所引起的热应力关注不够。这主要是受到标准理论的影响所致，《热交换器》(GB/T 151—2014)[59]中明确提出换热器设计时应考虑膨胀量不同引起的作用力，但是没有给出具体的热应力解析式。标准不指引复杂温差的热应力求解，理论指出热应力属于自限性的二次应力，再加上很多技术人员以为复杂温度场的热应力只能通过有限元法才能求解。因此，在主观上既轻视热应力的重要性，也放弃这方面的讨论。

其实，不少工程问题中的热应力不一定用复杂而费时的有限元模型来计算分析，根据温度分布的简化模型由相应的解析式就可以粗略地求解热应力并用于设计校核或评定。有学者深入分析发现，单独考察壳程一侧，其轴向或环(周)向热的非均匀工况也会引起热应力并提出了计算式[60,61]。文献[62]综合介绍了有关分析。

一般来说，固定管板式换热器圆筒体环(周)向温差引起的轴向热应力大于轴向温差引起的轴向热应力，且该轴向应力可能出现拉应力和压应力交替间隔分布的状况，如果较高的内压已经引起较高的一次应力，那么换热器设计中应对显著的热应力进行分析评定。

2. 非固定管板式换热器的热应力

非固定管板式换热器的各部件以及部件之间也难免存在非均匀温度场，因此也存在热应力，文献[63]对此进行了各种具体情况的分析。

即便温度场均匀，超长浮头换热的制造精度也要足够，以免阻碍对管束的滑动[64]。而运行中对管束形成的阻碍也会产生热应力，石化装置某浮头换热器折流板被介质垢层堵塞，需要对全壳体保温包裹后加热才能逐步将管束顶出，从壳体内里面清出约 3t 的固体颗粒，还需要对管束垢层进行烧除，如图 5.10 所示。

换热器的主要部件存在相对规律的一维温度场，其热应力的计算方法简便。

多维温差的温度场则可先简化分解为一维温度场，再把各个一维温度场的热应力分别相加。复杂的温度场，可保守估算其热应力，要准确求解其热应力时先通过数值方法求解，再通过模型参数耦合求解。

图 5.10　螺旋折流板管束积垢

由于各种原因，非固定管板式换热器壳体内存在一些约束管束自由热伸长的因素而引起的热应力，热应力的大小除了与结构、温差及材料线膨胀系数有关，还与管束受到的内摩擦有关。

管板厚度方向或直径方向存在较大温差时，各自引起的径向热应力不能忽略，同等温差下前者的热应力略小于后者的热应力。管板上的温差热应力会表现出弯矩效应，使管板变形，并影响换热管接头的密封性，换热管上的温差热应力主要转化为轴向拉力，影响换热管接头的拉脱强度。

3. 固定管板式换热器的热应力

文献[65]介绍了某固定管板式乙苯气-反应混合气换热器投用一年内多次发生换热管与管板焊缝开裂的情况，全面检查发现换热器还存在筒体呈波浪状、筒体膨胀节严重变形和开裂、管板向外突出变形、鞍座焊缝开裂等失效形式，并经检验分析确认热应力过大是导致应力腐蚀的主要因素。文献[66]针对非轴对称布管且两侧管板厚度不同的固定管板式换热器，采用 ANSYS 软件建立三维有限元模型，通过对结构的热固耦合分析指出，结构的热应力具有明显的非轴对称分布特性，任意一侧管板厚度的改变均会改变另一侧管板的热应力分布。文献[67]对卧式容器热伸长引起鞍座压应力变化展开了分析。

4. 管头处的热应力

列管式换热器换热管与管板的连接接头是常见损伤引起内漏的部位，学者大多从整体结构上分析管程和壳程热膨胀差引起的热应力，典型的如文献[68]利用 ANSYS 软件对管壳式废热锅炉建立了含有管板及管头高温热防护结构的热端管板和不含高温热防护结构的冷端管板两种有限元模型，不仅分析了高低温管板的温度场及应力场，还分别得出了管板上的应力分布及最大应力发生部位。

管头处局部结构处的热应力特性没有得到足够的关注，远落后于国外的分析。多孔管板最外层的孔桥承受苛刻的应力[1]，在热瞬变过程中，孔桥的温度紧随着管中流体的温度而变化，而没有管孔的管板周边的热响应则明显滞后，在管板边缘和有孔部分之间就产生了平面应力。此外，热瞬变过程在管板边缘和有孔部分之间的交界面处还产生严重的径向温度梯度。管板外侧孔桥处的温度要比管板其他孔桥处的温度高很多，而温度越高，强度就越低，这就使得管板外侧孔桥处更容易受到蠕变累积变形的损伤。

实际上，换热管与管板的焊接接头大多数是角接结构的角焊缝，单从管头来说，总体结构不连续将引起峰值应力，再加上焊接残余应力，总的应力较复杂，重要的管束管头应进行消除应力处理。

5. 卧式容器热应力对鞍座的作用

除了文献[65]介绍的换热器鞍座焊缝开裂失效，文献[69]介绍的某苯乙烯装置乙苯过热器实际应用中鞍座地脚螺栓被推弯偏离原位 20mm 的失效现象，都与热膨胀有关。卧式容器中由温度变化引起圆筒体伸缩时产生的支座腹板与筋板组合截面的压应力，可根据《卧式容器》(NB/T 47042—2014)中的应力计算公式和力学相关理论得到，鞍座截面压应力随着鞍座高度的增加而非线性越大，也随着筋板宽度的增加而非线性减小。

而鞍式支座标准在规范结构形式及尺寸的同时，通过大量表格给出超过标准高度的鞍座所允许支承的最大载荷。一般的技术人员对此容易产生误解，认为低于标准高度的鞍座就不需要限制其所支承载荷。实际上，鞍式腹板受到水平方向拉应力的作用，低于标准高度的鞍座其腹板最小横截面减少了，该拉应力校核就可能通不过。

6. 管板表层的热应力

高温换热器厚壁管板的表层因受到高温介质的冲刷，温度特别高，而管板壁厚里边的温度迅速降低，在板面浅层沿厚度方向形成显著的温差及由此引起热应力。《ASME 锅炉及压力容器规范》2013 年版第八卷第 2 册中给出了等效多孔板应力分析的正常径向热应力 σ_r^* 的计算公式[70]，即

$$\sigma_r^* = K_{skin}\left[\frac{E\alpha(T_m - T_s)}{1-\nu}\right] \tag{5.24}$$

式中，E 为管板材料设计温度下的弹性模量，MPa；α 为材料的线膨胀系数，mm/(mm·℃)；T_m 为板厚方向的平均温度，℃；T_s 为板面的温度，℃；ν 为筒体材料的泊松比；K_{skin} 为热肤应力的应力乘数(stress multiplier)，且

$$K_{\text{skin}} = \frac{9.43983 - 421.179\mu^* + 6893.05\mu^{*2}}{1 + 4991.39\mu^* + 6032.92\mu^{*2} - 1466.19\mu^{*3}} \qquad (5.25)$$

其中，μ^* 为有效的膜效率(effective ligament efficiency)。

5.4.2 反应器的特殊热应力

1. 动态界面引起的热应力

2.3.11 节提到了焦化反应后的冷焦阶段在塔壁中由套合效应引起的热应力。焦炭塔是炼油工业二次加工工艺中延迟焦化装置的塔状反应器，从加热炉出来约 500℃ 的热油从塔底进口被送到塔内反应生成硬焦，再输入常温水进行冷却并卸开塔底的盖子排出焦炭。除了冷焦阶段内部硬焦床阻碍塔体收缩变形的复杂热应力，其实焦化反应后的前期阶段，内部进油也引起塔壁非常复杂的热应力。

设进油过程中塔内热油在同一水平面上的温度均匀不变，不存在环(周)向温度分布不均匀的状况，将计算问题简化成轴对称问题。随着时间的推移即界面的不断上升，由界面在塔壁中引起的不均匀温度场及其热应力场也不断上升，当进料经过一定时间后，动态界面附近器壁内的瞬态温度场趋于稳定。温度场的模拟计算使用美国公司研制的大型非线性有限元软件包 NISA Ⅱ 进行，该软件可用直接积分法进行瞬态传热计算。为了模拟界面的上升，需要将每次的计算结果(数据文件)作为界面爬升中下一次上升到的模型位置的初始条件输入，反复进行迭代计算，工作量较大。为减少迭代计算中数据处理的人机对话，用 FORTRAN 语言编写了专门的数据转换程序。同时，跟踪采集界面爬升的初始高度以及当前高度处内外壁面四点的温度变化情况，直到该四点的温度值稳定，即所求动态的二维稳定的不均匀温度场，据此再求应力场，结果如图 5.11 所示[71,72]。

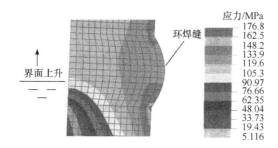

图 5.11　133℃的热水在环焊缝处引起的米泽斯等效应力云图

由图 5.11 可知，焦化反应器塔壁中动态界面附近的不均匀温度场有一定的高度范围，应有相适应的测量方法[73]，超出该高度的测量将使温度梯度值变小，在该高度内测量的结果将处处不同，其中一个高度处的轴向温度梯度值最大，由此计算的热应力最大。

《钢制压力容器——分析设计标准(2005 年确认)》(JB 4732—1995)中的峰值应力是由局部结构不连续和局部热应力的影响而叠加到一次应力加二次应力之上的应力增量,因此介质温度急剧变化在器壁或管壁中引起的热应力也归入峰值应力,在考虑疲劳破坏或防止脆断时才加以限制。

2. 壳壁中的热斑应力

这与 4.3.3 节中的热点应力概念根本不同。长期以来,工程设备中存在很多热斑或冷斑现象,即构件尺寸较小范围内区域的温度有别于周边的温度。例如,加热炉炉管结焦后,烧焦过程中会引起有焦区域的温度高于无焦区域的温度,多焦区域的温度高于少焦区域的温度,从而产生热斑。又如,炼油焦化反应器生焦阶段的气氛在焦层形成过程中存在无规则流动并构造出一些以中间的树干向四周扩展的树枝状通道,冷焦操作阶段的冷水会沿着这些通道窜至塔壁,引起局部壳壁温度的瞬态变化,出现冷斑;加氢反应器运行中偶然过急送进冷氢的操作同样会引起局部壳壁温度的瞬态变化,甚至出现冷斑,使内壁堆焊的奥氏体防护层脱离基层。冷斑引起热应力的拉伸作用或压缩作用与热斑引起的热作用相反,其热应力的计算原理是相同的。温差应力的大小当然与温差有关,而温差的测定则与测温点的间距有关。

有学者通过有限元法对高为 7m、壁厚为 34mm、内径为 6100mm、温度为 430℃的焦化反应塔体模型在工作内压为 0.158MPa 和区域直径为 322mm、温度为 40℃的冷焦水斑共同作用下引起的壳壁变形进行了模拟分析,图 5.12 是等效应力分布及放大 300 倍后的变形图[74]。

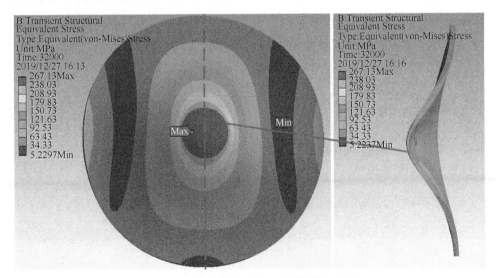

图 5.12　焦化反应器冷斑引起的壳壁变形

关于斑点温度分布的测距，在《钢制压力容器——分析设计标准(2005年确认)》(JB 4732—1995)中，对于平板上的表面温差的测定间距提出公式 $L = 3.5a$；对某些焊缝允许采用局部热处理，焊缝每侧加热宽度不得小于壳体厚度的2倍，这其实也就是测温点的距离。而在《压力容器焊接规程》(NB/T 47015—2011)[75]中关于焊接预热指出，当母材厚度不超过50mm时，每侧测温点与坡口的距离不得小于壳体厚度的4倍，这其实也规范了坡口预热的范围。初步调研发现，业内对上述温度测距的概念及计算系数的认识不是很清晰，这里对该概念做进一步介绍。

设某块原始均匀温度为 t_0 的板壳上存在直径为 $2a$ 范围内温度高达 t_1 的局部变温 a 仍为板内加热面积或热点半径。因热斑范围很小，视壳壁为平板，则该局部高温区与原来均匀温度区之间的理论热应力为

$$\sigma_{L-2a} = \varepsilon_{2a} \frac{E}{1-\nu} = \frac{(t_1 - t_0) \cdot 2a \cdot \alpha}{2a} \frac{E}{1-\nu} = (t_1 - t_0) \cdot \alpha \cdot \frac{E}{1-\nu} \qquad (5.26)$$

式中，E 为材料高温度下的弹性模量，MPa；α 为材料高温下的线膨胀系数，mm/(mm·℃)；ν 是筒体材料的泊松比。

针对热斑传热模型的分析表明，计算热应力的壳壁局部区域存在量度局部温差范围的特征尺寸，为了计算纯粹沿壁面方向的温差及其热应力，虽然可以假设沿壁厚无温差，但是壁厚无温差模型的区域尺寸不是任意设定的。当被加热的局部小区半径大于等于一定程度达到基板厚度的 m 倍时，热量才能从一侧壁面传递透彻到另一壁面，从而形成壁厚温差为零的小区，否则，该小区既存在沿板面方向的温差及其引起的各向热应力，也存在沿板厚方向的温差及其引起的各向热应力。对于板面一侧半径为 b 的斑点受热向另一侧热传递的模型，热量沿板厚方向的传递不亚于沿板面方向的传递，使另一侧板面的受热区也形成一个半径为 b 的同等温度表面小区(此时可忽略板厚方向的温差及其热应力)，满足该热流要求的几何模型简化为[76]

$$基板厚度 = \frac{传热区容积}{传热区表面积}$$

文献[77]基于该模型推算得 $m=2$，再取安全系数为1.5，实际宜取 $m=3$。因此，常见压力容器壳壁焊缝间距不小于3倍壁厚，或者组焊临时件需要局部预热范围的直径不小于3倍壁厚的规定，应该是有依据的。

3. 圆筒体中的热应力

板厚方向的温差引起的各向热应力，可参照厚壁圆筒径向温差热应力的公式计算。当引起厚壁圆筒径向温度梯度的传热是稳定的时，筒壁上任一半径 r 处的径向热应力、环(周)向热应力、轴向热应力的经典计算式分别为

$$\sigma_r^t = \frac{E\beta \cdot \Delta t}{2(1-\nu)}\left(-\frac{\ln K_r}{\ln K} + \frac{K_r^2 - 1}{K^2 - 1}\right) \tag{5.27}$$

$$\sigma_t^t = \frac{E\beta \cdot \Delta t}{2(1-\nu)}\left(\frac{1 - \ln K_r}{\ln K} - \frac{K_r^2 + 1}{K^2 - 1}\right) \tag{5.28}$$

$$\sigma_z^t = \frac{E\beta \cdot \Delta t}{2(1-\nu)}\left(\frac{1 - 2\ln K_r}{\ln K} - \frac{2}{K^2 - 1}\right) \tag{5.29}$$

式中，Δt 为圆筒内外壁径向温差，℃；K 为筒体外径与内径之比；K_r 为筒体外径与任意半径 r 的比值，其他符号的含义同前。

需要强调的是，存在径向温度梯度的厚壁圆筒，当圆筒上还存在热斑时，筒壁热斑处的热应力由三部分组成：①厚壁圆筒径向温差热应力；②热斑壁厚温差热应力；③热斑壁面温差热应力。

圆筒径向温差热应力是一般情况下不至于误解其含义时的表达，若存在误解的可能，则要注意表 5.5 中不同概念的区别。

表 5.5　圆筒体径向热应力概念比较

序号	模糊的或明确的概念	对概念的不同理解	应力维度
1	径向热应力	只强调热应力是沿着径向的，未明确该热应力是径向、轴向或者环(周)向中哪一向的温差贡献了其中的分量	一维
2	径向的热应力		
3	径向温差热应力	概念模糊，可能的歧义有如下三种。 (1) 可能是仅仅由径向温差引起的热应力在径向的分量； (2) 可能还包括轴向温差、环(周)向温差引起的热应力在径向的分量；	一维
		(3) 可能是径向温差引起的热应力在径向、轴向、环(周)向的分量	三维
4	径向温差径向热应力	明确为只有序号 3 中(1)的情况	一维
5	径向温差的径向热应力	明确为只有序号 3 中(1)的情况	一维
6	径向温差的热应力	明确为对应序号 3 中(3)的情况，不包括轴向温差、环(周)向温差引起的热应力	三维
7	径向的温差的热应力	明确为对应序号 3 中(3)的情况，不包括轴向温差、环(周)向温差引起的热应力	三维
8	径向的温差热应力	径向、轴向、环(周)向各自的温差引起的热应力在径向的分量及分量的总和	一维

4. 多层圆筒体中的热应力

多层圆筒体可分为套合多层和夹套多层两类结构，不包括多层缠绕筒体。

套合多层筒体常应用于高温高压反应容器，如属于Ⅲ类容器的氨合成塔。除了设计制造分析的套合应力外，运行中各层筒壁存在的各向温差也会引起复杂的热应力，理想简化模型的热应力分析技术已得到很好的研究，但是随后的研究大多只针对内压作用，其实热载荷作用下也有不少值得深入分析的专题，包括如下特殊结构约束引起的热应力：由于环焊缝在厚度上的整体性，各套合层间沿轴向的相互位移受到约束；不同层间材质和规格的筒体间的作用；涉及套合多层筒体上开孔接管的约束；多层封头的热应力等。随着计算机和软件技术的快速发展，期待更多这方面的分析报道。

夹套多层圆筒体也常应用于高温高压容器，如属于《固定式压力容器安全技术监察规程》(TSG 21—2016)[78]管辖的换热器或者废热锅炉，前者如高温气体降温的刺刀管式套管换热器，后者如乙烯裂解后迅速降温所需的夹套管式急冷器。夹套多层圆筒体还常应用于高温低压容器，如不属于《固定式压力容器安全技术监察规程》管辖的乙苯脱氢制苯乙烯的轴径向反应器。苯乙烯传统生产方法有等温脱氢工艺和绝热脱氢工艺，分别采用等温列管式反应器和绝热轴向反应器。随着装置高效化和大型化的要求，负压脱氢工艺开发成功，反应器采用低阻力径向反应器，基本上为所有新建装置所采用。20 世纪 90 年代我国开发了独特的轴径向反应器，首次应用于苯乙烯工业，形成了自主的负压脱氢制苯乙烯技术[79]。立式的轴径向反应器的设计温度高达 649℃，设计压力则是真空至 0.172MPa，圆筒形外壳内设置有导流气体的中心管以及放置催化剂的内外筒，均由奥氏体不锈钢制造，催化剂置于内筒与外筒之间的环形间隙。为了防止催化剂被气流带走，内筒和外筒上铺设有约翰逊网，因此中心管、内筒、外筒、壳体四层结构的形位精度，特别是它们之间的同轴度会影响气流的均匀性和反应的均衡性。实际上，各种因素致使结构尺寸存在偏差，使得高温运行中的多层夹套的嵌套结构之间沿多个方向存在热膨胀引起的相互摩擦约束，因此反应器结构强度设计时必须考虑热应力。

5.4.3　锅炉系统的特殊热应力

1. 炉管热应力

常见加热炉辐射段的炉管弯曲变形或局部鼓包，往往与炉管某一侧或局部长期所受热辐射强度过大，或者其轴向热膨胀受阻有关。而水平加热炉对流的炉管弯曲变形的机理还未形成共识，也肯定与热应力有关。

《锅炉安全技术监察规程》(TSG G0001—2012)[80]的 3.18 条关于锅炉启动时省煤器的保护是为了避免产生"水击"问题，这是由此阶段省煤器间断进水的水温波动引起的，特别是省煤器出口端的水可能汽化，导致汽包水位大幅波动；3.19条关于再热器的保护则是为了防止再热器壁超温。因此，应密切关注炉管热应力水平。《炼油厂加热炉炉管壁厚计算方法》(SH/T 3037—2016)中关于炉管最高热应力的计算见 2.2.6 节，关于控制炉管热应力的许用应力的计算见 2.4.3 节。

2. 废热锅炉管板热应力

对于蒸汽发生器类废热锅炉，较高的热应力容易损坏结构，通常从结构和预应力制造技术两方面来减缓热应力。蒸汽发生器的特殊结构包括薄壁挠性管板的列管热交换器，其应力分析见 5.5 节；也包括椭圆扁管组焊成管排的弹性管板夹套换热器，其应力分析见文献[81]，该结构已应用到高温烟气的急冷器上。常见的预应力制造技术是炉管预伸长与管板上的管孔相焊接，常温下管中形成轴向拉应力。

有时急冷锅炉也称"急冷废锅"或者"急冷器"，它是另一类急速激烈换热降温的间壁式换热设备。结构形式各不同的多级急冷器分别应用于乙烯高温裂解气的逐级冷却，可分馏出各组分，其过程设备热应力复杂。

3. 煤气化热通道温差热应力

有的煤气化技术设置了较长的热通道通过二段气化提高气化效果，虽然热通道也是通过浇注隔热衬里达到冷壁的目的，但是无论与石油化工加热炉顶部的烟风通道衬里相比，还是与早期的炼油冷壁加氢反应器的衬里相比，都有所区别，反映在更高温以及存在轴向温差上。因此，在热应力计算校核时，既要按式(5.27)～式(5.29)计算金属外壳壁上的径向温差所引起的三维热应力，也要按文献[60]一样考虑由局部结构引起明显的轴向温差所引起的三维热应力。一般来说，径向温差热应力明显大于轴向温差热应力。

关键还在于要校核热变形位移，以免壳体变形过大引起浇注衬里开裂损伤，衬里开裂反过来会引起壳壁更大的局部高温和变形，进一步引起更大的衬里开裂，这种恶性循环会迅速发展，使设备失效。一般来说，轴向温差变形位移对衬里开裂的作用要大于径向温差变形位移的作用。类似问题发生在高温废热锅炉薄壁挠性管板周边结构，挠性变形位移与管板高温侧隔热层需要相互协调，《热交换器》(GB/T 151—2014)[59]中的标准图 M.1(b)对此给出了指引。

4. 锅筒温差热应力

《水管锅炉 第 4 部分：受压元件强度计算》(GB/T 16507.4—2013)[38]的规范性附录 A 关于锅炉锅筒低周疲劳寿命计算中，对图 5.13 中考核点 A 的径向温差热应力计算时，使用了径向温差热应力结构系数 C_f，也使用了由外径与内径比值进行复杂计算的径向内外壁温差结构系数 C_t，这两个系数都反映了结构对热应力的影响。

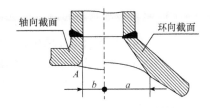

图 5.13 锅筒接管适用结构

径向内外壁温差 Δt_1 引起的环向热应力 σ_{nt1} 为

$$\sigma_{nt1} = K_{2n} \frac{\alpha E}{C_f(1-\mu)} \Delta t_1 \tag{5.30}$$

径向内外壁温差 Δt_1 引起的轴向热应力 σ_{zt1} 为

$$\sigma_{zt1} = \begin{cases} 0 \\ K_{2z} \dfrac{\alpha E}{C_f(1-\mu)} \Delta t_1, & \text{对图5.13} \end{cases} \tag{5.31}$$

径向内外壁温差 Δt_1 引起的法向热应力为 $\sigma_{rt1} = 0$。

锅炉开工初期,水冷壁受热不均,汽包产生的蒸汽量不但很少,而且蒸发区内的自然循环尚不正常,汽包上壁与饱和蒸汽接触,蒸汽凝结时的放热系数要比汽包下半部水的放热系数明显大,上壁温度很快达到对应压力下的饱和温度,使汽包上壁温度大于下壁温度。另外,锅炉停车时,由于汽包外表都有良好的绝热保温层,汽包的降温依靠内部的水循环实施,此时汽包内下部是饱和水而上部是饱和水蒸气,导热系数较大的水相对较快地吸走了下部壳壁的热量,造成汽包上下部壳壁存在环(周)向温差及其热应力。《水管锅炉 第 4 部分:受压元件强度计算》(GB/T 16507.4—2013)中最大周向外壁温差 Δt_{max} 引起的环向热应力 σ_{nt2} 为

$$\sigma_{nt2} = 0.4 K_{3n} \alpha E \Delta t_{max} \tag{5.32}$$

最大周向外壁温差 Δt_{max} 引起的轴向热应力 σ_{zt2} 为

$$\sigma_{zt2} = \begin{cases} 0 \\ 0.4 K_{3z} \alpha E \Delta t_{max}, & \text{对图5.13} \end{cases} \tag{5.33}$$

最大周向外壁温差 Δt_{max} 引起的法向热应力为 $\sigma_{rt2} = 0$。

一般情况,谷值应力计算时 Δt_{max} 可取 40℃,峰值应力计算时 Δt_{max} 可取 10℃;K_{2n} 是径向温差引起的环向热应力集中系数,标准推荐 $K_{2n} = 1.6$;K_{2z} 是径向温差引起的轴向热应力集中系数,标准推荐 $K_{2z} = 1.6$;K_{3n} 是周向温差引起的环向热应力集中系数,标准推荐 $K_{3n} = -1$;K_{3z} 是周向温差引起的轴向热应力集中系数,标准推荐 $K_{3z} = -1$;E 是材料的弹性模量,MPa;α 是材料温度下的线膨胀系数,mm/(mm · ℃);式(5.30)和式(5.31)中 μ 是筒体材料的泊松系数。

5. 锅筒与加热器的温差热应力

中高压蒸汽发生器顶部的汽包常设计成卧罐式独立结构,蒸发器顶部与汽包底部之间通过若干条蒸汽上升管相连,蒸发器底部与汽包下部之间通过若干条下降管相连,有的汽包底部还设计有鞍座支承。设计卧式汽包时,应确认汽包与蒸发器之间的连接结构是完全的超静定关系还是近似的静定关系。当两者之间除了上升管、下降管管排连接,汽包不再有支承鞍座,或者支承鞍座的地脚螺栓没有

被紧固时，就是近似的静定关系结构，之所以说是近似的，是指管排中的各条管之间还是会存在一些相互约束。当两者之间除了管排连接，汽包还有支承鞍座及其地脚螺栓紧固时，就是超静定关系结构。对于超静定关系结构的汽包，无法忽略文献[82]中由鞍座约束引起的热应力。

6. 加热炉钢结构的热应力

各种锅炉炉膛和各种石油炼制及石油化工装置的加热炉都在负压中运行，直接作用之一是避免高温烟气穿透炉墙、炉顶和炉底的缝隙流向大气环境，也防止其中的钢结构件因受热膨胀产生过大的热应力以及结构材料受热后强度下降，否则，由此引起的钢结构变形间接引起隔热层缝隙增大，形成恶性循环。但是，过大的负压也会造成炉壁上过大的冷空气渗漏进炉内，不利于热平衡的调控。

不过，对于加热炉系统的铸铁板翅式空气预热器，在壳体框架及其内衬隔热层形成的内部空间中安装有翅片板以及支承翅片板的内构件，它们较壳体框架更直接接触气流，温度高于壳体框架温度，各零部件的工作温度分布受到交叉错流的烟气和空气的影响，热应力的分布较为复杂。但是由此可以肯定的是，内件的热膨胀使内密封具有一定的自紧性，是合理的设计。

5.4.4　板壳的特殊热应力

1. 板壳的热冲击应力

设初始温度与介质温度差值为 t_0 的平板，投到温度高达 t_1 的液体介质中，任意时刻板横截面上任意点的温度 t 的计算式十分复杂，设板横截面平均温度为 t_m，则沿板面方向的热应力为[83]

$$\sigma = \frac{E\alpha}{1-\nu}(t_m - t) \tag{5.34}$$

或者写为

$$\sigma = \frac{E\alpha}{1-\nu}t_0\sigma^* \tag{5.35}$$

式中，σ^* 为实际热应力与因温度变化自由膨胀受到全部约束时产生的热应力 $E\alpha t_0/(1-\nu)$ 的比值，为无因次的热应力。

冷冲击是热冲击的反过程，且热冲击在受激面产生压应力，冷冲击在受激面产生拉应力，显然，冷冲击比热冲击更容易引起板壳表面开裂。

2. 烘缸热应力无"自限"性

铸铁烘缸是造纸工艺中的重要设备，圆筒形两端加端盖(凹盖、凸盖或者板盖)

的基本结构，其材质一般是灰口铸铁，《造纸机械用铸铁烘缸设计规定》(QB/T 2556—2008)[84]中缸体壁厚设计公式中，对于温差应力等其他附加应力统一用应力增大系数 K 涵盖，K 为固定值 1.2。依据该标准附录 D 中推荐的壁厚和设计压力可知，当需要提高烘缸的传热强度时，需要增加烘缸的壁厚；随着缸体壁厚的增加，缸体的温差也增大，导致内外壁的温差应力也增大[85]。由于铸铁的塑性极低，无法通过变形来抵消热应力，灰铸铁受热自由膨胀受到限制，缸体内温差应力不具有"自限"性，造成缸体内温差应力计算值甚至大于两倍的缸体内压引起的应力值，引起烘缸在其缺陷处或结构强度薄弱处爆炸断裂[86]。

为方便读者就热应力进行详细的分析，本书介绍的特殊热应力的解析式求解指引如表 5.6 所示。

表 5.6　结构热应力解析解

热应力的特性	计算式及参考文献
圆筒体壁厚温差引起的热应力	式(5.27)、式(5.28)、式(5.29)
圆筒体轴向温差引起的热应力	[60]
圆筒体环(周)向温差引起的热应力	[61]
管束内的热应力，以及管束与壳体之间热膨胀的各种摩擦力	[62]
卧式容器热伸长引起的鞍座压应力	[67]
管板表层的热应力	式(5.24)、式(5.25)
板壳的热冲击应力	式(5.34)、式(5.35)
壳壁中的热斑应力	式(5.26)
锅筒与其接管连接处温差引起的热应力	式(5.30)、式(5.31)
锅筒上下部环(周)向温差引起的热应力	式(5.32)、式(5.33)
炉管最高热应力	式(2.70)、式(2.71)

5.5　一次结构与二次结构上的应力

对于旋转薄壳的无力矩理论(薄膜理论)和薄壳周边的边缘效应(弯曲效应)，以及据此分析计算的薄膜应力和边缘应力，业内并不陌生。无力矩理论解决了壳内大部分面积的应力问题，边缘效应理论解决了壳体周边连接结构的局部应力问题，压力容器的设计主要就是以这种分步的方法为基础展开的。一次结构与二次结构上的应力求解，在方法上也类似于这种分步的方法，先求解和评定一次结构的应力，再求解和评定二次结构的应力，最终判断设备整体结构是否满足强度要求。

5.5.1　基于一次结构法的挠性管板强度计算

1. 一次结构法原理

一次结构是指由原始结构解除不利约束后，新机构还能继续承受外载荷的简化结构，多重不利约束可以逐步解除，若新机构成为可动机构，则其解除约束前的结构为最终的一次结构。解除约束的目的是简化结构、方便求解，同时区分不同结构分别按照不同的许可准则进行评定。"一次结构"于 1983 年首次提出并应用于换热器管板设计[87]，当时主要是应对苏联和联邦德国薄管板计算方法的重大问题而提出的一种管板设计新思路，并得到清华大学黄克智院士的支持与好评[88]，后来又得到力学专家陆明万教授和李建国专家的认同。桑如苞等[88]研究了一次结构法在球罐、塔、换热器等应力分析中的应用。周耀等[89]成功将该方法应用到叉形结构的挠性薄管板的工程计算中。陈孙艺[90]和叶增荣[91]将此方法推广应用到蒸发器一类的带折边薄管板的设计。一次结构法既有理论依据又符合标准要求，设计结果安全可靠、经济合理。一次结构分解及其承担的应力如图 5.14 所示。

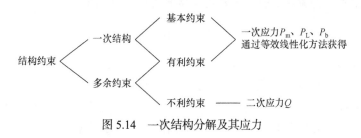

图 5.14　一次结构分解及其应力

2. 一次结构法分析挠性管板蒸汽发生器复杂受力的可行性

中国石油化工集团有限公司硫磺回收装置反应炉蒸汽发生器，或转化器蒸汽发生器的基本结构是卧置固定管板式换热器，其挠性薄管板的折边与壳体采用对接焊接形式形成周边固支连接。这类换热器的工作原理是低压高温烟气或合成气从一端管箱进入，通过炉管与壳程的锅炉水换热后从另一端管箱流出，降温幅度显著，常达 450℃，有的管程进口侧过程气温度高达 1450℃，该管板的管程侧设置了锚固钉锚固的耐磨隔热层，对管头进行保护[92-94]。在长期工程实践中，类似管板的关联结构较容易发生失效，成为设计和制造的技术关键。文献[89]对挠性管板建立了包括管箱、壳体和换热管等元件的模型并进行有限元应力分析，也对管板强度和管头拉脱力进行了强度评定。文献[95]～[98]通过有限元技术对挠性管板模型进行应力分析，但是只侧重于管板厚度特别是周边转角过渡段的应力分析。

文献[98]认为 SH/T 3158、AD 规范及 EN 12953 等标准公式无法考虑挠性薄管板周边转角处受力的复杂性，代表性地表达了该结构之所以需要进行有限元分析的缘由。而文献[88]和[99]在指出该结构进行有限元分析设计中存在较大保守性的同时，介绍了一次结构法和有限元分析法相结合在类似结构应力分析设计中的典型应用，从而取得科学合理的分析结果。但是，一次结构法只解决结构静强度问题，对非力学专业的普通设计者，如果采用《热交换器》(GB/T 151—2014)中管板应力分析的不连续分析方法进行解析求解，其过程较为困难；对广大尚未掌握有限元应力分析技术的设计者、未取得应力分析资格的设计者或者不具备应力分析条件的设计单位，尤其是对压力容器制造企业的设计部门而言，还是无法方便地对该类换热器进行设计。

为了对蒸汽发生器的挠性管板等关键结构进行安全评定，可根据一次结构法原理应用 GB/T 150.3—2011、GB/T 151 等标准公式和 SW6 软件对各元件的一次应力及其连接结构的二次应力进行应力解析计算和安全评估。结果往往是，管板与壳体内壁连接处的径向弯曲应力最大，是校核设计的关键；一次结构法可用于本案例的管板设计，降低设备成本。应用 SW6 软件，根据一次结构法原理对蒸汽发生器这类带折边挠性薄管板提出一种简便易行、安全可靠的强度设计新方法，可便捷地得到比通常应力分析方法更经济合理的设计结果。

3. 前人分析挠性管板复杂受力的工程探索

带折边薄管板是锅炉、废热锅炉的经典管板结构，其受力好于一般的平管板。该结构有长期成功的使用经验，被证实在一定的参数范围内是安全可靠的，但是其管板厚度计算方法从管板的受力分析来讲是极不完善和不合理的。这种管板的准确受力分析和应力计算可利用两类方法进行。一类是解析法，例如，《热交换器》(GB/T 151—2014)中将换热器分解为若干部件，对此类管板应分解为筒体、管板布管区(弹性基础圆平板)、管板周边的折边部分——环壳、管束(弹性基础)等，计算在载荷(p_s、p_t、ΔT)作用下各部件的应力，当然主要是管板和折边环壳的应力，但是这种模型的分析法至今尚未问世，原因是分析过程非常复杂。另一类是应力分析方法，就是利用有限元进行计算，由于有限元分析受限于软件装备和人员技术素质及资质的要求，且模拟实际工况的非均匀性静载荷和非静态载荷较为困难，具体分析过程十分复杂，费工费时甚多，最终不一定能获得符合实际的结果，更主要的是计算出应力后如何正确评定还存在个别问题，因此有限元分析实际上也并不十分方便。

如何克服如上困难，简单、可靠、合理地解决此类管板的计算问题是长期以来工程界所渴望的。文献[89]针对图 5.15 所示的带叉形结构的特殊管板的强度计算，提出了一种近似的、偏安全的且十分便捷的方法。该方法首先以有限元分析论证了带叉形结构的特殊管板与一般平管板 (管板周边是环形平板)的受力差异,证明叉形管板的受力好于一般平管板的受力,因此以一般平管板的应力计算代替叉形管板的应力计算且是偏安全的。而一般平管板的计算可以方便地应用 SW6 软件中的模块进行计算,这就解决了叉形管板近似的、偏安全的计算方法问题。

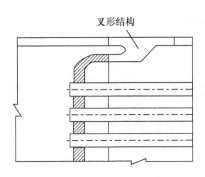

图 5.15　薄管板叉形结构

但是,案例计算的实践表明,采用该替代方法计算的应力结果往往偏大,使得有长期成功使用经验的叉形管板强度校核不能通过。为了解释传统的叉形管板能在如此高水平的应力下安全使用的原因,文献[89]应用一次结构法,把管板在压力作用下的一次弯曲应力(许用应力取 $1.5[\sigma]^t$)转化为二次应力(许用应力为 $3[\sigma]^t$)进行评定,由此使叉形管板能在很薄的厚度下满足强度要求。

引用文献[99]的技术思路,对带折边的管板的强度计算,提出以一次结构法为基础的、直接应用 SW6 软件中普通平管板的模块进行计算,对管板厚度设计的新方法,即先以一次结构法对换热器各元件的一次应力进行详细计算校核,从而先行解决各元件的静强度(一次应力强度)问题,然后应用 SW6 软件计算各元件的应力,此时这些应力全部都可以按照二次应力处理,管板的计算应力可按照许用应力 $[\sigma]^t$ 的 3 倍进行评定,从而使带折边的管板能在很薄的厚度下也能满足强度要求。

5.5.2　一次结构法案例分析思路

1. 结构分解

某蒸汽发生器中间段的主体结构示意图见图 5.16,忽略两端管箱结构的影响,图 5.16 中挠性薄管板与壳体的连接结构示意图见图 5.17,基本尺寸是 DN3400mm× 68mm,设计参数如表 5.7 所示。

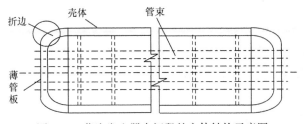

图 5.16　蒸汽发生器中间段的主体结构示意图

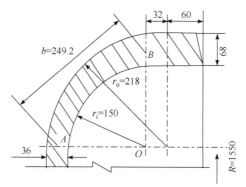

图 5.17　管板周边过渡区结构示意图(单位: mm)

表 5.7　设计参数

项目	管程	壳程
内直径 D_i /mm	ϕ 3800	ϕ 3400
最高工作温度/℃	1450	252
工作压力/MPa(g)	0.04	4.08
设计压力 p /MPa(g)	0.28	4.5/FV
设计温度 T /℃	360	260
介质	过程气	水和水蒸气
腐蚀余量/mm	3	1.5
管板材料、圆筒体材料	Q345R	
管板设计压力/MPa	4.5	
换热管数量及材料/规格	2209/20G/ ϕ 38×5, L=6982	

将蒸发器主体结构分解为以下四部分。

(1) 由管束支撑的管板布管区,简化为弹性基础支承的圆平板;

(2) 管束,弹性基础;

(3) 管板周边的折边过渡区,相当于局部环壳;

(4) 壳程圆筒体,即圆柱壳。

2. 载荷工况及需要评定的应力

对于图 5.16 所示的壳体不带膨胀节的固定管板式换热器,承受壳程设计压力 p_s、管程设计压力 p_t、管程和壳程的金属壁温差 ΔT 三种载荷作用时,需要考虑 p_s、p_t、$p_s + \Delta T$、$p_t + \Delta T$ 四种危险工况。当 p_s、p_t 均为正压力工况时, $p_s + p_t$ 工况只会使管板应力减少,因此这种工况可以不进行计算。本案例由于 p_t 很小,所以可以断定使管板应力可能无法通过校核的工况是 p_s 作用的工况。如果在 p_s 作用下管板应力通过校核,不存在 p_t 作用下管板应力不通过校核的情况,那么只需要对 p_s 作用工况进行一次结构处理。

文献[100]报道的某余热回收器就是一台余热锅炉,分析管接头应力对泄漏失效的影响时,管程的设计温度按不同部件细分为换热管的取 296℃,进口管箱的取 347℃,出口管箱的取 321℃,壳程的设计温度则取 277℃,壳体和换热管之间存在设计温差为 19℃。对于废热锅炉,因为壳程介质由水蒸发成饱和蒸汽,换热管外壁与水之间的给热系数很大,而管程侧高温气与换热管内壁之间的给热系数相对较小,正常运行中水对壳程圆筒和换热管的金属壁温起到绝对的决定作用,在应用 SW6-2011 软件计算时,宜将圆筒和换热管的金属壁温取为饱和蒸汽温度 260℃,则 $\Delta T = 0℃$,故 p_s 和 $p_s + \Delta T$ 两种工况下管板等元件的应力计算结果应相同。

需要计算评估的主要应力分为以下两部分。

(1) 应用一次结构法,计算由壳程设计压力 p_s 直接作用在上述各元件上产生的一次应力,按照相应的许用应力校核,以满足静强度要求。

(2) 在壳程设计压力 p_s 作用下,各元件自由变形中伴随产生一次总体应力的同时,各元件之间的变形协调在连接边界上产生边界力,并由此产生二次应力。管板中的主要应力是由管板周边变形协调产生的边界剪力和弯矩引起的弯曲应力,此应力可按照二次应力处理,按照许用应力 $[\sigma]^t$ 的 3 倍校核。其他元件如圆筒体、管板周边圆弧过渡段、管束等在变形协调边界力作用下产生的一次应力和二次应力的组合均可以按照 $3[\sigma]^t$ 来控制。

5.5.3　内压作用下的一次应力计算及校核

1. 壳程圆筒体的总体环向薄膜应力

总体环向薄膜应力属于拉应力,按照《压力容器 第 3 部分:设计》(GB/T 150.3—2011)中的公式计算,得

$$\sigma^t = \frac{p_c(D_i + \delta_e)}{2\delta_e} = \frac{4.5 \times (3400 + 66.5)}{2 \times 66.5} \approx 117.29 \text{(MPa)} \tag{5.36}$$

式中,计算压力 p_c 取与设计压力 p_s 相同,壳壁有效厚度 $\delta_e = 66.5 \text{mm}$,许用应力根据壳程设计温度按照《压力容器 第 2 部分:材料》(GB/T 150.2—2011)中的表 2 插值计算得 $[\sigma]_s^t = 134.2 \text{MPa}$,焊接接头系数 $\phi = 1.0$,则 $\sigma^t < [\sigma]_s^t \phi = 134.2 \times 1.0 = 134.2 \text{MPa}$,壳程筒体强度校核通过。

2. 换热管总体环向薄膜应力

总体环向薄膜应力属于压应力,按照《压力容器 第 3 部分:设计》(GB/T 150.3—2011)中的外压圆筒计算,步骤如下。

1) 确定外压应变系数 A

(1) 取换热管受压失稳当量长度为两相邻支持板或支持板与相邻管板的最大间距，L=2190mm。

(2) 计算长径比和径厚比，即 L/D_o =2190/38 ≈ 57.6>50， D_o/δ_e =38/5=7.6<20。

(3) 查外压应变系数，实取 L/D_o =50 和 D_o/δ_e =7.6，查《压力容器 第 3 部分：设计》(GB/T 150.3—2011)中的图 4-2，得 A=0.02。

2) 确定外压应变系数 B

(1) 根据换热管材料 20G，确定其外压应变系数 B 曲线图是《压力容器 第 3 部分：设计》(GB/T 150.3—2011)中的图 4-5。

(2) 查外压应变系数，实取 A=0.02，查得 B=139MPa。

3) 确定许用外压力[p]

(1) 计算许用外压力的选择分项一，即

$$\left(\frac{2.25}{D_o/\delta_e} - 0.0625\right)B = \left(\frac{2.25}{7.6} - 0.0625\right) \times 139 \approx 32.5(\text{MPa}) \tag{5.37}$$

(2) 计算许用外压力的选择分项二。首先根据管程设计温度 360℃，查《石油化工管壳式余热锅炉》(SH/T 3158—2009)中表 8 得到 20G 钢材在设计温度下的基本许用应力为 96.4MPa，查《压力容器 第 2 部分：材料》(GB/T 150.2—2011)中表 6 得到 20 钢管材料在设计温度下的许用应力为 $[\sigma]_t^t$ =96MPa，则 2$[\sigma]_t^t$=192MPa，查表 B.3 得到 20 钢管材料在设计温度下的屈服应力为 $R_{p0.2}^t$ (R_{eL}^t)=144 MPa，因此取两者的小值作为应力，即 σ_0 =144 MPa，由此计算分项二，即

$$\frac{2\sigma_0}{D_o/\delta_e}\left(1 - \frac{1}{D_o/\delta_e}\right) = \frac{2 \times 144}{7.6}\left(1 - \frac{1}{7.6}\right) \approx 32.9(\text{MPa}) \tag{5.38}$$

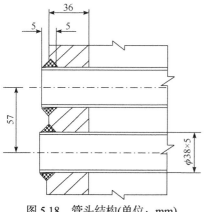

图 5.18　管头结构(单位：mm)

(3) 比较式(5.37)和式(5.38)的结果，取 [p]= 32.5MPa，且[p]> p_c，换热管的稳定性校核通过。

3. 换热管轴向拉应力及焊缝剪应力

管头强度焊加贴胀的连接结构见图 5.18，壳程设计压力 p_s 轴向直接作用在管板壳程侧的管桥上，在管束产生轴向拉伸应力，焊缝承受剪应力。从平均应力的角度来说，可按照总的轴向拉力除以管束总的横截面积来计算管束拉应力。

(1) 管板布管区内开孔后的管桥面积计算方法如下：换热管中心距 $S=57\text{mm}$。管板正方形排列布管面积为

$$A_\text{t}=nS^2=2209\times57^2=7.177\times10^6(\text{mm}^2) \tag{5.39}$$

管板开孔后面积为

$$A_1=A_\text{t}-0.25n\pi d^2=4.672\times10^6(\text{mm}^2) \tag{5.40}$$

其中，管孔直径为 $d=38.4\text{mm}$。

(2) 管板布管区内总的轴向拉力为

$$F=p_\text{s}\times A_1=4.5\times4.672\times10^6=2.102\times10^7(\text{N}) \tag{5.41}$$

(3) 管板布管区内管束总的金属横截面积。一根换热管的金属横截面积为

$$a=\pi\delta_\text{t}(\phi-\delta_\text{t})=518.4(\text{mm}^2) \tag{5.42}$$

管束总的换热管金属横截面积为

$$A=an=518.4\times2209=1145145.6(\text{mm}^2) \tag{5.43}$$

(4) 换热管轴向拉应力为

$$\sigma_\text{t}=\frac{F}{A}=\frac{2.102\times10^7}{1145145.6}\approx18.4(\text{MPa}) \tag{5.44}$$

$\sigma_\text{t}<[\sigma]_\text{t}^\text{t}$，因此换热管轴向拉应力校核通过。焊缝剪应力校核也通过(计算从略)。

4. 管板周边圆弧过渡段弯曲应力的当量圆平板解法

在壳程设计压力 p_s 直接作用下，管板周边的折边环壳产生复杂的薄膜应力和弯曲应力，目前有如下两种近似计算方法。

偏安全的近似计算方法是按照当量圆平板承受压力 p_s 作用的模型，不考虑当量圆平板的边缘载荷，相当于周边简支。当量圆平板的半径 R' 取圆弧过渡段宽度 b 的一半，b 的大小根据图 5.17 中的直角三角形 OAB 计算，A 和 B 分别是圆弧过渡段薄壁端和厚壁端的壁厚中点。

$$R'=0.5b=0.5\sqrt{OA^2+OB^2}=0.5\sqrt{(150+18)^2+(218-34)^2}\approx124.6(\text{mm}) \tag{5.45}$$

当量圆平板的径向应力和周向应力分别根据《钢制压力容器——分析设计标准(2005 年确认)》(JB 4732—1995)中的式(A.2-99)和式(A.2-100)计算，而最大径向应力和周向应力均位于当量圆平板的中心且相等。取圆平板材料的泊松比为 $v_\text{p}=0.3$，圆平板的厚度取薄壁端和厚壁端的平均值后再考虑两侧的腐蚀余量为 4.5mm，即 $\delta_\text{p}=0.5(36+68)-4.5=47.5\text{mm}$，则最大应力为

$$\sigma_{r\,max} = \sigma_{\theta\,max} = \frac{3(3+\nu_p)}{8\delta_p^2} p_s R'^2 = \frac{3(3+0.3)}{8 \times 47.5^2} \times 4.5 \times 124.6^2 \approx 38.30(\text{MPa}) \quad (5.46)$$

若式(5.46)中圆平板的厚度 δ_p 取最小值 36mm 减去腐蚀余量后的值，则最大应力为 87.13MPa。管板材料的许用应力根据管程设计温度按照《压力容器 第 3 部分：设计》(GB/T 150.3—2011)中的表 2 插值计算得 $[\sigma]_p^t$ =115.6MPa，管板应力的许用极限可取 $1.5[\sigma]_p^t$ = 173.4MPa，比较得 $\sigma_{r\,max} = \sigma_{\theta\,max} < 1.5[\sigma]_p^t$，因此管板周边圆弧过渡段应力校核通过。

5. 管板周边圆弧过渡段弯曲应力的专业标准解法

《石油化工管壳式余热锅炉》(SH/T 3158—2009)中给出了折边挠性管板最小厚度的计算式，即

$$\delta_{min} = k d_J \sqrt{\frac{p}{[\sigma]}} + C \quad (5.47)$$

将式(5.47)转化为相应厚度下的应力式，并将管板周边的假想圆(圆平板)直径 d_J =218mm、厚度附加量 C=4.5mm、系数 k=0.35×1.1=0.385mm 代入计算，得

$$\sigma = p\left(\frac{k d_J}{\delta - C}\right)^2 = 4.5 \times \left(\frac{0.385 \times 218}{36 - 4.5}\right)^2 \approx 31.94(\text{MPa}) \quad (5.48)$$

查 SH/T 3158—2009 中表 8 得到 Q345R 钢材在设计温度下的基本许用应力为 135.44MPa，按照该专业标准，Q345R 管板材料在设计温度下的许用应力还应考虑修正系数 η =0.85，得 $[\sigma]^t$ =135.44MPa×0.85≈115.1MPa，比较得 $\sigma < [\sigma]^t$，因此管板周边圆弧过渡段应力校核通过。

由上述计算可知，各元件在壳程压力 p_s 作用下其一次应力都得到控制，壳程压力下各方向的作用能分别由各元件来独立承受，因此该换热器在 p_s 作用下的静强度已得到保障，从而由它们变形协调引起的管板等应力可按照二次应力处理。

5.5.4 内压作用下的二次应力计算及校核

各元件因变形协调产生的边界力及相应的二次应力的计算，需要由图 5.16 主体结构整体的弹性应力分析来求解，方法同样有解析法和数值法两类。《热交换器》(GB/T 151—2014)中的管板应力分析计算比较复杂，不便于推广应用。目前，基于该标准的应力计算软件 SW6-2011 中管板设计计算是一个方便的途径，但是其管板与壳程圆筒之间的连接是根据标准中图 7-3 成直角的结构，结构刚性较大，不是柔性的折边环壳。在类似本案例的管板边缘应力计算中，可以利用 SW6-2011 软件中关于薄管板的应力计算结果来近似解析求解，求解结果与图 5.16 的薄管板折边

环壳连接结构的实际应力水平相比，数值结果偏大，因此偏于安全。

1. 计算结果分析

在壳程设计压力 p_s、管程设计压力 p_t、温差 ΔT 及其组合载荷作用下，考虑管程和壳程都腐蚀后，利用 SW6-2011 软件很便捷地取得有关应力的计算结果，如表 5.8 所示。

表 5.8　蒸发器各部件最大应力　　　　　　　（单位：MPa）

分项应力	p_s	p_s +热	p_t	p_t +热	$p_s + p_t$	$p_s + p_t$ +热
管板径向应力	397.8	397.8	24.18	24.18	373.9	373.9
拉应力许用值	197.1	394.2	197.1	394.2	197.1	394.2
管板剪切应力	−5.21	−5.214	0.40	0.40	−4.82	−4.82
拉应力许用值	65.7	197.1	65.7	197.1	65.7	197.1
中部换热管应力	18.69	18.69	−1.46	−1.46	17.23	17.23
拉应力许用值	96	96	96	96	96	96
压应力许用值	33.7	40.44	33.7	40.44	33.7	40.44
周边换热管应力	9.56	9.56	−0.98	−0.98	9.05	9.05
拉应力许用值	96	288	96	288	96	288
压应力许用值	33.7	40.44	33.7	40.44	33.7	40.44
换热管拉脱应力	10.14	10.14	0.79	0.79	9.35	9.35
拉应力许用值	48	144	48	144	48	144
壳体轴向应力	11.68	11.68	2.84	2.84	14.51	14.51
拉应力许用值	134.2	402.6	134.2	402.6	134.2	402.6
壳体端部总应力	82.17	82.17	6.21	6.21	81.63	81.63
拉应力许用值	197.1	394.2	197.1	394.2	197.1	394.2
管箱轴向应力	0	0	34	34	34	34
拉应力许用值	120	360	120	360	120	360
管箱端部总应力	0.014	0.014	138.9	138.9	138.9	138.9
拉应力许用值	180	360	180	360	180	360

分析表 5.8 可知，除第一行的管板径向应力三个数值不满足许用值要求外，管束中部和周边的换热管应力、壳体轴向应力、壳体端部总应力、管板与换热管连接拉脱应力等都满足要求。第一行的管板径向应力在壳程设计压力和温差载荷作用下的值为 397.8MPa，高出许用值 394.2MPa，考虑到图 5.16 结构的应力水平更低，实际工况参数低于设计参数，以及长期运行中有腐蚀余量的强度加强作用，这是工程可以接受的超差。

　　而在壳程设计压力或者壳程设计压力和管程设计压力共同作用下，管板径向应力值为 397.8 MPa 或 373.9MPa，都明显高出许用值 197.1MPa，这是由于该许用值取自 $1.5[\sigma]_r^t$=1.5×131.4MPa，这里管板材料应力许用应力保守起见按略高出壳程设计温度 10℃ 的 270℃，查《压力容器 第 2 部分：材料》(GB/T 150.2—2011) 中的表 2 插值计算得 131.4MPa。考虑到该结构在一次加载下的静强度已通过校核，一次结构已成立，可以放宽其许用值，取 $3[\sigma]_r^t$=3×131.4=394.2MPa，则壳程设计压力和管程设计压力共同作用下的管板径向应力值可以通过校核，而壳程设计压力作用下的管板径向应力值为 397.8MPa，高出许用值 394.2MPa 也只有 0.91%，同理也是工程可以接受的。因此，该主体结构的边界应力校核全部通过。

　　分析表 5.8 中数据的精确性，第 2 列关于壳程设计压力 p_s 作用下的各项应力与第 4 列关于管程设计压力 p_t 作用下的各项应力，其数值相加时，并不等于第 6 列关于壳程设计压力 p_s 和管程设计压力 p_t 共同作用下的应力值，它们是共 9 行应力中的第 1 行管板径向应力、第 4 行周边换热管应力和第 7 行壳体端部总应力，这是计算软件的问题。因此，设计计算人员不要盲目认可软件的计算结果，而要在理解应力概念的基础上掌握其校核方法。

　　2. 管板径向弯曲应力分析

　　挠性薄管板厚度方向的温差较小，其温度也主要由壳程介质决定，其引起管板的弯曲应力可忽略。而内压是垂直于管板表面的载荷，无疑将引起管板的轴向弯曲应力，但是在布管区内换热管的支持下，其应力水平较小，也可忽略。根据前面的计算分析，单一壳程压力载荷作用下管板折边环壳处的应力是强度校核的关键，为了加深认识，在 SW6-2011 软件的计算结果中，仅把管板中心及其周边对应于折边环壳处在各种载荷作用下的径向弯曲应力分布列于表 5.9 中，同时把如表 5.9 中左侧两列所示仅在壳程设计压力单一载荷作用下所有位置的径向弯曲应力分布绘成图 5.19。

表 5.9　管板径向弯曲应力分布表　　　　　　　　(单位：MPa)

半径/mm	p_s	p_s +热	p_t	p_t +热	$p_s + p_t$	$p_s + p_t$ +热
0.01	8.82e−05	8.82e−05	−4.72e−06	−4.72e−06	8.35e−05	8.35e−05
1442	−88.9	−88.9	7.768	7.768	−81.14	−81.14
1462	−108.6	−108.6	9.222	9.222	−99.4	−99.4
1483	−126.8	−126.8	10.44	10.44	−116.4	−116.4
1497	−137.2	−137.2	11.01	11.01	−126.2	−126.2
1511	−144.5	−144.5	11.25	11.25	−133.2	−133.2

续表

半径/mm	p_s	p_s +热	p_t	p_t +热	$p_s + p_t$	$p_s + p_t$ +热
1511	−57.79	−57.79	4.50	4.50	−53.29	−53.29
1559	−34.44	−34.44	2.674	2.67	−31.77	−31.77
1606	47.81	47.81	−2.80	−2.80	45	45
1653	186.2	186.2	−11.75	−11.75	174.5	174.5
1700	378.4	378.4	−24.03	−24.03	354.3	354.3

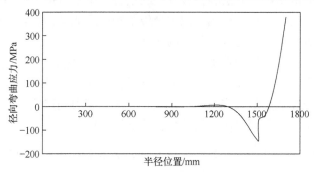

图 5.19　壳程压力作用下无折边管板径向弯曲应力分布

分析表 5.9 和图 5.19 可得出以下结论。

(1) 对于废热锅炉类换热器，因为管与壳的温差极小，热载荷对管板径向弯曲应力没有影响，p_s 与(p_s +热)、p_t 与(p_t +热)、($p_s + p_t$)与($p_s + p_t$ +热)作用下的应力计算结果相同。

(2) 弹性基础上的管板受力极不均匀，管板布管区内的径向弯曲应力水平极低，且直到半径为 1360mm 处其分布还接近于水平线，随着半径继续增大，径向弯曲应力才增大，由拉应力转为压应力，也就是说，半径为 1360mm 范围内的径向弯曲应力是从管板中心指向管板周边的，应力剪头呈放射状；在半径为 1511mm 处达到最大压应力为 144.5MPa 后再在该半径处出现应力突变，迅速减小到压应力为 57.79MPa；在半径 1360~1559mm 的环带内，径向弯曲应力是从管板周边指向管板中心的，应力剪头呈集中状；在半径为 1559~1606mm 处，从压应力转为拉应力；在管板与壳体内壁交界处，弯曲应力跃升至最大拉应力为 378.4MPa。

5.5.5　计算及分析方法小结

1. 结论

由上述分析可得出如下结论。

(1) 由基于《压力容器 第 3 部分：设计》(GB/T 150.3—2011)的有关公式计

算元件的一次应力，由 SW6-2011 软件计算各元件之间连接结构的二次应力，对本案例挠性薄管板周边折边的蒸发器主体结构进行应力解析解计算分析，根据一次结构法原理进行强度评定，校核通过。根据本案例的计算分析，与壳体连接的管板周边设计成不折边的结构，也是可以通过校核的，但是这不是好的结构设计。

(2) 通常结构和工况下，用软件 SW6-2011 可以计算各元件的一次应力以及各元件之间连接结构的二次应力，但是如果不根据一次结构法原理进行强度评定，那么管板周边的二次应力无法通过校核。

上述分析方法是设计方法和校核方法的结合，也是直接方法和替代方法的结合，方法简便、安全可靠，可用于同类管板结构或近似结构的其他换热器的应力校核，是应力分析解析方法的一种新的实践。

决定蒸发器换热管束和管板应力水平的主要载荷是壳程压力，管壳程的热载荷对结构的应力水平没有影响，只影响元件材料的性能。管板与壳体内壁连接处的径向弯曲应力往往是最大应力所在，且具有从压应力到拉应力的突变，是校核的关键，设计中可能需要多次反复计算，才能达到优化。

2. 计算方法的完善——标准对局部弯曲应力和整体弯曲应力的处理

管板的计算包括静强度和安全性两个问题，其中静强度分为局部弯曲强度和整体弯曲强度两个方面。由管板应力分析可知，管板局部弯曲应力相对整体弯曲应力只是一个小量，而一般废热锅炉的管板厚度只以较小应力的局部弯曲应力进行计算，这样对管板的整体弯曲应力强度是没有保障的，对管板的安定性强度更无保障，因此是极不合理的。

《热交换器》(GB/T 151—2014)中管板厚度是针对管板整体弯曲应力计算的(忽略局部弯曲应力的影响)，但是由于其中将整体弯曲应力按照一次弯曲应力来处理，所以许用应力可放大，取 $1.5[\sigma]^{\mathrm{t}}$，该许用应力放大值较低，因此计算出的管板厚度必然较厚。

一次结构法的应用目的，即在满足一次结构静强度的条件下，对管板来说，即使在局部弯曲应力满足一次应力要求的前提下，可将由《热交换器》(GB/T 151—2014)计算的管板整体弯曲应力由一次应力化为二次应力，从而使许用应力增大至 $3[\sigma]^{\mathrm{t}}$，即管板承载能力翻了一番，得到大幅降低管板厚度的经济合理的设计结果。

3. 不合适的计算方法——管板周边圆弧过渡段弯曲应力的局部环壳法

将图 5.17 管板周边过渡区结构的 *AB* 弧段近似视为波形膨胀节的一部分或者环壳的一部分，由此来求解其弯曲应力均是不合适的，因为这些局部结构的边界条件不同。由此来求解其薄膜应力也是不合适的，因为这些局部结构的两侧边界相距不远，相互有影响。目前，国内外最新颁布实施的膨胀节主要标准中各计算方法的共同点为均以材料力学的方法(而不是薄壳力学的方法)对膨胀节实行相应的简化，将膨胀节视为梁、曲杆或环板，经过这样的近似得出简单的设计计算式，在工程设计中广为应用。

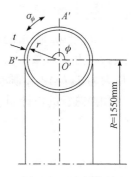

图 5.20　环壳模型

但是这些结构差异不妨碍对其中薄膜应力水平的认识，压力容器筒体中的膨胀节这一结构元件通常由环形板和环壳这两种力学元件组成[101]，对相当于图 5.20 所示环壳的 $A'B'$ 弧段，忽略弧段的边缘载荷和边缘简支，其薄膜应力可通过式(3.25)求解。

在环壳外拱 A' 处，$\phi=90°$、$t=68$mm，考虑腐蚀余量 4.5mm，把有关参数代入式(3.25)，计算得 $\sigma_\phi \approx 10.17$MPa；在环壳上对应于其宽度视作当量圆平板中心的 $\phi=135°$ 处，$t=52$mm，把有关参数代入式(3.25)计算得 $\sigma_\phi \approx 13.79$MPa；在环壳中性线 B' 处，$\phi=180°$、$t=36$mm，把有关参数代入式(3.25)，计算得 $\sigma_\phi \approx 21.49$MPa。这表明，由于圆弧过渡段厚度变化的影响，最大环向薄膜应力位于 B' 处，而不是最外周的 A' 处，$A'B'$ 弧段的环向薄膜应力水平处于 10.17~21.49MPa。比较可知，这些薄膜应力都低于弯曲应力。

4. 管板结构对应力分布的影响

从管板整个结构来说，挠性管板的折边与壳体采用对接焊接形式形成周边固支连接，即管板与壳体之间有一个圆弧的过渡连接，且管板较薄，同时具有这两个结构特点，因此具有挠性。薄管板只强调管板较薄，其折边与壳体采用对接焊接形式不一定形成圆弧的过渡连接，也不一定同时具有这两个挠性结构的特点，可能只具有挠性管板的部分功能。若挠性管板中间布管区不是圆平板结构，而是椭圆双曲面结构，则管板的力学性能更好，挠性进一步得到提高，适用于高温、高压、大直径的场合。

从结构主要尺寸的优化来说，存在结构与计算方法的联合。例如，余热回收器挠性管板的设计与优化[100,102]，随着挠性管板周边过渡区半径的增大，过渡区及管板中心区的应力值变小，半径增大到一定值以后，结构的最大应力处从过渡区逐渐转移到过渡段与壳程筒体的连接处，反而又使挠性管板的过渡区没有起到有效缓解管板边缘应力集中的作用。既然挠性管板周边过渡区半径对应力的缓解不是单向关系，随着应力集中转移到不同的位置，就存在不同的局部结构模型主体及相应的计算方法，由不同的计算方法联合起来构成解决该问题的整体体系，而不是各种计算方法的相互排斥。因此，不同方法适用范围的探讨是新的课题。

5. 余热锅炉管、壳程设计温度的影响

文献[103]报道的余热锅炉应力分析中，当计入管、壳程的热膨胀差时，设备最大应力为 343 MPa，若不考虑管、壳程的热膨胀差(设有膨胀节)，则设备最大应力为 217 MPa，降低了 58%。因此，在这类设备应力分析中，如何分别确定壳体和换热管的设计温度，是否应该考虑管、壳程之间的温差，仍需结合实际研究。

参 考 文 献

[1] 尼柯尔斯 R W. 压力容器技术进展——4 特殊容器的设计[M]. 朱磊, 丁伯民, 译. 北京: 机械工业出版社, 1994.

[2] 全国锅炉压力容器标准化技术委员会. 钢制压力容器——分析设计标准(2005 年确认) (JB 4732—1995)[S]. 北京: 新华出版社, 2007.

[3] 赵春晓. 压力容器中应力分类方法的几点讨论与思考[J]. 化工与医药工程, 2017, 38(4): 42-45.

[4] 全国锅炉压力容器标准化技术委员会. 压力容器 第 3 部分: 设计(GB/T 150.3—2011)[S]. 北京: 中国标准出版社, 2012.

[5] 阿英宾杰尔 A Б, 卡麦尔什捷英 A Г. 干线管道强度及稳定性计算[M]. 肖冶, 崔东植, 戚本明, 译. 北京: 石油工业出版社, 1988.

[6] 潘家华. 油罐及管道强度设计[M]. 北京: 石油工业出版社, 1986.

[7] 罗克 R T, 杨 W C. 应力应变公式[M]. 汪一麟, 汪一骏, 译. 北京: 中国建筑工业出版社, 1985.

[8] 陈孙艺. 内压作用下环壳变形的实验测试分析[J]. 中国测试技术, 2004, 30(4): 7-9.

[9] 陈孙艺, 柳曾典. 内压作用下弯管环向应力解及其分析[J]. 压力容器, 2006, 23(2): 38-41.

[10] 陈孙艺, 柳曾典, 陈进, 等. 弯管中性面内外拱面积压力差及其经向当量弯矩[J]. 压力容器, 2007, 24(7): 21-26.

[11] 莫宵依, 赵迎祥. 弯管受内压作用的环向应力分析[J]. 西安矿业学院学报, 1995, 15(S1): 23-25, 44.

[12] 师俊平, 刘协会, 宋莉. 椭圆形截面管受内压作用的环向应力分析[J]. 西安理工大学学报, 1995, 11(1): 72-76, 79.

[13] 叶文邦, 张建荣, 曹文辉. 压力容器设计指导手册(下册)[M]. 昆明: 云南科技出版社, 2006.

[14] 全国锅炉压力容器标准化技术委员会. 塔式容器(NB/T 47041—2014)[S]. 北京: 新华出版社, 2014.

[15] 陈明奕. 成型封头全厚度设计及其与筒体连接处周向应力限制和无损检测的研究[J]. 化工设备与管道, 2018, 55(3): 9-12.

[16] 宋玉泉, 管志平, 聂毓琴, 等. 圆管的弯曲刚度和强度分析[J]. 中国科学 E 辑(科学技术), 2006, 36(1): 1263-1272.

[17] 刘忠军, 奚正平, 汤慧萍, 等. 烧结应力研究进展[J]. 稀有金属材料与工程, 2010, 39(9): 1687-1692.

[18] 付强, 罗英, 谢国福, 等. 反应堆压力容器内壁环形锻件焊接残余应力三维有限元数值模拟[J]. 压力容器, 2014, 31(9): 28-35.

[19] 辛忠仁, 吴开平, 扬鹏, 等. 在用多层包扎式、扁平钢带缠绕式压力容器定期检验与评定[J]. 锅炉压力容器安全, 1990, 6(4): 27-28.

[20] 胡明勇, 王安稳, 姜伟, 等. 复合材料层合板的动力响应和横向应力分析[J]. 船舶力学, 2008, 12(5): 778-784.

[21] 克莱因 T W, 威瑟斯 P J. 金属基复合材料导论[M]. 余永宁, 房志刚, 译. 北京: 冶金工业出版社, 1996.

[22] Boudjelida K, Ghosn A H, Sabbagian M, 等. 一种精确预测多层包扎容器预应力的方法[J]. 化工设备设计, 1993, 30(2): 20-26.

[23] 沈海仁, 郑传祥, 朱国辉. 扁平钢带交错缠绕式高压储氢容器的安全可靠性分析[J]. 化工装备技术, 2010, 21(2): 1-4, 14.

[24] 薛培发. 考虑弯曲应力的缠绕筒缠绕力计算方法[J]. 机械设计, 1986, 3(1): 23-33.

[25] 邢静忠, 梁清波, 刘成旭, 等. 圆柱形厚壁缠绕件的环向缠绕张力分析的逐层叠加法[J]. 固体火箭技术, 2015, (2): 261-266, 272.

[26] 乔朝坤, 陈伟. 内压荷载下钢带缠绕增强复合管力学性能研究[J]. 压力容器, 2016, 33(8): 33-40.

[27] 周池楼. 140MPa 高压氢气环境材料力学性能测试装置研究[D]. 杭州: 浙江大学, 2015.

[28] 熊光明, 邓小云, 段远刚, 等. CPR1000 反应堆压力容器密封性能模拟技术研究[J]. 核技术, 2013, (4): 32-36.

[29] 蔡仁良, 蔡暖姝, 尤子涵, 等. 螺栓法兰接头安全密封技术(一)——安装螺栓载荷[J]. 化工设备与管道, 2012, 49(3): 12-17.

[30] 蔡仁良, 蔡暖姝, 章兰珠, 等. 螺栓法兰接头安全密封技术(二)——基于控制泄漏率的垫片应力及其试验方法[J]. 化工设备与管道, 2012, 49(5): 1-10.

[31] 蔡暖姝, 应道宴, 蔡仁良, 等. 螺栓法兰接头安全密封技术(四)——垫片应力[J]. 化工设备与管道, 2013, 50(3): 6-15.

[32] 张承宗. 复合材料板壳力学解析理论[M]. 北京: 国防工业出版社, 2009.

[33] 力学名词审定委员会. 力学名词[M]. 北京: 科学出版社, 1993.

[34] 杨菊生, 李九红, 赵钦. 连续-非连续结构应力分析现状与进展[J]. 工程力学, 2005, 22(S1): 240-256.

[35] Suresh S, Mortensen A. 功能梯度材料基础——制备及热机械行为[M]. 李守新, 等, 译. 北京: 国防工业出版社, 2000.

[36] 杨良瑾, 段瑞, 冯清晓. 非裙座支承立式容器设计问题探讨[J]. 石油化工设备技术, 2013, 34(3): 1-6, 71.

[37] 全国锅炉压力容器标准化技术委员会. 容器支座 第 5 部分: 刚性环支座(NB/T 47065.5—2018)[S]. 北京: 新华出版社, 2018.

[38] 全国锅炉压力容器标准化技术委员会. 水管锅炉 第 4 部分: 受压元件强度计算(GB/T 16507.4—2013)[S]. 北京: 中国标准出版社, 2013.

[39] Shen J, Tang Y F, Liu Y H. Buckling analysis of pressure vessel based on finite element method[J]. Procedia Engineering, 2015, 130: 355-363.

[40] 伽利略. 关于两门新科学的对话[M]. 武际可, 译. 北京: 北京大学出版社, 2006.

[41] 武际可. 力学史杂谈[M]. 北京: 高等教育出版社, 2009.

[42] 杨凯晶. 椭圆形断面压力容器的应力分析[D]. 西安: 西安石油大学, 2015.

[43] 刘斌, 叶贵如, 陈衡治, 等. 单箱多室复合材料薄壁箱形梁的纯扭转分析[J]. 浙江大学学报 (工学版), 2005, (5): 746-750.

[44] McGill R O, Moenssens M A, Antaki G A, et al. Technical basis for proposed revisions to code case N-806, evaluation of metal loss in class 2 and 3 metallic piping buried in a back-filled trench[C]. Proceedings of the ASME Pressure Vessels & Piping Conference, Anaheim, 2014.

[45] 樊曙天, 孟苏飞. 对称式三辊卷板机多次滚弯过程的有限元仿真[J]. 机械设计与制造, 2007, (6): 82-84.

[46] 肖夏, 刘雪垠. 三轴滚弯仿真有限元分析[J]. 机械, 2017, 44(3): 18-21.

[47] 国家经济贸易委员会. 钛制焊接容器(JB/T 4745—2002)[S]. 昆明: 云南科技出版社, 2003.

[48] 贺小华, 孔凡胜, 常乐, 等. 正交各向异性钛制外压圆筒设计研究[C]. 第十届全国压力容 器学术会议, 杭州, 2021.

[49] 徐彬. 高压加氢反应器外壁裂纹分析及修复措施[J]. 石油化工腐蚀与防护, 2012, 29(5): 35-39.

[50] 王越田, 盛光敏, 孙建春, 等. 纯铁表面喷丸处理对镍扩散性能的影响[J]. 焊接学报, 2011, 32(5): 21-24.

[51] 赵卫民. 金属复合管生产技术综述[J]. 焊管, 2003, 26(3): 10-14, 61.

[52] 叶力平. 双金属管连轧变形过程数值模拟与试验研究[D]. 太原: 太原科技大学, 2014.

[53] 徐龙江, 雷君相, 高贵杰, 等. 双层复合管液压胀接成形影响因素分析[J]. 机械工程与自动 化, 2015, (4): 215-216, 218.

[54] 莫宵依, 赵迎祥. 弯管受内压作用的环向应力分析[J]. 西安矿业学院学报, 1995, 15(S1): 23-25, 44.

[55] 徐方成. 弯管的应力和低周疲劳研究[D]. 杭州: 浙江大学, 1990.

[56] 徐方成, 蒋家羚, 林兴华, 等. 内压作用下弯管应力的实验研究[J]. 厦门大学学报(自然科 学版), 2000, 39(5): 617-621.

[57] Goodall I W. Lower bound analysis of curved tubes loaded by combined internal pressure and in-plane bending [R]. New York: CEGB RD/B/N4360, 1978.

[58] 陈孙艺, 柳曾典, 陈进, 等. 异径弯管的无力矩环向应力解析解[J]. 压力容器, 2007, 24(2): 35-39.

[59] 全国锅炉压力容器标准化技术委员会. 热交换器(GB/T 151—2014)[S]. 北京: 中国标准出 版社, 2015.

[60] 方子风. 废热锅炉设计[M]. 上海: 上海科学技术出版社, 1989.

[61] 李江. 蒸压釜变温应力及变形的分析与计算[J]. 压力容器, 1988, 5(6): 31-34.

[62] 陈孙艺, 卢学培, 许敏, 等. 换热器壳体不均匀温度场的热应力解析解分析[J]. 化肥工业, 2017, 44(5): 22-26.

[63] 陈孙艺. 换热器部件的热应力分析新方法[J]. 氮肥与合成气, 2017, 45(4): 5-9, 17.

[64] 周印梅. 超长浮头换热设备的制造[J]. 压力容器, 2016, 33(11): 75-79.

[65] 汪光胜, 周晓燕, 郭志军. 乙苯换热器换热管与管板接头开裂失效分析[J]. 石油化工设备, 2008, 37(5): 99-101.

[66] 刘德时, 黄英, 李春会. 非对称换热器热应力分析[J]. 一重技术, 2014, (3): 58-62.

[67] 陈孙艺. 卧式容器鞍座压应力的影响因素分析[J]. 一重技术, 2016, (5): 18-23, 17.

[68] 叶增荣. 管壳式废热锅炉薄管板的热应力分析[J]. 压力容器, 2011, 28(12): 23-29, 17.

[69] 陈福利, 郭雅文. 苯乙烯装置乙苯过热器焊缝开裂原因分析[J]. 管道技术与设备, 2009, (3): 56-58.

[70] The American Society of Mechanical Engineers. ASME boiler and pressure vessel code, section VIII, rule for construction of pressure vessels, division 2[S]. New York: The American Society of Mechanical Engineers, 2013.

[71] 陈孙艺. 焦炭塔内焦床温度场及其对塔体变形的初步分析[J]. 石油化工设备技术, 2007, 28(3): 3-6.

[72] Chen S Y. Model and imitation of the cycle temperature fields and deformations of coke drum[J]. The 1st International Conference on Manufacturing Science and Engineering(ICMSE 2011), Advanced Materials Research, 2011, 197-198: 1389-1394.

[73] 陈孙艺, 林建鸿, 吴东棣. 塔壁动态轴向温度场的正确测量[J]. 中国锅炉压力容器安全, 1997, 13(2): 11-15.

[74] 王增超, 银建中, 韩志远, 等. 冷点和操作参数对变形焦炭塔应力影响分析[J]. 压力容器, 2020, 37(10): 29-37.

[75] 全国锅炉压力容器标准化技术委员会. 压力容器焊接规程(NB/T 47015—2011)[S]. 北京: 新华出版社, 2011.

[76] 陈孙艺. 新型铸铁板翅空气预热器翅片设计等效热流模型[J]. 科学技术与工程, 2016, 16(4): 41-47.

[77] 陈孙艺. 壳壁热斑模型及其热应力计算近似方法[J]. 压力容器, 2019, 36(10): 22-31.

[78] 中华人民共和国国家质量监督检验检疫总局. 固定式压力容器安全技术监察规程(TSG 21—2016)[S]. 北京: 新华出版社, 2016.

[79] 徐志刚, 钱志毅, 俞丰, 等. 乙苯脱氢制苯乙烯反应器的技术进展[J]. 化学世界, 2004, 45(1): 49-52, 48.

[80] 中华人民共和国国家质量监督检验检疫总局. 锅炉安全技术监察规程(TSG G0001—2012)[S]. 北京: 新华出版社, 2012.

[81] 顾付伟, 董金善, 张维. 基于预应力技术立式夹套换热器结构应力分析[J]. 压力容器, 2017, 34(2): 41-46.

[82] 郭华军. 制硫余热锅炉整体结构有限元优化设计[J]. 石油化工设备, 2017, 46(5): 30-34.

[83] 徐灏. 安全系数和许用应力[M]. 北京: 机械工业出版社, 1981.

[84] 中国轻工业联合会. 造纸机械用铸铁烘缸设计规定(QB/T 2556—2008)[S]. 北京: 中国轻工业出版社, 2008.

[85] 张卫民. 铸铁扬克烘缸缸面应力特征及水平分析[J]. 中国造纸, 2015, 34(8): 38-42.

[86] 徐鑫, 李童伟, 周鑫. 造纸机扬克烘缸爆炸原因分析及有限元数值模拟[J]. 中国特种设备安全, 2019, 35(2): 61-66.

[87] 桑如苞. 固定管板换热器强度设计方法分析(二)[J]. 化工与通用机械, 1983, 11(11): 26-31.

[88] 桑如苞, 黄勇力, 刘汉宝. 一次结构法在球罐、塔、换热器等应力分析中的典型应用[J]. 石油化工设备技术, 2016, 37(1): 1-3, 7.

[89] 周耀, 林少波, 万兴, 等. 特殊结构柔性薄管板的工程计算方法[J]. 石油化工设备技术,

2010, 31(6): 4-8.
[90] 陈孙艺. 基于一次结构法的挠性管板强度计算新方法[J]. 石油化工设备技术, 2016, 37(5): 6-12.
[91] 叶增荣. 基于一次结构法的余热锅炉挠性管板有限元分析设计[J]. 石油化工设备技术, 2017, 38(3): 9-15.
[92] 陈章勇, 刘吉祥. 硫磺回收装置中的异形废热锅炉设计[J]. 中氮肥, 2010, (5): 38-41.
[93] 刘牧, 徐鹏, 秦宗川, 等. 一种新型废热锅炉的结构设计[J]. 化工设备与管道, 2011, 48(6): 6-9.
[94] 凌翔韡, 裴峰, 丁勤. 转化器蒸汽发生器挠性薄管板的设计及制造[J]. 压力容器, 2013, 30(8): 69-74.
[95] Yu H J, Qian C, Yu X D. Study of the possibility of numerical design for tubesheet structure[C]. Proceeding of 12th International Conference on Pressure Vessel Technology, Jeju Island, 2009: 20-23.
[96] 王彬, 钟月华, 罗俊, 等. 有限元应力分析在高温薄管板设计中的应用[C]. 第六届全国压力容器学术会议, 杭州, 2005.
[97] 叶增荣. 柔性薄管板换热器的结构分析与优化[J]. 压力容器, 2011, 28(5): 21-27.
[98] 张贤福. 高压挠性薄管板的计算[J]. 压力容器, 2014, 31(4): 49-53.
[99] 桑如苞. “一次结构法”在薄管板换热器应力分析设计中的应用[J]. 石油化工设备技术, 1999, 20(1): 17-22.
[100] 沈洁, 刘彬超, 李玉伟, 等. 热管余热回收器传热计算方法研究[J]. 锅炉制造, 2020, (2): 52-54, 62.
[101] 全国锅炉压力容器标准化技术委员会, 李世玉.压力容器设计工程师培训教程——基础知识 零部件[M]. 北京: 新华出版社, 2019.
[102] 沈洁, 李玉伟, 唐卉. 余热回收器挠性管板的设计与优化[J]. 化工设备与管道, 2019, 56(2): 29-33.
[103] 胡国呈, 董金善, 丁毅. 余热回收器换热管与管板连接处泄漏失效分析[J]. 压力容器, 2019, 36(9): 53-62.

第6章 关于安全系数的认识

安全系数是人们基于压力容器研究的理论水平与压力容器的实际状况的差异、压力容器理论要求与实际管理水平的差异，以及考虑到压力容器的重要性、事故的危害性，使压力容器保留适当的安全裕度以便其安全运行，而根据一定的理论分析、试验验证和长期的生产实践知识确定的一种系数。安全系数是一种带有经验性的系数，反映了包括设计分析、材料试验、制造安装和运行控制等水平不同的质量保证参数，表征了压力容器的安全储备，是压力容器安全裕度的一种量度[1]。

早在1981年，有关专著就论及了与机械设计有关的25个安全系数的概念[2]。经过约四十年的发展，仅承压设备业内就提出了许多关于安全系数的概念，这在一定程度上丰富了安全系数的内容，也造成了对其全面深入认识的困难。

6.1 压力容器设计与安全系数

在进行压力容器设计时，首先要确定容器的失效准则，即容器达到何种状态时就被认为已失效而不能继续安全使用；然后根据失效类型选择设计计算公式；在失效准则和计算公式确定后，必须选择安全系数，才能建立强度条件，最后根据这个强度条件设计出容器的尺寸和结构。

6.1.1 压力容器应力分析设计法和规则设计法的比较

1. 两种设计方法的区别

《钢制压力容器——分析设计标准(2005年确认)》(JB 4732—1995)中的分析设计法指出，应力强度系组合应力基于第三强度理论的当量强度，即给定点最大主应力代数值与最小主应力代数值(拉应力为正值，压应力为负值)之差值的绝对值，而《压力容器 第3部分：设计》(GB/T 150.3—2011)中的规则设计法主要关注的应力不是组合应力，而是基于第一强度理论的单向拉伸应力，也就是最大主应力。

两种方法在设计评定时也有明显区别。分析设计法要求对计算结果进行应力分类，目的是针对不同类型的应力分别进行评定，在评定中采用不同的应力强度极限代替原来规则设计中结构件上统一的许用应力值。应力强度极限以设计应力强度为基础，再乘以载荷组合系数和针对不同应力的修正系数来确定。与分析设计法的应力强度极限相对应,规则设计法以材料的许用应力值作为评定的控制值。许用应力值则以材料的标准抗拉强度下限值 R_m、材料标准室温屈服强度(或 0.2%、1.0% 非比例延伸强度)R_{eL}($R_{p0.2}$、$R_{p1.0}$)、材料在设计温度下的屈服强度(或 0.2%、1.0% 非比例延伸强度)R_{eL}^t($R_{p0.2}^t$、$R_{p1.0}^t$)、材料在设计温度下经 10^5h 断裂的持久强度的平均值 R_D^t、材料在设计温度下经 10^5h 蠕变率为 1.0% 的蠕变极限平均值 R_n^t 为基础,再除以针对不同材料或结构件的安全系数来确定。由此可见,应力强度极限的确定侧重于由载荷作用引起的且被分类的各种应力,许用应力的确定侧重于材料性能的强度极限和被分类的安全系数。

两种设计方法及其评定中的对应概念比较见表 6.1。

表 6.1 两种设计方法及其评定中的对应概念比较

设计方法	分析设计法	规则设计法
标准依据	JB 4732—1995 (2005 年确认版)	GB/T 150.3—2011
强度理论	第三强度理论	第一强度理论
评定指标	应力强度	拉伸应力
许可极限	应力强度极限	许用应力
许可极限的基础	不同材料在不同温度下的设计应力强度	不同材料在不同温度下的力学强度: 抗拉强度下限值 R_m、室温屈服强度 (或 0.2%、1.0% 非比例延伸强度)R_{eL}($R_{p0.2}$、$R_{p1.0}$)、 设计温度下的屈服强度(或 0.2%、1.0% 非比例延伸强度)R_{eL}^t($R_{p0.2}^t$、$R_{p1.0}^t$)、 持久强度的平均值 R_D^t、 蠕变极限平均值 R_n^t
许可极限的修正	基础乘以载荷组合系数和针对不同应力的修正系数	基础除以针对不同材料或结构件的安全系数

两种设计方法不是同步出现的,后来的分析设计法弥补了规则设计法的不足,各有适用范围且能很好地连接,在法兰密封、换热器管板、结构疲劳等零部件设计上具有相通性。从前几章关于应力词汇及其概念的分类综述可知,人们对应力的认识颇为丰富、全面,承压设备应力分析工作随着新材料、新结构、新应用而持续深入,先进的技术手段还在不断发展,虽然存在误差,但是应力计算结果的精确度足以满足工程需要。

2. 两种设计法的共性

压力容器分析设计法和规则设计法的共性表现在如下几个方面：①表现在表 6.1 所示两者应用过程的结构相似性上，无论是技术指标的计算还是校核评定许可值的确定，在方法上是相通的；②表现在工程概念的对应性上，两种方法的评定指标、许可极限或许可极限的基础都分别具有对应性，都以 MPa 为单位；③表现在两者技术原理的交叉关联性上，例如，极限载荷设计方法可以先采用《钢制压力容器——分析设计标准(2005 年确认)》(JB 4732—1995)中的附录 B 试验应力分析或者弹塑性有限元分析求取极限载荷，然后参照规则设计法适当选择"载荷安全系数"去除极限载荷，由此确定许用载荷；④表现在两者都离不开安全系数上。当然，不同的计算分析方法对安全系数的选取有很大影响。在工作应力计算中，常用解析法和试验法。例如，用材料力学计算，或用有限元法和试验应力分析法进行应力分析时，所得的有些应力与实际应力很接近，有些可能有较大的误差。应力分析的结果越精确，选取的安全系数容许越小，所以不同的计算方法应该采用不同的安全系数。此外，制造中的质量控制是保证产品能否达到质量指数的措施，质量控制不严，会使产品质量达不到设计要求，实际上等于降低了安全系数。

6.1.2　安全系数的影响因素

基于以上比较，安全系数是压力容器设计中的一项基本的重要参数，针对不同材料或结构件的安全系数在规则设计法中的重要性，不亚于应力分类的重要性，对安全系数的认识有助于在比较中加深对应力分类及应力分析设计法的认识。安全系数涉及压力容器的安全性和经济性。为此，对安全系数进行适当的分类，既有利于对安全系数的理解和认识，也有利于对安全系数的取用乃至压力容器的安全运行。虽然安全系数考虑了不同的危险因素，但是其最终还是主要通过对设备材料强度或许用应力水平的修正来提高设备的安全性。围绕强度或应力水平修正这个中心，站在不同的角度处理问题或采取不同的理论来解决问题，便要相应选取不同的安全系数。

一般来说，安全系数包括许多影响元件强(刚)度的因素以及迄今为止尚未认知或难以用其他手段加以定性或定量地在设计公式中予以反映的各种因素[3]，也包括技术政策的因素，因此安全系数在很大程度上根据设计经验来确定。这些影响因素归纳起来有：失效的形式是否清楚，是静载破坏还是疲劳破坏，是屈服准则还是断裂准则；建立的强度判据是否合理，是应力判据还是寿命判据；估算载荷的状态及数值的误差；采用的设计计算方法是否精确(即其近似程度)；有材料性能可能存在的偏差；零件本身的重要性和要求达到的可靠程度等；相关的试验证据和理论评估；所用计算方法的合理性；制造加工时的质量控制是否严格；检验经验的积累及手段的可靠性；设备失效的危害程度，对于台数少而将来需要不断增大载荷的机械，应采用较大的安全系数；其他未能估计到的因素等，同时与相关的材料标准和制造技术要求相适应。

6.2 安全系数的定义

6.2.1 安全系数的范畴及定义方法

1. 狭义安全系数和广义安全系数

安全系数只是相关技术中调控计算结果的诸多系数之一，仅仅依靠安全系数还无法获得满意的设计。如果把通常的安全系数理解为狭义安全系数，而广义安全系数则在此基础上还包括各种其他系数：与材料有关的质量系数、铸造系数、锻造比；与结构有关的稳定系数、削弱系数、柔性系数；与载荷有关的载荷组合系数 K；放大设计载荷预防高温容器翘曲和失稳的载荷系数和应变系数[4]；与计算结果有关的不均匀系数、修正系数、调整系数；压力容器理论中各种各样的系数，如许用应力系数、应力增强系数、应力集中系数、焊缝系数、充装系数及椭圆封头的椭圆特性系数等[5]。这些系数的作用各不相同，其中有些系数是为了修正某些理论公式的误差以保证压力容器的安全运行而采用的。它们从各个不同的角度以不同的形式，共同围绕设备安全运行这个最终目的而起作用。其中的主要区别在于设立系数的原因，安全系数针对未知因素，其他系数针对已知因素及其影响程度。因此，如果对安全系数与它们之间的关系及区别没能理解透彻，也会产生对安全系数的误解。

安全系数有多种表达方式。D_o/δ_e=2.0～10 的外压圆筒安全系数斜直线、《压力容器缺陷评定规范》(CVDA—1984)中"合于使用"的设计曲线、纳尔逊(Nelson)曲线、制定疲劳设计曲线的包络线都是安全系数的线图表达形式。有的图书中将安全系数作为"确定许用应力的系数"专题中的若干内容之一[6]。调节许用应力所需手段的多样性，同时说明了传统的、狭义安全系数的必要性及其功能欠缺。因此，其他系数与安全系数的关系也是值得关注的专题。

其中，铸造系数是计及铸造对材料性能的影响，在确定铸造材料的许用应力时除安全系数外另行引入的质量系数，其值恒小于 1.0。又如，与《容器支座 第2 部分：腿式支座》(JB/T 4712.2—2007)相比，《容器支座 第2 部分：腿式支座》(NB/T 47065.2—2018)增加列出了常用支腿材料的许用应力表，并注明表中 Q235B 所列许用应力已乘质量系数 0.9，Q235C 所列许用应力已乘质量系数 0.95。而《容器支座 第3 部分：耳式支座》(JB/T 4712.3—2007)及《容器支座 第3 部分：耳式支座》(NB/T 47065.3—2018)在近似计算耳式支座实际承受载荷时都引入了不均匀系数 k，安装 3 个支座时，取 k=1；安装 3 个以上支座时，取 k=0.83。

2. 安全系数的定义方法

文献[7]在讨论土工结构的安全系数时比较了两种定义方法。本节以地基承载力、土坡稳定等常见土工结构问题为例，借以了解土工结构安全系数的两种不同定义，一种是极限载荷与容许载荷之比，另一种是已有强度参数与保持稳定所需强度参数之比。分析表明，前一种定义仅对某些结构适用，而后一种定义原则上可用于各种结构，具体选用要视结构及其所处环境的情况而定。当两种定义均适用时，允许安全系数的取值可有较大差别，具体设计时应予注意。此外，文献[7]还对两种安全系数的计算方法进行了讨论，包括滑移线法、极限平衡法、极限分析法等传统方法以及近年来应用日趋广泛的弹塑性有限元法、有限元极限分析法等，对各类方法的优缺点及应用时需注意的问题给出了看法。

安全系数是机械工程中有关材料安全裕度的一种传统、经典的表示方法，其定义为极限应力(抗拉强度、屈服强度等)与设计应力之比。承压设备行业一致认为压力容器安全系数在技术规范中是指"确定材料许用应力的系数"，这是一个约定俗成的习惯用语，因为这个安全系数中并没有包含所有的失效模式，只是针对韧性断裂、超量变形和高温蠕变等几个特定的失效模式所给出的安全裕度，所以并不可能代表压力容器的安全性能[8]。

6.2.2　各种工程系数与安全系数

安全系数虽然是影响压力容器安全性和经济性的直接因素，但是它却不是决定压力容器安全性的唯一因素，也不是表征压力容器安全性的直接参数，更不是压力容器安全性的决定性因素。即使采用了合适的安全系数，压力容器运行中的热应力、局部应力和循环载荷等因素也影响压力容器的强度[9]。引起压力容器失效的主要原因不是安全系数，而是断裂、疲劳及应力腐蚀等。安全系数只是保证压力容器安全的压力容器理论中相当多的各种系数和各种因素中的一个，并且各系数或因素之间没有必然的相互联系。

1. 安全裕度与安全系数

安全裕度可以通过安全系数来确定，简单地说，安全系数是为了在压力容器使用期间，对可能损坏压力容器的各种因素提供适当的安全裕度(margin of safety)。但是，安全系数不是裕度系数，其提供的安全裕度不全是多余的。在我国压力容器安全系数是一个约定俗成的特有词汇，在世界其他国家的标准中均不使用，因为它并不代表压力容器的安全性能。在世界其他国家的标准中一般称为"确定材料许用应力的系数"[10]。

文献[11]中定义安全系数时指出，安全系数的目的是提供安全保障，避免失效；它通常是指引起构件或者结构失效的载荷与作用于其上的载荷之比；这一词也常用于表示速度、变形、温度变化或者其他应力引起的量的失效数值与工作数值之比。而文献[11]中定义安全裕度时指出，飞机设计中所用的安全裕度就是构件极限强度超过设计载荷的百分率；设计载荷就是外加载荷或者可能有的最大载荷乘以安全系数(进一步据此指出的安全裕度和设计载荷两个术语实际上只用于航空工程)。在术语在线中，根据航空科学技术学科，安全裕度的定义为：结构的失效应力与设计应力的比值减去 1.0 后的一个正小数，用以表征结构强度的富余程度，见载于《航空科学技术名词》。

在术语在线中查询"安全系数"一词时，发现在台湾地区其名为"安全因素"或者"安全因数"，在水利科学技术学科中是建筑物、结构或者构件的安全储备指标。

2. 设计裕度与安全系数

安全裕度、设计裕度和安全系数等三个词汇概念在口语中经常被混用，这也许是在英文中 design margin 与 safety factor 同义的缘故，这两个英文词组的中文译名分别为设计裕度和安全系数。实际上，安全裕度和设计裕度两者概念存在内容上的相互交叉或相互包含，但是表达方式或者技术指标的表现形式不同。保证设备安全裕度的手段包括设置设计裕度、质量裕度，具体方法除了设计时采用安全系数外，还有评估材料的力学性能及材料质量指标。同理，保证设计裕度的除了确保安全裕度，还可用应力分析方法及其精度等其他措施。

但是，在 2007 年国际标准化组织颁布的国际锅炉压力容器标准 ISO 16528 中，把设计裕度作为替代安全系数的一个新概念。该标准分两部分，即 ISO 16528-1 锅炉压力容器性能要求(Boilers and Pressure Vessels-Part 1：Performance Requirements)和 ISO 16528-2 证明锅炉压力容器标准满足 ISO 16528-1 要求的程序(Boilers and Pressure Vessels-Part 2：Procedures for fulfilling the Requirements of ISO 16528-1)。其中，ISO 16528-1 主要内容包括适用范围、术语和定义、失效模式、技术要求(包含材料、设计、制造、检验和检测、标记等)和符合性评估，例如，技术要求中关于材料性能要求的核心是要考虑到各种合理可预见的失效模式。为避免实际上具有不确定性的"安全系数"被误解为安全的确切保证，曾被改为"材料设计系数"，在 ISO 16528-1 中提出用"设计裕度(design margin)"代替"安全系数(safety factor)"在概念上更准确；此外，将"设计系数(design factor)"称为"焊缝系数(weld efficiency)"，因为焊缝系数是在设计时根据焊接接头形式和检测程度决定的[12]。

3. 载荷系数与安全系数

在半概率极限状态设计法中，安全系数分别用载荷系数和材料强度系数、工作条件系数表达。在概率极限状态设计法中，设计式中所列的载荷分项系数、抗力分项系数、载荷组合值系数等，是按照失效概率计算值确定的，它们与其他设计方法中凭借工程经验确定的安全系数是有区别的。

4. 稳定系数与安全系数

从结构强度和刚度两方面来看，安全系数是从强度上调整结构的安全合理性，稳定系数是从刚度上调整结构的安全合理性，两者是相互补充的二元关系。弹性极限反映的是材料的强度，弹性模量反映的是材料的刚度。

5. 权数与风险因素

管道风险评估是确定那些可能导致管道事故和有利于潜在事故预防的至关重要的因素，对这些风险因素的发生概率及其后果的严重性进行量化，确定高风险管段的性质和部位，为管道风险决策和风险管理提供可靠的基础依据。在管道风险评估中确定管道风险因素的权数是一个重要环节。权数分配的结果直接关系到评价结果的精确程度。为提高权数的合理性，应用系统工程中的层次分析法，通过两两比较对非定量事件做定量分析，对主观判断进行客观描述，减少主观因素可能带来的偏差[13]。

6. 可靠度系数与安全系数

有学者应用信息熵理论，在最苛刻压力试验和正常操作时，分析了四种结构压力容器的初始屈服与爆破强度的可靠度系数。基于屈服、爆破和断裂三种失效准则，从等可靠度的观点确定了压力容器的可靠指标：①钢制薄壁圆筒、薄壁球形容器和扁平绕带容器初始屈服强度的可靠指标，在气压试验和液压试验中分别为 1.920 与 0.815，在正常操作时为 3.189；②钢制薄壁圆筒、薄壁球形容器、扁平绕带容器及超高压厚壁圆筒初始爆破和断裂强度的可靠指标，在气压试验与液压试验中分别为 4.729 与 3.740，在正常操作时为 6.828，从而解决了压力容器概率安全评定的一个基础问题[14]。

7. 试验压力系数与安全系数

考虑钢制内压容器初始静强度(内压容器的屈服强度和爆破强度)和载荷的不确定性，有学者应用信息熵理论，对压力容器的安全系数、试验压力系数与可靠指标的关系进行探索，通过研究分别获得了各自的指标值：钢制内压容器试验压力系数在气压试验与液压试验时应不小于 1.07；当 n_s =1.5 时，钢制薄壁内压圆筒试验压力系数在气压试验时应不大于 1.20，在液压试验时应不大于 1.35；钢制薄壁内压球形容器试验压力系数在气压试验时应不大于 1.18，在液压试验时应不大于 1.32；扁平绕带式容器试验压力系数在气压试验时应不大于 1.24，在液压试验时应不大于 1.41；当 n_b =2.55 时，超高压厚壁圆筒试验压力系数在液压试验时应不大于 1.662[15]，这相对于《固定式压力容器安全技术监察规程》(TSG 21—2016) 中的取值是保守的。

8. 校核系数与安全系数

《压力容器 第 3 部分：设计》(GB/T 150.3—2011)[16]中提出了圆筒径向接管开孔补强设计的分析方法，在对等效薄膜应力 S_{II} 和等效总应力 S_{IV} 校核时，在设计温度下材料许用应力 $[\sigma]^t$ 已考虑安全系数的情况下，再分别引入相应的校核系数，两者有一定的抵消作用，校核系数实际是间接调整降低了安全系数，体现了分析设计方法较规则设计方法的安全裕度要低，即

$$S_{II} \leqslant n_{II}[\sigma]^t \tag{6.1}$$

$$S_{IV} \leqslant n_{IV}[\sigma]^t \tag{6.2}$$

式中，n_{II} 一般取 2.2，对于由用户或者设计委托方根据容器应用环境或应用条件的特殊性提出的更加严格的要求，可取 1.5～2.2；n_{IV} 取 2.6。

9. 材料设计系数及安全因数的提法不妥当

有一种观点认为许用应力是由材料的力学性能除以相应的材料设计系数来确定的，不同的标准有不同的设计系数，确定许用应力的系数与其相应的设计原则、计算方法、制造、检验一系列环节相适应、相协调。作者认为，将材料设计系数当成安全系数的提法不妥当，在确定许用应力时材料设计系数就应该是安全系数；设计系数或材料设计系数这些名词本身没有什么问题，若其概念明确也可以使用，但就目前而言，材料设计系数不是标准规范中有确切定义的词组，难免带有笼统的印象，有一定的模糊性，容易被误解。

有的专著在讨论杆件轴向拉压的强度准则时，要求构件上任意横截面上的正应力都不超过材料的某一极限应力，并将极限应力除以一定的安全因数 n 记为许用应力 $[\sigma]$[17]。显然，这里的安全因数就是普遍理解的安全系数，安全因数的提法没有必要。

6.3 安全系数的依据

安全系数是考虑多种因素而确定的，这与规定的设计选择、计算方法、制造、检验等方面相适应。

6.3.1 压力容器安全系数

压力容器零部件的安全系数都是一个下限值，工程实践中大多也就取安全系数等于这个下限值，标准中一般不提出闭区间的取值范围。对于高压大型厚壁压力容器，安全系数对其重量和材料成本影响较大。

1. 规则设计法的安全系数

20 世纪末适合我国国情的适宜的安全系数如表 6.2[18]所示。

表 6.2　适宜的安全系数

材料	常温下的最低抗拉强度 R_m	常温和设计温度下的屈服点 R_{eL} 或 R_{eL}^t	设计温度下的持久强度 (经 10^5h 断裂)		设计温度下的蠕变极限(在 10^5h 下蠕变率为 1%) σ_n^t
			σ_d^t (平均值)	σ_d^t (最小值)	
碳素钢和低合金钢	$n_b \geqslant 3$	$n_s \geqslant 1.6$	$n_d \geqslant 1.5$	$n_d \geqslant 1.25$	$n_n \geqslant 1.0$
高合金钢	$n_b \geqslant 3$	$n_s \geqslant 1.5$	$n_d \geqslant 1.5$	$n_d \geqslant 1.25$	$n_n \geqslant 1.0$

《压力容器 第 1 部分：通用要求》(GB/T 150.1—2011)中提出了新的发展阶段下适合我国国情的适宜的安全系数，见表 6.3 中的分母。学者通过不同专题对安全系数取值的降低进行了科学分析[19,20]，肯定我国压力容器标准安全系数 n_s 由 1.6 调整到 1.5 是有一定的理论和实践基础的。

表 6.3　钢材(螺栓材料除外)许用应力的取值

材料	许用应力/MPa(取下列各值中的最小值)
碳素钢和低合金钢	$\dfrac{R_m}{2.7}$，$\dfrac{R_{eL}}{1.5}$，$\dfrac{R_{eL}^t}{1.5}$，$\dfrac{R_D^t}{1.5}$，$\dfrac{R_n^t}{1.0}$
高合金钢	$\dfrac{R_m}{2.7}$，$\dfrac{R_{eL}(R_{p0.2})}{1.5}$，$\dfrac{R_{eL}^t(R_{p0.2}^t)}{1.5}$，$\dfrac{R_D^t}{1.5}$，$\dfrac{R_n^t}{1.0}$

《锅炉安全技术规程》(TSG 11—2020)[21]对锅炉用钢材的安全系数的规定也与压力容器设计标准一致，如表 6.4 所示。

表 6.4　强度计算的安全系数

材料 (板、锻件、管)	安全系数			
	常温下的最低抗拉强度 R_m	设计温度下的屈服强度 R_{eL}^t ($R_{p0.2}^t$)	设计温度下经 10^5h 断裂的持久强度平均值 R_D^t	设计温度下 10^5h 蠕变率为1%蠕变极限平均值 R_n^t
碳素钢和合金钢	$n_b \geqslant 2.7$	$n_s \geqslant 1.5$	$n_d \geqslant 1.5$	$n_n \geqslant 1.0$

　　《钢制压力容器——分析设计标准(2005年确认)》(JB 4732—1995)中根据其设计方法的先进可靠性也提出了另一套适宜的安全系数。不过，金属压力容器最新的安全系数则由《固定式压力容器安全技术监察规程》(TSG 21—2016)做出了规定，见7.12.2节。分析设计新标准修改稿已把设计应力强度的概念修改为许用应力的概念，并修订了确定许用应力的安全系数，抗拉强度的安全系数由2.6调整为2.4，对奥氏体不锈钢可以采用$R_{p1.0}$确定许用应力。

　　就安全系数来说，ASME规范第一版(1915年)仅规定以材料抗拉强度的1/5确定锅炉的许用工作压力；随后，又逐步补充并完善了某些受压元件的最大应力计算式，对各种不同的钢板简单地划分成两组并对它规定以不同的许用应力，但未明确安全系数的取值；至1931年版，才开始规定材料的许用应力由其抗拉强度除以安全系数5确定，但还未计及材料的屈服强度。在第二次世界大战时因钢材耗量急增，实行战时紧急法案将安全系数由5改为4。实践证明，由于制造和检验方面适当提高要求后，安全系数由5降为4并未影响容器的安全性，所以一直沿用到1999年，此后又降为3.5，并相应对有关条件进行配套修改，一直沿用至今。从1955年开始，在由抗拉强度确定许用应力的基础上，又引入屈服强度并除以相应的安全系数同时确定许用应力，开始取1.6，两年后又降为1.5，同时计及容器进入高温而由蠕变极限和高温持久极限确定的许用应力，并引入安全系数1.0和1.5[18]。

　　就所计及的安全准则来说，1915年第一版仅计及锅炉在内压作用下的爆破；随后，虽然陆续补充了某些元件的最大应力计算式并将之限于材料的许用应力以下，总体来说也只是计及了防止过量的弹性变形；至1934年版才出现外压圆筒体和外压封头的设计规定，开始时取外压圆筒体的稳定性安全系数为4.0，到1977年版才改为3.0，即引入材料弹性稳定性的失效准则。从在20世纪40年代提出的法兰设计中就能发现，法兰颈部大端或小端的轴向应力对法兰环偏转而引起法兰密封面泄漏的间接影响远比法兰环本身的环(周)向或径向应力的直接影响小，所以可取1.5(当在锥颈大端时)倍或2.5(当在锥颈小端时)倍的许用应力进行限制；在开孔接管处，即使经过正确的补强，其最大应力仍然可能比未开孔时的最大应力增大2~3倍，但仍能安全工作，这些实际上已经体现或者隐含了采用应力分类的初步思想。但总体来说，按照规则设计规范所采用的设计准则主要仅计及防止压力容器产生过大的弹性变形，包括弹性不稳定，而并未明确地认可局部地区可以屈服，但实际上已经局部屈服且仍能保证安全操作，即并未包括其他可能的失效模式[18]。

　　2. 分析设计法的安全系数

　　按照应力分析设计标准和按照规则设计标准的主要区别之一就是安全系数略

低。由于分析设计原则上要进行详细的应力分析，并对不同类别的应力给出不同的限制条件，其针对性强，所以有可能采用较低的安全系数(较高的许用应力)。因此，ASMEⅧ-2 采用 n_b=3.0、n_s=1.5，而当时按照规则设计的 ASMEⅧ-1 采用 n_b=4.0、n_s=1.5，我国的《钢制压力容器——分析设计标准(2005 年确认)》(JB 4732—1995)中采用 n_b=2.6、n_s=1.5，而 GB 150—89 中采用 n_b=3.0、n_s=1.5[18]。

前面所提及的 ASME 规范对安全系数逐步调低的过程，就说明了随着材料质量、设计、制造、检验手段的日益进步，对某些影响压力容器安全性因素的认识和驾驭程度不断提高。在工程实践上，设计技术和制造水平协调一致，即使降低安全系数也能充分保证容器的安全性[18]。理论研究成果也已经证实，安全系数的降低并不直接影响安全性[20]。标准应该根据实际工况和设计条件的差异、设计计算的精确程度、材料、计算方法、制造质量、检验的综合可靠性，考虑风险工程的后果、人的因素，确定相应、合理的设计裕量。

6.3.2　机械设计安全系数

机械零部件中的实际应力除以零部件材料的极限应力(如屈服极限、强度极限或者疲劳极限等)所得的数值，称为工作安全系数，用 n 表示。当求得的实际工作安全系数 n 大于或者等于许用安全系数[n]时，即 $n \geqslant [n]$，就表示所设计的机械能够保证安全运行，这是强度判据的另一种形式。不少机械零部件的安全系数都有一个合适的取值范围。

由于不同材料的力学性能不同，各种材料在相同载荷作用下的许用应力数值是不同的。但是如果采用安全系数表达，各种材料的安全系数只有一个，其表达形式要比许用应力的简单得多。根据安全系数的定义，在金属材料的强度和载荷分布离散性较小时，安全系数可定义为

$$安全系数 = \frac{最小强度}{最大载荷} = \frac{(\sigma_J)_{min}}{(\sigma)_{max}}$$

对于如此定义的安全系数，当 $n \geqslant 1.0$ 时，可以得到破坏概率等于零、可靠度为100%的机械设计。在金属材料的强度和载荷分布离散性较大时，如此定义的安全系数失去意义，必须进行可靠性设计。在术语在线中，根据机械工程给出应力强度干涉模型(stress-strength interference model)的定义为：根据应力分布和强度分布的干涉程度来确定可靠性的方法，见载于《机械工程名词(第一分册)》。

6.4　对安全系数作用的正确认识

安全系数的选取需要成熟的技术和先进的管理为基础，对承压设备的安全性

和经济性有最直接的关系。一般地，具体的取值就按照国家标准规定的有关数值选取，同时可参照类似设计的先进经验更有针对性地选取。对安全系数的正确认识有利于准确选用，文献[9]较早对该专题进行过分析讨论。从业内对安全系数所起作用的认识来看，经历了从朴素认识起步到系数认识加深，再到本质认识并灵活加以运用的过程。

6.4.1　安全系数的作用

1. 安全系数的设置是一种预防手段

预防要有针对性，要从预测、监控、多重保护、本质优化、降能等多方面综合着手。现在的承压设备设计理论、计算方法等技术都是很清楚的，安全系数虽然被设计计算过程使用，但是其针对的问题不是设计技术自身，而是面向材料、设备的制造及检验过程的问题，特别是过程中不明确的问题，是把后面的潜在问题提前在设计阶段进行预防性考虑。

2. 安全系数传统的保障作用越来越精准

在材料力学传统的强度理论的基础上建立的一整套有关结构强度的计算方法，称为传统的强度计算方法。为了保证构件的安全，传统的强度计算方法采用了较高的安全系数。安全系数包括三方面的差异：①材料的实际情况与均匀连续无损伤假设的差异；②真实变形体与受力假设模型的差异；③制造、使用等过程产生的变化与理论假设的差异。安全系数通过打折扣的数字概括了上述差异，这是一个模糊的概念，不仅是一个无知程度系数，还是一个意图包含经验取值所有因素的人为取值。当这个安全系数的取值未能包含其中某一经验取值的因素时，事故就发生了[22]。随着计算机技术的发展，有限元模拟分析技术使受力模型的差异缩小，智能操控技术使运行过程与理论假设的差异也显著缩小。

3. 安全系数依据安全保障的内容有所侧重

安全系数包括数据分散度、尺寸因素、表面光洁度及环境因素的影响，不同层次概念上的安全系数所涉及的影响因素的数量不同。相对而言，具体的或者低层次的安全系数所涉及的影响因素数量较少，因此其安全系数有可能较精确；反之，抽象的或者高层次的安全系数所涉及的影响因素数量较多，其安全系数有可能较粗糙或保守。例如，应力安全系数为2，寿命安全系数为20[23]，可以看出寿命安全系数是高一层次的且包括应力安全系数。

4. 安全系数的保障机制越来越合理

压力容器的许用应力设计法是目前仍被广泛使用的主流方法，但是该方法采用一个总的安全系数来考虑设计中所有不确定因素，显然过于粗糙，对不同的不确定因素无法给予单独的考虑，导致的结果之一就是安全裕度过剩、材料浪费。压力容器设计方法中的载荷和抗力系数设计法是一种更具创新性的方法，也是ASME 规范抗衡欧盟 EN 13445 的前沿技术之一，在不久的将来，载荷和抗力系数设计法很可能会超越或替代许用应力设计法[24]。

5. 从技术角度分析，安全系数是一个可靠性与先进性相统一的系数

计算的正确与否、材料的质量和容器制造质量的好坏、设备载荷的稳定性及安全装置的精确度与允许误差，还有设计对象在生产中的重要地位和危险性都是影响安全系数大小的主要因素。总的技术发展趋势是使安全系数变得越来越小[5]。因此，设计取用方法上要考虑多方面因素，有时仅考虑一个安全系数是不够的。

6.4.2　对安全系数存在问题的认识

各方面的原因，使得安全系数在实际应用中存在一些不能忽略的问题[25]。

1. 确定安全系数的方法可能是不合理的

例如，采用部分系数法时就存在这种情况，该法的缺点是各个系数互相乘起来，彼此间的影响重叠，导致安全系数太大。因此，其结果一般只适宜作为确定安全系数的参考[2]。实际上，在确定那些新技术领域内的安全系数时，该方法仍常被使用[26]。大到承压设备行业、小到某一类压力容器，国内外情况都有一些不同，我国延迟焦化反应焦炭塔的建造发展史就与欧美有明显的区别，不同的背景不宜引用相同的标准。有学者感慨，不恰当的规定出现在标准中，会像瘟疫一样，从一个国家传到另一个国家，从一个版本传到另一个版本，从一个世纪传到下一个世纪。这是值得警惕的。

2. 确定一个统一的安全系数是不恰当的

从各种具体的工作条件考虑，对某一种材料规定一个统一的安全系数和许用应力值是不恰当的，应区别对待并加以考虑。

另外，由于测试各种材料的性能是一项花费极大的工程，尤其是材料的高温或低温性能的测试是相当困难的，涉及较高的技术且性能数据要求庞大，使得安全系数的确定也在一定程度上受到经济的制约。例如，ISO 9001—2015 质量管理体系作为最新版标准，也增加了组织的背景环境一章，其中的外部环境就考虑到法律、技术、竞争、文化、社会、经济和自然环境方面，不管是国际、国家、地区还是本地的。

3. 各零部件需要各自的安全系数且各自的安全系数之间也需要协调

从一台容器的整体结构中各零部件的功能作用及受力分析来说，对同一台容器的全部设计规定一个统一的安全系数也是不够科学的。

4. 从一台容器主要焊缝重要性对比来说没有绝对性

例如，关于焊缝系数，文献[27]阐述了承受内压的圆筒形容器壁厚计算公式中的焊缝系数应以纵缝焊缝系数为依据的理由，同时也指出了如换热器、塔器等设备在温差应力或地震、风载作用下，环焊缝可能承受比纵缝更高的应力水平时，则环焊缝的质量也有必要高于纵缝的要求，通过比较指出具体设计中如何理解相关系数与设备安全的关系。

5. 设计应用时采用较高的安全系数不一定能保证设备更安全地运行

目前，在役压力容器的失效，主要是因为材料方面的问题，或者是因为原始缺陷在设备制造和运行中扩展，或者是因为原来良好的材料在设备运行中脆化，其次是制造、检修或设计带来的问题。安全系数与可靠性的数值大小，两者之间并不相当，反之，安全系数的作用之一就是弥补材料及制造中质量检验可靠性的不足。在传统的设计方法中，由于无法估计压力容器失效的可能性大小，有时为了保证其安全性，片面地认为加大安全系数即可，这种方法不一定能达到安全的目的，甚至是有害的。安全系数包含了不确定性，个别情况下可能成为盲目系数。

特别是在设计选材时，由于实际构件往往带有某些缺陷，对此根据强度条件和断裂判据这两方面进行选材往往是不一致的。片面追求高的强度储备，常使构件容易发生断裂，而适当降低强度安全系数，却往往可以换取抗断裂安全裕度的较大提高，同样的缺陷尺寸对高韧性材料来说可能是非常安全的，甚至可以忽略不计，而对低韧性材料来说，则可能早已导致断裂。

6. 制造不一定能完全实现设计要求的安全系数

通过设计可以正确确定容器的固有可靠性，而从设计图纸转化为实际产品，则会使实际可靠性水平低于固有可靠性水平。

7. 产品试验时只满足单一方面安全系数的容器会出现危险

由于弹性失效准则受到 $\sigma_a - \sqrt{3}P > 0$ 的限制，超高压容器的设计压力受到制约，主要表现在强度的提高受到塑性和韧性要求的制约，故超高压容器宜采用塑性失效准则或爆破失效准则来设计。但是，若设计中只规定爆破压力或全屈服压力，对初始屈服压力不进行要求，则在径比增加到一定值时，容器内壁在设计压力下也会达到屈服状态，这是容器的初始屈服安全系数随着径比的增加而逐渐减小的结果，显然是十分危险的。针对超高压容器常用材料的力学性能值 σ_s / σ_s^t 的最大值情况，按照超高压容器液压试验压力公式计算的试验压力有可能超过设计压力的 44%，这更是不允许的[28]。

8. 设备设计的安全系数只是某一方面的保障

按照以往"质量控制标准"仅以缺陷尺寸的大小判断容器的安全性显然是不合理的。从综合的观点看，容器设计时应先保证断裂韧性，其次才考虑强度安全，这样才能获得强度与韧性的最佳配合。整个设计思想应转变为"破损安全设计"[29]。在一般的容器设计中，断裂韧性的保证通过主体材料的选择及其质量技术要求来体现。

应该说单纯强调安全系数是不能保证压力容器安全的，事故统计表明，由于设计采取的安全系数所造成的事故是不存在的，事故的原因主要在于设计者对失效模式的认知和采取的相应措施。因此，现代压力容器的设计理念已由过去的强度设计转向基于失效模式的设计，事实上在 GB 150 标准的制定中对于所涉及的一系列失效模式，标准均要考虑相应的安全系数[8]。

9. 设备运行的安全系数是一个动态变量

在设备实际运行过程中，安全系数可能会是一个随机变量或是一个单调变小的变量。设计和制造实现的安全系数变小必定会使容器变为不安全。例如，通过自增强理论设计制造的高压容器在运行中由于内壁残余应力松弛而其安全系数慢慢减小[30]，对自身的安全造成危害。

在断裂力学中，裂纹扩展前在其尖端出现屈服的塑性区域，通过塑性区内的应力重新分布，也会引起应力松弛的效应。从静力平衡分析，应力松弛必然引起塑性区扩大。塑性区尺寸按 Irwin 弹性应力场公式计算。

10. 安全系数是一个区间范围

认为安全系数是一个常数的概念是不恰当的，安全系数不但有诸多种类之分，而且其具体取值有一个合适的区间范围，设计时取值过高或过低都会导致容器投资成本的浪费或运行的不安全。

11. 压力容器安全系数是粗放型的

目前在压力容器安全法规和技术标准中采用的安全系数是粗放型的。由于将许多细节问题一概通过安全系数进行保障，这就造成了无法准确评估装置或设备安全裕度的问题。尤其是当操作条件或设备基本状态发生变化时，使用原设计思路对在用设备的安全裕度进行评估往往只能得到过于保守的结论[8]。

6.5　安全评价理论和方法的发展

随着传统能源工业向规模化、智能化、高参数化发展，以及新兴能源工业的蓬勃发展，承压设备科学技术也在继续发展中，且更加多元化、极端化，从而更加复杂化。长期以来，国内外关于安全系数的研究常有报道。

6.5.1　国际上的研究

1. 强度设计方法的安全系数

压力容器的设计方法无论是规则设计法还是应力分析设计法都属于强度设计方法。各国的各种技术规范对压力容器安全系数的选取所依据的技术基础虽然不完全相同或者在实施时间上不同步，但对此考虑的主要因素是相同的，结果各国对安全系数的取值规定不尽相同，有些同样材质的安全系数取值甚至相差较大。这主要是由各国对安全系数认识上的差别及对安全系数存在问题处理方法的不同造成的。关于安全系数不能反映容器可靠度的问题，国外一些机构已进行过研究，并取得成效。

在压力容器缺陷评定方面，英国的 Dowling 和 Towley 早在 1975 年就提出了"双判据法"的概念，后来得到继续发展。该法把安全系数留给使用者自己决定。Milne 等认为采用单一的安全系数是不妥当的。他们认为应当分别考虑正常、开车和故障三种操作情况，计及在运转过程中材料性质(如 K_{Ic})的变化以及裂纹长度的变化带来的影响。基于此，他们提出了一个关于"敏感性系数"的分析方法[31]。

1988 年，在我国召开的第六届国际压力容器技术会议上，联邦德国的Kussmaul 教授代表欧洲-非洲地区做了题为"欧洲关于防止受压部件灾难性失效的展望"的报告，介绍了联邦德国防止核压力容器发生灾难性失效的原则——基本安全概念(the basis safety concept)。新概念强调应该采用概率统计来计算结构完整性中面积的削弱，对所有涉及安全性的部件，通过严格的规定来为确定安全裕度创造必要的先决条件。基本安全概念由基本安全性与独立裕度两部分组成，前者是靠设计、材料和制造的优化组合得到的，后者则是进一步分为四方面不同的裕度来共同强化不发生灾难性事故的保证。由此，用概率论方法来研究结构的安全性就显得没有那么必要了[32,33]。

为了提高本国产品的竞争性，降低安全系数是目前世界各国和地区压力容器标准的普遍倾向[34]。美国(ASME)和欧洲统一压力容器标准(正在制订中)均降低了相应的安全系数，美国将 n_b 由 4.0 降为 3.5，欧洲统一压力容器标准的 n_b 最小值为 1.875。

日本为了完善 WES-2085 标准, 其 WSDR 委员会也早在 1976 年便提出拟采用 "破坏概率" 来代替常规的安全系数, 这样可以保证设计所应用的可能的最小抗拉力大于可能的最大载荷[35]。

2. 断裂韧性设计方法对安全性的考虑

工程实际中发生的低应力事故使人们对传统的强度设计方法及其安全性加以重新审查, 发现带裂纹的材料承受外载荷作用时裂纹的起裂、扩展具有规律性, 传统的强度理论难以解释, 需要断裂力学来研究, 但是断裂力学只是设计理论新的补充, 并不能完全代替传统的强度设计理论。

断裂力学把材料分为脆性材料和韧性材料两大类, 应用线弹性断裂力学解决脆性材料的断裂问题, 应用弹塑性断裂力学解决韧性材料的断裂问题。在断裂力学中, 引入断裂强度因子 K 的概念来进行安全设计。

3. 两种设计观的材料选择

传统的强度设计观点基于强度储备来选择材料, 不考虑材料(母材和焊缝)中客观存在的缺陷, 只要载荷引起的应力小于结构材料的许用应力, 设计就是安全的, 其安全强度储备就是安全系数。

断裂力学的设计观点基于材料的断裂韧性储备来选择材料, 考虑到设备失效是开裂的形式, 其安全系数为

$$n_K = \frac{K_{Ic}}{K_I} \tag{6.3}$$

其实, 断裂强度因子与安全系数也是有一定关系的两个概念, 如果一项设计中同时采用传统的强度设计和断裂力学的设计, 无疑会更加安全, 但是这样会增加设计成本和材料成本。因此, 对于韧性材料的设备, 倾向采用传统的强度设计方法进行设计; 对于低合金高强度钢的设备, 倾向采用断裂力学的设计方法进行设计, 要求先保证材料的断裂韧性, 再考虑强度需求。

6.5.2　安全理论的发展

1. 概率与可靠性工程方法

规则设计使用的安全系数法, 是众所周知的。随着研究的深入, 学者认识到若计及有关参数的不确定性, 定量算出可靠度, 往往会发现大的安全系数, 可靠度不一定大; 反之, 小的安全系数, 可靠度也可能大。因此, 进行结构分析时应评估其可靠度, 可靠度能正确、定量反映系统或装置失效的可能性。对于承受复杂载荷以及结构参数和材料性质随机分布也较复杂的问题, 蒙特卡罗模拟法是用

于复杂系统概率分析的一种较有效的通用方法[36]。

可靠性设计的安全系数 n_R 定义为

$$n_R = \frac{\text{强度均值}}{\text{载荷均值}}$$

这与常规设计的安全系数不同。由于材料和强度都是正态分布函数,对于同一个安全系数,也可能得出不同的可靠性。安全系数与可靠性无法一一对应,是因为每个正态分布函数均由均值和标准离差两个参量来确定。

我国有学者[37]采用可靠性工程方法(一次二阶矩法)分析了规则设计中安全系数降低对容器安全可靠度的影响,计算表明安全系数 n_b 从 3.0 降为 2.7,压力容器的可靠度变化不大。也有学者提出了将特定材料按照分析设计方法设计的安全系数 n_b 降为 2.6 的方案。安全系数的降低关系到压力容器标准的基础,对压力容器行业的经济性及安全性影响极大,必须慎之又慎。降低安全系数的前提条件是:结构分析设计水平的提高;制造经验的积累和制造技术水平的提高;更严格的材料技术要求;更科学的质量保证体系。

断裂力学的研究历来是以确定性事件为前提的,然而工程结构存在大量的不确定性。例如,探伤技术的局限和操作者技术水平不同,使无损检测的结果并不十分明确;在结构上无法取样进行材料试验而使材料的基本性能也不明确;构件所受的载荷、温度和其他操作运行条件也都存在不同程度的不确定性。缺陷结构的应力状态由于理论分析时的各种假定与计算过程中的各种简化而使分析的结果也变得不明确。为了能正确处理这样一些不确定的问题,各国科技工作者都做了大量的工作。文献[38]综述了将概率断裂力学、模糊理论、人工智能等新的方法用于压力容器安全评定中的一些研究情况。

人们已认识到承压设备是否安全与承压设备的失效概率有直接的物理关系,但是新技术的完善和应用任重道远。压力容器有强度失效、刚度失效、失稳失效、腐蚀失效和交互失效等失效模式及其二级再细分的更多种失效模式,也有各种各样的失效原因,目前对在役压力容器使用按照风险进行检验中使用失效概率评估压力容器的安全程度还很不完善。在现有的压力容器制造标准中,失效概率评估技术尚未能起步。对于压力容器建造时按照风险进行设计,在《压力容器 第 1 部分:通用要求》(GB/T 150.1—2011)[39]中增加了根据法规或用户要求进行容器设计阶段风险评估的要求和实施细则,在《固定式压力容器安全技术监察规程》(TSG 21—2016)[40]中只强制要求对Ⅲ类容器或用户要求进行压力容器主要失效模式和风险控制的分析,有专家倡议将该技术推广应用到Ⅱ类容器中,而该项技术的企业实践中,大多处于概念普及阶段,要从中取得明显的进步还要做很多工作。

2. 不确定性对概率方法的影响[41]

反应堆压力容器是反应堆冷却剂系统压力边界最重要的安全相关部件，作为反应堆冷却剂系统的一部分，其结构完整性直接影响电厂的安全和寿命。通常采用确定性或概率方法对反应堆压力容器进行结构完整性评价，采用上述两种方法预测其失效载荷及运行寿命时，均不可避免地存在不确定性。除了已知材料特性的分散性，未预计的载荷以及材料老化机理也很难包含在计算模型中。此外，与制造、运行和维修等活动相关的人为因素也会影响结构的可靠性。国家法规从安全性和经济性的角度出发，规定反应堆压力容器的设计必须保证在结构完整性方面具有很高的可靠性，其失效概率应保持在一个极低的水平。

传统的工程分析方法是基于确定性的分析方法，采用确定的安全系数，并选用输入参数(如载荷、材料强度、制造缺陷以及材料质量降低和退化速率等)的边界值来考虑分析方法的不确定性。随机概率评价方法采用概率分布函数来描述某些输入参数，以此来覆盖大部分输入参数的不确定性，其他不确定性仍采用确定性方法中使用的保守模型假设和保守值。由此可以看出，即使采用概率评价方法进行评价，其预测失效概率结果与实际情况相比也可能高出很多。

为了明确概率断裂力学方法中各输入参数对分析结果的影响，文献[41]通过对缺陷分布、辐照脆化预测曲线和材料化学成分等特定参数的分析，为反应堆压力容器结构完整性评价中参数的选取提供了支持，同时可为评价设计、材料选择、在役检查大纲的制定以及维护措施变更提供借鉴。

文献[42]针对模糊强度应力为常量时模糊可靠性设计方法的问题，论述了随机变量和模糊变量组合时，现有的模糊可靠性设计方法存在的不足之处，利用模糊事件概率计算的另一种形式，提出了将模糊可靠性设计转化为常规可靠性设计的方法，并给出了强度为模糊变量、应力为常数时可靠性的计算公式。所提出的原理和方法同样适用于直接计算随机强度和模糊应力组合时的模糊可靠度，亦可推广应用于研究稳健设计中由广义应力和广义强度组成的模糊约束条件的可行稳健性问题[43]。

3. 裕度理论

除了设计裕度、质量裕度、安全裕度等概念，有学者提出了平衡裕度这一概念，并给出了保守力场中物体或系统静力平衡裕度的定义，以此为基础，分析计算了圆柱、圆台和圆锥体的静平衡裕度，并讨论了各几何参数的变化对平衡裕度的影响。另外，提出了对静力平衡系统平衡状态差别的定量评价问题，并给出了利用平衡裕度对系统平衡状况进行定量分析的方法，这种研究思路是一种新的系统安全评价方法[44]。

参 考 文 献

[1] 全国压力容器标准化技术委员会. 钢制压力容器(GB 150—89)[S]. 北京: 中国标准出版社, 1989.

[2] 徐灏. 安全系数和许用应力[M]. 北京: 机械工业出版社, 1981.

[3] 《化工设备设计全书》编辑委员会. 超高压容器设计[M]. 上海: 上海科学技术出版社, 1984.

[4] 尼柯尔斯 R W. 压力容器技术进展——4 特殊容器的设计[M]. 朱磊, 丁伯民, 译. 北京: 机械工业出版社, 1994.

[5] 余国琮. 化工容器及设备[M]. 北京: 化学工业出版社, 1980.

[6] 全国锅炉压力容器标准化技术委员会, 李世玉. 压力容器设计工程师培训教程[M]. 北京: 新华出版社, 2005.

[7] 宋二祥, 孔郁斐, 杨军. 土工结构安全系数定义及相应计算方法讨论[J]. 工程力学, 2016, 33(11): 1-10.

[8] 寿比南, 杨国义, 徐锋, 等. GB 150—2011《压力容器》标准释义[M]. 北京: 新华出版社, 2012.

[9] 余亚屏. 压力容器安全系数的选择[J]. 压力容器, 1985, 2(1): 55-60, 97.

[10] 谢铁军, 寿比南, 王晓雷, 等. 《固定式压力容器安全技术监察规程》释义[M]. 北京: 新华出版社, 2009.

[11] 杨 W, 布迪纳斯 R. 罗氏应力应变公式手册[M]. 7 版. 岳珠峰, 高行山, 王峰会, 等, 译. 北京: 科学出版社, 2005.

[12] 陈登丰. 锅炉压力容器规范和标准取得国际承认的注册——评述 ISO/CD TS 16528-1: 2004 和 16528-2: 2004[J]. 化工设备与管道, 2005, 42(2): 5-13.

[13] 俞树荣, 马欣, 梁瑞, 等. 基于层次分析法的管道风险因素权数确定[J]. 天然气工业, 2005, 25(6): 132-133, 182-183.

[14] 张红卫, 刘兵, 刘岑, 等. 压力容器概率安全评定的可靠指标研究[J]. 河北科技大学学报, 2011, 32(2): 192-196.

[15] 刘小宁, 潘传九, 刘岑, 等. 钢制内压容器安全系数与试验压力系数研究[J]. 河北科技大学学报, 2011, 32(4): 321-325.

[16] 全国锅炉压力容器标准化技术委员会. 压力容器 第 3 部分: 设计(GB/T 150. 3—2011)[S]. 北京: 中国标准出版社, 2012.

[17] 梅凤翔, 周际平, 水小平. 工程力学(上册)[M]. 北京: 高等教育出版社, 2003.

[18] 叶文邦, 张建荣, 曹文辉, 等. 压力容器设计指导手册(下册)[M]. 昆明: 云南科技出版社, 2006.

[19] 崔之彪. 压力容器安全系数对耐压试验的影响[J]. 化工机械, 2017, 44(3): 276-278.

[20] 铁摩辛柯 S, 沃诺斯基 S. 板壳理论[M]. 板壳理论翻译组, 译. 北京: 科学技术出版社, 1977.

[21] 国家市场监督管理总局. 锅炉安全技术规程(TSG 11—2020)[S]. 北京: 新华出版社, 2020.

[22] 廖景娱, 刘正义. 金属构件失效分析[M]. 北京: 化学工业出版社, 2003.

[23] 刘鑫昌. 玻璃钢在耐腐蚀装备中应用与上海地区的开发[J]. 化工设备设计, 1997, 34(4):

52-54.

[24] 沈鋆. ASME 压力容器分析设计[M]. 上海: 华东理工大学出版社, 2014.

[25] 陈孙艺. 安全系数存在的问题及处理方法[J]. 石油化工设备技术, 1996, 17(2): 10-12.

[26] 李培宁, 黄德山. 铸铁压力容器的强度设计研究[J]. 压力容器, 1990, 7(3): 14-21.

[27] 桑如苞. 关于焊缝系数的讨论[J]. 压力容器, 1985, 2(6): 4, 56-58.

[28] 郑津洋, 黄载生, 朱国辉, 等. 超高压容器液压试验压力的探讨[J]. 石油化工设备, 1991, (6): 31-35.

[29] 李泽震. 压力容器安全研究动向[J]. 压力容器, 1984, 1(l): 38-42, 97.

[30] 钟汉通, 傅玉华, 吴家声. 压力容器残余应力: 成因、影响、调控与检测[M]. 武汉: 华中理工大学出版社, 1993.

[31] 吴东棣. 英国压力容器安全技术动向·压力容器的可靠性[M]. 北京: 劳动人事出版社, 1987.

[32] 沈士明, 李贤芬. 欧洲关于防止受压部件灾难性失效的展望[J]. 压力容器, 1989, 6(l): 7-13.

[33] 柳曾典. 第六届国际压力容器技术会议学术总结报告[J]. 压力容器, 1989, 6(6): 1-10, 13.

[34] 陈学东, 王冰, 关卫和, 等. 我国石化企业在用压迫容器与管道使用现状和缺陷状况分析及失效预防对策[C]. 第五届全国压力容器学术会议, 南京, 2001.

[35] 龚斌. 压力容器破裂的防治[M]. 杭州: 浙江科学技术出版社, 1985.

[36] 戴树和. 压力容器可靠性工程 90 年代技术展望[J]. 压力容器, 1991, 8(6): 1-8, 16.

[37] 马连骥, 赵建平. 安全系数降低对容器可靠度的影响分析[C]. 第七届全国压力容器学术会议, 无锡, 2009.

[38] 俞树荣, 王志文. 压力容器安全评定的现代方法[J]. 化工机械, 1995, 22(3): 52-55, 48.

[39] 全国锅炉压力容器标准化技术委员会. 压力容器 第 1 部分: 通用要求(GB/T 150.1—2011)[S]. 北京: 中国标准出版社, 2012.

[40] 中华人民共和国国家质量监督检验检疫总局. 固定式压力容器安全技术监察规程(TSG 21—2016)[S]. 北京: 新华出版社, 2016.

[41] 王东辉, 李锴, 张静. 反应堆压力容器概率断裂力学计算中的不确定性分析[J]. 动力工程学报, 2017, 37(2): 163-166, 172.

[42] 董玉革. 模糊强度应力为常量时模糊可靠性设计方法的研究[J]. 机械科学与技术, 1999, 18(3): 40-42.

[43] 郭惠昕. 模糊变量与随机变量组合时的模糊可靠度计算方法[J]. 机械强度, 2002, 24(1): 20-22.

[44] 杜志明, 范军政. 圆柱、圆锥和圆台的平衡裕度分析[J]. 应用力学学报, 2005, 22(2): 325-328.

第7章 安全系数的分类

安全系数的分类与它的具体用途有关,在社会经济发展的不同阶段,由于不同的需要才有不同的安全系数分类。1981年,有学者把机械设计的安全系数分为8大类[1],包括按照室温静应力下的安全系数、变应力下的安全系数、接触应力下的安全系数、考虑零部件缺陷用线弹性断裂力学方法的安全系数、高温下的安全系数、各种疲劳的安全系数、冲击强度的安全系数和可靠性设计的安全系数。承压设备作为政府监察管理的特殊机械,部分还涉及土建力学,土建力学的研究中也像机械学科一样对安全系数进行分类。例如,文献[2]将三维强度折减法应用到地下洞室围岩稳定性分析中,对安全系数进行分类,并且提出新的失稳判据,首先根据失稳过程,将安全系数分为局部安全系数和整体安全系数;其次根据受力性质,将安全系数分为拉伸安全系数、剪切安全系数和拉剪综合安全系数;最后借助岩石真实破裂过程分析-强度折减法系统(RFPA-SRM),对一连拱隧道进行稳定性分析,计算出不同情况下的各种安全系数,并将计算结果同相似物理试验结果进行对比。

因此,本书从安全系数的含义和作用出发,从承压设备与工程环境的角度,对与应力有关的安全系数词汇的基本概念进行分类比较,包括28种分类,涉及124个安全系数概念,通过对各种安全系数的术语解释,为读者加深对应力本质的认识、理解,以及相关设计理论的认识和应用提供方便。

7.1 安全系数按照安全系数的用途分类

1. 许用安全系数

许用安全系数即名义安全系数或规定安全系数,是指理论或标准规范确定的某安全系数的统一取值范围。例如,按照塑性失效或爆破准则设计高压容器时理论规定爆破安全系数应取 $n \geqslant 2.5 \sim 3.0$,此即设计时爆破安全系数的取值范围,针对某一项具体设计则在这个范围内取定一个确定的安全系数值。

2. 模拟试验安全系数

模拟试验安全系数是介于许用安全系数和工作安全系数之间的安全系数,这样取值既避免一次性试验的模型按照理论上许用安全系数制作时过于浪费材料,又接近被模拟容器的实际工作状况且有一定的理论依据。例如，理论上疲劳寿命的安全系数习惯上取为 20，但关于一个实物试验时取为 6，考虑到试验时其受力情况、材质、加工工艺及残余应力等因素皆与产品有一定程度的不同，再乘以 1.6～1.7 的安全系数是必要的，则总的安全系数取 10 比较合适[3]。这里的 10 是区别于 20 的值，即称为模拟试验安全系数。

3. 工作安全系数、设计安全系数或实际安全系数

工作安全系数、设计安全系数或实际安全系数是指制造构件材料的强度性能指标与该构件工作时实际产生的应力之比。如果该比值不小于规定的安全系数，则可以保证安全运行。例如，如果一台高压容器实测爆破压力为计算爆破压力的 80%，则容器的实际爆破安全系数为 2.0×0.8=1.6 或 3.0×0.8=2.4，都少于理论规定值，便认为这台容器设计得不可靠[4]。

《GB 150—89 钢制压力容器(三)标准释义》[5]中列出了引进装置及容器所用安全系数，涉及 7 个国家的 11 台容器，在设计安全系数旁用括弧给出了实际安全系数。1999 年，有学者在第一届全国管道学术交流会议上以"焊接管接头的低周疲劳寿命估算"为题的报告中指出，压力容器材料许用应力的系数也就是设计安全系数。

7.2　安全系数按照理论准则分类

7.2.1　按照强度理论分类

压力容器按照弹性理论范围计算的强度理论有四个[6]，即最大主应力理论、最大变形理论、最大剪应力理论和能量理论。强度理论是人们在大量观察和研究了各种类型的材料在不同的受力条件下的破坏情况以后，根据材料的破坏现象分析所提出的假设。不同的假设认为材料的破坏是由不同的某一因素所引起的，但是四个假设与实际都有不同程度的差异，这正是它们相互之间不能取代而赖以存在的原因。若统一用 σ_d 表示四种强度理论中各个主应力的不同组合(称为相当应力)，同时以 R 表示材料的强度性能指标，则可建立强度条件为

$$\sigma_d \leqslant [\sigma] = \frac{R}{n} \tag{7.1}$$

即

$$n \leqslant \frac{R}{\sigma_d} \tag{7.2}$$

由此可见，对同一种材料的强度性能值，取不同的强度理论作为安全判据时，便有不同的安全系数取值，即最大主应力安全系数、最大变形安全系数、最大剪

应力安全系数和能量安全系数。

7.2.2　按照失效准则分类

安全系数与失效模式及失效判据相关联,不同的失效准则[6,7]所依从的强度理论也是不同的。在实际的工程设计中,常在失效判据的基础上引入安全系数以考虑许多不确定性因素对实际失效的影响,从而得到失效判据相对应的设计准则。

1) 当量应力安全系数 n

按照弹性强度理论,将筒体承载限制在弹性变形阶段,认为内壁出现屈服时即筒体承载最高限。因此,当量应力安全系数也称为"初始屈服应力系数",其大小等于材料常温屈服极限 n 与设备所受当量应力 σ_{eq} 的比值。显然,n 按照四种强度理论又可进一步分为相应的四类。

2) 全屈服安全系数 n_1

按照塑性屈服条件,把圆筒体限制在圆筒壁呈现塑性状态,认为圆筒全壁厚屈服即圆筒体承载的最高极限。n_1 的大小等于圆筒全壁厚屈服时圆筒内压力 P_C 与设计时确定的设备液压压力试验压力 h 之比。

由平板在承受弯矩时按照弹性公式计算得到的最大应力(虚拟应力)为 $1.5 R_{eL}$ 时,整个截面才屈服,引入安全系数 $n_s =1.5$ 后,可得强度校核条件达 $1.5[\sigma]$。将平板类构件按照弹性公式计算得到的最大应力限于 $1.5[\sigma]$ 的设计准则,即是按照塑性失效准则推导得到的[8]。

对于弹塑性失效或塑性不稳定(递增的垮塌失效),也有其对应的安全系数。

3) 爆破安全系数 n_b

爆破理论认为高压容器筒体大都是由韧性材料制成的,钢材有明显的应变硬化现象,在筒体整体屈服后发生不断的塑性流动,容器筒体发生爆破失效才是承载的最高极限。相应地,n_b 的大小等于容器试验时的爆破压力 P_B 与设计时确定的耐压试验压力之比。

根据第一种安全系数方法,P_B 也可以分为设计爆破安全系数和实测爆破安全系数,因此爆破理论充分利用了材料的强度。安全起见,高压容器应按照实测爆破安全系数设计[4]。

4) 超高压容器安全系数[9]

超高压容器安全系数的选用涉及面很广,特别强调的是目前超高压容器使用广泛,使用场合及操作情况各不相同,要求不一,因此应按照不同的场合而有所区别。文献[10]指出,我国原超高压容器规程中给出了两种计算方法,即基于拉伸试验数据的福佩尔(Faupel)经验公式和基于扭转试验数据的黄载生公式[11]。安全系数则是根据日本学者的统计数据[12-14],分为基本安全系数 1.8 和可靠性安全系数 1/0.6,一并取为 3.0。

超高压容器设计以爆破失效理论为基础，按照 Faupel 经验公式计算是较满意的，因此按照 Faupel 经验公式计算得到的破坏压力来进行爆破安全系数计算也是可靠的。

Faupel 经验公式是考虑了实际材料的加工硬化现象之后而得出的经验公式。大量试验表明，实际容器实测爆破值的下限是 Faupel 经验公式计算值的 85%。从这一点出发可以认为：当安全系数取 3 时，实际容器的安全系数的最下限值为 3×0.85=2.55；当安全系数取 2.5 时，实际安全系数应为 2.5×0.85=2.125。

大量试验还表明，若不考虑其他因素，对于按照 Faupel 经验公式确定的爆破压力安全系数取 1/0.8=1.25，则破坏概率几乎为 0.01%，即可靠程度为 99.99%。若安全系数取 1.4，则破坏概率几乎达到零[9]。

《固定式压力容器安全技术监察规程》(TSG 21—2016)[15]对超高压容器设计提出了关于安全系数的三点专项要求。①爆破压力法的安全系数。超高压容器的爆破安全系数，当按照材料的拉伸试验数据计算爆破压力时，应当大于或者等于 2.2，对于超高压水晶釜应当大于或者等于 2.4；当按照材料的扭转试验数据计算爆破压力时，应当大于或者等于 2.2。②疲劳分析的安全系数。疲劳分析时，交变应力幅和循环系数的安全系数分别取 2 和 15。③螺柱(螺栓)的安全系数。设计温度下屈服强度安全系数不小于 1.8。

《超高压容器》(GB/T 34019—2017)[16]的颁布填补了我国承压设备标准体系中一直缺乏针对超高压容器标准的空白。该标准适用于设计压力大于或等于 100MPa 的压力容器。文献[10]就该标准制定的必要性、适用范围、设计理念、设计准则、材料要求和无损检测等进行了说明和分析，其中针对超高压水晶釜的安全系数 2.4 是根据试验数据的失效概率统计结果获得的，通过统计容器材料屈强比大于 0.8 的爆破试验数据，获得可靠性安全系数为 1/0.684，基本安全系数为 1.6，最后取整为 2.4。安全系数为 2.2，则是基于实际工程考虑与流变应力计算公式的计算精度进行的调整。

5) 刚度失效设计准则对应的安全系数

以失稳时挠度极限为基准的安全系数不宜太小，可取 2.0。

6) 失稳失效设计准则对应的安全系数

目前结构稳定设计的方法主要有四种，包括构造限值方法、计算长度方法、二阶弹性分析方法和极限承载力分析方法[17]。其中，计算长度方法是压力容器规则设计中采用的方法，它不适用于复杂的任意空间结构。相对于结构稳定设计的不同方法，自然有不同的稳定安全系数。

7) 疲劳失效设计准则对应的安全系数

8) 断裂失效设计准则对应的安全系数

9) 蠕变失效设计准则对应的安全系数

10) 应力松弛失效设计准则对应的安全系数

应力松弛有多种，除了与蠕变有关的松弛应力，还有与变温相关的应力松弛和与预应力(包括有利的强化应力或者有害的残余应力)相关的应力松弛。此外，还有密封垫片的应力松弛，例如，ASTM F38—95 关于垫片应力松动的试验方法，根据试验数据和标准曲线查得垫片预紧应力 S_k 和垫片残余应力 S'_k ，就可求取应力松弛率为

$$应力松弛率 = \frac{S_k - S'_k}{S'_k} \times 100\% \tag{7.3}$$

11) 腐蚀失效设计准则对应的安全系数

12) 泄漏失效设计准则对应的安全系数

7.3 安全系数按照分析方法分类

计划替代《钢制压力容器——分析设计标准(2005 年确认)》(JB 4732—1995)[18]的标准《压力容器——分析设计 第 1 部分：通用要求》征求意见稿中，第 5 部分根据压力容器的失效模式给出了基于弹塑性理论的分析方法，且载荷安全系数的确定也有别于其他设计方法。

7.3.1 按照塑性垮塌的分析方法分类

防止容器或元件塑性垮塌的分析方法有极限分析法和弹塑性分析法。极限分析法和弹塑性分析法均包括载荷系数法和塑性垮塌载荷法两种评定方法。防止塑性垮塌的极限分析法和弹塑性分析法均需满足总体准则和使用准则两个要求。总体准则是防止塑性垮塌的强度准则；使用准则是防止过度变形的变形准则，由用户提供。标准的附录基于准极限载荷为用户提供一种适用于工程常用情况的使用准则的通用实施方案，并将强度准则和变形准则综合为一个"二元准则"，同时防止塑性垮塌和过度塑性变形。

1) 极限分析法的安全系数

极限分析法通过确定容器或元件的极限载荷下限值来防止塑性垮塌，它适用于单一或多种静载荷。极限分析法的理论基础是极限分析理论。当采用塑性垮塌载荷法进行极限分析时，将极限载荷除以相应的安全系数 1.5 得到许用载荷。防止过度塑性变形的变形准则是：许用设计载荷 P_a 应不大于准极限载荷 P_p 除以安全系数 1.5。

2) 弹塑性分析法的安全系数

弹塑性分析法是一种较精确的防止容器或元件塑性垮塌的分析方法，它适用于单一或多种静载荷。弹塑性分析法的理论基础是塑性增量理论。当采用塑性垮

塌载荷法进行极限分析时，把垮塌载荷除以安全系数 2.4 得到许用载荷。防止塑性垮塌的强度准则是：许用设计载荷 P_a 应不大于垮塌载荷 P_C 除以安全系数 2.4。

7.3.2　按照屈曲失效的分析方法分类

防止屈曲失效所用的安全系数 ϕ_B 应根据屈曲分析方法确定。

1) 采用线性屈曲分析方法但不考虑几何非线性效应的安全系数

例如，特征值屈曲分析，确定容器或元件中的预应力时使用弹性应力分析且不考虑几何非线性效应，则安全系数 ϕ_B 最小应取 $2/\beta_{cr}$，β_{cr} 是承载能力减弱系数。

2) 采用线性屈曲分析方法但考虑几何非线性效应的安全系数

若确定容器或元件中的预应力时使用弹塑性应力分析且考虑几何非线性效应，则安全系数 ϕ_B 最小应取 $1.667/\beta_{cr}$。

3) 塑性垮塌分析的安全系数

若弹塑性分析时采用载荷系数法完成了塑性垮塌分析，且考虑了形状缺陷，则安全系数已经包含在弹塑性分析时各载荷组合工况的载荷系数中。

7.4　安全系数按照失效模式分类

在制定承压设备标准时，对于承压设备所涉及的下列失效模式，均要考虑相应的安全系数：以韧性断裂为代表的强度失效，以低温脆性为代表的脆性断裂失效，以法兰接头泄漏为代表的泄漏失效，以高温材料性能退化为代表的高温蠕变失效，以结构失稳为代表的弹性和塑性失稳失效、疲劳失效。

7.4.1　按照失效类型分类

安全系数的选取取决于失效形式。20 世纪初的机械设计，即使是产生疲劳的零件也采用以材料强度极限为基准的安全系数，其许用值很高。20 世纪中叶，对疲劳失效的零件开始进行疲劳强度验算，既改进了结构，也减轻了重量，虽然采用较小的安全系数，寿命却显著延长。

1) 以强度为基准的安全系数

以强度为基准的安全系数是指按照强度理论，为保证设备在运行中受压元件具备足够的强度以便能够安全正常地工作而确定的安全系数，前面按照强度理论或失效准则确定的分类安全系数中除了刚度安全系数，其他均属于强度安全系数。

2) 以刚度为基准的安全系数

压力容器运行中，特别是盛装有易燃介质或有毒介质的容器，对一些开口连接处的密封性要求较高，这些零件除了必须具备一定的强度，还必须具备一定的刚度。某些低压容器按照强度理论设计时仅需要很小的壳体壁厚，但是由于设备制造工艺以及设备运输等方面的要求,对容器有相应的要求。针对类似的情况而确定的安全系数即刚度安全系数。

3) 以稳定为基准的安全系数

化工生产中,有很多真空储罐、减压蒸馏塔及夹套反应器,这些壳体外部压力大于内部压力的容器,当壳体较薄时,虽然强度还能满足承受外压的要求,但是壳体也会产生失去自身原形的压扁或折皱现象,这种现象与法兰等零部件因刚度不够而变形产生的介质泄漏事故是不同的,整个壳体失去了稳定性,因此必须对这种失稳现象进行控制和预防,外压容器的稳定性设计中为此而确定的安全系数称为稳定安全系数或稳定性安全系数甚至简称稳定系数[19,20]。

标准中的稳定计算分为两类:一类是承受外压的回转壳体(包括圆筒、管子、球壳锥体以及凸形封头)稳定;另一类是自支承式直立设备受轴向压缩的稳定。受外压壳体的稳定是用临界压力除以稳定安全系数来表达许用值。一般地,圆筒壳或圆锥壳的稳定系数为 3,而球壳、椭圆壳和碟形壳的稳定系数取为 15。

文献[21]对比分析了各个时期立式圆筒储罐标准中关于固定顶外压稳定安全系数的变化,总结如下:①锥顶的安全系数 m 经历了由高到低的调整过程,从《立式圆筒形钢制焊接储罐设计技术规定》(CD 130A2—84)[22]中的 27,到《石油化工立式圆筒形钢制焊接储罐设计规范》(SH/T 3046—1992)[23]中的 24,再到《立式圆筒形钢制焊接油罐设计规范》(GB 50341—2003)[24]中的 19.36,以及《立式圆筒形钢制焊接油罐设计规范》(GB 50341—2014)[25]中的 19.36;②光面拱顶的安全系数 m 则正好相反,经历了由低到高的调整过程,从 CD 130A2—84 中的 12 和 SH/T 3046—1992 中的 12,到 GB 50341—2003 中的 19.36,以及现在 GB 50341—2014 中的 19.36;无论是锥顶还是拱顶,目前都调整为 19.36,即 4.4^2,由 ASME 外压球壳计算图按有效厚度乘以 4.4 倍的安全系数得出;③带肋拱顶的安全系数一直取 m=12,没有变化;④对于压力容器用外压球壳,其外压稳定安全系数由《钢制石油化工压力容器设计规定》(1977 年版)[26,27]中的 15 微调至 GB 150 标准 89 年版本[28]中的 14.52,2011 年版本[29]中又恢复为 15;相对于压力容器用外压球壳,作为常压或者仅承受微外压的储罐用球壳顶,其稳定安全系数取 19.36 似乎过于保守。

除了承受外压的回转体要求考虑稳定系数,自支承式直立设备考虑到受轴向压缩时某些危险截面可能失稳,因此也要考虑一定的稳定系数,一般取为 3。圆筒轴向受压的稳定判据中的许用应力值则用临界压应力除以稳定安全系数来表达。

列管式管束的换热管在设计温度下热伸长受到轴向压缩时存在失稳弯曲的可能,因此需要进行校核。研究表明[30],如果不考虑管板周边的非布管区而采用全布管模型来计算换热管的轴向压缩应力,则计算所得到的最大压缩应力可能被高估。另外,管板和管束组成的弹性系统在运行中协调的结果是部分换热管受压缩而部分换热管受拉伸,换热管之间有相互协调作用,不会因为少数换热管达到临界压缩应力而出现整台管束的失稳。因此，校核其稳定的许用压缩应力的安全系数应基于管束整体考虑，而不宜按单根换热管考虑，已由《管壳式换热器》(GB 151—1999)[31]标准中的 2 降低为《热交换器》(GB/T 151—2014)标准中的 1.5[32,33]。

文献[34]介绍了负压工况下弯管压力平衡型膨胀节的设计，将膨胀节总的内压推力平均等分到每一根承力拉杆后，再根据欧拉公式对单根拉杆进行轴向受压的稳定性校核。一般金属结构中压杆的稳定安全系数取 1.8~3.0，考虑到压杆的加载偏心、初始弯曲等不利因素，稳定安全系数宜偏大一些。但是对于这种化整为零，不是同时把所有拉杆视作受压整体的稳定性校核，其结果往往偏于保守，稳定安全系数宜偏小一些，因此合适的稳定安全系数需要综合考虑。

关于弹性整体稳定安全系数的讨论另外可参见 7.12 节。

7.4.2　按照高温失效形式分类

原有的失效形式分类只不过是中低温工况下的分类，在高温工况下尚需进行如下分类。

1) 高温短时强度安全系数

高温短时下不会发生蠕变，高温短时强度成为力学性能的主要指标，包括高温强度极限和屈服极限，分别形成以高温强度极限为基础的安全系数和以高温屈服极限为基础的安全系数。

2) 蠕变安全系数

蠕变极限是以过大的蠕变变形为出发点确定蠕变的许用应力，方法有两种：①根据许用应变来确定；②根据蠕变速度来确定。因此，也有两种相应的安全系数。蠕变安全系数确定某一材料在蠕变极限下的许用应力值，以控制高温下容器发生蠕变时的变形速率或变形量，一般地有 $n_n \geqslant 1.0$。由于长期在高温下的材料通常出现小变形的断裂现象，所以常以 n_d 代替 n_n。

有学者在 2018 年第十一届全国压力容器设计学术会议上以 "2.25 Cr -1 Mo 钢不同蠕变寿命预测方法的比较" 为题的报告中汇总了我国和 ASME 标准的蠕变安全系数，如表 7.1 所示，同时指出虽然目前主流的压力容器设计规范都通过引入蠕变安全系数的方法来限制结构的应力水平，该方法使用简单，但是并不十分准确。

表 7.1　压力容器设计的蠕变安全系数

标准	蠕变安全系数
GB/T 150.3—2011[35]	1.0
JB 4732—1995(2005 年确认版)[18]	1.0
ASME Ⅷ-1[36]	1.0(对于焊制钢管取 0.85)
ASME Ⅷ-2[37]	1.0

3) 持久强度安全系数

持久强度极限是以过大应力发生断裂的失效为出发点的，表示材料在一定的温度和一定的应力下抵抗断裂的能力，因此该安全系数可确定某一材料持久极限的许用应力值，以保证构件在高温下长期工作时不致断裂，一般地有 $n_\mathrm{d} \geqslant 1.5$。

4) 应力松弛安全系数

一般来说，不但零件中的拉力能产生应力松弛，压力或扭力也同样能产生应力松弛。松弛曲线与受力状态、温度和材料性质均有关，是一个复杂的问题。松弛和蠕变是一个问题的两个方面。一般地，应力松弛系数以时间为基础。

5) 高温疲劳安全系数

当钢材达到某一温度时，疲劳强度急剧下降，但低于该温度时，疲劳降低不大或稍有升高，基于这个温度可以区分高温疲劳和一般疲劳，这个温度因各种材料而不同。关于其求法，可将不对称循环蠕变应力换算成等效的静蠕变应力，然后按照蠕变强度进行计算[20]。

7.5　安全系数按照应力类型分类

7.5.1　按照应力来源分类

在本书中，安全系数主要是指因为机械应力与热应力的性质不同而分别对其考虑的安全系数。

机械应力必须满足外载荷的平衡条件。如果载荷增大，这种应力和变形也随之增大，若载荷继续增大，则应力将显著超过材料的屈服极限，引起破坏或至少总体过度变形，导致筒体失效。热应力是由温差引起的变形受到约束而产生的，它与温差的大小成正比，而与温度本身绝对值的大小无直接关系，一旦构件发生小变形或局部屈服，应力值也随之降低。热应力引起筒壁破坏的情况与机械应力不同，设计时对这两种应力要求满足的强度条件也不同[19]。

7.5.2　按照涉及的范围分类的分安全系数

对于含缺陷压力容器的安全评定，国际上的主要标准均采用失效评定图法，然而其中所需要的几项评定参数在工程上具有不确定性，而分安全系数法是目前含缺陷压力容器安全评定中处理材料性能、应力水平及缺陷尺寸等参数不确定性和达到不同目标可靠度要求的常用方法。某一随机变量的分安全系数 γ 实际上与可靠度有关，当极限状态函数为各随机变量的非线性组合时，分安全系数的实际意义即将各随机变量保守地变为原来的 γ 倍[38]。目前，BS 7910[39]、API 579—2007[40]是使用分安全系数评价断裂和塑性垮塌失效的两个主要标准，ASME 规范和欧盟标准中也采用分安全系数方法，而 GB/T 19624—2019 中仍采用确定性的安全系数进行评定[41]。

文献[38]基于我国"合于使用"和"最弱环"原则的使用评价标准 GB/T 19624—2004 和可靠性方法编制了分安全系数计算软件,可以实现不同可靠度下分安全系数的快速计算,案例结果表明,在一定的可靠度范围内,壁厚、屈服强度及裂纹长度等计算设定参数对分安全系数的影响较小。

1) BS 7910—2013 标准中的分安全系数

BS 7910—2013 标准分别考虑了应力分安全系数 n_p、缺陷分安全系数 n_a、断裂韧性分安全系数 n_k、屈服强度分安全系数 n_y 共四个分安全系数,并考虑了相应的四个变异系数对安全系数的影响,在此基础上推荐了在不同目标可靠度和失效概率两者组合情况下的分安全系数,为 1.00~3.20。

2) API 579—2007 标准中的分安全系数

API 579—2007 标准分别考虑了应力分安全系数 n_p、缺陷分安全系数 n_a、断裂韧性分安全系数 n_k 共三个分安全系数,除了考虑了应力变异系数对安全系数的影响,还考虑了裂纹长度小于 5mm 或者大于等于 5mm 时对安全系数的影响,在此基础上也推荐了在不同目标可靠度和失效概率两者组合情况下的分安全系数,为 1.10~3.50。文献[38]列表比较了 BS 7910 和 API 579—2007 两项标准在分安全系数计算方法及参数假设中的差异。

3) ASME 规范中的分安全系数和载荷系数

《ASME 锅炉及压力容器规范》2007 年版第八卷第 2 册中提到:压力容器设计方法的载荷和抗力系数设计(load and resistance factor design,LRFD)法,是对塑性垮塌载荷严密计算的另一种选择。该方法的主要设计理念是:基于结构可靠度理论,不同的载荷和抗力(强度)采用不同的分安全系数,结构安全表达式如下[42]:

$$\phi R_N \geqslant \sum_{i=1}^{n} \gamma_i L_{Ni} \tag{7.4}$$

式中, R_N 为名义抗力(nominal resistance); ϕ 为抗力系数,即 R_N 对应的分安全系数; L_{Ni} 为各名义载荷; γ_i 为各名义载荷对应的分安全系数。名义抗力 R_N 不是通常力学中所指的力,而是指结构抵抗其在载荷作用下被破坏的能力,在压力容器设计中这种能力用材料的强度来表征,例如,在评定塑性垮塌失效时,材料强度具体指材料的屈服极限。

与许用应力设计(allowable stress design,ASD)法相比,LRFD 法对各个具有随机性的设计变量赋予了不同的分安全系数,即通过极限状态不等式(7.4)右边使用载荷系数,实现了对各类载荷随机性的单独考虑,左边使用抗力系数,实现了对抗力随机性的考虑[42]。

从另一角度分析,ASME 防止塑性垮塌的评定准则针对两种不同的塑性垮塌计算方法而将许用载荷公式表示为[43]

$$p_{ASME} \leqslant \begin{cases} P_C / 2.4, & \text{对弹塑性应力分析} \\ P_L / 1.5, & \text{对极限载荷分析} \end{cases} \tag{7.5}$$

式中，P_C 为结构最大承载能力的垮塌载荷；P_L 为理想塑性材料和小变形情况下进入总体塑性变形阶段的极限载荷。

文献[43]就此指出，ASME 规范没有直接采用式(7.5)的准则，而是引入载荷-抗力系数设计(LRFD)，将安全系数用作载荷系数来放大设计载荷，并认为若载荷增加到放大后的载荷时结构还未垮塌，则结构是安全的，不必再继续加载以确定极限载荷或垮塌载荷。

4) 欧盟 EN 13445 标准中的分安全系数

欧盟 2009 年版压力容器设计标准 EN 13445-3 中把安全系数分为部分安全系数。

欧盟标准防止塑性垮塌的评定准则，是在总体塑性变形校核中仅推荐极限载荷分析，并定义了一个基于应变的极限载荷 $P_{L\varepsilon}$，它是结构中最大主结构应变绝对值达到 5%(对正常操作工况)或 7%(对试验载荷工况)时的载荷。

EN 标准中有两个分安全系数：一个是载荷安全系数 γ_G，对正常操作工况下的恒定载荷取 γ_G =1.2；另一个是材料安全系数 γ_R，对铁素体钢取 γ_R =1.25，两者相乘得到总安全系数 γ =1.5。因此，EN 13445 标准中用于极限载荷分析的防止塑性垮塌的评定准则是：设计许用载荷应小于或等于应变极限载荷除以安全系数 0.5。用公式表示为[43]

$$p_{EN} \leqslant \frac{P_{L\varepsilon}}{1.5} \tag{7.6}$$

5)《在用含缺陷压力容器安全评定》(GB/T 19624—2019)中的分安全系数

我国在用含缺陷压力容器常规安全评定的安全系数取值见表 7.2，其他评定方法所采用的安全系数按 GB/T 19624—2019 标准的规定选取[41]。

表 7.2　常规评定安全系数取值[41]

失效后果	缺陷表征尺寸分安全系数	材料断裂韧度分安全系数	应力分安全系数	
			一次应力	二次应力
一般	1.0	1.1	1.1	1.0
严重	1.1	1.2	1.25	1.0

《超高压容器》(GB/T 34019—2017)标准中的分安全系数介绍见 7.2.2 节。

7.5.3　按照极限应力分类

1) 屈服极限安全系数 n

屈服极限安全系数 n 即按照失效准则分类的当量应力安全系数或初始屈服安

全系数。它确定屈服极限许用应力，以限制构件不能发生过分的变形，使构件在工作条件下安全处于弹性状态[8]。按照四种强度理论又可进一步分为相应的四类。

2) 强度极限安全系数 n_b

强度极限安全系数 n_b 即按照失效准则分类的全屈服安全系数，它确定某一材料的强度极限许用应力，以保证构件对破裂有一定的安全裕度。

相比于极限平衡法，基于下限原理的极限分析法具有更严谨的力学基础，且得到的安全系数偏于安全，更具有实用价值。尽管很多学者对其进行了有益的研究，但是经典的线性化方法不能解决一般的强度各向异性问题。在方位角离散化的基础上，建立各离散方位平面上的屈服条件，同时引入伪黏聚力以保证其具有下限性质。算例表明，该方法可以稳定地从极限解的下方收敛[44]。该方法不仅丰富了基于线性规划模型的下限有限元理论，而且为材料各向异性本构问题的计算打下了理论基础。

考虑钢制内压容器初始静强度和载荷的不确定性，有学者应用信息熵理论，对容器安全系数、试验压力系数与可靠指标的关系进行探索[45]。研究表明，钢制薄壁内压圆筒屈服安全系数应不小于 1.50，抗拉安全系数应不小于 1.90；钢制薄壁内压球形容器屈服安全系数应不小于 1.40，抗拉安全系数应不小于 2.15；扁平绕带式容器屈服安全系数应不小于 1.45，抗拉安全系数应不小于 2.40；超高压厚壁圆筒抗拉安全系数应不小于 2.55。

3) 持久强度极限安全系数 n_o

持久强度极限安全系数 n_o 确定某一材料持久强度极限的许用应力值，以保证构件在高温下长期工作时不至于断裂。

4) 蠕变极限安全系数 n_n

蠕变极限安全系数 n_n 确定某一材料在蠕变极限下的许用应力值，以控制高温下容器发生蠕变时的变形速率或变形量。

7.5.4　按照应力状态分类

1) 静应力下的安全系数

静应力是指由一种长期作用于零部件上的载荷所产生的方向和大小近似于不变的应力，但是即使在静应力状态下，使用同一种材料、同一种方法对相同形状的试样进行试验，所得的力学性能指标也是有差别的，即试验结果具有分散性。此外，考虑到受载情况的统计特性和计算方法与实际有差距等因素，如果用应力不能超过强度极限来作为静强度计算中的强度判据，那么有很大的冒险性。为此，引入大于 1.0 的安全系数，保证零件有足够的强度。

2) 变应力下的安全系数

相对于静应力而言，变应力又可进一步分为稳定变应力和不稳定应力两种，前者是指有规则变化的，例如，按照自增强理论设计制造的高压容器在运行后，由于温度、脉冲振动及时效的影响，内壁面上的压缩残余应力会逐步衰减，从而使设备投运初期的安全系数逐渐下降，威胁设备的安全运行。后者是指无规则变化的，即是随机的。相应地，也就有不同的安全系数。

3) 循环应力安全系数

循环应力安全系数也属于变应力下的安全系数，但有一定的规律，并且又可进一步分为对称循环变应力下的安全系数和不对称循环变应力的安全系数两种，后者的确定要比前者复杂得多。

7.6　安全系数按照应力性质分类

7.6.1　按照分类应力分类

随着科技的进步、石油化工的发展与新能源产业的兴起，压力容器的尺寸越来越大，操作条件也越来越苛刻，如果仍然按照常规的设计方法用单纯提高安全系数的方法来设计，显然不是经济合理的。妥善的方法是对作用在容器上的应力进行详细的分类，并对之进行评价，根据应力对于导致容器的破坏所起的作用大小，不是笼统地而是有区别地给以不同的限制范围，也就给以不同的安全裕度。

7.6.2　按照修正的应力性质分类

按照修正的应力性质可分为拉应力安全系数 n_1、压应力安全系数 n_y 和剪应力安全系数 n_r 等，因为对某一确定的材料而言，其拉应力极限不一定与压应力极限相等，例如，铸铁材料承受压应力的能力就比承受拉应力的能力强得多。

7.7　安全系数按照受压元件对象分类

7.7.1　按照修正的受压元件对象分类

1) 容器部件安全系数

容器上各零部件的结构形态不同，承受同一应力的能力也就不同；即便是同一结构形态的零部件，在容器中所处的位置不同或其功能作用不同时，其所受的应力大小及状况也不相同。因此，可区分为圆筒体或圆锥体安全系数、封头安全系数、管道安全系数及螺栓安全系数等。

例如，螺栓安全系数的取值不但要考虑其材料，还要考虑到螺栓直径大小、最终热处理状态的不同因素而区别对待[46]。一般地，螺栓安全系数要高于管板等锻件安全系数，因为在紧固螺栓的过程中，螺栓的预紧力难以控制，经常会超过设计值，出于保证密封的心理，也希望螺栓的预紧力大于设计值；设备操作过程的载荷循环和波动可能使螺栓伸长而引起连接结构松动特别是垫片松动，需要多次紧固螺栓；螺栓的材料和法兰不同，运行中所承受的温度不同也不均匀，致使两者之间产生难以准确计算的热应力；螺栓材料用于密封，不允许产生塑性变形，所以要通过更高的安全系数控制其应力；螺栓直径越小，所取安全系数越大；螺栓材料强度越高，所取安全系数也越大，具体取值见 GB/T 150.1—2011[47]中的表 2。

对于压力容器主螺栓，除校核中间段光杆受力外，还需校核螺纹强度。通过比较应力水平与许用应力的方法在校核核电反应堆主螺栓螺纹的抗剪切强度、抗挤压强度、抗弯曲强度时，分别取不同的安全系数[48]。

2) 膨胀节失效循环次数安全系数

在确定膨胀节所需的失效循环次数时应考虑一个安全系数，其值可根据波形壳体焊缝质量和几何形状与尺寸的准确性来选取，一般取为 15~20[49]。

3) 直立设备的安全系数

利用可靠性分析设计直立压力容器，能获得各种载荷下的中值安全系数[50]。通过用此法设计受组合载荷的塔器，考虑应力和强度的变化以及失效的不同后果，比用常规设计方法确定的安全系数更安全、更经济。

4) 塔器地脚螺栓安全系数与压力容器法兰螺栓安全系数

如果采用塔器标准规定之外的其他碳素钢作为塔器地脚螺栓材料，则其屈服极限的安全系数不得小于 1.6，该数值低于压力容器法兰螺栓安全系数。这是因为地脚螺栓是用来抵抗塔体倾覆时承受拉应力的，地脚螺栓中心圆上受力呈线性分布。受力最大的地脚螺栓是位于沿风向和地震方向最外端的那个，而位于其他位置的地脚螺栓受力依次减少。受力最大的地脚螺栓一旦因过载而屈服，其他地脚螺栓承受的载荷将重新分布，而不致使整个塔器立即发生倾倒。法兰螺栓受力情况则不同，在压力载荷作用下是均匀承载，其中之一产生屈服就意味着全部螺栓进入屈服阶段，因此法兰螺栓应严格地控制在弹性范围内[51]。

工程中常用的原则是：密封螺栓材料的强度越高，其安全系数越大，螺栓直径越小，其安全系数也越大。

5) 螺母组合件的实际承载能力

在《紧固件机械性能　螺母　粗牙螺纹》(GB/T 3098.2—2000)[52]中，紧固件力学性能等级的标记如下：当公称高度大于 0.8D 时，用公称抗拉强度 σ_b 的 1/100 来表示性能等级，性能等级系列为 4、5、6、8、10、12；当公称高度大于或等于

0.5*D* 且小于 0.8*D* 时(即扁螺母)，用"0"及一个数字标记，其中，数字表示用淬硬心棒测出保证应力的 1/100，而"0"表示这种螺母组合件的实际承载能力比数字表示的承载能力低，例如，0.4 级即公称保证应力为 400MPa、实际保证应力为 400MPa[8]。

6) 压力容器垫片密封安全系数

为了防止高压大直径法兰螺栓密封的设计失效，从影响法兰密封效果的因素中对垫片特性进行研究，以垫片系数和垫片预紧比压为基础，分析了特性比和特性系数两个反映垫片组合特性的新概念。将预紧状态下需要的最小垫片压紧力与操作状态下需要的最小垫片压紧力之比，即

$$\frac{F_a}{F_p}=\frac{3.14D_Gby}{6.28D_Gbmp_c}=\frac{y}{2mp_c} \tag{7.7}$$

作为反映垫片自身密封性能安全裕度的一个指标值，称为垫片安全系数，以 *n* 表示，即[53]

$$n=0.5\frac{y}{mp_c}=\frac{0.5y}{mp_c} \tag{7.8}$$

式中，分子为与预紧条件相关的最小垫片压紧力，分母为与操作条件相关的残余压紧力[54]。

安全系数综合表征垫片的结构形式和材料性能在不同计算压力下的安全储备，但未包括温度及几何偏差等其他因素的影响。在此基础上，进一步提出以垫片安全系数表征垫片的结构形式和材料性能在不同计算压力下的安全储备。绘制得到图 7.1 所示的典型的安全系数曲线，安全系数随着计算压力的增大而降低，且曲线下降中存在单个拐点。图中与安全系数曲线两段分别相切的两条直线分别是 n_1 和 n_2，它们交于 *A* 点，该点相应地反映复合波齿垫的密封安全性开始转向弱化，标志着垫片功能的质变。

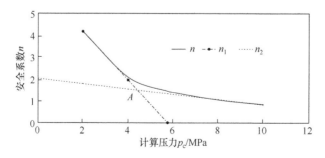

图 7.1　复合波齿垫的安全系数曲线

随着计算压力的增大，安全系数减速放缓。垫片适用压力大于拐点压力，小

于垫片安全系数等于1时的计算压力。应用各种垫片在不同安全系数下相应的计算压力适用值进行密封设计，可体现同一垫片在不同工况下密封设计的主导性和灵活性。

此外，文献[55]在对海洋环境下浮动堆设备闸门的密封性能分析时使用了密封圈预压缩率安全系数和密封设计安全系数两个不同的概念。

7) 密封垫片的结构强度安全系数

文献[56]探讨了流变学在法兰密封设计中的应用，以垫片装配的变形量查得垫片金属材料的应力-应变关系所得应力应该大于1.5倍的设计压力作为许可的判定依据，系数1.5虽然是一个设计安全系数，但是仍然是基于材料应力强度的，属于结构强度安全系数，是与传统垫片特性无关的一个系数。

8) 密封垫片的超压安全系数

安装垫片时需要施加预紧力，此时垫片受到最大的螺栓载荷作用，为防止垫片因压紧过度而失去密封性能甚至被压溃，GB 150—89[28]标准中指出了最小垫片宽度 N_{min} 的计算式，而 GB 150—1998[57]和 GB/T 150.3—2011[35]标准中则取消了该计算式，但保留了最小垫片宽度的概念，并指出 N_{min} 可根据成熟的经验确定。

联邦德国 DIN 2505 法兰连接计算是以塑性分析为基础的设计方法，对法兰强度以塑性失效设计准则加以控制。标准中关于计算工作时垫片所承受的压紧力 F_{DB} 的公式为[58]

$$F_{DB} \geqslant \pi p D_G k_1 S_p \tag{7.9}$$

式中，p 为内压，Pa；D_G 为垫片平均直径，m；k_1 为垫片特性，m；S_p 为垫片超压安全系数，操作情况下最小值取1.2。

9) 换热管与管板连接接头安全系数

对于对接连接的内孔焊结构，换热管轴向应力应满足 $|\sigma_t| \leqslant \phi \min\{[\sigma]_t^t, [\sigma]_r^t\}$，同时不再校核拉脱力[32]。热交换器标准关于换热管轴向受压稳定性校核的基本思想是计算换热管束中最大的压缩应力，但是各国规范中对于校核这一压缩应力的许用临界压缩应力的安全系数取值不一致，为 1.25~2[59]。工程实践和文献[30]的研究表明，《管壳式换热器》(GB 151—1999)中关于换热管受压缩稳定性校核的设计方法过于保守，因此《热交换器》(GB/T 151—2014)中保留原有计算方法的前提下，将换热管许用临界压缩应力的安全系数由2降低至1.5[59]。考虑到加工、焊接等因素的影响，换热管与拉撑管板或者挠性管板连接接头系数 ϕ 取 0.8 的安全系数，对拉脱力的校核安全、可靠[33]。正是因为对拉脱力的校核安全可靠，标准才不再规定校核拉脱力。

10) 爆破片安全系数

文献[60]参照压力容器的疲劳分析安全系数，并结合某公司提供的爆破片相关工程数据与工程经验，结合持久寿命安全系数取值方法，确定爆破片安全系数如下：现场实际爆破片夹持条件与实验室理想条件下可能存在的差别的影响系数为 2.2；试验产品爆破压力偏差引起的试验数据分散影响系数为 1.5；爆破片结构尺寸(爆破片减弱槽剩余厚度偏差及拱高偏差)影响系数为 4.0；实际工况下平均操作压力不超过爆破片实际爆破压力 80%时，压力波动不超过±10%，认为压力波动对持久寿命的影响系数为 1.5。以上四种影响因素系数的乘积为 19.8，与压力容器疲劳安全系数取 20 相近，故反拱带槽型爆破片的持久寿命安全系数均取 20。

7.7.2　按照容器的整体结构类型分类

压力容器壳体大多数为圆筒体，由于制造方法不同而有不同的结构类型，如单层钢板焊接式、整体锻造式、铸造式、热套式、多层包扎式、绕板式、绕丝式、楔块形等。不同的结构承受载荷的具体情况不同，其承载能力也就不同，无疑地可以并且有必要对不同的结构考虑不同的安全裕度，以使设备既安全又经济。螺旋板式换热器的螺旋圈板结构只是与圆筒体略有不同，其产品行业标准 JB/T 4751—2003[61]采用了与压力容器规则设计标准相同的安全系数。

7.7.3　锅炉的安全系数

锅炉是压力容器之一，但不是一般的压力容器，而是特殊的压力容器，根据其结构功能用途等 13 个特点又可进一步细分。其中，提供热水的热水锅炉，主要用于生活，工业生产中也有少量应用。产生蒸汽的蒸汽锅炉，常简称锅炉，多用于火电站、船舶、机车和工矿企业。锅炉中产生的热水或蒸汽可直接为工业生产和人民生活提供所需的热能，也可通过蒸汽动力装置转换为机械能，或再通过发电机将机械能转换为电能。由于蒸汽泄漏或锅炉爆炸，对人身和财产安全损伤较大，所以对锅炉各主要零部件设定特别的安全系数。

锅炉的安全系数有别于压力容器的安全系数。早在 40 多年前，我国颁发的由中华人民共和国第一机械工业部和国家劳动总局编制、由技术标准出版社出版的《水管锅炉受压元件强度计算》(JB 2194—77)中，采用中径公式计算壳体壁厚，且安全系数取 n_b=2.5、n_s=1.5，比 1967 年颁发的《钢制化工容器设计规定》中采用 n_b=2.7 和 n_s=1.6 的安全系数都要低，按照此标准的安全系数设计的水管式蒸汽锅炉都能长期安全使用。但是，后来替代部级标准 JB 2194—77 的国家标准 GB/T 9222—1988[62]中，对于板材和管材制造的水管锅炉受压元件，其强度设计过程的基本许用应力计算时所规定的安全系数取值分别为 2.7、1.5 和 1.5，与压力容器设计规定的安全系数取值一致。

7.7.4　管道结构的安全系数

1) 管道安全系数

在石油化工系统中，管道设计的许用应力的确定一般采用压力容器规定的安全系数。但是与承压设备相比，承压管道承受的载荷具有鲜明的特点，除了两者通常的工况载荷，管道还可能受到如压力冲击(水锤)、振动、支架基础下沉等的作用。因此，管道设计中只采用压力容器安全系数是不够的，还要通过结构的柔性系数、应力加强系数以及其他方法进行针对性的安全保障。

弯管在承受弯矩时，弯管的截面发生椭圆化，也称为"截面扁平化"，使弯管的刚度降低，柔性增加为直管柔性的 K 倍，K 即管件的柔性系数[63]。因此，管道中的弯管，有的是输送走向的需要，个别是管道实现自我补偿的需要，更多是两种需要兼而有之。

管道在内压、自重、外载荷和热胀等载荷的作用下，在弯管、三通管等薄壁管件上将产生局部应力集中。弯管的应力加强系数是指弯管在弯矩作用下的最大弯曲应力和直管受同样弯矩作用时的最大弯曲应力的比值[63]。

2) 同向安全系数和横向安全系数

管道设计中基于线性累积损伤理论的临界管跨长度计算，以疲劳寿命是否达到要求、管道静应力与涡激振动(vortex induced vibrations，VIV)引发最大弯曲应力的合应力是否超出要求为标准计算临界管跨长度。其中，在计算管道的同向涡激振动引起的临界管跨长度时，在公式中同时考虑同向安全系数、应力幅安全系数、固有频率安全系数、稳定安全系数、涡激初始速度安全系数，另外还考虑了稳定系数。同理，在计算管道的横向涡激振动引起的临界管跨长度时，在公式中也同时考虑了横向安全系数 1.3、海床近似率修正系数、管道质量修正系数、流浪比修正系数、海沟修正系数[64]。

3) 许用应力范围减少系数[65]

根据应力的合格判别式，一次应力(S_L)不得超过设计温度下管道材料的许用应力(S_h)，即

$$S_L \leqslant S_h \tag{7.10}$$

式中，S_L 为管道元件的一次应力，MPa；S_h 为管道元件材料在设计温度下的许用应力，MPa。

管道的二次应力(S_E)不得超过设计温度下管道材料的许用应力范围(S_a)，即

$$S_E \leqslant S_a f(1.25\,S_C + 0.25\,S_h) \tag{7.11}$$

式中，S_E 为管道元件的二次应力，MPa；f 为在预期寿命内，考虑循环总次数影响的许用应力范围减少系数，ANSI B 3.1 标准给出的许用应力范围减少系数见表 7.3；

S_C 是管道元件材料在 20℃时的许用应力，MPa；S_h 是管道元件材料在设计温度下的许用应力，MPa。

表 7.3　许用应力范围减少系数[65]

温度循环次数	系数
<7000	1.0
7000～14000	0.9
14000～22000	0.8
22000～45000	0.7
45000～100000	0.6
>100000	0.5

对于石化工艺管道，冷热总循环次数超过 7000 的很少，系数取 1。

如果二次应力不能满足要求，那么应考察其一次应力是否有富裕，如果 $S_L < S_h$，可将它们之间的差值加到许用应力范围计算式中，那么在此情况下，许用应力范围为

$$S_E \leqslant S_a f[(1.25(S_C + S_h) - S_L]$$
(7.12)

4) 基于可靠性腐蚀评价准则的安全系数

油气管道随着服役时间的增加，由腐蚀引起的管道穿孔和断裂等事故隐患加大。现行准则中的腐蚀评价方法依赖由经验获取的安全系数，因此对管道相关风险或安全水平的真实影响尚不清楚。文献[66]针对代表大泄漏的最大极限状态 (ultimate limit state，ULS) 和代表小泄漏的泄漏极限状态 (leakage limit state，LLS)，根据压力、直径、产品、人口密度和环境敏感性所决定的预期失效后果的严重程度，使用安全等级系统来表征给定的管道，相应地定义了 ULS 安全系数和 LLS 安全系数。

7.8　安全系数按照安全评定方法分类

7.8.1　按照修正的安全判据分类

1) 强度安全系数

强度安全系数也称"应力安全系数"，这是应用最多的、最常见的安全系数之一。材料力学、弹性力学及塑性力学中所提到的安全系数大多数是指强度安全系数。前面各种分类方法中提到的安全系数基本都是强度安全系数。

2) 应力幅安全系数

疲劳设计规范中制定疲劳设计曲线时，考虑到低循环疲劳适宜以应变作为控制变量但又要与高循环疲劳曲线坐标系统一致，纵坐标仍以应力幅表示，但提出了"虚拟应力幅"S的概念。当有塑性变形存在时，S并不是真实存在的应力，只不过为了方便，以线弹性的原理来处理塑性问题，因此这个虚拟应力与前面所说的强度极限应力是有区别的。

考虑到试验曲线是在无缺口和无焊缝的光滑试样中进行对称弯曲疲劳试验而得到的，这只是一条理想的、最佳试验曲线，所以考虑适当的安全系数作为安全裕度，一般取为 2[19]。

3) 循环安全系数

循环安全系数也称为"循环次数安全系数"或"循环寿命安全系数"，在制定疲劳设计曲线时，出于考虑应力幅安全系数的同样原因，取循环安全系数为 20，即寿命为

$$Y=N/(20N_o) \tag{7.13}$$

式中，Y 为寿命；N 为疲劳循环次数；N_o 为每年压力容器的压力波动次数。因此，也可以说考虑了容器承受静载荷还是动载荷而分别给予不同的安全系数。

4) 应力安全评价系数[67]

在热交换器设计中，单个零部件可按标准进行独立设计，能满足技术指标的要求，但是在热交换器组装后，在相同的工况下，热交换器不同应力路径上的应力挠变存在不协调现象，造成使用的不确定性和不安全性。

一方面，按照协调变形的原则，考虑换热器设计组装不同应力路径线弹性变形程度的一致性；另一方面，从安全评价核算系数出发，在定义安全评价系数的基础上，对核算系数的关联性进行有效分析，可对热交换器的安全使用性提出评价方法；两方面结合起来，在预判换热器潜在失效应力路径的基础上，就可以从应力路径的角度出发对换热器进行合理的安全评定。

对设备使用受力状态予以相关评价，即应判断构件同类核算系数相近，各装配件的线弹性变形程度才相近。为此，首先定义构件最大薄膜应力与其许用应力的比值为薄膜应力安全评价核算系数 q_m；然后定义构件最大弯曲应力与其许用应力的比值为弯曲应力安全评价核算系数 q_M；最后定义构件弯曲应力安全评价核算系数与薄膜应力安全评价核算系数之比为安全评价系数 S_a；主要靠薄膜应力来承载的压力容器，S_a 应取较小值，也就是说，其各构件安全评价系数的标准差取值越小，设备安全性越好；当 $S_a \geqslant 1$ 时，容器在薄膜应力之外还要承受其他较大载荷，不利于容器的疲劳使用。

7.8.2　按照断裂力学安全评定方法分类

1) 韧性安全系数 n_K

韧性安全系数 n_K 即线弹性断裂理论中按照应力强度因子建立的断裂判据，即

$$K_I = K_{IC} \tag{7.14}$$

改写为

$$K_I \leqslant [K_I] = K_{IC}/n_K \tag{7.15}$$

时的安全系数 n_K，当然有 $n_K \geqslant 1$，且是静载低应力抗断裂安全系数[6,68]。在压力容器估算中，以断裂韧性为基准的许用安全系数可取 $[n]_K = 4$ 以上[1]。

2) 能量率安全系数 n_G

将线弹性断裂理论中的能量判据，即

$$G_I = G_{IC} \tag{7.16}$$

改写为

$$G_I \leqslant [G_I] = G_{IC}/n_G \tag{7.17}$$

时有 n_G。其中，G_I 为裂纹扩展过程中系统的弹性能释放率，即

$$G_{IC} = 2(\Gamma + UP) \tag{7.18}$$

式中，Γ 为材料的比表面能；UP 为塑变比功。因为

$$G_I = K_f / E_1 \tag{7.19}$$

所以 n_K 与 n_G 有一定的关系[68]。

3) σ_θ 准则安全系数 n_θ

在复合型断裂判据中，最大周向应力理论判据为 σ_θ 准则，即

$$K_e \leqslant [K_e] = K_{IC}/n_\theta \tag{7.20}$$

式中，K_e 为将复合型断裂视为 I 型断裂下的应力强度因子 K_I 而定义的一个相当的应力强度因子。

4) S 准则安全系数 n_S

在复合型断裂判据中，应变能密度因子理论判据为 S 准则，即

$$S_{min} \leqslant [S_{min}] = S_c / n_S \tag{7.21}$$

式(7.21)的物理意义为当应变能密度因子的极小值 S_{min} 达到某一临界值 S_c 时，裂纹开始扩展。

与 σ_θ 准则认为裂纹的扩展是沿着具有最大周向应力 $\sigma_{\theta max}$ 的截面进行相对应，S 准则认为裂纹的扩展是沿着具有最小应变能密度因子的方向进行的，同时

G 准则、σ_θ 准则和 S 准则均可以用作非复合型断裂的安全判据。

5) COD 判据安全系数 n_δ

在弹塑性断裂力学中，认为当裂纹尖端的裂纹表面张开的位移量 δ 达到某一临界值 δ_{cr} 时，裂纹开始扩展，因此按照 COD 建立的断裂判据为

$$\delta \leqslant \delta_{cr} / \delta \tag{7.22}$$

6) J 积分判据安全系数 n_J

在弹塑性断裂力学中，J 积分判据为

$$J \leqslant [J] = J_{CO} / n_J \tag{7.23}$$

7) 裂纹安全系数 n_a

用裂纹尺寸表达安全系数即按照断裂力学设计的观点，只要裂纹尺寸在允许的范围内，即使有裂纹也是允许它存在的，许可裂纹尺寸为

$$[a] = a_c / n_a \tag{7.24}$$

而

$$a_c \leqslant 2(K_{IC} / \sigma) / \pi \tag{7.25}$$

此时 n_a 取值还与载荷动态有关，对于静载荷，以临界裂纹尺寸为基础的安全系数 n_a 可取 2。

8) 开裂应力安全系数 n_c

由 n_c 限制容器的最高轴向应力 σ_z (一般在水压试验时发生)不大于裂纹的临界开裂应力 σ_c，以免容器破裂，因此 n_c 的大小等于 σ_c 与 σ_z 的比值。

9) 断裂极限压力安全系数 n_b

我国规定极限强度安全系数 $n_b = 3$。对轴向断裂极限压力为 P_{bz} 的容器来说，因为水压试验的压力大于容器的工作压力，所以水压试验时的断裂极限压力安全系数小于工作时的断裂极限压力安全系数。

10) 伯德金(Burdekin)设计曲线的常数 c 的安全系数

国际焊接学会于 1975 年发表了按照脆断观点的缺陷评定标准草案，其中在确定实际允许的当量穿透缺陷尺寸 a_m 时分别推荐了下面两个公式：

当 $\sigma / \sigma_y \leqslant 0.5$ 时，有

$$a_m = c(K_{IC} / \sigma_y)^2 \tag{7.26}$$

当 $\sigma / \sigma_y > 0.5$ 时，有

$$a_m = c\delta_c / \sigma_y \tag{7.27}$$

有关 c 值可查伯德金设计曲线，c 值的安全系数为 $2\sim2.5$[69]。

7.8.3　按照安全评定的变量指标分类

1) 应力安全系数

压力容器规则设计法中，根据某种强度理论，限制结构应力水平不超过结构材料的许用应力来保证安全。材料的许用应力就是通过材料的屈服极限等强度指标除以应力安全系数而得的。

2) 载荷安全系数

除了对应于使用许用应力的应力计算方法，另一种方法是设计结构时采用极限载荷设计法。先采用极限分析确定出引起结构垮塌的载荷即极限载荷，然后适当选择"载荷安全系数"除以极限载荷，由此确定许用载荷。例如，对强度问题[70]，即

$$n = \frac{P_s}{P_w} \tag{7.28}$$

式中，P_s 为极限载荷；P_w 为许用工作载荷；n 为安全率，即载荷安全系数。

在压力容器设计中，可以采用极限载荷法确定容器所能承受的极限载荷，然后把外载荷限制在极限载荷以下，一般取安全系数 1.5。这种方法在压力容器分析设计标准中已有明文规定。在其他结构设计中许用应力法与极限载荷法都是常用的[70]。

3) 应变安全系数

有的结构设计是以应变作为控制对象的，应变的计算分为线应变、角应变以及应变率和应变能等不同的量，应变的检测有应变片、应变计及应变仪等不同的应变式传感器，出于设计安全或检测灵敏的考虑，需留有一定的应变余量，即应变安全系数。

4) 位移安全系数

设计结构时采用极限载荷设计法，如对于刚度问题，式(7.28)变成[70]

$$n = \frac{\Delta_t}{\Delta_w} \tag{7.29}$$

式中，Δ_t 为极限位移；Δ_w 为许用工作位移。

7.8.4　按照安全系数的大小分类

JB/T 4712.2—2007[71]及 NB/T 47065.2—2018[72]在确定常用支腿材料的许用应力时，引入了最小安全系数 n_s 的概念，一般取 n_s =1.5。

文献[73]在炼油酮苯脱蜡装置套管结晶器刮削轴传动头的链条设计中引入了许用安全系数[n]，一般情况下取[n]=4～8。电机通过链条带动传动头和刮削轴一起转动，刮削轴把介质析出在夹套内管内表面上的蜡刮下来并排出去，为了防止转轴因承受意外增大的扭矩，传动头与链轮之间设计了安全销，过载则销钉断开，

而链条设计时通过该许用安全系数得以保护。

7.9 安全系数按照载荷因素分类

7.9.1 按照载荷的影响程度分类

1) 超载安全系数

压力容器在操作运行中,由意外原因引起设备超负荷运行,这种状况是偶然的及短时的,但同时也是危险的,因此设计时要考虑一定的裕度。

2) 组合载荷安全系数

《钢制塔式容器》(JB 4710—1992)中规定,塔器短期载荷组合应力许用值提高 20%。

7.9.2 按照冲击类型分类

1) 一次冲击的安全系数

从冲击载荷下材料强度极限和屈服极限变化的观点来看,如果将冲击载荷当作静载荷来处理,那么对结构完整的材料来说,是偏于安全的。但是,冲击载荷对材料的缺口敏感性比静载荷的要大得多,从这个角度看,将冲击载荷当作静载荷处理时,必须提高安全系数。

2) 多次冲击的安全系数

材料的一次冲击的破坏抗力主要由冲击韧度来确定,但是当冲击次数多时,则主要由材料的疲劳强度来确定。在这两者之间,当达到破坏的冲击次数增加时,冲击韧度的影响减小而疲劳强度的影响增加。因此,要区别对待这两种情况下的安全系数。

3) 热冲击的安全系数

突然的热变化使材料外部与内部产生时长较短但幅度较大的温差应力,由于激烈的热应力更容易引起材料表层的破裂,所以其安全系数一般以最大温差为基准。

7.9.3 按照疲劳类型分类

1) 低周疲劳安全系数

低周疲劳是相对高周疲劳(一般疲劳)而言的。低周疲劳安全系数可分为传统的低周疲劳设计的安全系数以及用裂纹扩展速度求低周疲劳寿命的安全系数两种。

制定疲劳设计曲线的试样测试中,操作环境和试样环境不同,它可能存在腐蚀、高温、低温等恶劣环境,但均会对疲劳寿命产生影响。对此的处理方法是分别引入安全系数,将 S_a-N_f 曲线预先调低。对于除螺柱以外的材料,具体措施如下。

(1) 以应力幅为基准，引入安全系数 2.0。

(2) 以交变循环次数为基准，引入安全系数分别为：①考虑到试验数据的分散性，取安全系数为 2.0；②考虑到构件受载截面尺寸的影响，取安全系数为 2.5；③考虑到表面加工条件、使用环境等影响，取安全系数为 4.0。

(3) 将上述三因子相乘而得到对交变循环次数 N_f 所取的安全系数为 $2.0 \times 2.5 \times 4.0 = 20.0$。

(4) 同时计及以应力幅为基准取安全系数即应力安全系数 2.0，以交变循环次数为基准取安全系数(即总体寿命安全系数)为 20.0，对 S_a - N_f 曲线进行调低，并以调低后两者中的较低数值的包络线作为疲劳设计曲线。因此，疲劳设计曲线的安全系数是一个复合的安全系数。

(5) 对于螺柱材料，交变应力幅安全系数取 1.5，总体寿命安全系数取 5.7。

2) 热疲劳安全系数

由于零部件中循环变化的温差产生的热应力也是循环变化的，当次数达到某一数值时，金属将产生疲劳破坏，即热疲劳，其损伤过程比低周疲劳的损伤过程复杂，主要是其使材料内部组织起变化，使强度和塑性降低，并且热疲劳是不均匀的。因此，要专门对它确定一个安全系数。

3) 腐蚀疲劳安全系数

一般地，金属的腐蚀疲劳强度主要由腐蚀环境的特性确定，循环频率、应力集中、零件尺寸对它都有影响，但是与金属的强度极限无关。因此，对这种特殊情况也要制定其安全系数。

4) 设计疲劳曲线

设计疲劳曲线是以材料的平均应力为零的恒应变拉压型疲劳试验得到的最佳拟合疲劳曲线为基准的，疲劳寿命的安全系数为 15，应力幅的安全系数为 1.6。对于各向异性材料，应考虑各向异性的影响。一般取各向异性安全系数为 n_a =1.1。在计算疲劳寿命时，必须用 $n_a S_{eq}$ 代替 S_{eq}[74]。

7.9.4　按照工况类型分类

1) 高温设备工况

文献[75]基于 ASME 规范对高温压力容器高温蠕变设计方法进行比较，列出了标准中 NB 分卷和 NH 分卷高温部件不同工况下的应力限制，分为设计工况、正常工况 level A(包括瞬态扰动工况 level B)、应急工况 level C、事故工况 level D 和试压工况共五种条件；对整体薄膜应力 P_m、一次局部薄膜应力 P_L 加一次弯曲应力 P_b 等应力及有关指标进行限制，通过其中几个系数调整应力限：一是引入了载荷组合系数和截面系数 K；二是在中间三种工况中还考虑了蠕变引起的外层纤维弯曲应力减少系数 K_t 对一次弯曲应力 P_b 的影响[76]。

作者认为，五种工况条件中调整应力限的这些系数在某种作用上相当于五种安全系数。

2) 高塔抗震安全系数

高塔设计在计算基底剪力时用到地震系数的概念，而在高塔抗震强度验算时还可采用安全系数方法。此时，安全系数应取不考虑地震载荷时数值的 80%，但是不应小于 1.1；当只验算竖向地震载荷作用下结构抗震强度时，安全系数应采用不考虑地震载荷时的数值[76]。

3) 高塔基础抗倾覆安全系数

塔的基础稳定性需要验算，当基础底面按检修载荷或者地震载荷组合进行计算时，且基础底板与土脱开，则应进行基础抗倾覆稳定性验算。为了保持基础的稳定状态，基础上的稳定力矩与倾覆力矩之比 K 应大于 1.5，这就是基础抗倾覆安全系数[76]，它是与力矩载荷有关的安全系数。

此外，还有预防高塔底板冲切破坏的冲切强度设计安全系数、预防底板弯曲的抗弯计算强度安全系数，以及地基容许承载安全系数[76]。

7.10　安全系数按照影响因素分类

7.10.1　按照介质的泄漏原因分类

1) 密封面损伤泄漏安全系数

密封面的损伤包括机械损伤或介质腐蚀造成的损坏。

2) 外力作用泄漏安全系数

介质压力、外来集中力或弯矩等外力作用在可拆卸的密封接头处引起泄漏的安全系数，包括因密封原理选择或密封结构设计不合理造成介质泄漏的安全系数。

3) 密封材料失效泄漏安全系数

密封材料失效泄漏安全系数主要是指密封材料变质老化失去密封功能造成介质泄漏的安全系数。

7.10.2　按照不同因素的影响程度分类

对一台容器的安全运行要求，除了考虑其本身所承受介质工况的影响，还要考虑这台容器在整套装置中所处的地位及这台容器安装位置所处的周围空间环境的情况，这就是工作条件安全系数。

任何一台容器都遇到以上几方面的情况，各种情况考虑了对同一台容器安全运行的影响，将各方面的安全系数减去 1 后再加起来，便是设计时要考虑的总的安全系数。或者以某一方面主要因素作为基本安全系数，再考虑其他次要因素作为附加安全系数，也可以取得总的安全系数。

要分析不同因素对容器安全运行的影响，可借助统计学中由著名统计学家卡尔·皮尔逊设计的相关系数(correlation coefficient)这个统计指标。相关系数用以反映变量 x 与 y 之间是否确实存在关系，以及相关关系的密切程度。相关系数是按积差方法计算，同样以两变量与各自平均值的离差为基础，通过两个离差相乘来反映两变量之间的相关程度。依据相关现象之间的不同特征，其统计指标的名称有所不同，将其中反映两变量间线性相关关系的统计指标称为相关系数，相关系数的平方称为判定系数，分别记作 R 和 R^2，线性的单相关系数是研究的重点；将其中反映两变量间曲线相关关系的统计指标称为非线性相关系数、非线性判定系数；将其中反映多元线性相关关系的统计指标称为复相关系数、复判定系数等。

7.11　安全系数按照安全系数的来源分类

7.11.1　按照安全系数的虚实分类

采用 API(美国石油学会)579 号规范对典型尺寸的凹坑进行安全评定，虽然方法中隐含了一定的安全系数，但是并没有告知其大小。通过有限元极限载荷分析直接计算出在不同凹坑尺寸时隐含的相对于塑性极限载荷的安全系数。隐含安全系数通过计算显化后就是实有安全系数[77]。

7.11.2　按照安全系数的可靠度分类

1) 平均安全系数 n_c

按照规则设计(强度理论)，将材料的强度与载荷产生的应力之比称为平均安全系数，一般常用材料的强度均值 μ_r 与结构危险截面的平均应力 μ_s 之比表示，即

$$n_c = \frac{\mu_r}{\mu_s} \tag{7.30}$$

由于许多场合下，平均安全系数的数值凭经验决定，所以具有一定的盲目性。随着科学技术的进步，这个弱点越来越突出。对于可靠性要求较高的装置或零部件，必须重新考虑和衡量结构安全的度量指标。

2) 概率安全系数 n_R

在可靠性工程中，定义概率安全系数为：在某一概率值($a\%$)下材料的最小强

度与另一概率值($b\%$)下可能出现的最大应力(S_{bmax})之比，由此可推导出概率安全系数与可靠度系数及强度和应力统计特征值之间的关系[78]。

腐蚀概率与腐蚀速度是两个独立的概念[79]。无论是均匀腐蚀还是各种局部腐蚀，在各自可发生腐蚀的条件下，并不一定 100%都发生腐蚀，而是依条件按照不同的百分比(包括 100%)概率发生腐蚀。

既然腐蚀现象从本质上讲具有概率性，则在解释腐蚀数据时就应该考虑到数理统计方法，特别是对于局部腐蚀，绝不能满足于测量其均匀腐蚀率或从个别少数试样中得出结论。

因此，对腐蚀的概率论评价法与通常的减重法相比，有很大优点。它既能把发生和成长区别开来进行定量的评价，同时又能表现出腐蚀形态的变化。这也要求我们在研究腐蚀问题时，不能只从电化学的确定论出发。

3) 随机安全系数 n

材料的强度 r 和装置或零件的应力 S 均是随机变量，如果定义安全系数为

$$n = \frac{r}{S} \tag{7.31}$$

显然 n 也是随机变量。$n \geqslant 1$ 的概率即设备的可靠度，即 $R(t) = P(n \geqslant 1)$。据此，如果已经知道随机变量的变异系数，就可按照要求的可靠度来估算安全系数的取值范围及其均值。

4) 载荷潜力系数

霍奇[80]指出，三角形截面梁的塑性极限弯矩和弹性极限弯矩之比简称载荷潜力系数，该系数是 2.34 而非 1.5，因此用$1.5S_m$来控制圆柱壳开孔接管补强区内的一次薄膜加弯曲应力会明显保守[81]。

7.12　安全系数按照容器的材料分类

7.12.1　按照材料种类分类

1) 材料安全系数

随着国民经济的发展，各行各业对压力容器的要求越来越复杂，同时压力容器的用途也越来越广泛，由此产生了许多由不同材质、不同材料制造的压力容器。不同的材料具有不同的应力-应变关系及不同的力学性能及物理性能，相应地要求设计时要采取不同的安全系数，如钢铁安全系数、铸铁(钢)安全系数、有色金属安全系数、塑料安全系数及玻璃钢安全系数等。

奥氏体不锈钢材料具有非常好的应变强化能力和韧性，为充分发挥奥氏体不锈钢材料的优良性能，在选取奥氏体不锈钢材料许用应力值时，可考虑降低其安

全系数。铸造材料内气孔、夹渣及偏析缺陷多、韧性低，铸钢压力容器受压元件的强度设计许用应力取材料抗拉强度除以安全系数4.0并应考虑铸造质量系数ϕ，一般情况下，$\phi \leqslant 0.8$，当符合特别的检验要求时，可采用$\phi \leqslant 0.9$[51]。

在某些化工流程中，锆材常用作压力容器的衬里材料，《锆制压力容器》(NB/T 47011—2010)[82]中室温下标准抗拉强度下限值的安全系数规定为≥4.0，在设计温度下抗拉强度的安全系数也规定为≥4.0，这样取值比表6.2、表6.3和表6.4的可比较安全系数取值都要高。其中的原因之一是锆的热膨胀系数比钢低，容器内升温后锆层受到拉应力作用，而且锆衬里层板材之间的连接坡口通常是受力较差的搭接坡口，锆衬里泄漏是锆复合板容器和锆衬里容器的主要失效模式之一。

一般化工用玻璃钢储罐设计的安全系数取10[83]。

2) 实际安全系数与理论安全系数

若材料实际强度性能高于标准值，则相当于实际安全系数高于设计计算时的理论安全系数；若材料性能低于标准值，则相当于实际安全系数低于设计计算时的理论安全系数。

7.12.2 按照材料均匀性分类

1) 匀质安全系数

匀质安全系数考虑了容器的安全运行受设备的材质不均匀性影响的程度。由于物理冶金轧钢工艺等因素的影响使设备板材的内部组织不可能完全一致，而对同一种材质来说，不同的容器受这种材质的不均匀影响所引起的不安全程度又有所不同。这些情况都应考虑相应的安全系数。

2) 各向异性材料的附加安全系数

日本标准《超高压圆筒容器设计指针》(HPIS-C-103)[84]对于各向异性材料进行疲劳分析，其当量交变应力幅应乘以表7.4中所列的附加安全系数f_n。附加安全系数与材料级别有关，如表7.5[85]所示。

表 7.4　各向异性材料的附加安全系数

锻件		管子	
材料级别	f_n	材料级别	f_n
A	1.1	a	1.1
B	1.1	b	1.1
C	1.2	c	1.1

表 7.5 材料级别的力学性能

类别	等级	拉伸试验							冲击试验	
		极限强度/MPa	屈服极限/MPa	伸长率/%		断面收缩率/%		试验温度/℃	冲击吸收能量/(N·m)	
				轴向	切向	轴向	切向		平均值	最小值
锻件	A	[686.5，833.6]	≥588.4	≥17	≥14	≥45	≥40	20	≥20.6	≥14.7
	B	[833.6，980.7]	≥735.5	≥16	≥13	≥35	≥30		≥20.6	≥14.7
	C	[980.7，1176.8]	≥931.6	≥14	≥12	≥25	≥22		≥20.6	≥14.7
管子	a	[784.5，882.6]	≥686.5	≥17	≥14	≥50	≥40	20	≥20.6	≥14.7
	b	[882.6，980.7]	≥784.5	≥16	≥13	≥50	≥40		≥20.6	≥14.7
	c	[980.7，1078.7]	≥882.6	≥14	≥12	≥45	≥35		≥20.6	≥14.7

3) 综合各种因素的安全系数

TSG 21—2016[15]规程中的 3.2.1 条安全系数及许用应力，列出了确定压力容器金属材料(板、锻件、管和螺栓)的许用应力(或者设计应力强度)的最小安全系数，分别如表 7.6～表 7.8 所示。

表 7.6 规则设计方法的安全系数

材料(板、锻件、管子)	安全系数			
	室温下的抗拉强度 R_m	设计温度下的屈服强度 R_eL^t ($R_\mathrm{p0.2}^\mathrm{t}$)①	设计温度下的持久强度极限平均值 R_D^t ②	设计温度下蠕变极限平均值(每 1000h 蠕变率为 0.01%) R_n^t
碳素钢及低合金钢	$n_\mathrm{b} \geqslant 2.7$	$n_\mathrm{s} \geqslant 1.5$	$n_\mathrm{d} \geqslant 1.5$	$n_\mathrm{n} \geqslant 1.0$
高合金钢	$n_\mathrm{b} \geqslant 2.7$	$n_\mathrm{s} \geqslant 1.5$	$n_\mathrm{d} \geqslant 1.5$	$n_\mathrm{n} \geqslant 1.0$
钛及钛合金	$n_\mathrm{b} \geqslant 2.7$	$n_\mathrm{s} \geqslant 1.5$	$n_\mathrm{d} \geqslant 1.5$	$n_\mathrm{n} \geqslant 1.0$
镍及镍合金	$n_\mathrm{b} \geqslant 2.7$	$n_\mathrm{s} \geqslant 1.5$	$n_\mathrm{d} \geqslant 1.5$	$n_\mathrm{n} \geqslant 1.0$
铝及铝合金	$n_\mathrm{b} \geqslant 3.0$	$n_\mathrm{s} \geqslant 1.5$	—	—
铜及铜合金	$n_\mathrm{b} \geqslant 3.0$	$n_\mathrm{s} \geqslant 1.5$	—	—
锆及锆合金	$n_\mathrm{b} \geqslant 3.0$	$n_\mathrm{s} \geqslant 1.5$	—	—

① 对于奥氏体不锈钢板，若产品标准允许采用 $R_\mathrm{p0.2}^\mathrm{t}$ 且相应材料标准给出了 $R_\mathrm{p0.2}^\mathrm{t}$，则可以选用该值计算其许用应力。

② 安全系数为 1.0×10^5h 时的持久强度极限值。

表 7.7 分析设计方法的安全系数

材料 (板、锻件、管子)	安全系数			
	室温下的抗拉强度 R_m [3]	设计温度下的屈服强度 R_{eL}^t ($R_{p0.2}^t$)[1]	设计温度下的持久强度极限平均值 R_D^t [2]	设计温度下蠕变极限平均值(每 1000h 蠕变率为 0.01%) R_n^t
碳素钢 低合金钢	$n_b \geqslant 2.4$	$n_s \geqslant 1.5$	$n_d \geqslant 1.5$	$n_n \geqslant 1.0$
高合金钢	$n_b \geqslant 2.4$	$n_s \geqslant 1.5$	$n_d \geqslant 1.5$	$n_n \geqslant 1.0$

① 对于奥氏体不锈钢板,若产品标准允许采用 $R_{p0.2}^t$ 且相应材料标准给出了 $R_{p0.2}^t$,则可以选用该值计算其许用应力。

② 安全系数为 1.0×10^5h 时的持久强度极限值。

③ 对于分析设计方法,若相应材料标准给出了设计温度下的抗拉强度 R_m ,则可以选用该值计算其许用应力。

表 7.8 螺柱(螺栓)的安全系数

材料 (板、锻件、管子)	螺柱(螺栓)直径/mm	热处理状态	安全系数	
			设计温度下的屈服强度 R_{eL}^t ($R_{p0.2}^t$)	设计温度下的持久强度极限平均值 R_D^t [1]
碳素钢	≤ M24	热轧、正火	2.7	1.5
	M24～M48		2.5	
低合金钢与马氏体高合金钢	≤ M24	调质	3.5	
	M24～M48		3.0	
	≥ M48		2.7	
奥氏体高合金钢	≤ M24	固溶	1.6	
	M24～M48		1.5	

① 安全系数为 1.0×10^5h 时的持久强度极限值。

　　灰铸铁室温下抗拉强度安全系数不小于 10.0,球墨铸铁室温下抗拉强度安全系数不小于 8.0。《造纸机械用铸铁烘缸设计规定》中规定球墨铸铁安全系数取 8.0[86]。

　　铸钢室温下抗拉强度安全系数不小于 4.0。

　　原来还规定当设计所取安全系数小于 TSG 21—2016 规程的规定时,应当按规程 1.9 的规定通过新技术评审,2020 年 4 月 8 日国家市场监督管理总局特种设备局发布该规程的第 1 号修改单的征求意见稿,拟取消这条规定。

7.12.3 纤维增强材料设备设计安全系数

　　纤维增强材料设备设计安全系数[87]的影响因素较多,主要包括:材料性能试验验证的分项安全系数 K_1；与设备应用化学环境相关的分项安全系数 K_2；设计温度和树脂热变形温度相关的分项安全系数 K_3；压力或温度波动循环的动载荷分项安全系数 K_4；材料蠕变等长期性能的分项安全系数 K_5。一般地，其表达式[88-91]为

$$K = S_0 K_1 K_2 K_3 K_4 K_5 \tag{7.32}$$

$$F = S_0 K_1 K_2 K_3 K_4 \sqrt{K_5} \tag{7.33}$$

式中，K 为设备承受内压、层合板承载截面内为拉应力时的安全系数；F 为设备承受外压或者压缩载荷、层合板承载截面内为压应力或者弯曲应力时的安全系数；S_0 为基本安全系数，且与材料的性能无关。

对于安全系数 K，在 HG/T 20696—2018[88]中称为内压安全系数，在 GB 51160—2016[89]中称为设计安全系数，在 BS EN 13121-3—2008[90]中称为总体安全系数(overall design factor)。

对于安全系数 F，在 HG/T 20696—2018 中称为外压安全系数，在 GB 51160—2016 中表述为屈曲安全系数，与 BS EN 13121-3—2008 中"buckling design factor"的意思相同。当设备沿壁厚存在弯曲应力时，内/外壁面必有一侧为压缩应力状态，此时的设计安全系数应该取为 F，而不是 K。

对于基本安全系数 S_0，在 GB 51160—2016 和 BS EN 13121-3—2008 中均统一取为 2。在 HG/T 20696—2018 中则更为细致地规定为：对于常压设备或者采用声发射检测进行检验的压力容器取为 2，对于不采用声发射检测进行检验的压力容器取为 2.3。

另外，各相关设计/建造标准还对设计安全系数的最小值做了相应的规定。

7.13　安全系数的动态变化

若将长期以来压力容器安全系数逐渐降低的趋势视作安全系数的变化动态，则可以将某一具体工程项目中承压设备安全系数受到其他很多因素影响的这一状况称为安全系数的动态变化。

1) 结构对安全系数的影响

在超高压容器设计时，随着外径与内径比值的增加，其相应所需要的液压试验初始屈服安全系数会减小[92]。

2) 运行周期对安全系数的影响

按照自增强理论设计制造的高压容器运行后，由于温度、脉冲振动及时效的影响，内壁压缩残余应力会逐步衰减，从而使设备投运初期的安全系数逐步下降，威胁设备的安全运行[93]。

3) 失效模式对安全系数的影响

安全系数与失效模式直接相关，同时也与计算的精确程度、材料性能的可靠性、设备的应用场合相关。研究表明，在深冷条件下的不同温度点，奥氏体不锈钢的强度有非常明显的变化，应该采用随温度变化的安全系数曲线来确定材料的许用应力[94]。

4) 安全系数函数

液相法聚丙烯反应器、BP 公司的气相法聚丙烯反应器均是一种搅拌器，炼油化工生产还有很多像超重力脱硫塔或者搅拌罐等各种带转轴压力容器涉及转轴的优化设计。工程上不少转轴多为形状复杂的阶梯轴，受力情况也较复杂，因此对危险截面一般很难准确地做出判断，往往要对若干个可能的危险截面逐一地进行校核，这不仅使计算工作量大大增加，而且给利用计算机进行轴的优化设计带来诸多不便。文献[95]利用奇异函数导出了适于轴全长的静强度安全系数函数和疲劳强度安全系数函数。

轴类的静强度是根据轴的短时最大载荷(包括动载荷和冲击载荷)来计算的，其目的是保证传动轴对塑性变形的抵抗能力。危险截面静强度安全系数校核计算的基本公式为

$$S_S = \frac{S_{SU}S_{S\tau}}{\sqrt{S_{SU}^2 + S_{S\tau}^2}} \geqslant [S_S] \tag{7.34}$$

$$S_{SU} = \frac{\sigma_S}{M_{max} / W} \tag{7.35}$$

$$S_{S\tau} = \frac{\tau_S}{T_{max} / W_p} \tag{7.36}$$

式中，S_{SU} 为只考虑弯曲时的安全系数；$S_{S\tau}$ 是只考虑扭转时的安全系数；σ_S、τ_S 分别是材料的拉伸屈服强度和扭转屈服强度；M_{max}、T_{max} 分别是轴的危险截面上的最大弯矩和最大扭矩；$[S_S]$ 是静屈服强度的许用安全系数；W、W_p 分别是轴的危险截面上的抗弯截面模数和抗扭截面模数。

对于阶梯轴上不同轴长位置 x 处，可得静强度安全系数：

$$S_S(x) = \frac{S_{SU}(x)S_{S\tau}(x)}{\sqrt{S_{SU}^2(x) + S_{S\tau}^2(x)}} \tag{7.37}$$

$$S_{SU}(x) = \frac{\sigma_S}{M(x) / W(x)} \tag{7.38}$$

$$S_{S\tau}(x) = \frac{\tau_S}{M_T(X) / W_T(x)} \tag{7.39}$$

疲劳强度安全系数校核计算的基本公式为

$$S = \frac{S_a S_\tau}{\sqrt{S_a^2 + S_\tau^2}} \geqslant [S] \tag{7.40}$$

$$S_a = \frac{\sigma_{-1}}{(k_a \sigma_a / (\beta \varepsilon_a)) + \psi_a \sigma_m} \tag{7.41}$$

$$S_\tau = \frac{\tau_{-1}}{(k_\tau \tau_a / (\beta \varepsilon_\tau)) + \psi_\tau \tau_m} \tag{7.42}$$

式中，S_a 为只考虑弯矩作用时的安全系数；S_τ 为只考虑扭矩作用时的安全系数；$[S]$ 为按照疲劳强度计算的许用安全系数；σ_{-1} 为对称循环应力下材料的弯曲疲劳极限；τ_{-1} 为对称循环应力下材料的扭转疲劳极限；k_a、k_τ 分别为弯曲和扭转时的有效应力集中系数；β 为表面质量系数；ε_a、ε_τ 分别为弯曲和扭转时的尺寸影响系数；σ_a、σ_τ 分别为材料拉伸和扭转的平均应力折算系数；τ_a、τ_m 分别为弯曲应力的应力幅和平均应力。

对于阶梯轴上不同轴长位置 x 处，将与截面尺寸和位置有关的参数用奇异函数表示，即可按照疲劳强度校核的安全系数函数得

$$S(x) = \frac{S_a(x) S_\tau(x)}{\sqrt{S_a^2(x) + S_\tau^2(x)}} \tag{7.43}$$

$$S_a(x) = \frac{\sigma_{-1}}{(k_a(x)\sigma_a(x)) / (\beta(x)\varepsilon_a(x)) + \psi_a \sigma_m(x)} \tag{7.44}$$

$$S_\tau(x) = \frac{\tau_{-1}}{(k_\tau(x)\tau_a(x)) / (\beta(x)\varepsilon_a(x)) + \psi_\tau \tau_m(x)} \tag{7.45}$$

在通过 SN 方法研究疲劳方面，FEA 提供了一些非常优秀的工具，这是因为其输入由线弹性应力场组成，并且 FEA 能够处理多种载荷情况交互作用的可能情形。如果要计算最坏情况的载荷环境(这是一种典型方法)，系统可以提供大量不同的疲劳计算结果，包括寿命周期图、破坏图和安全系数图。

5) 外压圆筒外直径与有效厚度的比值小于 10 时的安全系数

$D_o / \delta_e < 10$ 的圆筒与管子非弹性失稳设计校核时，核算其许用外压是基于 $D_o / \delta_e = 10$ 的非弹性失稳情况公式，即

$$[p] = \left[1.625 \left(\frac{\delta_e}{D_o} \right) - 0.0625 \right] B \tag{7.46}$$

式中，B 值是 GB 150—1998 标准中的外压应力系数，该式所取的稳定安全系数为 3.0(与 $D_o / \delta_e > 10$ 的圆筒一致)，而对 $D_o / \delta_e = 2$ 的圆筒，相应的稳定安全系数为

2.0，在 D_o/δ_e =2～10 的圆筒与管子承受外压时，安全系数呈线性变化，如图 7.2 所示[49]。

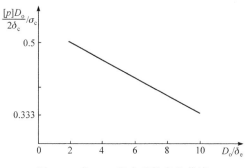

图 7.2　式(7.46)安全系数变化曲线

实际上，D_o/δ_e =2 时筒体已变为实心的"杆"，仍有 2 的安全系数，因此应该说是较保守的。

6) 外压圆筒外直径与有效厚度的比值小于 20 时的安全系数

当 D_o/δ_e <20 时，即便是长圆筒，GB 150—1998 标准中相应的外压应变系数 A 值都将大于 0.00275，而若是短圆筒，则 A 值更大。因此，在圆筒上的临界失稳应力都将达到材料的屈服强度。对于这种刚性圆筒不仅要考虑它的非弹性失稳问题，而且要计算校核其强度。在 GB 150—1998 标准中分别采用两个公式计算其许用外压，并取其中的最小值作为最终的许用外压。其中，非弹性失稳设计校核时其许用外压是基于 D_o/δ_e =20 的非弹性失稳情况时的公式，即

$$[p]_1 = \left[2.25 \left(\frac{\delta_e}{D_o} \right) - 0.0625 \right] B \tag{7.47}$$

式(7.47)所取的稳定安全系数为 3(与 D_o/δ_e >20 的圆筒一致)，而对 D_o/δ_e =4 的圆筒，相应的稳定安全系数为 1.5，在 D_o/δ_e =4～20 的圆筒与管子承受外压时，安全系数呈线性变化。对于外压圆筒，有

$$\frac{[p]D_o}{2\delta_e} = \frac{R_{eL}^t}{n} \tag{7.48}$$

因此，安全系数 n 的取值将影响到[p]的变化。若将 n 与 D_o/δ_e 作图，则见图 7.3 中的斜实线，图中同时绘出了 ASME 规范的安全系数变化曲线如点划折线所示[96]。

比较可知，图 7.3 对图 7.2 具有包容关系。

在基于外压失稳这一失效模式的容器设计中，圆筒壳体的稳定安全系数取 3，球壳和常见成形封头的稳定安全系数取 15，对圆筒加强圈的外压稳定计算，其稳定安全系数取 3。

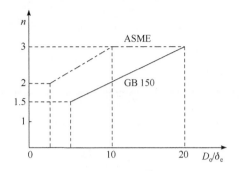

图 7.3 式(7.48)安全系数变化曲线

7) 应力状态对安全系数的影响

《压力容器缺陷评定规范》(CVDA—1984)[97]是根据大量试验研究与理论分析结果提出的我国第一部"合于使用"的规范。该规范中的设计曲线以允许裂纹尺寸 a_m 的形式表示为两段。在第一段中，压力容器处于平面应力与平面应变之间，故其安全系数为 2.4，一般取 3。在第二段中，安全系数为 2.7，随着应变量的增加而增大，常见范围内，安全系数为 3～5[98]。

换热管承受轴向压缩时通常按轴向压杆失稳模型控制其轴向稳定性。其实，用于校核轴向压缩应力的换热管只是其中受压最严重的那部分，其他换热管所承受的轴向压缩应力并没有这么大，而且相当多的换热管承受的是轴向拉伸应力，使得换热管的轴向压缩失稳具有"重分布"的趋势，失稳换热管的数量不多，失稳变形有限。因此，其许用压缩应力可适当放宽，安全系数由 GB 151—1999 标准的 2.0 调整为 GB/T 151—2014 标准的 1.5[99]。

8) 弹性整体稳定安全系数[17]

随着计算技术的发展，不但结构特征值屈曲分析得到解决，结构的二阶弹性分析或者极限承载力分析也基本得到解决，也就是说，结构在不同条件下的临界载荷或者极限载荷可求得。但是如何分析或者判断结构的稳定性是需要研究的问题。例如，就弹性整体稳定而言，所求得的结构特征值屈曲载荷 P_{cr} 与实际载荷 P 之比即可定义为弹性整体稳定安全系数 K_{eb}，但是该值的容许值无从查得。

现行各规范中轴心受压构件稳定设计公式的一般形式为

$$\frac{P}{\phi A} \leqslant f \tag{7.49}$$

以两端简支中心受压构件为例，其最低阶屈曲特征值即欧拉载荷为

$$P_{cr} = \frac{\pi^2 EI}{L^2} \tag{7.50}$$

引入

$$i = \sqrt{\frac{I}{A}} \tag{7.51}$$

和

$$\lambda = \frac{L}{i} \tag{7.52}$$

则有

$$\sigma_{cr} = \frac{P_{cr}}{A} = \frac{\pi^2 E}{\lambda^2} \tag{7.53}$$

因此，可得

$$K_{ed} = \frac{P_{cr}}{P} \geqslant \frac{\pi^2 E}{f} \cdot \frac{1}{\phi \lambda^2} \tag{7.54}$$

由式(7.54)可知，弹性整体稳定安全系数是 λ 的函数，而且随着 λ 的增大而减少，即弹性整体稳定安全系数 K_{eb} 的容许值不是一个恒值。对于整体结构，在无可靠经验或者试验数据时，可通过特征值屈曲分析获得屈曲载荷及屈曲应力，然后通过式(7.52)求得换算长细比 λ_{eb}，再按长细比为 λ_{eb} 的轴心受压构件验算其稳定性，或者通过式(7.54)验算弹性整体稳定安全系数。

另外可参见 7.3.1 节。

9) 焦耳-汤姆逊效应对承压设备安全动态的影响

焦耳-汤姆逊效应是气体在节流过程中温度随压强而变化的现象。气体通过多孔塞或节流阀膨胀的过程称为绝热节流膨胀。绝热节流过程是不可逆过程。试验发现，气体在节流前后温度一般要发生变化，同一种气体在不同条件下(不同温度与压强范围)，节流后温度可以升高，可以降低，也可能不变。若节流后降温，则称为焦耳-汤姆逊正效应，也称为冷效应。若节流升温，则称为焦耳-汤姆逊负效应，也称为热效应。若节流前后温度不变，则称为焦耳-汤姆逊零效应。该膨胀过程的工程应用常见于天然气分离、净化、液化以及空气的液化等，若发生在高压气体承压设备的破裂泄漏中，则温升会导致金属材料强度性能下降，温降会导致金属材料变脆，因此需要考虑动态安全的状况。

文献[100]基于 CO_2 相态分别为气相、密相和超临界的三组工业规模 CO_2 管道(长为 258m，内径为 233mm)全口径泄放试验，研究了 CO_2 管道断裂中减压波速度和管道断裂速度的关系，提出了关于 CO_2 管道的断裂扩展判据。结果表明，气相 CO_2 减压波速度"压力平台"只出现在靠近管道末端。密相 CO_2 减压波速度"压力平台"处于密相 CO_2 快速降压后的饱和压力附近。超临界 CO_2 减压波速度"压力平台"处于超临界 CO_2 转变为气液两相的区间。相较于气相和密相 CO_2，超临界 CO_2 的初始减压波速度最小，且对管道安全系数的要求最高。

　　复合材料气瓶是一种重要的储氢载体，实际应用中，为了提高充氢效率，气瓶的充氢时间为 3～5min，在氢气压缩过程中，由于氢气的焦耳-汤姆逊系数为负值，从高压气源进入低压气瓶过程时，温度会上升；另外，气瓶中的氢气在压缩过程中，也会导致温度上升[101]。树脂对温度敏感性较高，当温度超过 85℃时，易导致树脂出现剥离现象[102]，所以国际上一些国家和美国汽车工程师学会(Society of Automotive Engineers，SAE)等组织编制发布的标准和规范[103,104]一般规定复合气瓶在充气过程中，温度不能超过 85℃。文献[105]针对 80MPa 高压储氢复合气瓶的充氢过程，采用二维轴对称模型数值模拟研究了气瓶充气过程中的瞬态温度场，结果表明，在某种相同的充气条件下，长径比小的气瓶内最高充气温度低；长径比和入口管的位置都会改变气瓶内的流态，影响气瓶内高温区域的位置。

　　高压聚乙烯装置的超高压脉冲阀承受周期性载荷，随着脉冲的开关，阀的入口压力实现降压和升压，压降大约在 40MPa。一般脉冲周期设定为二十多秒，脉冲深度设定不超过 3.0s。在循环运行过程中，阀的出口伴随着一个“反焦耳-汤姆逊”现象，阀的出口温度会上升。文献[106]为了分析超高压脉冲阀填料函台阶失效引起外漏的原因，考虑该温升进行了组合载荷下的动态强度应力及位移的简化计算和分析。

　　10) 同一结构不同部位的安全系数

　　针对不同的结构件或者不同类型的缺陷进行安全性研究是一个很有价值的新专题，从另一角度来说，针对同一种结构件或者同一类缺陷的不同尺寸进行安全性研究就是其中的基础，文献[107]以空气储罐壳体纵焊缝的错边量为因素变量，导入 ANSYS 软件中进行静力学分析，可获得相应的安全系数云图。这样的云图能反映不同缺陷程度对应的不同的安全系数，而不仅仅是传统概念上整台容器的一个安全系数，也是动态安全系数的一种直观表达。

　　11) 按照考虑因素涉及范围的分安全系数

　　分安全系数根据考虑因素涉及范围不同而取不同的值，其实也是一种变化的安全系数，详见 7.5.2 节。

　　12) 变动安全系数

　　压力容器的综合可靠性与其设计所取安全系数相关联，据此出现变动的安全系数设计方法。安全系数除了其种类会随着科学技术的发展变化而有所增加，其概念本身也会有所变化。以上几种情况下，压力容器的安全系数都不是固定不变的，而是随着一定的条件而变化，且具有直线、折线、曲线、包络线、图形和函数等各种表达方式，故称为变动安全系数。

参 考 文 献

[1] 徐灏. 安全系数和许用应力[M]. 北京: 机械工业出版社, 1981.

[2] 马天辉, 唐春安, 梁正召, 等. 关于强度折减法安全系数分类的探究[C]. 第十届全国岩石力学与工程学术大会, 威海, 2009.

[3] 卢文发, 袁仲伊, 鞠万良. 特种压力容器低周疲劳寿命的实验研究与分析[J]. 压力容器, 1987, 4(1): 11-15, 97.

[4] 陈国理, 钟汉通. 超高压容器的安全性问题[J]. 锅炉压力容器安全技术, 1989, (1): 12-18.

[5] 全国压力容器标准化技术委员会. GB 150—89 钢制压力容器(三)标准释义[M]. 北京: 学苑出版社, 1989.

[6] 苏翼林. 材料力学(上册)[M]. 北京: 人民教育出版社, 1979.

[7] 黄朝富. φ180 超高压反应釜耐压试验的应力变化分析[J]. 锅炉压力容器安全技术, 1992, (3): 12-14.

[8] 叶文邦, 张建荣, 曹文辉, 等. 压力容器设计指导手册(上册)[M]. 昆明: 云南科技出版社, 2006.

[9] 邵国华, 魏兆灿. 超高压容器[M]. 北京: 化学工业出版社, 2002.

[10] 陈志伟, 李涛, 杨国义, 等. GB/T 34019—2017《超高压容器》标准分析[J]. 压力容器, 2019, 36(4): 46-51.

[11] 黄载生. 《超高压容器安全监察规程》编制的说明[J]. 压力容器, 1995, 12(1): 1-4.

[12] 郑津洋, 黄载生. 《超高压容器安全监察规程》若干问题分析(一)[J]. 化工装备技术, 1994, 15(5): 27-32.

[13] 郑津洋, 黄载生, 徐平. 超高压容器疲劳强度研究进展(一)[J]. 化工装备技术, 1994, 15(2): 32-34.

[14] 鶼戸口英善. 超高圧設備に関する基準(案)について[J]. 高圧ガス, 1989, 26(3): 183-193.

[15] 中华人民共和国国家质量监督检验检疫总局. 固定式压力容器安全技术监察规程(TSG 21—2016)[S]. 北京: 新华出版社, 2016.

[16] 中华人民共和国国家质量监督检验检疫总局, 中国国家标准化管理委员会. 超高压容器(GB/T 34019—2017)[S]. 北京: 中国标准出版社, 2017.

[17] 王新敏. ANSYS 工程结构数值分析[M]. 北京: 人民交通出版社, 2007.

[18] 全国锅炉压力容器标准化委员会. 钢制压力容器——分析设计标准(2005 年确认)(JB 4732—1995)[S]. 北京: 新华出版社, 2007.

[19] 余国琮. 化工容器及设备[M]. 北京: 化学工业出版社, 1980.

[20] 顾振铭. "应力分析法压力容器规范"的设计准则与制订依据[J]. 压力容器, 1984, 1(1): 3-17, 97.

[21] 李冰, 丁天才. 对立式圆筒储罐固定顶外压稳定安全系数的调整建议及其计算公式的推导[J]. 化工设备与管道, 2019, 56(2): 22-24, 46.

[22] 化工部电气设计技术中心. 立式圆筒形钢制焊接储罐设计技术规定(CD 130A2—84)[S]. 北京: 中国寰球化学工程公司, 1985.

[23] 石化总公司, 北京设计院. 石油化工立式圆筒形钢制焊接储罐设计规范(SH/T 3046—1992)[S]. 北京: 中国石化出版社, 1992.

[24] 中国石油天然气集团公司. 立式圆筒形钢制焊接油罐设计规范(GB 50341—2003)[S]. 北京: 中国计划出版社, 2003.

[25] 中国石油天然气集团公司. 立式圆筒形钢制焊接油罐设计规范(GB 50341—2014)[S]. 北京:

中国计划出版社, 2014.

[26] 全国压力容器标准化技术委员会. 钢制石油化工压力容器设计规定[S]. 北京: 全国压力容器标准化技术委员会, 1977.

[27] 全国压力容器标准化技术委员会. 钢制石油化工压力容器设计规定[S]. 北京: 全国压力容器标准化技术委员会, 1985.

[28] 全国压力容器标准化技术委员会. 钢制压力容器(GB 150—89)[S]. 北京: 中国标准出版社, 1989.

[29] 寿比南, 杨国义, 徐锋, 等. GB 150—2011《压力容器》标准释义[M]. 北京: 新华出版社, 2012.

[30] 薛明德, 徐锋, 李世玉. 管壳式换热器换热管稳定性问题研究[J]. 压力容器, 2007, 24(3): 8-11.

[31] 全国压力容器标准化技术委员会. 管壳式换热器(GB 151—1999)[S]. 北京: 中国标准出版社, 2004.

[32] 全国锅炉压力容器标准化技术委员会. 热交换器(GB/T 151—2014)[S]. 北京: 中国标准出版社, 2015.

[33] 张延丰, 邹建东, 朱国栋, 等. GB/T 151—2014《热交换器》标准释义及算例[M]. 北京: 新华出版社, 2015.

[34] 宋志强, 齐金祥. 负压工况下弯管压力平衡型膨胀节的设计[C]. 第十五届全国膨胀节学术会议, 南京, 2018.

[35] 全国锅炉压力容器标准化技术委员会. 压力容器 第 3 部分: 设计(GB/T 150.3—2011)[S]. 北京: 中国标准出版社, 2012.

[36] The American Society of Mechanical Engineers. ASME boiler and pressure vessel code, Section Ⅷ Division 1—2017[S]. New York: The American Society of Mechanical Engineers, 2017.

[37] The American Society of Mechanical Engineers. ASME boiler and pressure vessel code, Section Ⅷ Division 2—2017[S]. New York: The American Society of Mechanical Engineers, 2017.

[38] 韩志远, 李志峰, 邵珊珊, 等. 压力容器安全评定中分安全系数计算方法及影响因素的研究[J]. 化工机械, 2018, 45(4): 399-405.

[39] British Standards Institution. Guide to Methods for Assessing the Acceptability of Flaws in Metallic Structures[S]. London: British Standards Institution, 2013.

[40] American Petroleum Institution. Fitness-for-service(API 579—2007)[S]. Washington DC: American Petroleum Institution, 2007.

[41] 全国锅炉压力容器标准化技术委员会. 在用含缺陷压力容器安全评定(GB/T 19624—2019)[S]. 北京: 中国标准出版社, 2019.

[42] 沈鋆. ASME 压力容器分析设计[M]. 上海: 华东理工大学出版社, 2014.

[43] 陆明万, 段成红, 孙禹. 防止塑性垮塌的新准则[J]. 压力容器, 2017, 34(1): 41-44, 40.

[44] 李春光, 朱宇飞, 刘丰, 等. 下限问题中新的莫尔库仑屈服面线性化方法[J]. 力学学报, 2013, 45(2): 245-250.

[45] 刘小宁, 潘传九, 刘岑, 等. 钢制内压容器安全系数与试验压力系数研究[J]. 河北科技大学学报, 2011, 32(4): 321-325.

[46] 汪子云. 专业标准"钢制压力容器——另一规程"总论简介[J]. 压力容器, 1988, 5(1): 6-9, 96.

[47] 全国锅炉压力容器标准化技术委员会. 压力容器 第 1 部分: 通用要求(GB/T 150.1—2011)[S]. 北京: 中国标准出版社, 2012.

[48] 胡大芬, 陈蓉, 杨景超, 等. 反应堆压力容器主螺栓螺纹副结构设计研究[J]. 压力容器, 2019, 36(6): 41-47, 52.

[49] 李世玉, 桑如苞. 压力容器工程师设计指南——GB 150、GB 151 计算手册[M]. 北京: 化学工业出版社, 1994.

[50] 蔡克霞. 用可靠度确定直立压力容器的安全系数[J]. 机械设计, 2001, 18(3): 36-38.

[51] 姚佩贤, 王荣贵. 压力容器设计和制造常见问题[J]. 化肥设计, 2000, 38(6): 96.

[52] 中华人民共和国国家质量监督检验检疫总局. 紧固件机械性能 螺母 粗牙螺纹(GB/T 3098.2—2000)[S]. 北京: 中国标准出版社, 2001.

[53] 陈孙艺. 采用垫片安全系数的高压法兰螺栓密封设计[J]. 润滑与密封, 2015, 40(6): 122-126.

[54] 张铁钢. 改善法兰接头密封性的对策[J]. 石油化工设备技术, 2014, 35(4): 52-56, 61.

[55] 周新蓉, 吴晨晖, 李海东. 海洋环境下浮动堆设备闸门密封性能分析[J]. 压力容器, 2020, 37(2): 51-55.

[56] 蔡洪涛. 流变学在法兰密封设计中的应用[J]. 武汉化工学院学报, 2004, 26(4): 81-83.

[57] 全国压力容器标准化技术委员会. 钢制压力容器(GB 150—1998)[S]. 北京: 中国标准出版社, 1998.

[58] DIN 2505-1990. Berechnung von Flanschverbindungen Teil 1 Berechnung, Teil 2 Dichtunskennwerte[S]. 1990.

[59] 全国锅炉压力容器标准化技术委员会, 李世玉.压力容器设计工程师培训教程——容器建造技术[M].北京: 新华出版社, 2019.

[60] 宣鸿烈, 闫兴清, 梁泽奇, 等. 操作比对反拱带槽型爆破片使用寿命及更换周期的影响研究[J]. 压力容器, 2019, 36(11): 6-12.

[61] 国家经济贸易委员会. 螺旋板式换热器(JB/T 4751—2003)[S]. 北京: 机械工业出版社, 2003.

[62] 国家技术监督局. 水管锅炉受压元件强度计算(GB/T 9222—1988)[S]. 北京: 机械工业出版社, 1989.

[63] 蔡尔辅. 石油化工管道设计[M]. 北京: 化学工业出版社, 2002.

[64] 赵建平, 王学超. 杭州湾海底管道临界管跨分析模型研究[C]. 第七届全国压力容器学术会议, 无锡, 2009.

[65] 岳进才. 压力管道技术[M]. 北京: 中国石化出版社, 2001.

[66] 徐婷, 王洁. 基于可靠性腐蚀评价准则的开发[J]. 石油管材与仪器, 2020, 6(2): 83-87.

[67] 祝明威, 张春吉, 张彬, 等. 基于应力路径的换热器安全评定应用研究[J]. 化工机械, 2016, 43(4): 476-478, 494.

[68] 洪起超. 工程断裂力学基础[M]. 上海: 上海交通大学出版社, 1987.

r69] 龚斌. 压力容器破裂的防治[M]. 杭州: 浙江科学技术出版社, 1985.

[70] 李建国. 压力容器设计的力学基础及其标准应用[M]. 北京: 机械工业出版社, 2005.

[71] 中华人民共和国国家发展和改革委员会. 容器支座 第 2 部分: 腿式支座(JB/T 4712.2—2007)[S]. 北京: 机械工业出版社, 2007.

[72] 国家能源局. 容器支座 第 2 部分: 腿式支座(NB/T 47065.2—2018)[S]. 北京: 新华出版社,

2018.

[73] 中国石油和石化工程研究会. 炼油设备工程师手册[M]. 北京: 中国石化出版社, 2009.

[74] 郑津洋, 陈志平. 特殊压力容器[M]. 北京: 化学工业出版社, 1997.

[75] 刘芳, 轩福贞. 基于 ASME 标准的高温压力容器高温疲劳强度设计方法比较[J]. 压力容器, 2017, 34(2): 14-20.

[76] 徐至钧. 高塔基础设计与计算(修订版)[M]. 北京: 中国石化出版社, 2002.

[77] 张红才, 李培宁. SAPV 及 API579 凹坑评定标准用于尿素合成塔的保守度评价[J]. 压力容器, 2003, 20(12): 43-47.

[78] 戴树和, 王明娥. 可靠性工程及其在化工设备中的应用[M]. 北京: 化学工业出版社, 1987.

[79] 张恒. 腐蚀现象的概率统计[J]. 化工机械, 1987, (2): 46-51.

[80] 霍奇 P G. 结构的塑性分析[M]. 蒋咏秋, 熊祝华, 译. 北京: 科学出版社, 1966.

[81] 陆明万, 寿比南, 杨国义. 压力容器应力分析设计方法的进展和评述[C]. 第七届全国压力容器学术会议, 无锡, 2009.

[82] 全国锅炉压力容器标准化技术委员会. 锆制压力容器(NB/T 47011—2010)[S]. 北京: 新华出版社, 2010.

[83] 成大先. 机械设计手册(第 4 卷)[M]. 4 版. 北京: 化学工业出版社, 2002.

[84] 日本高压技术协会. 超高压圆筒容器设计指针(HPIS-C-103)[S]. 1989.

[85] 江楠. 压力容器分析设计方法[M]. 北京: 化学工业出版社, 2013.

[86] 中国轻工业联合会. 造纸机械用铸铁烘缸设计规定(QB/T 2556—2008)[S]. 北京: 中国轻工业出版社, 2008.

[87] 俞群. 纤维增强塑料设备的设计准则和安全系数浅析[J]. 化工设备与管道, 2020, 57(3): 23-29.

[88] 中华人民共和国工业和信息化部. 纤维增强塑料化工设备技术规范(HG/T 20696—2018)[S]. 北京: 北京科学技术出版社, 2018.

[89] 中华人民共和国住房和城乡建设部. 纤维增强塑料设备和管道工程技术规范(GB 51160—2016)[S]. 北京: 中国计划出版社, 2016.

[90] The British Standards Institution. GRP tanks and vessels for use above ground—Part 3: Design and workmanship(BS EN 13121-3—2008)[S]. London: The British Standards Institution, 2008.

[91] The British Standards Institution. GRP tanks and vessels for use above ground—Part 2: Composite materials: Chemical resistance(BS EN 13121-2—2003)[S]. London: The British Standards Institution, 2003.

[92] 郑津洋, 黄载生, 朱国辉, 等. 超高压容器液压试验压力的探讨[J]. 石油化工设备, 1991, 20(6): 31-35.

[93] 陈国理, 黎廷新, 钟汉通, 等. 在役乙烯超高压容器安全技术分析[J]. 压力容器, 1990, 7(5): 53-61.

[94] 寿比南, 谢铁军, 高继轩, 等. 我国承压设备标准化十年技术进展和展望[J]. 压力容器, 2012, 29(12): 24-31.

[95] 陈连, 王元文, 潘晋. 转轴强度计算中的安全系数函数[J]. 机械设计与制造, 2001, (6): 53-54.

[96] 李世玉. 压力容器设计工程师培训教程[M]. 北京: 新华出版社, 2005.

[97] 全国压力容器学会, 全国化工机械与自动化学会. 压力容器缺陷评定规范(CVDA—1984)[S]. 北京: 国家劳动人事部, 1984.

[98] 彭汝英, 李泽震, 曾广欣. 《压力容器缺陷评定规范》中设计曲线安全裕度的分析[J]. 压力容器, 1987, 4(1): 3-7, 99.

[99] 冯清晓, 谢智刚, 桑如苞. 管壳式换热器结构设计与强度计算中的重要问题[J]. 石油化工设备技术, 2016, 37 (2): 1-6.

[100] 郭晓璐, 闫兴清, 喻健良. CO$_2$ 管道泄漏中减压波速度和断裂控制研究[C]. 第九届全国压力容器学术会议, 合肥, 2017.

[101] Dicken C J B, Merida W. Measured effects of filling time and initial mass on the temperature distribution within a hydrogen cylinder during refuelling[J]. Journal of Power Sources, 2007, 165(1): 324-336.

[102] 刘延雷. 高压氢气快充温升控制及泄漏扩散规律研究[D]. 杭州: 浙江大学, 2009.

[103] The British Standards Institution. Gaseous hydrogen and blends-Land vehicle fuel tanks(BS DD ISO/TS 15869-2009)[S]. London: The British Standards Institution, 2009.

[104] US-SAE. Standard for fuel systems in fuel cell and other hydrogen vehicles(SAE TIR J2579-2018)[S]. Pittsburgh: Society of Automotive Engineers, 2018.

[105] 许明, 江勇, 陈学东, 等. 复合气瓶快速充氢温升过程的二维轴对称数值模拟[C]. 第九届全国压力容器学术会议, 合肥, 2017.

[106] 陈孙艺. 超高压脉冲阀体动态强度校核分析[J]. 流体机械, 2010, 38(1): 38-42.

[107] 骆开军, 聂印, 杨明. 基于压力容器定期检验错边的应力疲劳分析[J]. 化工机械, 2017, 44(4): 426-430.

附录　应力词汇中英文对照

A

安全操作应力　safe operating stress

安全工作应力　safe working stress，safe servicing stress

安全应力　safe stress

安全运行应力　safe running stress

安装应力　erection stress

B

八面体法向应力　octahedral normal stress

八面体剪应力　octahedral shear stress

八面体应力　octahedral stress

八面体正应力　octahedral normal stress

薄膜内力　membrane internal force

薄膜应力　membrane stress，film stress

爆破应力　bursting stress

背景应力　background stress

背应力　back stress

比例伸长应力　proportional elongation stress

边界应力　boundary stress，edge stress

边缘应力　boundary stress，edge stress

变动应力　varying stress

变化应力　fluctuating stress，varying stress

变温应力　thermal stress

变形可能应力　deformation possible stress

变形控制的应力　deformation-controlled stress

变应力　varying stress

标称应力　nominal stress

标准应力　standard stress

表观应力　apparent stress

表面应力　surface stress
表征应力　characterization stress
波动应力　fluctuating stress
波峰应力　wave crest stress
波谷应力　trough stress
补偿应力　compensation stress
不连续应力　discontinuous stress

C

材料许用应力　material allowable stress，material permissible stress
参考应力　reference stress
残存应力　residual stress，remaining stress，remanent stress，internal stress
残留应力　residual stress，remaining stress，remanent stress，internal stress
残余应力　residual stress，remaining stress，remanent stress，internal stress
操作应力　operating stress
层合板层间应力　interlaminar stress of laminate
层间摩擦力　interlayer friction force
层间应力　interlaminar stress，inter-laminar stress
层应力　ply stress
掺入体应力　incorporation stress
常量压力　macrostress
超应力　hyper stress，over stress
成偶压应力　even compressive stress
承压应力　bearing stress
承载应力　bearing stress
持久极限　endurance limit，fatigue limit，endurance strength
持久强度　lasting strength，creep rupture life，creep rupture strength，creep-rupture strength，stress rupture strength，stress-rupture strength，endurance strength，endurance limit
持续应力　sustained stress
冲击应力　impact stress
重复应力　repeated stress，repetitive stress
初始屈服应力　initial yield stress
初始应力　initial stress，primary stress，virgin stress
初应力　initial stress

垂直应力 perpendicular stress, vertical stresses
纯剪应力 pure shear stress
纯弯曲应力 pure bending stress
次要应力 secondary stress
次应力 secondary stress, parasitic stress
错配应力 mismatch stress

D

代表应力 representative stress
带宽方向有效正应力 bandwidth directional effective normal stress
带长方向有效正应力 effective positive stress with long direction
单位应力 stress intensity
单向应力 uniaxial stress
单元应力 element stress
单轴蠕变试验应力 uniaxial creep test stress
单轴应力 uniaxial stress
当量交变应力 equivalent alternating stress
当量结构应力 equivalent structure stress
当量名义应力 equivalent nominal stress
当量线性应力 equivalent linear stress
当量应力 equivalent stress
当量载荷的应力 stress of equivalent load
当量主应力 equivalent principal stress
当量组合应力强度 equivalent compound stress intensity
等倾面应力 isoclinal plane stress
等时应力 isochronous stress
等双轴应力 equal biaxial stress
等效薄膜应力 equivalent membrane stress
等效剪应力 equivalent shear stress
等效结构应力幅 equivalent structural stress amplitude
等效拉应力 equivalent tensile stress, equivalent tension stress
等效热应力 equivalent thermal stress
等效蠕变应力 equivalent creep stress
等效压应力 equivalent compressive stress
等效应力 equivalent stress, equivalent effective stress

等效总应力　equivalent total stress

等斜面应力　isoclinal plane stress

等应力　isostress

等应力比　equal stress ratio

等应力迹线　iso stress trace，iso-stress trace

等有效应力　effective stress，equivalent of effective stress

低应力　low stress

笛卡儿应力　Cartesian stress

地应力　in-situ stress

第二皮奥拉-基尔霍夫应力　second Piola-Kirchoff stress

第二主应力　second principal stress

第三主应力　third principal stress

第一皮奥拉-基尔霍夫应力　first Piola-Kirchoff stress

第一主应力　major principal stress，first principal stress

点接触应力　point contact stress

点应力　point stress

叠加应力　superimposed stress，supercoated stress

定伸应力　tensile stress at a given elongation

动荷应力　varying stress

动态流动应力　dynamic flow stress

动态屈服应力　dynamic yield stress

动态应力　dynamic stress

动应力　dynamic stress，dynamic load stress

冻结应力　frozen stress，freezing stress

断裂许用应力　rupture allowable stress

断裂应力　fracture stress，tensile strength，rupture stress，stress to rupture，breaking stress，fracture strength，crippling stress，intensity of breaking

对比应力　reduced stress

对称应力　symmetric stress

多向应力　multiaxial stress

多轴应力　multiaxial stress

E

二次薄膜当量应力　secondary equivalent membrane stress

二次薄膜应力　secondary membrane stress
二次当量热应力　secondary equivalent thermal stress
二次当量应力　secondary equivalent stress
二次弯曲应力　secondary bending stress
二次应力　secondary stress, quadratic stress
二维应力　biaxial stress
二维主应力　primary biaxial stress, principal biaxial stress
二向应力　biaxial stress
二向应力状态　plane state of stress, state of biaxial stress
二向主应力　primary biaxial stress, principal biaxial stress
二轴应力　biaxial stress

F

法向应力　normal stress
反复应力　completely reversed stress
反向应力　reversed stress, reversal of stress, stress of reversed sign, uplift stress
反应力　reversed stress, uplift stress
非对称应力　asymmetric stress
非线性应力　nonlinear stress
非自由边界应力　non-free boundary stress, nonfree edge stress
分部应力　segmental stress
分类应力　classified stress
分散应力　dispersive stress
风应力　wind stress
峰值应力　peak stress
负荷应力　bearing stress
负静水压力　negative hydrostatic stress
负应力比　negative stress ratio
附加应力　extra-stress, additional stress, subsidiary stress, superimposed stress
复合切应力　composite shear stress
复合应力　combined stress, compound stress, composite stress, resulting stress, resultant stress
复合正应力　composite normal stress
复杂应力　complex stress

G

干涉应力　interference stress

高斯点应力　Gauss point stress

高应力　high stress

格林应力张量　Green stress tensor

根部应力　root stress

工程极限拉伸应力　engineering limiting tensile stress，engineering limiting tension stress，engineering limiting T-stress，engineering limiting stretching stress，engineering limiting intensity of breaking

工程屈服应力　engineering yield stress

工程应力　engineering stress

工作应力　working stress，service stress

公称设计应力　nominal design stress

公称应力　nominal stress

公称应力幅　nominal stress amplitude

构件许用应力　allowable stress of member，permissible stress of member

谷值应力　valley stress

固定应力　constant stress

固有应力　residual stress

管道应力　piping stress

管系应力　piping stress

广义 T 应力　generalized T stress

广义应力　generalized stress

归一化应力　normalized stress

规定残余伸长应力　permanent set stress，specified residual elongation stress

规定非比例伸长应力　specified non-proportional elongation stress，proof stress of non-proportion elongation

规定总伸长应力　specified total elongation stress

规范应力　code stress

过度应力　over stress，excessive stress

过盈应力　interference stress

过应力　over stress，over-stress，excessive stress

过载应力　over stress，excessive stress

H

焊接残余应力　welding residual stress

焊接热应力　welding thermal stress

焊接应力　welding stress

合成应力　resulting stress，resultant stress，combined stress

合应力　resulting stress，resultant stress，combined stress

核应力　core stress

赫兹应力　Hertz stress，Hertzian stress

恒定应力　constant stress

恒应力　constant stress

横向应力　transverse stress，lateral stress

宏观应力　macrostress，macroscopic stress

后继屈服应力　subsequence yield stress

化学应力　chemical stress

环境应力　environmental stress

环向切应力　hoop shear stress，ring shear stress

环向应力　hoop stress，ring stress

环向正应力　hoop normal stress，ring normal stress

回温应力　stress at temperature rising-again

混凝土应力　concrete stress

J

机械应力　mechanical stress

基本平均应力　elementary mean stress

基本许用应力　elementary allowable stress，elementary permissible stress

基本应力　elementary stress

基底应力　base stress

基体应力　matrix stress

基准应力　reference stress，datum stress

极限单位应力　ultimate unit stresses

极限屈曲应力　limit buckling stress

极限应力　limiting stress，ultimate stress，ultimate strength

集中应力　concentrated stress

几何应力　geometrical stress

挤压应力　bearing stress

计算应力　computed stress, calculated stress, Code stress

加速应力　accelerated stress

加载应力　loading stress

假应力　pseudo stress

剪切应力　shear stress, shearing stress

剪应力　shear stress, shearing stress

交变当量应力　alterative equivalent stress, repeated equivalent stress

交变应力　alterative stress, repeated stress

交变应力幅　alterative stress amplitude, repeated stress amplitude

交变正应力　iterative normal stress, repeated normal stress

校正的平均应力　corrected mean stress

接触面应力　contact stress

接触压应力　contact press stress

接触应力　contact stress

节点应力　nodal stress

结构许用应力　allowable structural stress, permissible structural stress

结构应力　structural stress, textural stress

结构主应力　structural principal stress

截面平均应力　average stress of section

截面应力　section stress

介质应力　medium stress, pressure stress

近场应力　near field stress

近源应力　near source stress

经向应力　meridian stress, meridional stress

径向切应力　radial shear stress

径向应力　radial stress

径向正应力　radial normal stress

净截面平均应力　net section mean stress

净截面应力　net section stress

净应力　net stress

静可容应力场　statically admissible stress field

静力可能应力　statically possible stress

静水压力　hydrostatic pressure

静水应力　hydrostatic stress

静态流动应力　static flow stress

静压应力　static stress

静应力　static stress

静止的正应力　normal stress at rest

拘束应力　restraint stress

局部热应力　local thermal stress

局部温差当量应力　local equivalent stress of temperature difference

局部应力　local stress

均化应力　equalization of stress

均匀应力　homogeneous stress

K

开裂应力　cracking stress

抗拉极限　tensile limit, tension limit

抗拉强度　tensile strength, ultimate strength, stress rupture strength, tension strength

抗拉应力　tensile stress, tension stress, T-stress, stretching stress

抗压强度　compressive strength

抗压应力　compressive stress

考核点应力　check point stress

柯西应力　Cauchy stress

空间应力　three-dimensional stress, triaxial stress, spatial stress

空间应力状态　three-dimensional state of stress, state of triaxial stress

控制应力　control stress, controlling stress

垮塌应力　collapse stress

扩散应力　diffusion induced stress

L

拉格朗日应力　Lagrangian stress

拉伸屈服应力　tensile yield stress, tensile stress at yield

拉伸应力　drawing stress, stretching stress, tensile stress, tension stress, T-stress, intensity of breaking

拉应力　tensile stress, tension stress, T-stress, stretching stress, drag stress

雷诺应力　Reynolds stress

理论应力集中系数　theoretical stress concentration factor

理想屈曲应力　idea buckling stress

连续应力　connects stresses

两维应力　biaxial stress

两维主应力　primary biaxial stress，principal biaxial stress

两向应力　biaxial stress

两向应力状态　plane state of stress，state of biaxial stress

两向主应力　primary biaxial stress，principal biaxial stress

裂纹应力场　crack stress yield

临界断裂应力　critical cleavage stress

临界拘束应力　critical restraint stress

临界切应力　critical shear stress

临界许用压应力　critical allowable compressive stress

临界压缩应力　critical compressive stress

临界应力　critical stress，governing stress，threshold stress

流变应力　flow stress

流动应力　flow stress

流体静应力　hydrostatic stress

M

脉动应力　fluctuating stress

满应力　full stress

门槛应力　threshold stress

门槛应力强度　threshold stress intensity

门槛应力强度因子　threshold stress intensity factor

米泽斯应力　Mises stress

面对称应力　plane-symmetric stress

面应力　plane stress

名义应力　nominal stress

名义应力幅　nominal stress amplitude

名义正应力　nominal normal stress

膜应力　membrane stress

摩擦应力　frictional stress，friction stress，friction mandrel stress

莫尔应力圆　Mohr stress circle

N

内壁应力　inside wall stress

内部应力　internal stress，inner stress

内聚应力　cohesion stress

内摩擦应力　internal friction stress，internal fractional stress

内压应力　inside pressure stress

内应力　internal stress，interior stress，inner stress，endogenous stress

黏性切应力　viscous shear stress

黏性应力　viscous stress

扭转应力　torsional stress，torsion stress

O

偶应力　couple-stress

耦合应力　coupling stress

P

膨胀应力　swelling stress，expansion stress

疲劳应力　fatigue stress

偏斜应力　deviating stress

偏应力　deviatoric stress

偏应力张量　deviator stress tensor

偏张量应力　deviator tensor stress

平衡应力　equilibrium stress，balancing stress

平均场应力　mean field stress，average field stress

平均法向应力　mean normal stress，average normal stress

平均剪应力　mean shear stress，average shear stress

平均截面应力　mean section stress，average section stress

平均拘束应力　mean restraint stress

平均应力　mean stress，average stress

平均主应力　mean principal stress，average principal stress

平面应力　plane stress

平面应力状态　state of plane stress

平台应力　plateau stress

破断许用应力　rupture allowable stress

破坏应力　breaking stress

Q

奇异应力　erratic stress，singular stress

强度极限　breaking point，ultimate strength，breakdown point，final strength

强化应力　strengthening stress

翘曲应力　wrapping stress

切面应力　section stress

切向应力　tangential stress

切应力　shearing stress, tangential stress, shear stress, shear force

氢致应力　hydrogen induced stress

球应力　spherical stress

球应力张量　spherical stress tensor

球张量应力　spherical tensor stress

屈服极限　yield limit

屈服强度　yield strength

屈服应力　yield stress, proof stress

屈曲应力　buckling stress

缺口应力　notch stress

R

挠曲应力　flexural stress, flexure stress

扰动应力　perturbing stress, disturbance stress

热斑应力　thermal spot stress

热点应力　hot spot stress, hot-spot stress

热肤应力　thermal skin stress

热机(械)应力　thermo-mechanical stress

热弯曲应力　thermal bending stress

热应力　thermal stress, HRR stress

容许应力　allowable stress, permissible stress, admissible stress

蠕变极限　creep limit

蠕变强度　creep strength

蠕变许用应力　creep allowable stress, creep permissible stress

蠕变应力　creep stress

S

三维应力　three-dimensional stress, triaxial stress

三维主应力　primary three-dimensional stress, principal three-dimensional stress

三向应力　three-dimensional stress, triaxial stress

三向应力状态　three-dimensional state of stress, state of triaxial stress

三向主应力 primary three-dimensional stress, principal three-dimensional stress

三轴应力 triaxial stress

三轴应力度 stress triaxiality

三轴应力状态 three-dimensional state of stress, state of triaxial stress

设计应力 design stress

设计应力强度 design stress intensity

伸长应力 elongation stress

剩余净应力 residual net stress

失稳应力 buckling stress, instability stress

失效应力 failure stress

实际屈曲应力 actual buckling stress

实际应力 actual stress

试验应力 experimental stress

视在断裂应力 apparent fracture stress

收缩应力 shrink stress, shrinkage stress, string stress, contraction stress

双向等应力 equibiaxial stress

双向应力 biaxial stress, two dimensional stress

双轴应力 biaxial stress

瞬时应力 instantaneous stress

瞬态温差应力 transient temperature stress

瞬态应力 instantaneous stress

松弛应力 relaxation stress

塑性等效应力 plastic equivalent stress

塑性屈曲应力 plastic buckling stress

塑性许用应力 plastic allowable stress, plastic permissible stress

塑性应力 plastic stress

T

T 应力 T stress

坍塌应力 collapse stress

弹塑性应力 elastoplastic stress

弹性极限应力 proof stress

弹性计算应力 elastic computational stress

弹性名义应力 elastic nominal stress

弹性屈曲应力 elastic buckling stress

弹性许用应力　elastic allowable stress，elastic permissible stress

弹性应力　elastic stress

套合应力　shrink-fit stress

特殊应力　special stress

特征应力　characteristic stress

梯度应力　gradient stress

体积拉伸应力　volume tensile stress

体积平均应力　bulk average stress，volume average stress

体积应力　bulk stress，volume stress

条件屈服应力　offset yield stress

砼应力　concrete stresses

土体应力　stress in soil mass

土应力　soil stress

湍流应力　turbulent stress

W

外壁应力　outside wall stress

外加应力　applied stress

外摩擦应力　outside friction stress

外压应力　outside pressure stress

弯曲应力　bending stress，flexural stress

完全反向应力　completely reversed stress

危险应力　severe stresses

微观应力　microstress，microscopic stress

伪应力　pseudo stress

纬向应力　zonal stress

位移应力　displacement stress

温差应力　temperature stress，temperature difference stress，thermal stress

温度应力　thermal stress，stress due to temperature，temperature stress，heat stress，temperature stresses

温预应力　warm prestressing

紊动应力　turbulent stress

稳定的正应力　stable normal stress

稳定应力　steady stress

稳态温差应力　stable temperature difference stress

稳态应力　steady stress

无力矩应力　without moments stress

无量纲应力　non-dimensional stress，dimensionless stress

无因次应力　non-dimensional stress，dimensionless stress

物理应力　physical stress

X

希尔等效应力　Hill equavilent stress

线性化应力　linearized stress

线性弯曲应力　linear bending stress

线性应力　linear stress

相变应力　transformation stress

相当应力　equivalent stress

镶嵌应力　mosaic stress

斜截面应力　oblique section stress

斜面应力分量　stress component of an inclined plane

形变应力　deformational stress，deformation stress

修正应力　corrected stress

虚假应力　false stress

虚拟临界应力　virtual critical stress

虚拟应力　pseudo stress

虚拟应力幅　virtual stress amplitude

虚应力　virtual stress

许用薄膜应力　allowable membrane stress，permissible membrane stress

许用切应力　allowable shear stress，permissible shear stress

许用设计应力　allowable design stress，permissible design stress

许用应力　allowable stress，permissible stress

许用应力极限　allowable limiting range of stress，permissible limiting range of stress

许用应力强度　allowable stress intensity，permissible stress intensity

循环当量应力　cyclic equivalent stress

循环应力　cyclic stress

Y

压紧应力　compression stress，seating stress

压缩屈服应力　compression yield stress，compressive yield stress

压缩应力　compression stress，compressive stress

压应力　compression stress，compressive stress

要素应力　factored stress

一般应力 conventional stress

一次薄膜当量应力　primary equivalent membrane stress

一次局部薄膜应力　primary local membrane stress

一次弯曲应力　primary bending stress

一次应力　primary stress

一次总体薄膜应力　general primary membrane stress

一轴应力　uniaxial stress

应变集中系数　strain concentration factor

应力　stress

应力比　stress ratio

应力不变量　stress invariant

应力参量　stress parameter

应力参数　stress parameter

应力差　stress difference

应力常数　stress constant

应力场　stress field

应力当量　stress equivalent

应力等高线　stress contour，stress contour lines，stress isoclines，stress equivalent

应力等值线　stress contour，stress contour lines，stress isoclines，stress equivalent

应力范围　stress range，stress amplitude

应力分布图　stress profile，stress pattern，picture of stress

应力分类　stress categorization，stress classification

应力分量　stress component，component stress

应力幅　stress amplitude

应力幅度　stress range，stress amplitude

应力幅值　stress amplitude

应力刚化　stress stiffness

应力轨迹　stress trajectory

应力轨迹线　stress trajectory

应力轨线　stress trajectory

应力极限　limiting range of stress

应力集中　stress concentration

应力集中系数　stress concentration factor

　　　　　　　stress trajectory

应力经线　meridional distribution line stress

应力类型　stress type

应力流　stress flow

应力流线　stress trajectory

应力轮廓线　stress contour, stress contour lines, stress isoclines, stress equivalent

应力偏量　deviator stress tensor

应力偏量不变量　invariants of the deviator stress tensor

应力偏量第二不变量　second invariant of stress deviator

应力偏量第三不变量　third invariant of stress deviator

应力偏量第一不变量　first invariant of stress deviator

应力偏量二次不变量　two invariants of stress deviator

应力偏量三次不变量　three invariants of stress deviator

应力偏量一次不变量　primary invariants of stress deviator

应力偏张量　deviator stress tensor

应力奇异　stress singularity

应力强度　stress intensity

应力球　stress spherical

应力球量　spherical stress tensor

应力球张量　spherical stress tensor

应力曲面　stress curved surface

应力三轴度　stress triaxiality

应力矢量　stress vector

应力水平　stress level

应力梯度　stress gradient

应力椭球　stress ellipsoid

应力椭圆　stress ellipse, ellipse of stress

应力纬线　zonal distribution line of stress

应力系数　stress coefficient, stress ratio

应力线　stress line

应力修匀　stress-smoothing

应力循环　stress cycle

应力因数　stress factor

应力硬化　stress harding

应力圆　stress circle, circle of stress

应力云图　stress nephogram, stress contour plot

应力云纹图　stress Moiré pattern, stress nephogram, stress contour plot

应力张量　stress tensor

应力张量不变量　invariants of the stress tensor

应力张量第二不变量　second invariant of stress tensor

应力张量第三不变量　third invariant of stress tensor

应力张量第一不变量　first invariant of stress tensor

应力张量二次不变量　two invariants of stress tensor

应力张量三次不变量　three invariants of stress tensor

应力张量一次不变量　primary invariants of stress tensor

应力指数　stress indices

应力状态　stress state

应力总值　total stress

映像应力　mapping stress

有效当量应力　effective equivalent stress

有效剪应力　effective shear stress

有效蠕变应力　effective creep stress

有效一次应力　effective primary stress

有效应力　effective stress

有效应力集中系数　effective stress concentration factor

诱导应力　induced stress

诱发应力　induced stress

余留应力　residual stress

预加应力　pre-stressing

预应力　pre-stress, prestress

欲测应力　want to measure stress

阈值应力　threshold stress

圆周应力　circumferential stress, hoop stress, peripheral stress

远场应力　far field stress, remote stress

远源应力　far source stress

约化应力　reduced stress

约束应力　restraint stress

运行应力　running stress

Z

载荷控制的应力 load-controlled stress

载荷应力 loading stress, load stress

折算应力 reduced stress, equivalent stress

真实极限拉伸应力 true ultimate tensile stress, true ultimate tension stress, true limiting tensile stress, true limiting tension stress

真实平均应力 true mean stress

真实应力 actual stress, true stress

真应力 true stress

振动应力 vibration stress, vibratory stress, stress duce to vibration

整体应力 global stress

正常应力 normal stress

正向应力 normal stress

正应力 normal stress

正应力比 normal stress ratio

支承应力 bearing stress

直接应力 direct stress

直线加速应力 lineally accelerated stress

中间切应力 intermediate tangential stress, middle tangential stress, intermediate shear stress, middle shear stress

中间主应力 intermediate primary stress, middle primary stress, intermediate principal stress, middle principal stress

中面内力 mid plane force, mid plane internal force, mid plane endogenous force

中性应力 neutral stress

周期应力 cyclic stress

周向应力 circumferential stress, hoop stress

轴对称应力 axisymmetric stress, rotation-symmetrical stress, axisymmetrical stress

轴向应力 axial stress

轴向正应力 axial normal stress

主剪应力 principal shear stress

主偏应力 principal deviator stress

主切应力 principal shear stress

主要应力 basic stress

主应力　principal stress

主应力轨迹线　isostatic，principal stress trajectory，trajectories of principal stress，line of principal stress

主应力迹线　isostatic，principal stress trajectory，trajectories of principal stress，line of principal stress

转动应力　rotational stress

装配应力　assembly stress，misalignment stress，erection stress

撞击应力　impact stress

自平衡应力　self balanced stress，self-balancing stress

自限应力　self limiting stress

自由边界应力　free boundary stress, free edge stress

综合应力　combined stress，complex stress，compound stress，code stress

总体热应力　overall thermal stress

总体应力　overall stress

总体有效当量应力　total effective equivalent stress

总应力　total stress

总纵弯曲剪应力　shearing stress due to longitudinal bending moment

总纵弯曲正应力　normal stress due to longitudinal bending moment

纵向应力　longitudinal stress

组合许用应力　combined allowable stress，combined permissible stress

组合许用应力强度　compound allowable stress intensity，compound permissible stress intensity

组合应力　resulting stress，resultant stress，combined stress

组织应力　structural stress，transformation stress

最大剪应力　maximum shear stress

最大切应力　maximum shear stress

最大主应力　maximum principal stress

最大主应力轨迹线　maximum principal stress trajectory

最小切应力　minimum shear stress，minor shear stress

最小主应力　minimum principal stress，minor principal stress

最小主应力轨迹线　minimum principal stress trajectory

作用应力　applied stress，imposed stress